Global Navigation Satellite Systems

New Technologies and Applications

Second Edition

全球卫星导航系统

——新技术与应用

（第2版）

[印度] 巴苏代布·巴塔（Basudeb Bhatta）著

杨帆 吴忠望 徐龙威 王小海 许剑 译

国防工业出版社

·北京·

著作权合同登记　图字:01－2023－0608 号

图书在版编目(CIP)数据

全球卫星导航系统:新技术与应用:第 2 版/(印)巴苏代布·巴塔(Basudeb Bhatta)著;杨帆等译.—北京:国防工业出版社,2025.2

书名原文:Global Navigation Satellite Systems New Technologies and Applications,Second Edition

ISBN 978－7－118－13177－2

Ⅰ.①全…　Ⅱ.①巴… ②杨…　Ⅲ.①卫星导航－全球定位系统　Ⅳ.①P228.4

中国国家版本馆 CIP 数据核字(2024)第 071726 号

※

国防工業出版社出版发行
(北京市海淀区紫竹院南路 23 号　邮政编码 100048)
雅迪云印(天津)科技有限公司印刷
新华书店经售
*
开本 710×1000　1/16　**印张** 22¼　**字数** 354 千字
2025 年 2 月第 1 版第 1 次印刷　**印数** 1—1500 册　**定价** 148.00 元

(本书如有印装错误,我社负责调换)

国防书店:(010)88540777　　书店传真:(010)88540776
发行业务:(010)88540717　　发行传真:(010)88540762

译者序

本书涵盖了全球卫星导航系统(Global Navigation Satellite Systems,GNSS)的方方面面,更为全面地让读者了解并掌握相关的方法和技术,并能够利用配套程序在实践中加深并巩固对知识的理解和运用,具有广泛的适用性和工程实用价值。读者在阅读本书的章节时,将了解 GNSS 的功能、工作原理、信号、精度相关问题、不同的导航和定位方法、各种 GNSS 及其增强、卫星大地测量以及 GNSS 的应用。本书清楚地说明了 GNSS 的工作原理、所涉及的误差相关问题以及如何处理这些误差。读者不仅能够深入了解 GNSS 的技术、趋势和应用,还将从实践的角度为特定应用选择合适的 GNSS 仪器和合适的方法。另外重点介绍了 GNSS 在民生、科技、军事等各个领域的应用,让读者极大地拓展了思维,并具体介绍了将 GNSS 应用到大地测量、制图等领域的方法和手段,十分适合各领域的工程师、技术人员参考借鉴,实现跨学科的技术融合。

近年来出版的全球卫星导航系统的英文书籍大多由中国学者撰写,所以写作角度更注重突出北斗的优势地位。有业内人士评价本书“试图平等和连续地对待它所讨论的四个全球卫星导航系统中的每一个,而不是先介绍全球定位系统,然后再比较讨论其他三个系统”,所以本书能够客观分析四大系统的地位、功能,同时也丰富了 GNSS 在国外的各领域的应用方式方法。近些年出版的关于 GNSS 的书籍会突出介绍 GNSS 的某个方面,例如重点介绍 GNSS 的增强系统、GNSS 的定位方法、GNSS 的接收天线,或是 GNSS 和别的系统的组合使用方法。而本书全面介绍了 GNSS 所涉及的各项技术,包括 GNSS 的工作原理、信号和测距方法、误差来源、定位方法、接收器的设计问题。本书也更注重如何应用

GNSS 进行具体的实际应用,并着重介绍了利用 GNSS 进行测距和制图的方法。

翻译过程进展得较为顺利,因为一旦开始翻译,译者就忍不住想要尽快地翻译完,想要了解作者对各国 GNSS 系统的分析情况,对 GNSS 在各领域应用的理解有何独特之处。但著作中很多关键术语的中英文使用习惯并不一致,所以为了更好地表达作者对于各个技术的描述,译者也参考了很多现有中英文文献的使用习惯,从而更好地以中文表达的方式进行描写。当然,作者对各国的 GNSS 的系统组成、工作原理、关键技术、应用领域等方面进行了全面的介绍和详尽的对比,的确能对想要进入卫星导航领域研究和工作的读者提供很大的帮助。

特别感谢在翻译过程中徐龙威博士为关键知识点所提供的专业理解,以及王小海同志在从开始翻译到精打细磨、再到后期修正过程中所做的努力,使得翻译工作得以有序进行。

杨　帆

2024 年 6 月

前 言

全球卫星导航系统(GNSS)是卫星导航系统的标准通用术语,可提供全球覆盖的自主地理空间定位信息。GNSS 允许小型电子接收器使用导航卫星沿视线传输的无线电信号确定其位置(纬度、经度和高度)和精确的时间信息。目前有几种卫星导航系统。美国的全球定位系统(GPS)、俄罗斯的格洛纳斯(GLONASS)、欧盟的伽利略(Galileo)和中国的北斗都可实现全球覆盖。一些系统也可实现多个国家/地区的区域覆盖,如印度区域卫星导航系统(IRNSS)和日本准天顶卫星系统(QZSS)。此外,一些政府和私人机构也正在提供核心系统的增强系统。多个 GNSS 星座及其增强功能的开发提高了准确性和可靠性;因此,科学和工程的新分支正在迅速采用这项技术。

各个领域不可避免地需要确定用于各种应用的精确位置,如测量、导航(汽车、航空、海事)、跟踪、测绘、地球观测、移动电话技术、救援应用等领域。例如,国际民用航空组织和国际海事组织已接受 GNSS 作为其导航的必要条件。GNSS 正在革新和振兴各国在太空中的运作方式,从国际空间站返回飞行器的制导系统到卫星星座的跟踪和控制管理。GNSS 的军事应用极其广泛,从军队动员到武器和便利设施的供应;它还用于救援行动和导弹制导。

车辆制造商现已提供结合车辆位置和道路数据的导航装置,以避免交通拥堵,减少出行时间、燃料消耗,从而减少污染。公路和铁路运输运营商能够通过 GNSS 更有效地监控货物移动并更有效地打击盗窃和欺诈。出租车公司现在使用这些系统为客户提供更快、更可靠的服务。快递服务提供商越来越依赖 GNSS。

将 GNSS 信号整合到紧急服务应用程序中，为救生实体（消防队、警察、护理人员、海上和山区救援）创造了一种宝贵的工具，使他们能够更快地做出反应。该信号也有可能用于引导盲人；监测失忆的阿尔茨海默病患者；并指导探险家、徒步旅行者和航海爱好者。GNSS 也被用于跟踪许多野生动物，还可用于控制流行病/大流行病，因为它在 2020 年新冠疫情期间使用过。

包含 GNSS 信号的测量系统正被用作许多应用的工具，如城市发展和海岸管理。GNSS 可以融入地理信息系统，以有效管理农业用地并协助环境保护。另一个关键应用是第三代手机与互联网应用的集成。如今，我们每个人都在自己的智能手机和智能手表中携带 GNSS 接收器，用于许多不同的目的。

随着对更准确信息的新需求以及欲集成到更多应用程序中，GNSS 系统在我们日常生活中所扮演的角色将显著增长。一些专家认为卫星导航是一项与手表一样重要的发明——今天没有人可以忽略一天中的时间，将来也没有人能不知道他们的精确位置。

关于本书

本书从 GNSS 的基础知识开始介绍。读者在阅读本书的章节时，将了解 GNSS 的功能、工作原理、信号、精度相关问题、不同的导航和定位方法、各种 GNSS 及其增强系统、卫星大地测量以及 GNSS 的应用。本书清楚地说明了 GNSS 的工作原理、所涉及的误差相关问题以及如何处理这些误差。读者不仅将深入了解 GNSS 的技术、趋势和应用，还将从实践发展的角度，为特定应用选择合适的 GNSS 仪器和合适的方法。书中有关 GNSS 测量、导航和制图指南的内容也非常详细。

本书的编写方式使其既是第一次接触卫星导航和定位系统领域人员的起点，也是已经熟悉这项技术人员的参考。它是通过将主题分为基本概述、技术描述、数学解释和实际应用 4 个方面来完成的。因此，对于初学者来说，本书提供了对 GNSS 的完整理解。对于入门的读者来说，它成为一种参考，可以轻松找到公式、概念、指南或其他相关信息，尤其是非常完整和详尽的参考文献。

本书的主要目的是为大专、高校学生以及需要在 GNSS 及其应用基础知识方面进行学习的业内人士提供学习资源。实践测量员也会从本书中获得有关各种测量操作的详细指导。希望本书能够吸引和激励那些可能考虑在该领域或与导航、定位、跟踪、卫星通信、空间技术和地球科学相关的更广泛领域从事相关工作的人员。

内容和覆盖范围

本书共 12 章。书中的每一章都以引言开始，简要概述本章所涵盖的主题，并以练习结束,帮助学生评估他们对本章所研究主题的理解。各章还包含许多插图和注释,作为对文本的补充。

第1章涵盖了GNSS的基本概念,并简要概述了定位和导航、导航历史以及卫星导航系统。第2章描述了GNSS的功能部分,并提供了GPS、GLONASS、Galileo和北斗的系统描述。第3章介绍了定位的几何概念和GNSS的基本工作原理。第4章讨论了GNSS信号、它们如何传输、这些信号携带什么编码信息,以及如何使用这些信号来确定从卫星到接收机的距离。第5章解释了GNSS中涉及的误差和精度问题。第6章讨论了不同的定位和导航方法,如静态/动态、独立/差分、实时/后处理等。第7章介绍几种区域卫星导航系统(如QZSS、IRNSS)、星基增强系统(如EGNOS、WAAS、MSAS和GAGAN)、陆基增强系统(如LAAS、DGPS)等(如惯性导航系统和伪卫星)。第8章提供了GNSS接收器的详细信息——结构、信号采集和定位、接收器的分类以及其他与接收器相关的信息。第9章讨论了大地测量学——不同的坐标系、基准面和投影。而第10章则重点介绍了GNSS的众多应用。第11章和第12章旨在分别解决测绘中涉及的实际问题。这两章描述了如何使用GNSS进行测绘,以及在测绘应用中应考虑的因素。

最后附有非常丰富的术语表和参考文献列表,以供学生和研究人员使用。

MATLAB ®是The MathWorks, Inc. 的注册商标。有关产品信息,请联系:

MathWorks, Inc.

3 Apple Hill Drive

Natick, MA 01760 - 2098 USA

电话:508 647 7000

传真:508 - 647 - 7001

电子邮箱:info@ mathworks. com

网址:www. mathworks. com

致 谢

我感谢本书参考文献中提到的众多书籍和出版物的所有作者,感谢他们对全球卫星导航系统领域的经典和创新贡献。我查阅了各种各样的文献,收集了相关材料,进行了综合,并将它们以简单的语言组织起来放在本书中。我对教师、研究人员和组织机构表示感谢,他们为本书的信息质量和数量作出了巨大贡献。

我非常感谢 Aditi Sarkar 博士编辑了本书的章节。我还要感谢贾达普大学CAD 中心主任 Chiranjib Bhattacharjee 教授为撰写本书提供了必要的便利。另外,我还要向我的同事们表示感谢,如果没有他们的帮助和合作,本书的写作是不可能完成的。

我要感谢我的父母,他们一直是我的灵感和希望的源泉。我还要感谢我的妻子 Chandrani,在我撰写本书的过程中,她给予我充分的理解和全力支持。我的女儿 Bagmi 在这项细致的脑力工作中也带给我很多帮助,值得表扬。

巴苏代布·巴塔

作　者

巴苏代布·巴塔是贾达普(Jadavpur)大学计算机辅助设计中心的课程协调员,在加尔各答的贾达普大学获得工程学博士学位。他在遥感、GNSS、GIS 和 CAD 领域拥有超过 25 年的工业、教学和研究经验,发表或撰写了许多关于遥感、GIS、GNSS 和 CAD 的研究论文、专著和教材,在设计制作大量地理信息学、GNSS、CAD 和相关领域的课程方面发挥了重要作用。另外,他还是多个国家和国际协会的终身会员。

缩略语

2D	Two – dimensional	二维
3D	Three – dimensional	三维
AAI	Airports Authority of India	印度机场管理局
AFB	Air Force Base	空军基地
AGNSS	Assisted Global Navigation Satellite System	辅助全球卫星导航系统
AltBOC	Alternate Binary Offset Carrier	交替二进制偏移载波
AM	Amplitude Modulation	幅度调制
APL	Applied Physics Laboratory (Laurel, Maryland, USA)	应用物理实验室(美国马里兰州劳雷尔)
AS	Anti – Spoofing	反电子欺骗
BDS	BeiDou Navigation Satellite System	北斗卫星导航系统
BDT	BeiDou system Time	北斗时
BIPM	Bureau International des Poids et Measures	国际计量局
BLUE	Best Linear Unbiased Estimate	最佳线性无偏估计
BOC	Binary Offset Carrier	二进制偏移载波
BPSK	Binary Phase Shift Keying	二进制相移键控
C code	Civilian code	民码
C/A code	Coarse Acquisition code	粗捕获码
CDMA	Code Division Multiple Access	码分多址
CGCS2000	China Geodetic Coordinate System 2000	中国 2000 大地坐标系
CL code	Civil – Long code	民用长码
CM code	Civil – Moderate code	民用中码
CNSS	Compass Navigation Satellite System	北斗二号卫星导航系统
CPU	Central Processing Unit	中央处理器

续表

CS	Commercial Service	商业服务
DGNSS	Differential Global Navigation Satellite System	差分全球卫星导航系统
DGPS	Differential Global Positioning System	差分全球定位系统
DoD	Department of Defense(United States)	国防部(美国)
DOP	Dilution of Precision	精度衰减因子
DRMS	Distance Root Mean Square	距离均方根
DVD	Digital Versatile Disk	数字通用光盘
EC	European Commission	欧洲委员会
ECEF	Earth – Centred Earth – Fixed (coordinate system)	地心地球固定(坐标系)
ECI	Earth – Centred Inertial(coordinate system)	地心惯性(坐标系)
EGNOS	European Geostationary Navigation Overlay Service	欧洲静地轨道卫星导航重叠服务
EHF	Extremely High Frequency	极高频
EMR	Electro Magnetic Radiation	电磁辐射
ESA	European Space Agency	欧洲空间局
FAA	Federal Aviation Administration(United States)	联邦航空管理局(美国)
FDMA	Frequency Division Multiple Access	频分多址
FM	Frequency Modulation	频率调制
GAGAN	GPS – Aided Geo Augmented Navigation	全球定位系统辅助型地球静止轨道卫星增强导航
GBAS	Ground Based Augmentation System	陆基增强系统
GCS	Geographical Coordinate System	地理坐标系
GDOP	Geometric Dilution of Precision	几何精度衰减因子
GIOVE	Galileo In – Orbit Validation Element	Galileo 在轨验证卫星
GLONASS	GLObal'naya NAvigatsionnaya Sputnikovaya Sistema(English: GLObal NAvigation Satellite System, also called GLobal Orbiting NAvigation Satellite System)	俄罗斯全球卫星导航系统(英语:GLObal NAvigation Satellite System,也称为全球轨道卫星导航系统)
GMDSS	Global Maritime Distress Safety System	全球海上遇险安全系统
GNSS	Global Navigation Satellite System	全球卫星导航系统
GPS	Global Positioning System	全球定位系统
GRAS	Ground – based Regional Augmentation System	陆基区域增强系统
GRS 80	Geodetic Reference System 1980	1980 大地参考系统
GST	Galileo System Time	伽利略系统时间
GSTB – V1	Galileo System Test – Bed Version 1	伽利略系统试验台第 1 版
GTRF	Galileo Terrestrial Reference Frame	伽利略地球参考系

续表

HAS	High Accuracy Service	高精度服务
HDOP	Horizontal Dilution of Precision	水平精度衰减因子
HF	High Frequency	高频
HPS	High Precision Service	高精度服务
ICAO	International Civil Aviation Organization	国际民用航空组织
IGS	International GNSS Service (Formerly International GPS Service)	国际 GNSS 服务(原国际全球定位系统服务)
IMU	Inertial Measurement Unit	惯性测量单元
INLUS	Indian Land Uplink Station	印度地面注入站
INMCC	Indian Master Control Centre	印度主控中心
INRES	Indian Reference Stations	印度参考站
INS	Inertial Navigation System	惯性导航系统
IODC	Issue of Data Clock	钟差数据版本标识
IODE	Issue of Data Ephemeris	星历数据版本标识
IOV	In – Orbit Validation	在轨验证
IRNSS	Indian Regional Navigation Satellite System	印度区域卫星导航系统
ISRO	Indian Space Research Organization	印度空间研究组织
ITRF	International Terrestrial Reference Frame	国际地球参考框架
ITU	International Telecommunications Union	国际电信联盟
JCAB	Japan Civil Aviation Bureau	日本民航局
LAAS	Local Area Augmentation System	局域增强系统
LBS	Location – Based Service	基于位置的服务
LF	Low Frequency	低频
LFF	ultrakurzwellen – LandeFunkFeuer(German)	超高频着陆无线电火力(德语)
LOP	Line of Position	位置线
LORAN	Long – range Radio Navigation	远程无线电导航
LOS	Line of Sight	视线
M code	Military code	军码
MBOC	Multiplex Binary Offset Carrier	复合二进制偏移载波
MEO	Medium Earth Orbit	中轨
MF	Medium Frequency	中频
MSAS	Multi – functional Satellite Augmentation System	多功能卫星增强系统
MTSAT	Multi – functional Transport Satellite	多功能运输卫星
NASA	National Aeronautics and Space Administration	美国国家航空航天局
NavIC	Navigation with Indian Constellation	印度星座导航系统
NAVSAT	Navigation Satellite	导航卫星
NAVSTAR	Navigation Satellite Timing and Ranging	导航卫星授时和测距

续表

NDGPS	Nationwide DGPS	美国国家差分全球定位系统
NGA	National Geospatial Agency	美国国家地理空间局
NLOS	Non Line of Sight	非视线
NNSS	Navy Navigation Satellite System	海军卫星导航系统
NTSC	National Time Service Centre(China)	中国科学院国家授时中心
OCS	Operational Control Segment	运行控制站
OD&TS	Orbit Determination and Time Synchronisation	轨道确定和时间同步
OEM	Original Equipment Manufacturer	原始设备制造商
OS	Open Service	开放服务
OTF	On – the – Fly	在航
P code	Protected/Precise code	P 码(受保护/精确代码)
PDA	Personal Digital Assistant	个人数字助理
PDL	Position Data Link	位置数据链路
PDOP	Position Dilution of Precision	位置精度衰减因子
PE – 90	Parameters of the Earth 1990	1990 年地球参考系
PLL	Phase Locking Loop	锁相环
PPP	Precise Point Positioning	精密单点定位
PPS	Precise Positioning Service	精确定位服务
PRN	Pseudo – Random Noise	伪随机噪声
PRS	Public Regulated Service	公共监管服务
PZ – 90	Parametry Zemli 1990(English: Parameters of the Earth 1990,PE – 90)	PZ – 90 参考系(英文表达:Parameters of the Earth 1990, PE – 90)
QPSK	Quadrature Phase – Shift Keying	正交相移键控
QZSS	Quasi – Zenith Satellite System	准天顶卫星系统
R&D	Research and Development	研究和开发
RAIM	Receiver Autonomous Integrity Monitoring	接收机自主完好性监测
RDF	Radio Direction Finder	无线电测向仪
RDOP	Relative Dilution of Precision	相对精度衰减因子
RF	Radio Frequency	射频
RINEX	Receiver Independent Exchange	接收机独立交换
RNSS	Regional Navigation Satellite Systems	区域卫星导航系统
RS	Restricted Service	受限服务
RTCM	Radio Technical Commission for Maritime (Services)	海事服务无线电技术委员会(服务)
RTK	Real – Time Kinematic	实时动态

续表

SA	Selective Availability	选择可用性
SAR	Search – and – Rescue	搜索和救援
SBAS	Satellite Based Augmentation System	星基增强系统
SDCM	System for Differential Corrections and Monitoring	差分校正和监测系统
SHF	Super High Frequency	超高频
SI	International System of Units	国际单位制
SoL	Safety of Life(service)	生命安全(服务)
SPS	Standard Positioning Service	标准定位服务
SPS	Standard Positioning Service (for GPS); Standard Precision Service(for GLONASS)	标准定位服务(用于 GPS);标准精度服务(用于 GLONASS)
SU	Soviet Union	苏联
TAI	Temps Atomique International	国际原子时
TDMA	TimeDivision Multiple Access	时分多址
TDOP	Time Dilution of Precision	时间精度衰减因子
TEC	Total Electron Content	总电子含量
TRF	Terrestrial Reference Frame	地球参考坐标系
TT&C	Telemetry,Tracking,and Control	遥测、跟踪和控制
UERE	User Equivalent Range Error	用户等效距离误差
UHF	Ultra High Frequency	特高频
URA	User Range Accuracy	用户距离精度
US	United States(of America)	美国
USA	United States of America	美国
USB	Universal Serial Bus	通用串行总线
USNO	United States Naval Observatory	美国海军天文台
UTC	Coordinated Universal Time	协调世界时
UTM	Universal Transverse Mercator	通用横轴墨卡托
VDOP	Vertical Dilution of Precision	垂直精度衰减因子
VHF	Very High Frequency	甚高频
VLF	Very Low Frequency	甚低频
VOR	Very High Frequency Omnidirectional Range	甚高频全向无线电指向标
WAAS	Wide Area Augmentation System	广域增强系统
WGS84	World Geodetic System 1984	1984 世界大地坐标系

目　录

第 1 章

全球卫星导航系统概述

1.1 引言

全球卫星导航系统(GNSS)是可以提供自主空间定位的星基导航和定位系统。GNSS 允许小型电子接收机使用导航卫星发送的信号确定其位置。对于任何拥有 GNSS 接收机的人来说,该系统可以在世界任何地方无论白天或者夜晚的任何天气条件下提供位置(和时间)信息。目前,4 个 GNSS 星座正在全球范围内运行。除此之外,还有一些区域或局域系统可用。

如今,我们所有人使用的智能手机或智能手表中都携带一个或多个 GNSS 接收机。配备了这些接收机,用户可以准确定位自己所在的位置,并可以轻松导航到想要去的地方,无论是步行、驾驶、飞行还是航海。GNSS 已成为全球运输系统的支柱,为航空、地面和海上作业提供导航。救灾和应急服务在其救生任务中也依赖 GNSS 的定位和授时能力。GNSS 提供的精确授时每天都为银行业务、移动电话业务甚至电网控制等业务提供便利。工程师、测量员、地质学家、地理学家和各种专业人员可以使用 GNSS 技术更高效、安全、经济和准确地完成工作。

1.2 全球卫星导航系统的定义

GNSS 在定位、导航和定时服务方面的应用非常丰富;因此,在现有文献中可以找到 GNSS 的不同定义。我们尚未对 GNSS 提出一个广泛接受和可操作的定义(Swider,2005)。Swider(2005)将 GNSS 定义如下:

GNSS 统称为通过一个或多个卫星星座来确定全球民用定位、导航和授时能力的系统。

国际民用航空组织(ICAO,2005)将 GNSS 定义如下:

GNSS 是一个全球定位和时间确定系统,包括一个或多个卫星星座、飞机接收机、系统完整性监测,必要时进行增强,以支持预期操作所需的导航性能。

另一个简单的定义是:

GNSS 是一种星基系统,用于精确定位用户接收机在世界任何地方的地理位置。

上述定义简短、简单且容易记忆;然而,它却较少讨论技术。GNSS 的更好定义如下:

GNSS 是一个由地球上地面站监测和控制的导航卫星网络组成的系统,这些卫星连续发射无线电信号,由接收机捕获并处理,从而通过测量与卫星的距离来精确定位接收机,并随时向世界任何地方提供精确的时间信息。

地理定位是指识别 GNSS 接收机的真实世界地理位置。

1.3 导航和定位

导航是规划、读取和控制飞行器、车辆、人或物体从一个地方移动到另一个地方的过程(Bowditch,1995)。在 GNSS 文献中,确定运动路线或方向的行为也称为导航。“导航”(navigation)一词源于拉丁词根 navis,意为“船”,而 agere 则意为“移动”或“驾驶”,指的是在航行过程中指挥船只的人文和科学(Richey,2007)。“导航”一词最初可能是水手们使用的。所有导航技术都涉及将已知位置或模式与定位导航终端的位置相比。大多数现代导航主要依靠从卫星收集信息的接收机以电子方式确定的位置。

定位是用于确定一个位置相对于其他已定义位置的地点的过程。实时获得位置(即从出现在某一位置到获得该位置的信息之间没有延迟)称为实时定位。在 GNSS 社区中,定位一词通常指的是“找到位置”,而不是“到达位置”。因此,定位不仅包括定位对象的位置,还包括被定位对象的方位(方向)。定位系统确定物体在空间中的位置,因此也称为空间定位。空间意味着“与空间有关”或“与空间相关”。由于 GNSS 涉及地理意义上或地理坐标方面的定位,因此“定位”一词也称为地理空间定位。

1.4　参考点

参考点(在测量中也称为控制点)是通过给出相对位置来确定(或表示)另一个点的地点或位置。为了确定一个对象的位置,我们需要参考其他对象的参考点或位置。例如,要定义玻璃杯的位置,可以说“在桌子上”;因此,桌子是具有位置的参考点。然而,在本例中,玻璃杯的位置不是非常精确的。有人可能会问“在桌子上的什么地方?”因此,为了精确确定位置,我们需要采用一种几何方法,如“距离桌子左边缘30cm,距离桌子前边缘20cm,在桌子上面”等;这样,就定义了准确的位置。

从前面的讨论中可以清楚地看出,我们需要使用参考点来确定对象的位置。但我们需要多少个参考位置?让我们从一个参考点开始。假设塔架安装在地球上的已知点 A(图1.1(a))。我们在距离点 A 5km的地方。这并不能告诉我们“我们在哪里”,但它将我们的位置缩小到距离塔架5km半径的圆上的一点,如图1.1(a)所示。也就是说我们在这个圆的圆周上的任何地方。

接下来,让我们假设第二座塔架安装在地球上另一个已知点 B 上。我们与点 B 的距离为7km。这表明我们在以距离 B 塔架7km半径的圆上。我们现在有两条信息:到 A 点的距离为5km,到 B 点的距离是7km。所以,我们同时在圆 A 和圆 B 上。因此,我们必须位于两个圆的交点,即两个点 P 或点 Q 中的一个,如图1.1(b)所示。

以同样的方式测量我们到第三座塔架 C 的距离,可以准确地确定我们的位置。图1.1(c)显示,我们必须在三个圆相交的点 P。这种通过测量地面上三个参考点的距离来确定一个人位置的过程称为二维三边测量(参见第3章3.2节)。然而,这是确定二维(2D)位置的情况,其中我们需要至少三个参考点。在这个例子中,假设我们在地球表面。因此,地球表面将作为额外的参考。但是,如果我们距离地球表面有一定高度,则至少需要4个参考点来确定三维(3D)位置。

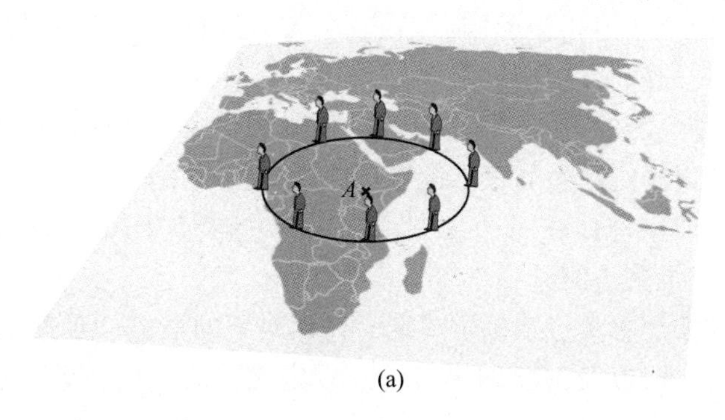

(a)

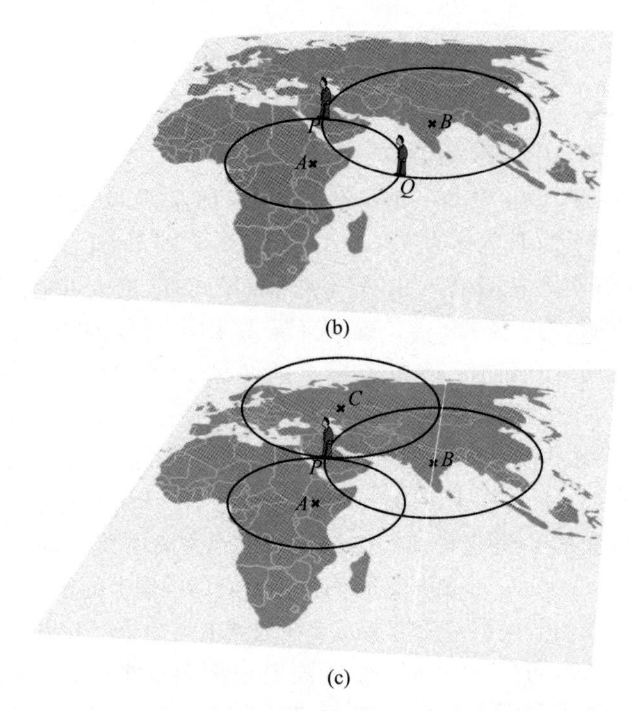

图 1.1　单点参考(a)、双点参考(b)和三点参考(c)

假设我们测量了与某一个点的距离为10km。那么我们在整个宇宙中的所有可能位置缩小到以该点为中心、半径为10km的球体表面(图1.2(a))。然后,假设我们测量到第二个点的距离,发现它距离我们11km。这意味着我们不仅在第一个球体上,而且也在一个半径为11km,以第二个点为中心的球体上。换句话说,我们在这两个球体相交的地方。这样的交点(的轨迹)实际上是一个圆(图1.2(b))。如果我们从第三个参考点进行测量,发现距离该点12km,我们的位置将进一步缩小到两个点(图1.2(c)所示的P和Q),其中半径为12km的球体穿过前两个球体相交的圆。因此,从三个参考点开始,可以将我们的位置缩小到空间中的两个点。

尽管有两种可能的位置,但它们的位置差别很大。然而,通过添加第四个参考点,我们可以确定精确的三维位置。假设我们与第四个点的距离是15km。现在,我们有第四个球体在一个公共点与前三个球体相交,这是精确的位置。这种技术称为三维三边测量。

总之,我们需要参考点来确定或定义任何对象的位置。至少需要三个参考点来定义二维位置,以及需要四个参考点以定义三维中的位置。然而,值得一提的是,GNSS 可以通过数学和几何技巧(在 3.5 节中讨论)使用仅参考三个点来确定三维位置。

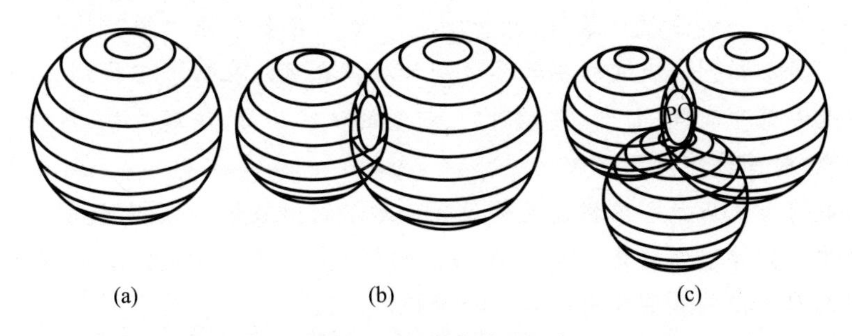

图 1.2　三维定位原理

(a)从一个参考点测量距离,确定球体上的位置;(b)从两个参考点的距离测量建立两个球体的相交圆;(c)从三个参考点的距离测量将位置缩小到仅两个位置(P 和 Q)。

1.5　导航系统的历史

我们在哪里?我们如何到达目的地?这些问题与人类历史一样悠久。导航和定位的悠久历史以及人类在这些努力中使用的无数技术和仪器超出了本书的范围。然而,以下各节将简要介绍导航和定位的演变与重要突破。

1.5.1　天体年龄

识别和记忆物体与地标作为参考点,是早期人类在丛林和沙漠中寻找道路的方式。留下石头、标记树木、参考山脉是早期的导航辅助工具。石头、树木和山脉是"参考点"的早期例子。今天,我们仍然使用相同的概念在陆地上进行定位和导航——通常使用几个地标进行日常导航。

在陆地上很容易确定参考点。但当人类开始探索海洋时,这就成了一个关乎生命和生存的问题,在那里,唯一可见的物体是太阳、月亮和星星。自然地,它们成了"参考点",天文导航的时代开始了。天文导航和定位是第一个解决在未知地区寻找自己位置问题的解决方案,太阳、月亮和星星被用作参考点。天体导航是利用天空中的物体(天体)与地平线之间的角度来确定一个人在地球上的位置的过程。在任何给定时刻,任何天体(如太阳、月亮或星星)都可以直接位于地球上特定地理位置的上方。该地理位置(在地球表面上)称为天体的子点,其位置(如纬度和经度)可通过参考航海天文历或航空天文历中的表格来确定(Bowditch,1995)。

注释

历书是一种年度出版物，包含特定领域或者多个领域的表格信息，通常按照日历排列。天文数据和各种统计数据也可以在历书中找到，如日月的升起和落下时间、日食、满潮时间、教堂的法定节日、法庭条款、各种类型的列表、时间线等。

航海天文历是一本描述天体位置和运动的出版物，目的是使航海者能够使用天体导航来确定其船舶在海上的位置，参考太阳、月亮、行星和57颗因其易于识别和间距大而被选择的恒星。

天体与地平线之间的测量角度和子点与观察者之间的距离直接相关，该测量用于定义地球表面上的一个圆，称为天体位置线（LOP），其大小和位置可使用数学或图形方法确定（Bowditch，1995）。LOP是非常重要的，因为在那一时刻，天体将从其圆周上的任何一点以相同角度被观测到。观察者位于LOP上的任何位置。根据两个天体计算出的两条LOP可以将观察者的位置限制为两个点，每个点位于这两条LOP相交的位置（图1.1（b））。在大多数情况下，很容易确定两个交点中哪个是观察者的正确位置。有时两个交点相距数千千米，因此很容易排除其中一个交点。类似地，水手可能会发现其中一个点在陆地上，故该点可以被排除。一般来说，观测两个天体可以提供精确的位置。对第三个天体的观测可提供第三条LOP，并且仅有一个交点。

早期的天文导航是基于地平线和常见天体之间的角度测量。这些天体的相对位置及其几何排列在地球上的不同位置看起来不同。因此，通过观察这种排列的配置，人们可以直观地估计它们在地球上的位置以及前往目的地的方向。虽然这种早期的天文导航技术对于陆地短途旅行是有用的，但对于长途航行却存在问题，导航员经常在海上迷路。

后来，从观察者的角度来看，通过测量恒星之间的相对角度，可以更准确地确定恒星的几何构型。这促进了许多更精确仪器的发展，包括卡马尔、等高仪、八分仪和六分仪（图1.3）。然后，利用已出版的预先计算好的图表，使用测量的角度来确定观察者的位置，从而减轻了烦琐的计算任务。磁罗盘也用于确定导航方向。

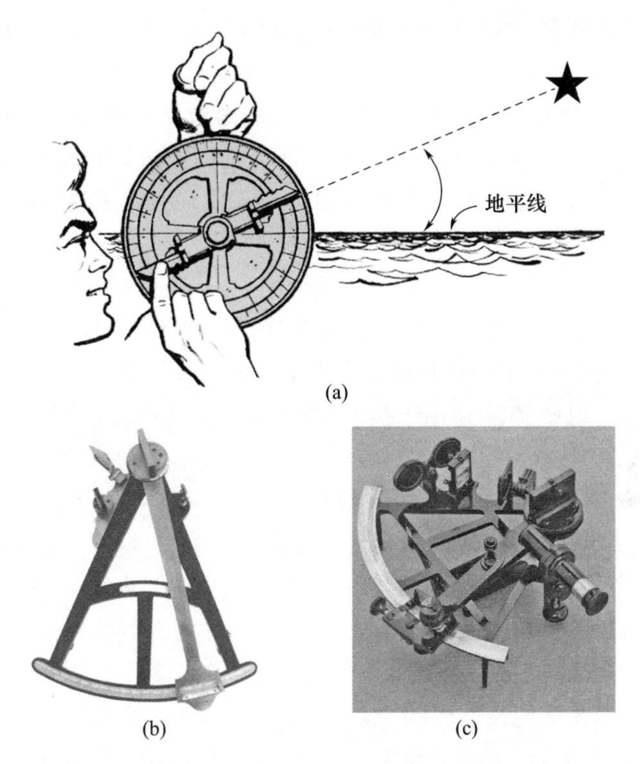

图1.3　用等高仪(a)、八分仪(b)和六分仪(c)测量角度

注释

导航员用弧度、弧分和弧秒测量地球上的距离。1n mile 定义为1.1508 英里(1852m),这也是沿地球子午线上纬度1分所对应的弧长。六分仪可用于精确读取0.2rad 内的角度。因此,理论上,观察者的位置可以在0.23 英里(370m)内确定。大多数海洋导航员在移动平台上进行测量,可以达到1.5 英里(2.8km)的实际精度,这足以在海上安全导航。

用上述仪器测量天体角度的过程既费时又不准确。例如,它们不能在白天(因为在白天,太阳是天空中唯一可见的物体)或在多云的夜晚使用。此外,测量的角度必须转换到特殊的海图上,经过烦琐的计算,得出的位置只能精确到几千米。

面对定位的难题，很久以前的航海家一定梦想着能有可以自动、更准确地完成这项任务的小工具。可能有人曾经想象过这样一种装置，甚至正在建造一个装置。该装置能快速对准天体，测量与这些参考点的角度，并自动计算它们的位置。直到20世纪中期，通过测量到参考点的距离进而自动计算位置的想法才成为现实，当时部署了无线电信号，无线电导航时代开始了（Javad et al.，1998）。

1.5.2 无线电时代

无线电导航是利用无线电频率信号来确定一个人在地球上的位置。在20世纪中叶，科学家发现了一种利用无线电信号测量距离的方法。其概念是测量无线电信号从发射站传输到用于接收它们的特殊设备（接收机）所需的时间。将信号传播时间乘以信号速度得到发射器和接收机之间的距离。定位的几何概念是简单的三边测量。如果我们考虑位于A、B和C的三个无线电信号发射塔（图1.1（c）），就可以通过测量这三个发射塔之间的距离来确定我们的位置（参见1.4节）。因此，发射塔起着参考点的作用。一个人需要使用接收机来测量与这些发射塔的距离。发射塔A、B和C一起称为发射器"链"。一条链可以具有4个或更多的发射器，以具有更好的精度，并且多个发射器链可以覆盖更大的区域。一个无线电发射机的射程通常约为500km（Javad et al.，1998）。这一概念是无线电时代用于导航和定位的最先进技术。然而，在实现这一先进技术之前，无线电导航和定位技术经历了以下几个阶段。

第一个无线电导航系统是无线电测向仪（RDF）。通过调谐无线电台，然后使用定向天线找到广播天线的方向，无线电源取代了天体导航的恒星和行星，成为一个可以在任何天气和时间使用的系统（Dutton et al.，2004；Appleyard et al.，1998）。该系统在20世纪30年代和40年代得到广泛使用。

20世纪30年代，德国无线电工程师开发了一种新系统，称为"超短波着陆信标"（LFF），或简称为"导引波束"。然而，在德国以外，它被称为Lorenz（Bauer，2004），因为这是制造该设备的公司的名称。最初，它被用作飞机的着陆系统。

在Lorenz系统中，两个信号以38MHz的频率从两根高度定向的天线以在同一条线上的几度宽的波束广播（图1.4）。这两根天线中的一根略微指向另一根的左侧，在两个波束重叠的中间有一个小角度。左右天线依次打开和关闭。广播被切换时，左天线只短暂打开，发送一系列（1/8）s长的"点信号"，每秒重复一次。关闭第二根天线后，信号从右天线发送，广播一系列（7/8）s长的"短信号"。信号可以在离跑道末端一段距离的地方被探测到，最远可达30km。

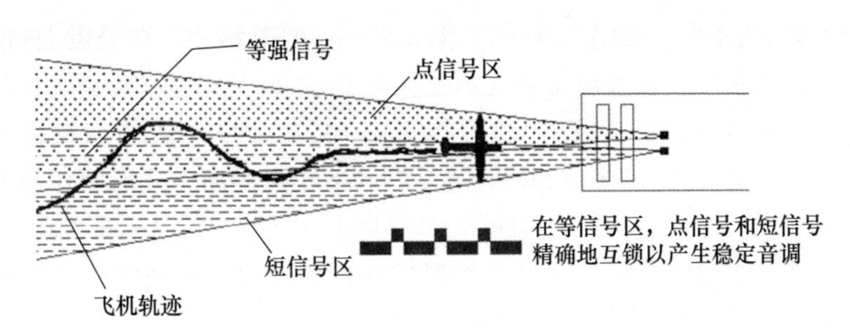

图 1.4　飞机着陆时的洛伦兹光束

接近跑道的飞机会将其无线电调到广播频率并收听信号。如果它们听到一系列的点信号,就知道飞机偏离了跑道中心线到了左侧(点信号区),必须右转才能与跑道对齐。如果它们往右侧偏移,就会听到一系列短信号(短信号区),然后左转(图 1.4)。该系统运行的关键是中间的一个区域,两个信号(左和右)重叠,一个点信号“填充”了另一个短信号,从而形成了一个稳定的音调,即等信号。通过调整飞行路径直至听到等信号,飞行员就可以将飞机与跑道对齐,以实现安全着陆。

无线电导航系统的下一个重大进步是使用了两个信号,这两个信号不是在声音上变化,而是在相位上变化。甚高频全向无线电指向标(VOR)是一种用于飞机的无线电导航系统。该系统设计用于广播甚高频(VHF,范围为 108.0 ~ 117.95MHz)无线电复合信号。VOR 的概念相当复杂,超出了本书讨论的范围。然而,在 VOR 中,一个主信号从基站连续发出,并且发出一个高度定向的副信号,与主信号相比,副信号相位每秒变化 30 次(有关相位差的详细信息,请参阅 4.7 节)。该信号是同步的,因此其相位随着辅助天线旋转而变化,当天线与北面成 90°时,信号与主信号的相位相差 90°。通过将副信号的相位与主信号进行比较,可以在接收机中没有任何物理运动的情况下确定角度。该角度随后显示在飞机的驾驶舱中,并可用于进行定位,就像早期的 RDF 系统一样。理论上,该系统更易于使用,更准确(Clausing,2006)。

RDF、Lorenz 和 VOR 是早期的无线电导航辅助设备。然而,它们没有使用信号传播时间的概念来测量与发射器的距离。第一个基于测量两个或多个参考位置信号到达时间差的系统是英国 GEE 系统(GEE 意味着“网格”,即纬度和经度的电子网格),在第二次世界大战期间首次使用(Hecks,1990)。GEE 发射器发出精确定时的脉冲,共有三个 GEE 站,一个主站和两个从站。主站发送一个 2ms 的脉冲,然后是一个双脉冲。第一从站在主站的单脉冲之后发送 1ms 的单脉冲，第二从站在主站的双脉冲之后发送1ms的单脉冲。在飞机上，收到了来自三个站的信号。机载设备将在示波器的显示器（通常为二维图形）上显示两个从站的信号。由于显示时间由主站的脉冲控制，因此显示设备会给出脉冲接收时间差，从而给出了主站和每个从站之间的相对距离。飞机上有一张导航图，上面绘制了几条双曲线（位置线）（Bowditch，1995）。每条双曲线表示主站和一个从站的恒定时差线。导航器所要做的就是找到代表两个从站的两条双曲线的交点，以知道它们的位置。GEE在短距离精确到165码（150m），在长距离精确到1英里（1.6km）。

注释

由于图表上位置线的形状，GEE、OMEGA和LORAN都称为双曲线系统。

在英国GEE的基础上，开发了OMEGA无线电导航系统。这是第一个真正的全球飞机无线电导航系统，由美国与6个伙伴国合作运营。OMEGA最初由美国海军开发用于军事航空。它在1968年获得批准，只有8个发射器，能够达到4英里的精度来确定一个目标的位置。每个OMEGA站发送一个非常低频的信号，该信号由OMEGA站特有的四种音调组成，每10s重复一次。由于这一点以及前面描述的无线电导航原理，可以计算接收机位置的精确定位。OMEGA采用双曲线无线电导航技术，并在10～14kHz的电磁频谱甚低频（VLF）部分工作。

8个OMEGA站中的6个于1971年投入运行；日常运行由美国海岸警卫队与阿根廷、挪威、利比里亚和法国合作管理。几年后，日本和澳大利亚站开始运行。由于全球定位系统卫星导航的成功，OMEGA的使用在20世纪90年代有所下降，以至OMEGA运行成本不再有理由得到支持。OMEGA于1997年9月30日永久终止，所有基站停止运行。在其寿命结束之际，它以民用为主。

在此期间，许多国家还启动了其他一些类似的无线电导航系统，如阿尔法（OMEGA的俄罗斯版本）、美国罗兰、CHAYKA（罗兰的俄罗斯版本）和DNS（英国/美国）。其中，最有能力的是美国远程无线电导航（LORAN），于20世纪50年代投入使用（Bowditch，1995；Clausing ，2006），是一种低频地面无线电导航系统，目前仍在世界某些地区使用（https://www.loran.org）。常用的最新版本的罗兰系统是罗兰－C（COMDTPUB，1992），它在90～110kHz电磁频谱的低频部分运行。

在罗兰系统中，一个“主站”将广播一系列短脉冲，这些脉冲被一系列“从站”获取并重新广播，共同形成一个“链”。通过对从站接收和重新广播脉冲之间的时间进行精确控制,就可以通过收听信号来测量无线电信号从一个站传播到另一个站所花费的时间。由于重播信号到达远程接收机的时间随其与从站的距离而变化,因此可以确定到每个从站的距离。通过在地图上绘制代表距离的双曲线,它们重叠的区域形成固定位置。每个罗兰链由至少4个发射机组成,通常覆盖约500英里的区域。为了提供更大区域的罗兰覆盖,需要使用多个罗兰链。随着计算机系统的复杂程度发展到可以将其集成在单个芯片上,罗兰突然变得非常简单易用,并从20世纪80年代开始迅速出现在民用系统中。然而,与光束系统一样,LORAN的民用也是昙花一现,因为较新的技术迅速将其淘汰出了市场。

注释

由于GNSS的脆弱性及其自身的传播和接收限制,人们对罗兰的应用和开发重新产生了兴趣。增强型罗兰,也被称为eLORAN或E-LORAN,包括接收机设计和传输特性方面的进步,提高了传统罗兰的准确性和实用性。据报道,精度高达8m,该系统与普通GNSS可相媲美。eLORAN接收机现在使用“全视图”接收,包括来自多达40个台站的时间信号和其他数据。LORAN的这些改进使其在GNSS无法使用或性能下降的情况下可以作为替代品。

尽管罗兰在导航和定位方面取得了重大突破,但它有以下局限性:①罗兰的覆盖范围仅限于建立信号链区域的地球表面的5%左右;②该系统由地方政府运营,通常位于交通量大的沿海地区附近;③罗兰信号受到天气和电离层效应的电子影响;④罗兰只能提供二维位置信息(纬度和经度)。它不能提供高度信息,因此不能用于航空。一般来说,罗兰的精度为20~100m(适用于LORAN-C),因此不适用于测绘。

1.5.3　卫星时代

为了克服陆基无线电导航系统的局限性,人们构想了星基无线电导航系统,其中改进的无线电发射机被安装在高海拔绕地球轨道运行的人造卫星上,以提供更广泛的覆盖范围。1957年10月4日,苏联发射了世界上第一颗人造卫星Sputnik。约翰·霍普金斯大学应用物理实验室(APL)(美国马里兰州劳雷尔)的两位科学家威廉·H.圭尔(William H. Guier)和乔治·C.韦芬巴赫

(George C. Weiffenbach)对人造卫星的多普勒频移进行了一系列测量(参见4.10.1节),得出了卫星的位置和速度(Bedwell,2007)。该团队继续监测 Sputnik Ⅱ和美国“探险家”Ⅰ号另外两颗卫星。1958年3月,Guier和Weiffenbach被召集会见他们的负责人弗兰克·T.麦克卢尔(Frank T McClure),他对数据的解释让他们震惊。McClure担任APL研究中心主任近25年,他提出了一个相反的假设:如果通过测量卫星的多普勒频移可以确定其精确轨道,那么卫星的信号也应该允许有合适装备的观察器确定自己在地球上的位置(Bedwell,2007)。

在灵光一现之后不久,McClure与另一位APL研究员理查德·克什纳分享了他的结论。在一个漫长的周末里,McClure和克什纳制定了第一个卫星导航系统Transit的初步细节(Stansell,1978)。第一颗Transit卫星于1960年被送入极地轨道。当该系统于1962年开始运行时,尽管美国海军官员质疑它的作用,但仍有7颗卫星在约1100km的高空运行。这些卫星向地面用户广播信号,地面用户可以通过测量信号的多普勒频移来定位自己。这些卫星还传输有关其轨道位置的信息,这些信息是从一组4个地面跟踪站获得的。美国海军希望精度在1km以内;但事实证明其具有更好的25m左右的精度(Bedwell,2007)。

Transit对美国海军的潜艇和水面舰艇非常有用与可靠,因此于1967年发布给民用用户。以导航卫星(NAVSAT)或海军卫星导航系统(NNSS)的名义,它将帮助引导业余水手和商业船员,直到20世纪90年代中期。

虽然Transit卫星表明导航卫星是有用和可靠的,但其很难对用户友好。它需要很长的观测时间,而且卫星数量少,导致访问不稳定;有时,它会一次沉默几个小时(Bedwell,2007)。航行中船只上的用户必须进行很耗时的校正工作;并且它只能产生纬度和经度两个维度的数据。对于第三个维度,即对航空至关重要的高度,需要由更先进的系统获得。

几年内,在地球上跟踪卫星已经成为一项相当常规的任务,那么也是时候借助卫星追踪地球上的船只了。1964年,罗杰·L.伊斯顿(Roger L. Easton)领导海军研究实验室空间系统部(华盛顿特区)的一个团队开发了一种改进的天基导航系统,称为Timation(Aldridge,1983)。这是当今GNSS更直接的前身。伊斯顿设想了一个信号发射卫星星座,这些卫星携带与地球主时钟同步的时钟。且不使用多普勒频移;相反,通过测量信号到达的时间,用户可以知道他们离卫星有多远。当与其他卫星重复使用并结合其轨道数据时,这一过程可以得到用户的三维位置(Bedwell,2007)。

通过卫星传输信号读取时间是Timation的关键创新。显然,这需要非常精确的时钟。1964年,伊斯顿因Timation获得了一项美国专利。1967年和1969

年,第一批两颗 Timation 卫星(图 1.5)进入轨道时,它们携带了稳定的石英晶体振荡器时钟。之后的两颗卫星将配备原子钟,这最终设定了 GPS 标准。后来,除了 Timation,还进行了其他几次实验和发射,以建立高精度的卫星全球导航系统。

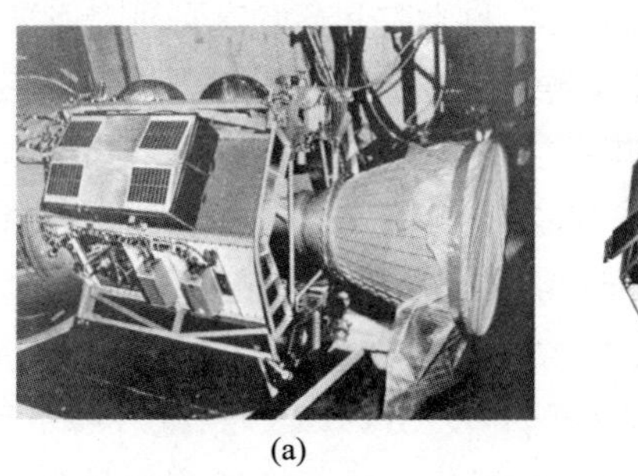

(a)

(b)

图 1.5　组装中的 Timation 卫星(a)和设计师概念图(b)(由 NASA 提供)

注释

晶体振荡器(或石英晶体振荡器)是一种电子电路,它利用压电材料振动晶体的机械共振来产生具有频率非常精确的电信号。该频率通常用于计时(如石英手表),为数字集成电路提供稳定的时钟信号,并为无线电发射机或接收机提供稳定的频率。

1973 年 12 月,在 Timation 成功实验的支持下,美国国防部(DoD)批准了 1.04 亿美元的初始预算,用于开发名为导航卫星授时和测距全球定位系统(NAVSTAR GPS)的卫星导航系统,通常称为 GPS(Parkinson,1994)。此后不久,美国国防部于 1974 年 7 月 14 日批准了第一颗原型 GPS 卫星——导航技术卫星 -1,并将其送入轨道,但其时钟在发射后不久就失效了。重新设计的带有铯原子钟的导航技术卫星 -2,于 1977 年 6 月 23 日送入轨道。到 1985 年,第一个由 11 颗卫星构成的 GPS Block - Ⅰ星座正式在轨运行。GPS Block Ⅱ星座于 1989 年 2 月首次发射,并于 1994 年 3 月完成(Bedwell,2007)。

苏联也发起了一个类似的卫星导航系统,名为全球卫星导航系统(俄语全称 GLObal'naya NAvigatsionnaya Sputnikovaya Sistema;英语翻译为 GLObal NAvigation Satellite System,也称为 Global Orbiting NAvigation Satellite System)。20 世纪 60 年代末和 70 年代初,苏联意识到了开发新的卫星无线电导航系统的必要

性和好处。他们现有的Tsikada卫星导航系统（类似于美国的Transit）虽然对静止或缓慢移动的船只定位非常精确，但需要接收站进行数小时的观察才能确定位置，因此无法用于更多目的的导航和新一代弹道导弹的制导。

从1968年到1969年，苏联国防部、科学院和苏联海军研究所合作开发了一套单一的空中、陆地、海上和空间部队导航系统。这次合作形成了一份1970年的文件，来确定这种系统的要求。6年后的1976年12月，一项开发GLONASS的计划被通过。该系统的第一颗卫星于1982年10月12日进入轨道。从1982年到1991年4月，苏联成功发射了总共43颗与GLONASS相关的卫星，以及5颗测试卫星。1991年，在两个轨道平面上有12颗功能性GLONASS卫星，足以有限地使用该系统。1991年苏联解体后，俄罗斯继续开发GLONASS系统。1993年9月24日，时任总统鲍里斯·叶利钦宣布该系统部分运行。虽然该项目计划于1991年完成，但整个在轨星座于1995年12月完成，并宣布全面投入运行。

最初，GPS系统和GLONASS系统被设计用于军事目的；不允许民用。1983年9月1日，苏联战斗机击落了一架误入苏联领空的大韩航空007号航班。这导致该航班上所有269名乘客全部遇难。为了避免未来再次发生这样的悲剧，美国总统罗纳德·里根（Ronald Reagan）宣布，随着GPS系统的上线，GPS系统信号将可供国际民用。根据决定，通过对军事信号编码，并使用“选择可用性”（SA）系统进行扰动（改变），降低民用用户可用读数的精度，从而保护美国的军事利益。然而，该方案并没有持续很长时间，因为电子制造商很快找到了用差分系统替代SA的方法。另外，在海湾战争期间，美国士兵和坦克驾驶员认识到GPS的价值，并要求配备比美国陆军库存更多的接收机。官员们转向私营部门求助，从商业供应商那里订购了1万多台。由于军队使用了如此多的商业接收机，美国政府不得不根据总统比尔·克林顿（Bill Clinton）的命令，在2000年5月2日不再使用SA。这鼓励了几家私营公司投身GPS接收机的制造，而日益激烈的竞争迫使价格下降。结果，给卫星导航世界打开了一扇新的大门，大量民用应用如雨后春笋般涌现。尽管GPS系统的SA在2000年被禁用，但禁止民用用户获取GLONASS卫星的高精度信号的限制直到2007年5月18日才被撤销。

GPS系统和GLONASS系统都由各自国家的军队运营和控制，并不能确保永远持续向民用提供信号。这种不确定性引发了第三个全球卫星导航系统Galileo（以意大利天文学家伽利略·伽利雷命名）的诞生，用于民用。欧洲联盟和欧洲航天局于2003年5月26日商定采用他们自己的GPS和GLONASS替代方案，称为Galileo定位系统。该系统的第一颗卫星Galileo在轨验证元素-A（GIOVE-A）测试卫星于2005年12月28日发射，第二颗卫星（GLOVE-B）于2008

年4月27日发射。此后,该系统中的数十颗卫星相继发射,并于2020年全面运行。Galileo服务免费向所有人开放,但精度有限。更高精度的功能仅提供给付费商业用户。

1983年,中国启动了自己的独立卫星导航系统,称为北斗导航系统(也称为北斗实验导航系统或"北斗一号"),该技术演示系统最初仅提供区域覆盖。该系统的第一颗卫星"北斗1A"于2000年10月发射;随后是2000年12月的北斗1B、2003年5月的北斗2A和2007年2月的北斗2B。在成功进行"北斗一号"试验后,中国启动了全球系统,即"北斗二号"(CNSS)。该系统的第一颗卫星COMPASS－M1于2007年4月14日成功发射;第二颗是COMPASS－G2(这是第二代北斗卫星的首次发射),于2009年4月15日发射,随后又进行了几次发射。北斗系统的第三阶段"北斗三号"于2015年启动,其第一颗卫星"BeiDou－3 I1－S"发射。此后发射了数十颗卫星。"北斗三号"也被称为北斗卫星导航系统(BDS),简称北斗。该系统由中国空间技术研究院开发,并于2020年全面运行。

截至2020年,如前文所述,仅有4个核心GNSS系统(GPS、GLONASS、Galileo和北斗)用于为各种应用提供位置和授时信息。然而,对于安全和关键应用,基础星座无法满足精度、完整性和可用性方面的要求。为此目的,由差分全球卫星导航系统(DGNSS)和惯性导航系统(INS)对基础星座进行了增强。例如,美国在其他地区建立了广域增强系统(WAAS),欧洲建立了欧洲静地轨道卫星导航重叠服务(EGNOS),日本建立了多功能卫星增强系统(MSAS),印度建立了全球定位系统辅助型地球静止轨道卫星增强导航(GAGAN)系统。

很明显,一个国家提供卫星信号的能力也意味着否认卫星可用性的能力。特定GNSS的运营商或所有者可能有能力降低或消除其期望的任何领土上的卫星导航服务。因此,随着卫星导航成为一项基本服务,没有自己的卫星导航系统的国家实际上成为提供这些服务的国家的客户国。因此,各国都纷纷寻求开发自己的区域卫星导航系统,如日本的准天顶卫星系统(QZSS)和印度区域卫星导航系统(IRNSS,操作名称为NavIC)。这些系统在原理上与核心的GNSS相似,但仅在区域内而不是全球范围内运行。

1.6　卫星导航和定位系统

卫星导航系统的工作原理类似于陆基无线电导航系统。在陆基无线电导航系统中,发射塔是位于地球上的参考点,接收机测量到发射塔的距离,通过找到几个圆(或双曲线)的交点来计算二维位置(纬度和经度,或x和y)。在星基系统中，卫星充当参考点，测量到它们的距离，通过找到几个球体的交点来确定三维位置（纬度、经度和高度，或 x、y 和 z）（图 1.2）。在陆基系统中，发射塔的位置是固定的、精确已知，并存储在接收机的数据库中。然而，卫星的位置并不固定，因为它以高速绕地球运行。因此，以卫星为参照来确定一个人的位置是相当复杂的。然而，卫星有一种在任何时刻提供其位置信息的机制。

GNSS 可具有若干层基础设施：

（1）核心卫星导航系统（或核心 GNSS），目前有 GPS、GLONASS、Galileo 和北斗。

（2）全球卫星增强系统。

（3）区域卫星增强系统，如 WAAS（美国）、EGNOS（欧盟）、MSAS（日本）和 GAGAN（印度）。

（4）区域卫星导航系统，如 QZSS（日本）、NavIC（印度）和中国的“北斗一号”（现已退役）。

（5）大陆规模的地基增强系统，如澳大利亚地基区域增强系统（GRAS）和美国交通部国家差分 GPS（DGPS）服务。

（6）局域地基增强系统（GBAS），如美国的局域增强系统（LAAS）。

在本章中，我们定义了导航和定位，简要介绍了人类在导航和测量领域的发展历史，并介绍了卫星导航的最新发展。接下来，我们将深入讨论核心 GNSS 以及相关的开发，如增强系统和区域卫星导航系统。

练习

描述性问题

1. 你对“导航和定位”的理解是什么？什么是 GNSS？卫星导航和定位系统的“参考点”是什么？

2. 你对“卫星导航和定位系统”的理解是什么？简要说明。

3. 如何使用参考点来确定一个人在二维和三维中的位置？

4. 简要描述天体导航。

5. 阐述卫星导航的发展历程。

6. 解释什么是无线电导航和罗兰系统。

7. 写下不同类型的卫星导航和定位系统。

简短说明/定义

就以下主题写出简短的含义：

1. 全球卫星导航系统
2. 子点
3. 航海历书
4. 洛伦兹
5. e 罗兰系统
6. 子午仪卫星
7. 定时
8. GLONASS
9. 导航星 GPS
10. Galileo
11. 北斗
12. Galileo 在轨验证元素
13. 选择可用性

第2章

全球卫星导航系统的功能段

2.1 引言

如第1章所述,到目前为止,我们只有4个全球覆盖的GNSS星座:①卫星导航授时和测距全球定位系统(导航星GPS,简称GPS);②全球轨道卫星导航系统(GLONASS);③伽利略(Galileo);④北斗。本章将介绍GNSS功能段的基本概念以及这些功能段之间的相互作用。

每个GNSS由空间段(天空中的卫星)、控制段(地面站)和用户段(GNSS接收机)组成(图2.1)。上述4个GNSS都基于或多或少类似的架构和原理。现在让我们考虑这三个部分,并对其进行详细讨论。然后,我们将在第3章中更仔细地了解GNSS的工作原理。

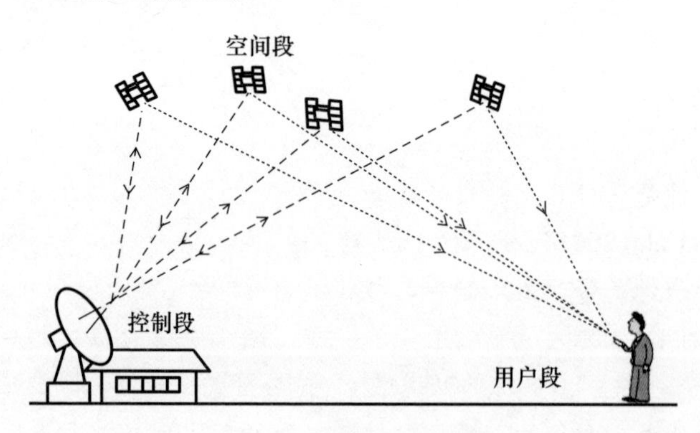

图2.1 GNSS功能段

2.2　空间段

GNSS 的空间段由一系列连续发射无线电信号的卫星组成，构成系统的核心。卫星被置于中轨（大约在 20000km 的高度），且不同星座的高度不同。在如此高的高度上运行，使得信号覆盖更大的区域。卫星的排列方式使得地球上的 GNSS 接收机可以从至少 4 颗卫星接收信号或信息。

卫星以非常高的速度运行（超过 13000km/h，因不同星座而异），由太阳能供电，平均寿命为 10～12 年。如果太阳能出现故障（日食等因素），它们就会在星上配备备用电池以保持其运行，并使用小型火箭助推器进行定期轨道校正（以保持其在正确的轨道上飞行）。

每颗卫星至少包含三个高精度原子钟，并使用自己的唯一识别码（或 GLONASS 中的频率）不断发射无线电信号。每颗卫星在电磁频谱的微波区以几种频率发射低功率无线电信号（参见第 4 章）。GNSS 接收机被设计用于接收这些信号。信号在“视线”中传播，这意味着它可以穿过云、玻璃和塑料，但不能穿过大多数固态物体，如建筑物和山脉。

每个信号包含伪随机码（一种复杂的数字编码模式）。这些编码信号的主要目的是计算从卫星到用户接收机的信号传播时间。途径的时间也称为到达时间或传播时间。传播时间乘以光速等于卫星距离（从卫星到接收机的距离）。导航信息（卫星向接收机发送的信息；参见第 4 章）包含卫星轨道和时钟信息、一般系统状态信息和电离层延迟模型（参见第 5 章）。卫星信号使用高精度原子钟计时。由于光速约为 3×10^{8} m/s，时间测量中的微小误差会产生极大的距离测量误差。

注释

原子钟是一种非常精确的时钟，它使用原子共振频率标准作为计数器（Audoin et al.，2001）。术语“原子钟”和“原子频率标准”经常互换使用。早期的原子钟是带有附加设备的微波激射器（通过受激辐射发射进行微波放大）。目前，最好的原子频率标准（或时钟）基于更先进的物理学，包括冷原子和原子喷泉。国家标准机构保持 10^{-9}s/d 的精度，精度等于发射微波激射器的无线电发射机的频率。时钟保持连续稳定的时标国际原子时（TAI，法语名称 Temps Atomique International)。第一个原子钟于 1949 年由美国国家标准局建造。1955 年，路易斯·埃森(Louis Essen)在英国国家物理实验室(National Physical Laboratory)建造了第一个基于铯-133 原子跃迁的精确原子钟。这一开创性成就导致了国际上对秒的定义达成了共识，即现在的秒是基于原子时的。1967 年，国际单位制(SI)将秒的第二个定义为铯-133 原子基态的超精细能级之间的跃迁所对应的辐射的 9192631770 个周期所持续的时间。这一定义使铯原子钟(通常称为铯振荡器)成为时间和频率测量的主要标准。

2.2.1 GPS 空间段

GPS 空间段的标称星座由 24 颗卫星(21 颗运行卫星 +3 颗备用卫星)组成(Spilker et al.,1995;Kaplan,1996)。然而，目前在太空中实际有 28～30 颗 GPS 卫星，至少 24 颗活跃卫星和 4 或 5 颗备用卫星是目前的标准，可提高计算位置的精度。GPS 卫星被放置在以地球为中心的 6 个近圆形轨道上。这 6 个轨道平面(图 2.2(a))具有大约 55°的倾角(相对于地球赤道或赤道平面的倾斜度)，并被 60°的赤经(从参考点到轨道交点沿赤道的角度)隔开(Samama,2008)。卫星放置在海拔 20200km 的标称高度。然而，信号从卫星传播到接收机的距离从大约 20200km(如果卫星处于天顶)到大约 25600km(当卫星处于地平线时)(图 3.4)。

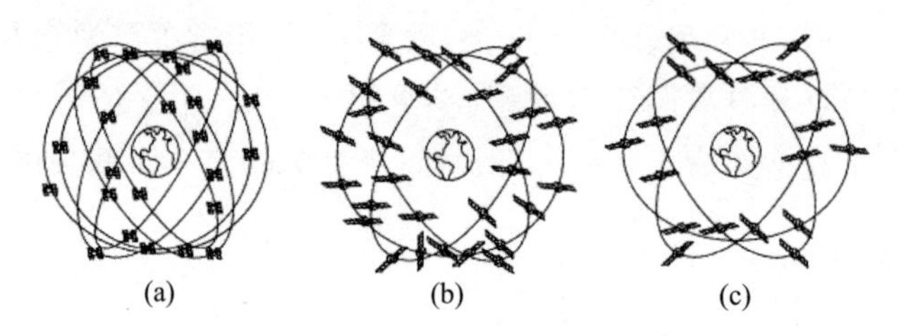

图 2.2 GPS(a)、Galileo(b)和 GLONASS(c)的卫星星座

注释

卫星在太空中所运行的路径(运动轨迹)称为轨道。卫星移动的平面称为轨道平面。包含地球赤道的平面称为赤道平面。卫星轨道平面与地球

赤道平面之间的角度称为轨道倾角。不言而喻，赤道轨道平面的倾角为 0°。当倾角为 90°时，卫星在两极上方移动；也就是说，地球的中心、北极和南极位于轨道平面上，这称为极地轨道。倾角在 0°～90°的轨道平面称为倾斜轨道。

卫星绕地球旋转一周所需的时间称为轨道周期。改变卫星在圆形轨道上的高度会改变运行轨道所需的时间；高度越高，轨道周期越长。在平均海平面以上约 35786km 的高度，轨道周期等于一个恒星日。恒星日是指地球相对于恒星旋转 360°所需的时间，即 23h56min4.091s。若轨道周期等于恒星日，则该轨道称为地球同步轨道；这意味着轨道与地球的自转周期同步。地球同步轨道可以是圆形或椭圆形的，倾角为零或非零。地球静止轨道是一种特殊的地球同步轨道。若任何地球同步轨道是圆形的，其倾角为 0°，则称为地球同步轨道。在这种情况下，地球和卫星之间的相对运动为零，卫星相对于地球看起来是静止的。这使卫星能够在特定区域持续观测和收集信息。

由于地球引力场、日月引力场、太阳辐射场和大气阻力的不对称性，卫星轨道并非始终固定不变（Pratt et al.，2003）。大气阻力适用于低地球轨道卫星。然而，GNSS 卫星位于地球大气层之外，因此不受大气阻力的影响。轨道也不是完全圆形的，因此称为近圆轨道。由于这些原因，轨道周期可能会不时变化。然而，一般做法是考虑象征性的（平均）周期。卫星偶尔需要校正其轨道，因为当卫星在轨道上时产生的力会导致卫星偏离其初始轨道路径。为了维持计划轨道，地面控制中心向卫星发出命令，将其送回正确轨道。卫星中的小型火箭助推器定期点火以进行轨道校正（以保持正确轨道）（Pratt et al.，2003）。

GPS 卫星的轨道周期为半个恒星日，即 11h57min58s。因此，给定卫星在地球表面的地面轨迹几乎每天都相同。在 6 个轨道平面中的每一个轨道平面上，4 颗卫星（标称）以这样的方式定位，使得地球上的 GPS 接收机在任何给定时间总是能够从整个星座（24 颗卫星）中的至少 4 颗接收信号；在任何给定时刻，地球两个半球都有 12 颗卫星。然而，随着在轨卫星数量的增加，目前，在任何给定时间下，从地球任何位置都可以看到至少 6 颗卫星。随着最近卫星数量的增加，星座被改变为非均匀分布。采用这种安排是为了在多颗卫星无法工作的情况下，相对于均匀分布的系统可以提高系统的可靠性和可用性。

不同代的 GPS 卫星在太空中共存(Samama,2008;Sickle,2008),其他代卫星也在队列中(表 2.1)。因此,其性能和功能差异很大。截至 2020 年,GPS Block Ⅰ、Ⅱ和ⅡA 的所有卫星均已退役;其他几代卫星还在运作。

表 2.1 各代 GPS 卫星

卫星名称	第一次发射/年份	最后一次发射/年份	信号
Block Ⅰ	1978	1985	L1:C/A + P(Y) L2:P(Y)
Block Ⅱ	1989	1990	L1:C/A + P(Y) L2:P(Y)
Block ⅡA	1990	1997	L1:C/A + P(Y) L2:P(Y)
Block ⅡR	1997	2004	L1:C/A + P(Y) L2:P(Y)
Block ⅡR - M	2005	2009	L1:C/A + P(Y) + M L2:P(Y) + CM + CL + M
Block ⅡF	2010	2016	L1:C/A + P(Y) + M L2:P(Y) + CM + CL + M L5:C - I + C - Q
Block ⅢA	2018	2023	L1:C/A + P(Y) + M + C L2:P(Y) + CM + CL + M L5:C - I + C - Q
Block ⅢF	2026	2034	L1:C/A + P(Y) + M + C L2:P(Y) + CM + CL + M L5:C - I + C - Q

注释

精确(或受保护)码称为 P 码。当反电子欺骗操作模式激活时,使用 Y 码代替 P 码。我们将在第 5 章中讨论反电子欺骗。

GPS 卫星的主要功能如下:

(1)接收并存储来自控制段的数据。

(2)保持非常精确的时间。

(3)通过使用三种频率向用户接收机发送编码信号:L1(1575.42MHz)、L2(1227.60MHz)和 L5(1176.45MHz)(表 2.1)。

(4)使用小型火箭助推器控制其姿态(方向)和轨道位置。

(5)在 GPS Ⅲ(Block Ⅲ)卫星的情况下,实现了卫星之间的无线连接。

最初,GPS 卫星被设计为在 L1 波段发射粗捕获码(C/A code),在 L1 和 L2 波段发射精确或保护码(P code)。民用可以使用 C/A 码,而美军使用 P 码。因此,GPS 可以提供两种服务:使用 C/A 码的标准定位服务(SPS)和使用 P 码的高精度定位服务(PPS)。

Block ⅡR－M 卫星(图 2.3)增加了三个新的信号:L2 频段的两个 C 码(C 表示“民用”)信号以及 L1 和 L2 中的 M 码。两个 C 码是民用中码(CM code)和民用长码(CL code)。M 码是新的军码。具有 Block ⅡR－M 卫星的 GPS 系统通常称为现代化 GPS。Block ⅡF 卫星增加了另一个频率,即 L5 频段,主要用于民用航空。L5 信号的另一个目的是与其他 GNSS 星座的互操作性(稍后将详细说明)。

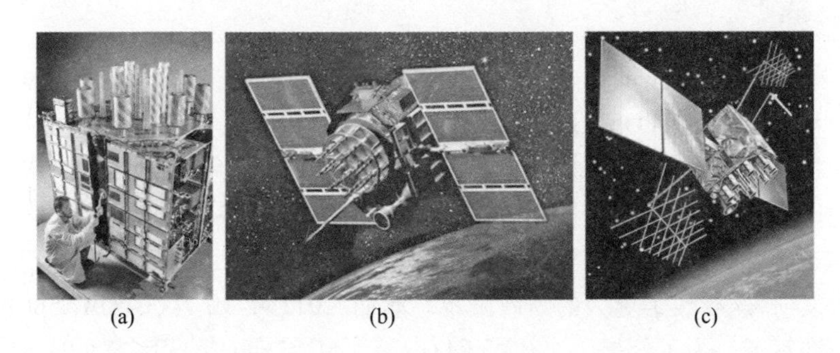

图 2.3　装配期间的 GPS Block ⅡR－M 卫星(a);GPS Block Ⅱ/ⅡA 卫星的概念设计(b);GPS Block ⅡR－M 卫星的概念设计(c)

下一代 GPS 卫星是 Block Ⅲ。带有 Block Ⅲ卫星的 GPS 系统通常称为 GPS Ⅲ。Block ⅢA 添加了另一个与 Galileo 系统兼容的新信号－L1C(民用)。Block Ⅲ卫星配备了交叉连接的指挥和控制体系结构,允许从单个地面站更新所有 Block Ⅲ卫星,而不是等待每个卫星出现在地面天线的视野中。总的来说,这些能力有助于提高民用和军用用户的准确性、完整性和可用性。

2.2.2　GLONASS 空间段

GLONASS 空间段是为分布在三个轨道平面(图 2.2(c))上的 24 颗卫星(21 颗运行卫星＋3 颗备用卫星)的标称星座设计的,与赤道平面的倾角为 64.8°(Samama,2008)。这条近圆形轨道的高度约为 19100km,轨道周期为 11h15min44s。轨道平面在经度上相差 120°。8 颗卫星在每个轨道平面上以 45°的间距有规律地排列,从而实现对地球的完全覆盖。在 50 年的发展过程中,卫星本身经历了无数次修改。每个卫星的名称都是Uragan（俄语；飓风的意思）；然而，在国际上，它们被称为GLONASS卫星（图2.4）。新一代初始GLONASS卫星是GLONASS－M（2003年）、GLONASS－K1（2011年）和GLONAS－SK2（2019年以后）。未来的卫星型号包括GLONASS－V（2023年）和GLONASS－KM（2030年）。

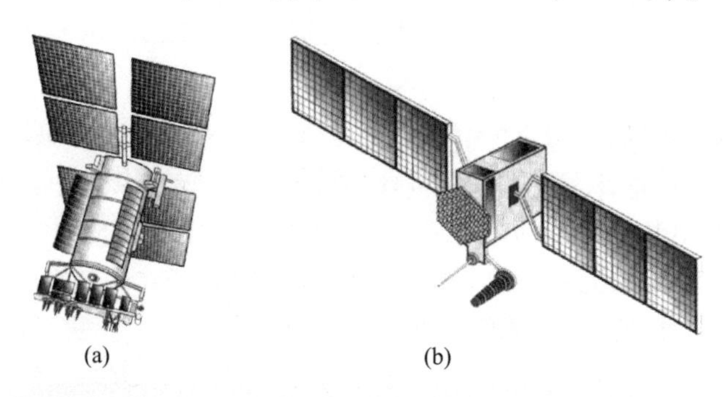

(a)　　　　(b)

图2.4　GLONASS－M卫星（a）；GLONASS－K卫星（b）

1995年12月，GLONASS卫星的整个星座完成组建，该系统宣布投入运行。不幸的是，在苏联（现在的俄罗斯）发生金融和政治危机后，无法维持GLONASS星座的运行，运行卫星的数量在2002年急剧减少到只有7颗。此外，卫星的寿命（3年，而GPS卫星为10年）使情况更加恶化。为了保持系统的运行，必须进行多次发射，这导致了更大的财政困难。然而，2011年10月，GLONASS星座已经完全恢复了。为了部署一个包括GLONAS－M和GLONOSS－K的完整24星星座，供国内和国际使用，于是通过将星座维持在最低水平并相继添加新卫星、提高GLONASS－M卫星的寿命和性能，以及开发新的较小的GLONASS－K卫星来逐步实现。GLONASS－M卫星的使用寿命更长，为7年（GLONASS的使用寿命为3年），并配备了更新的天线馈线系统。GLONASS－M卫星的主要特点是在L2传输新的民用信号；并且GLONASS－K卫星的寿命约为10～12年，并增加了第三民用频率（L3）。俄罗斯计划总共拥有30颗（而不是24颗）卫星，每个轨道平面10颗，其中两颗将用作运营储备（备份）。

GLONASS卫星发射两种类型的信号，开放标准精度服务（SPS）和模糊高精度服务（HPS）。SPS和HPS信号可分别视为使用C/A码的标准定位服务和使用GPS的P（Y）码的精确定位服务。所有卫星使用L1和L2频带发送SPS和HPS码。然而，与GPS不同，它们使用不同的频率，分别在L1频段（1598.0625～1607.0625MHz）和L2频段（1240～1260MHz）（参见4.6节）。最初仅在L2频带中广播HPS信号。GLONASS－M卫星中添加了额外的SPS信号，以大幅提高民用应用的准确性（GLONAS ICD，2002）。GLONASS－K增加了L3频段

(1202.025MHz)的第三个民用信号,以提高精度。与L1频带一样,在一个频带内使用不同频率的方法同样适用于L2。然而,L3使用单一频率(稍后在第4章中解释)。

2.2.3　伽利略空间段

伽利略星座由分布在三个轨道平面(图2.2(b))的30颗卫星(27颗运行卫星+3颗备用卫星)组成,高度为23222km。轨道平面与赤道平面的倾角为56°(纵向角度120°),这使得北欧国家的覆盖范围优于GPS(Samama,2008)。每个轨道平面容纳10颗卫星(8颗运行卫星+2颗备用卫星),以40°等距分布。这样的配置形成了14h4min的轨道周期,与恒星日总持续时间相比,其比值为17/10。这一特征意味着每10个恒星日绕地球旋转17圈(Zaharia,2009)。2004年,伽利略系统试验台第1版(GSTB-V1)项目验证了轨道确定和时间同步(OD&TS)的地面算法。在该项目下,发射了两颗GIOVE卫星——2005年的GIOVE-A和2008年的GIAVE-B(图2.5)。这些试验台卫星之后是4颗在轨验证(IOV)卫星(2011—2012年),随后是2014年开始又发射了几颗全运行能力(FOC)卫星。

图2.5　GIOVE-A卫星

注释

GIOVE是木星的意大利语名称,伽利略·伽利雷首次观测到木星的天然卫星,从而进行了第一次精确的经度计算。它也代表伽利略在轨验证卫星。

伽利略信号以不同的频率发送(表 2.2),其中两个频率(L1 和 L5)与 GPS 共同用于互操作性目的。这些频率的名称有时令人困惑;在各种文献中对同一频率使用了不同的名称。实际上,伽利略最初的原理是基于服务,而不是信号。因此,对于每个服务,已经开发了频带和信号的巧妙组合。

表 2.2　伽利略的频率规范

信号	中心频率/MHs
E1 - I	1575.42
E1 - Q	1575.42
E2 - I	1561.098
E2 - Q	1561.098
E5a - I	1176.45
E5a - Q	1176.45
E5b - I	1207.14
E5b - Q	1207.14
E6 - I	1278.75
E6 - Q	1278.75
L6	1544.71

伽利略星座有以下 4 种不同的服务(Issler et al.,2003;Samama,2008):①开放服务(OS);②高精度服务(HAS)(以前称为商业服务);③公共监管服务(PRS);④生命安全(SoL)服务。操作系统对任何人都是免费的,是基于 E1、E5a 和 E5b 频率。这些频率的若干组合也是可用的,如双频服务基于 E1 和 E5a(或 E1 和 E5b 一起)或单频服务(E1、E5a 和 E5b 中的任何一个)。甚至同时使用所有信号(E1、E5a 和 E5b)的三倍频服务也在测试中。若接收机是单频接收机,则其水平精度可以达到 8m,垂直精度可以达到 35m。双频接收机可提供 8m 水平精度和 15m 垂直精度;三倍接收机能够实现更好的精度。

HAS 的精度接近 1cm。HAS 允许开发用于专业或商业用途的应用程序,因为性能和数据比通过操作系统获得的附加值更高。这项服务是免费的,数据的内容和格式在全球范围内公开可用。Galileo 使用 E6 频段和 OS E1 频段的信号组合。

PRS 提供的位置和时间信息仅限于政府授权用户(警察、军队等)。它类似于 OS 和 HAS,但有一些重要的区别,允许 PRS 在任何时候和任何情况下都可以运行,包括危机时期。其主要目的是提高抗干扰能力。PRS 使用 E1 和 E6 频段,水平精度为6.5m,垂直精度为12m,配有双频接收机。其主要用户是欧洲组织,如欧洲警察组织(Europol)、欧洲反欺诈办公室和民事安全部队等。会员国的机构,如国家安全局、边境监视部队或打击犯罪部队也是用户。

SoL服务提供完整性保障;这意味着当定位不能满足一定的精度范围时,用户将受到警告。由于伽利略的信号遍及全球,其卫星能够探测和报告来自全球卫星搜救系统(COSPAS－SARSAT)的搜索和救援(SAR)信标信号,使其成为全球海上遇险安全系统的一部分。SAR是伽利略对COSPAS－SARSAT系统的贡献。伽利略卫星能够接收来自应急信标的信号,并将其转发给国家救援中心。这些应急信标信号可以从船舶、飞机甚至个人发送,使救援中心能够确定准确的位置。SoL服务使用E1和L6频带。

注释

在搜索和救援领域,遇险无线电信标(也称为遇险信标、应急信标或简称信标)用于跟踪发射机,帮助确定遇险船只、飞机或人员的位置。COSPAS－SARSAT(www.Cospas－Sarsat.int)是由加拿大、法国、美国和苏联于1979年建立的星基国际搜索救援遇险警报探测和信息发布系统。全球海上遇险安全系统(GMDSS)是一套国际商定的安全程序、设备和用于提高安全性的通信协议,使救援遇难舰船、轮船、飞机甚至个人变得更容易。

2.2.4　北斗空间段

中国北斗的设计有5颗地球同步卫星,3颗倾斜地球同步轨道(IGSO)卫星位于35786km高度和55°轨道倾角,27颗中轨(MEO)卫星位于21528km高度(Cao et al.,2008;Grelier et al.,2007;Gao et al.,2007;Wilde et al. 2007;Gao et al.,2008)。MEO卫星排列在三个轨道平面上,轨道倾角为55°,轨道周期约为12h53min24s。

北斗提供全球和区域的不同服务。全球服务包括开放服务和授权服务。开放服务是免费的,向全球所有用户开放,定位精度为10m。授权服务旨在确保即使在复杂情况下也具有高可靠性。区域服务包括广域差分服务和短报文服务。

北斗的原理类似于伽利略，它基于服务而不是信号。因此，北斗信号包括多种调制方式。表2.3提供了所有信号及其频率。读者将注意到一些信号与GPS和伽利略相同。

表2.3 北斗频率规范

信号	中心频率/MHz
B1 - I	1561.098
B1 - Q	1561.098
B1 - C	1575.42
B1 - A	1575.42
B2 - I	1207.14
B2 - Q	1207.14
B2a	1176.45
B2b	1207.14
B3 - I	1268.52
B3 - Q	1268.52
B3 - A	1268.52

2.3 控制段

控制段（也称为地面段）按照其名称所示，通过跟踪GNSS卫星并向其提供校正后的轨道和时钟（时间）信息来“控制”GNSS卫星。控制段由多个地面监控站、多个注入站和一个或两个主控站组成。监控站和注入站统称为遥测、跟踪和控制（TT&C）站。主控站也称为系统控制站或简称为控制站。

地面段的主要功能是：

（1）监控卫星。

（2）估计机载时钟状态并定义要广播的相应参数（参考星座的主时间）。

（3）确定每颗卫星的轨道，以便预测星历（精确轨道信息）和历书（粗略轨道信息）。

（4）确定卫星的姿态（方向）和位置，以便确定发送给卫星的参数，以校正其轨道。

（5）将导出的时钟校正参数、星历、历书和轨道校正命令上传到卫星。

监控站持续跟踪卫星，并向主控站提供跟踪信息。在主控站中，该跟踪信息被合并到精确的卫星轨道和时钟校正系数中;并且主控站将它们转发到注入站。注入站每天至少向每颗卫星发送一次这些数据。然后,卫星通过无线电信号将轨道信息发送到 GNSS 接收机。图 2.6 示意性地说明了这一概念。早些时候,注入站的数据被传送到每颗卫星;因此,有必要在世界各地建立许多注入站。然而,今天卫星可以在它们之间进行通信。因此,上注入附近卫星的数据可以发送到不在注入站附近的卫星。这同样适用于监测站。这一进步消除了建立全球地面站的需求。

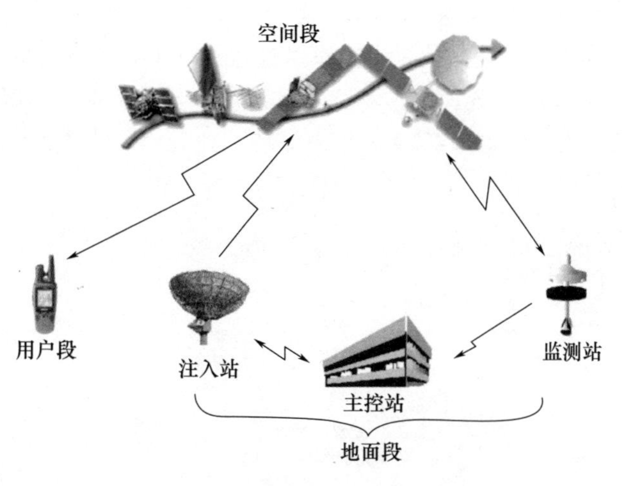

图 2.6　GNSS 的运行理念

注释

如果没有能力获取大量卫星数据并将其压缩成可管理数量的组件,GNSS 处理器将不堪重负。在数据上传过程中使用卡尔曼滤波,以减少发送给卫星的数据。卡尔曼滤波是最小二乘滤波的递归解(Kalman,1960),几十年来一直应用于无线电导航。这是一种平滑和压缩大量数据的统计方法(Minkler et al. ,1993)。它在 GNSS 中的一个用途是减少在非常短的时间间隔(如 GPS 为 1.5s)测量的伪距(监测站和卫星之间的近似距离)。卡尔曼滤波用于在几分钟内压缩一组平滑的伪距(如 GPS 为 15min)。然后将该过滤数据传输到主控站。

2.3.1 GPS 控制段

对于 GPS 系统，地面部分由位于科罗拉多州施里弗空军基地（前身为猎鹰空军基地）的主控站和位于阿森松岛、迪戈加西亚和夸贾林的三个注入站组成（图 2.7）。16 个监测站用于进行定义注入数据所需的测量工作。6 个运行控制站（OCS）监测站分别位于夏威夷、科罗拉多斯普林斯、阿森松岛、迪戈加西亚岛、卡纳维拉尔角和夸贾林岛。此外，自 2005 年 9 月以来，已有 10 个国家地理空间局（NGA）监测站投入运行。NGA 由全球定位系统监测站组成，按照高性能标准运行。加利福尼亚州范登堡空军基地也建立了一个备用主控站。图 2.7 显示了 GPS 地面段的位置。在科罗拉多州施里弗空军基地，美国海军天文台的"主时钟"位于那里，它能在 2000 万年内保持不到 1s 误差的稳定性。

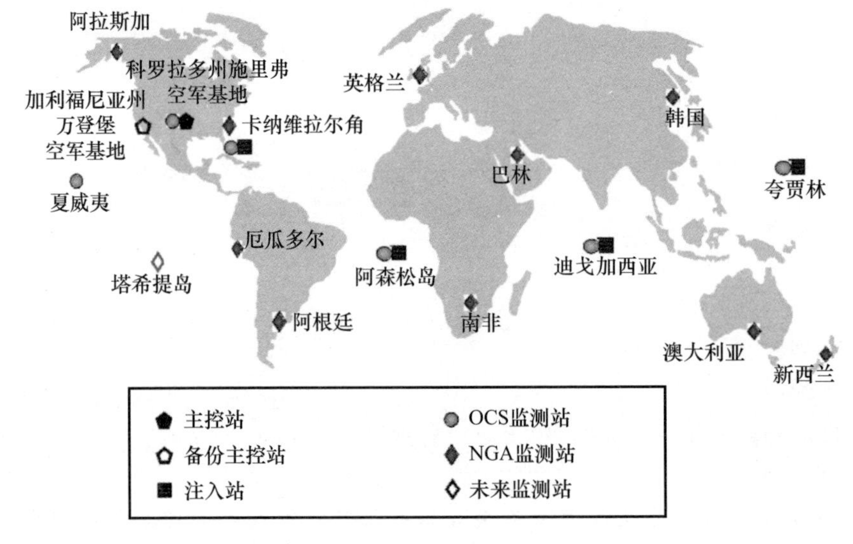

图 2.7 GPS 控制段

2.3.2 GLONASS 控制段

GLONASS 控制段最初由位于克拉斯诺兹纳缅斯克（莫斯科附近）的系统控制中心组成（负责卫星控制、轨道确定和时间同步），以及 5 个测控站（圣彼得堡、谢尔科沃（莫斯科）、乌苏里斯克、叶尼塞斯克和科索莫斯克－阿穆尔）。同步监测集中在谢尔科沃。如今，它包括位于克拉斯诺兹纳缅斯克的一个系统控制中心、12 个监测站、8 个激光测距站、4 个测控站和 5 个注入站。图 2.8 显示了 GLONASS 地面段的地理配置。

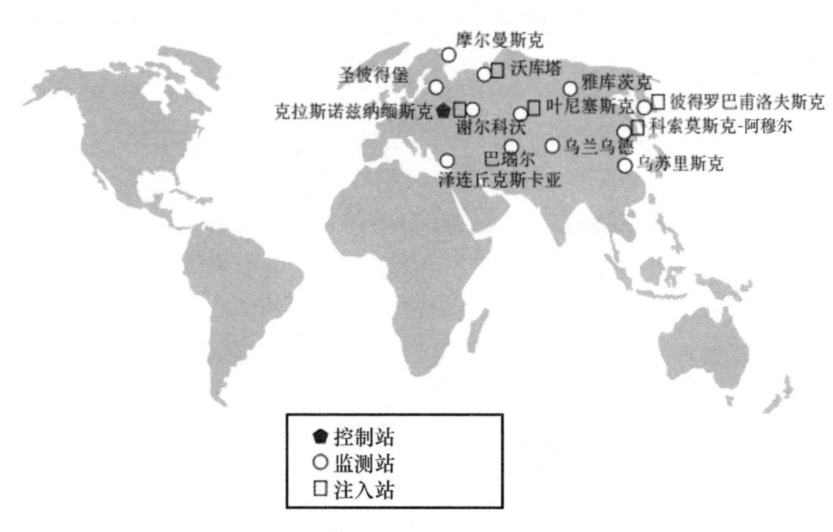

图 2.8　GLONASS 控制段

出于安全和部署原因，GLONASS 的整个地面部分位于苏联境内。这有助于监控系统，但减少了注入站和监测站的范围。GLONASS 地面部分正在进行现代化改造。

2.3.3　伽利略控制段

伽利略系统的地面控制段由位于奥伯法芬霍芬（德国）和雷齐诺（意大利）的两个控制中心（主控站）组成。采用两个控制中心而非一个需要通过施加冗余来增加系统可靠性。地面控制部分使用由 6 个测控站组成的全球网络，通过定期有计划的联络、长期测试活动和应急联系来与每颗卫星进行通信。此外，与 GPS 相比，用于发送导航电文的 10 个注入站允许增加注入速率；通过提供更精确的星历数据来提高精度。除上述台站外，伽利略地面部分的设计还包括区域和局部部分。其想法是，卫星覆盖范围有限，在特定情况下，需要额外的组件，如地面发射机（Samama，2008）。图 2.9 显示了伽利略地面站的地理分布。

2.3.4　北斗控制段

北斗控制段包括中国的一个主控站、30 个监测站和两个注入站。主控站负责卫星星座控制和处理从监测站接收的测量数据，以生成导航电文。监测站从其位置收集所有北斗卫星的数据。注入站负责将轨道校正信息和导航信息上传至北斗卫星。

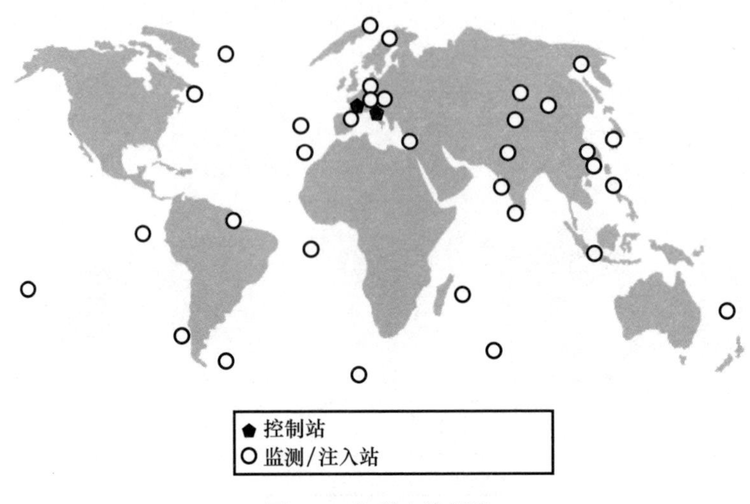

图 2.9　伽利略控制段

2.4　用户段

用户的 GNSS 接收机是 GNSS 的用户段。一般来说，GNSS 接收机由一个调谐到卫星传输频率的天线（内部或外部）、接收处理器和一个高度稳定的时钟（通常是晶体振荡器）组成。请记住，接收机时钟没有卫星原子钟精确。通常，接收机还包括用于向用户提供位置和其他信息的显示器。接收机通常由其信道数来描述，即它可以同时接收的信号数。最初限制为最多 4 个或 5 个，但随着时间的推移，这一限制逐渐增加，因此，如今，接收机通常至少具有 12 ~ 24 个信道。然而，先进的高精度接收机可能具有超过 200 个信道。

用户部分由各种各样的终端组成，包括船员、飞行员、徒步旅行者、猎人、军队，以及任何想知道自己在哪里、去过哪里或要去哪里的人。事实上，每个智能手机都配备了 GNSS 接收机。接收机的主要任务是：

(1) 选择视图中的卫星。

(2) 获取相应的信号并评估其健康状况。

(3) 进行传播时间测量。

(4) 进行多普勒频移测量。

(5) 计算终端的位置并估计用户距离误差。

(6) 计算终端的速度。

(7) 提供准确的时间。

因此，用户将拥有一个实现定位、时间参考、高度确定、速度指示等功能的单一终端。GNSS 接收机有多种形式，从集成在汽车、电话和手表中的设备，到图 2.10 所示的专用设备（第 8 章提供了若干其他图示）。如今，许多接收机都具备从多个 GNSS 星座中接收信号的能力（如组合 GPS/GLONASS 接收机），这些称为多星座接收机。

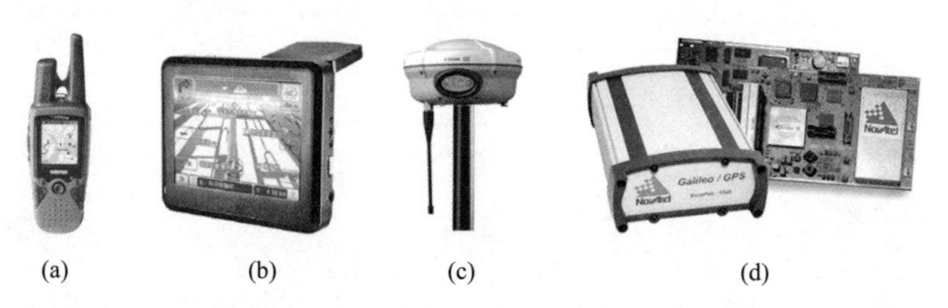

图 2.10 来自 Garmin 的手持 GPS 接收机（a）；汽车 GPS 导航接收机（b）；天宝的 GPS/GLONASS 测量接收机（c）；来自 NovAtel 的 GPS/Galileo 接收机（d）

2.5 4 种系统的总结和比较

在 GPS 项目开发的早期阶段，解决了以下两种不同类型信号的需求：

（1）提供稳健性和潜在的更高精度（用于军事目的）。

（2）满足民用需求。

两种频率和不同测距码的研制是解决方案，并产生了两种服务，即标准定位服务（SPS）和精确定位服务（PPS）。所有 GPS 用户都可以访问 SPS，但根据美国政府决定的地缘政治问题或战略问题，SPS 可能会自动降级。例如，自 2000 年 5 月 GPS 首次运行以来，选择可用性（SA）一直处于活跃状态，以降低民用接收机的精度。在取消 SA 后，水平精度从通常的 100m 提高到 10 ~ 15m。一些人认为，取消 SA 旨在阻碍伽利略的发展，并表明不需要新的全球星座（Samama，2008）。开发伽利略系统的主要论点之一就是 GPS 系统完全由美国军方控制。

GLONASS 也是以类似的方式设计的。无线电传输原理仍然存在，有两种不同类型的信号：一种用于民用，另一种用于军事目的。相应的 GLONASS 服务是标准定位服务（SPS）和高精度服务（HPS）。伽利略是围绕服务的概念建立的。有 4 种这样的服务，旨在满足大众市场、专业、科学和政府用户的需求。北斗也是基于服务的，这是一种免费的开放服务，为受限用户提供授权服务。

表 2.4 总结了这 4 个系统的主要特征。本表中概述的一些参数在本章节

的讨论中可能无法理解；这些问题将在后面的章节中讨论（表2.4）。

表2.4 GPS、GLONASS、Galileo和北斗的比较

参数	GPS	GLONASS	Galileo	北斗
轨道平面	6	3	3	3
卫星数量（按原计划）	21个运行+3个备份	21个运行+3个备份	27个运行+3个备份	30个MEO+5个地球静止轨道卫星
倾角	55°	64.8°	56°	55°
轨道高度/km	20200	19100	23222	21528
卫星轨道速度/(m/s)	3870	3950	3675	3779
轨道周期	11h57min58s	11h15min44s	14h4min	12h37min34.45s
服务种类	2	2	5	10
主控站	1个运行站+1个备份站在美国	1个在俄罗斯	2个在欧洲	1个在中国
星历	轨道的开普勒元和一阶导数	地心笛卡儿坐标及其导数	轨道的开普勒元和一阶导数	轨道的开普勒元和一阶导数
星历更新率	2h	30min	3h	1h
历书更新率	<6d	<6d	<6d	<7d
历书传输时间	12.5min	2.5min	10min	12min
世界大地坐标系	WGS 84	PZ 90	GTRF	CGCS2000
时间参考	UTC(USNO)	UTC(SU)	TAI(BIPM)	UTC(NTSC)
频带数	3	3	5+1	6
载频/MHz	L1:1575.42 L2:1227.60 L5:1176.45	L1:1598.0625~1607.0625 L2:1242.9375~1251.6875 L3:1198~1208	E1-I:1575.42 E1-Q:1575.42 E2-I:1561.098 E2-Q:1561.098 E5a-I:1176.45 E5a-Q:1176.45 E5b-I:1207.14 E5b-Q:1207.14 E6-I:1278.75 E6-Q:1278.75 L6:1544.71	B1-I:1561.098 B1-Q:1561.098 B1-C:1575.42 B1-A:1575.42 B2-I:1207.14 B2-Q:1207.14 B2a:1176.45 B2b:1207.14 B3-I:1268.52 B3-Q:1268.52 B3-A:1268.52
码	每个卫星不同	所有卫星相同，每个卫星不同	每个卫星不同	每个卫星不同

续表

参数	GPS	GLONASS	Galileo	北斗
码或芯片频率(MHz 或 Mb/s 或 Mchip/s)	L1 C/A:1.023 L1&L2 P:10.23 L1&L M:5.115 L1 C:1.023 L2 CM:0.5115 L2 CL:0.5115 L5 C－I:10.23 L5 C－Q:10.23	L1&L2 C/A:0.511 L1&L2 P:5.115 L3 C/A:4.096 L3 P:4.096	E1:2.5575 E2:1.023 E5:10.23 E6:5.115	B1:2.046 B2 :10.23 B3:10.23 B1－BOC:1.023 B2－BOC:5.115 B3－BOC:2.5575
选择可用性	关闭	无	无	无
反电子欺骗	有	无	无	无

注释

有关特定 GNSS 的其他信息和最新更新可从以下网站获得：

www.gps.gov(适用于 GPS)

www.navcen.uscg.gov(适用于 GPS)

www.glonass－ianc.rsa.ru(适用于 GPS)

www.glonass－iac.ru/en(适用于 GPS、GLONASS、Galileo、北斗等)

www.galileognss.欧盟(适用于 Galileo)

www.esa.int/esaNA/galileo.html(适用于 Galileo)

www.en.beidou.gov.cn(适用于北斗)

www.insidegnss.com(适用于 GPS、GLONASS、Galileo、北斗等)

练习

描述性问题

1. 你如何理解 GNSS 的“功能段”？描述控制段的作用。
2. 描述 Galileo 和 GPS 的空间段。
3. 比较 GPS 和 GLONASS 的空间段。
4. 描述 Galileo 和北斗的空间段。
5. 描述 Galileo 和北斗提供的服务。

6. 描述北斗导航系统。

7. 一般来说，地面段是如何工作的？描述GPS和GLONASS的地面段。

8. 你对“用户段”的理解是什么？用户段市场的角色是什么？什么是多星座接收机？

简短说明/定义

就以下主题写出简短的含义：

1. 轨道面
2. 轨道周期
3. Block ⅡR GPS 卫星
4. 标准定位服务
5. 精确定位服务
6. 现代化 GPS
7. GPS Ⅲ
8. C/A 码和 P 码
9. 飓风
10. GLONASS－K
11. 北斗
12. 标准精密服务
13. 高精密服务
14. GIOVE(伽利略在轨验证卫星)
15. Galileo 的开放服务
16. Galileo 的高精度服务
17. 公共监管服务

第3章

全球卫星导航系统的工作原理

3.1 引言

如第1章所述,GNSS使用卫星作为定位参考点。通过使用卫星(作为"参考点")和极其精确的时间的几何技术,对一个可能在地球表面或附近固定或移动的物体进行定位。虽然本章提供了GNSS如何工作的基本概念,但重要的是要认识到,GNSS的工作原理并不像本章所描述的那样简单。随后的章节将讨论在计算一个目标的精确位置时涉及的几个问题和注意事项。然而,在我们集中讨论核心技术问题之前,有必要了解GNSS的基本工作原理。

3.2 三角测量和三边测量

在继续讨论GNSS之前,为了确定位置,必须了解和理解三角测量与三边测量的几何概念。"三角测量"一词有多种定义。例如,在三角学和几何学中,三角测量是利用正弦定律,通过利用由一点和其他两个已知参考点形成的三角形的角度和边的给定测量值来计算三角形另一边的长度,从而找到该点坐标和到达该点的距离的过程。在图3.1中,假设我们知道A和B的位置,但C是未知的。A和B之间的距离可以确定,因为我们知道这两点的位置。还假设角度α和β已知,但θ未知。角度θ可计算为$\theta = 180° - \alpha - \beta$(任意三角形中三个角度之和等于180°)。

根据正弦定律,有

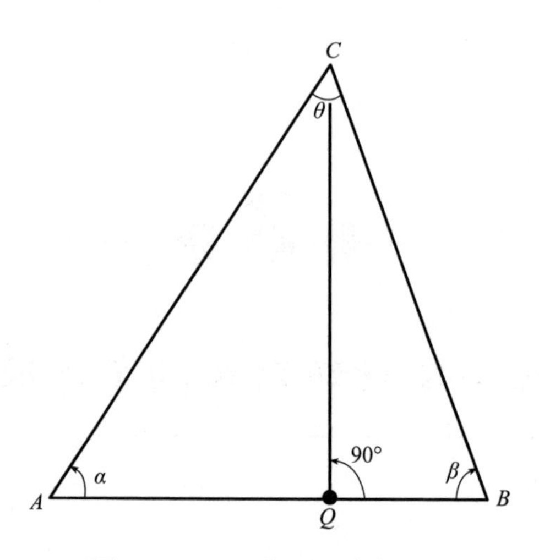

图 3.1　基于三角测量确定位置

$$\frac{\sin\alpha}{BC} = \frac{\sin\beta}{AC} = \frac{\sin\theta}{AB} \tag{3.1}$$

现在我们可以计算 AC 和 BC：

$$AC = \frac{AB\sin\beta}{\sin\theta}(AB、\beta \text{ 和 } \theta \text{ 均已知}) \tag{3.2}$$

$$BC = \frac{AB\sin\alpha}{\sin\theta}(AB、\alpha \text{ 和 } \theta \text{ 均已知}) \tag{3.3}$$

从 C 到 AB 的垂直距离也可以计算为

$$QC = AC\sin\alpha \tag{3.4}$$

或

$$QC = BC\sin\beta \tag{3.5}$$

QB 和 QC 也可以使用三角函数计算，因此，利用 B 点的坐标，可以确定 C 的坐标，因为我们知道从 B 到 C 的正交距离（QB 和 QC）。

三角测量用于许多方面，包括测量、导航、计量、天体测量、双目视觉、模型火箭学、确定武器方向等。这些应用中的许多都涉及求解具有数百甚至数千个观测值的大型三角形网格。

三边测量是一种使用两个或多个参考（控制）点的已知位置以及对象与每个参考点之间的测量距离来确定对象相对位置的方法。为了准确且唯一地确定某个点在二维平面上的相对位置，仅使用三边测量，通常至少需要 3 个参考点；对于三维三边测量，我们需要 4 个参考点（参见 1.4 节）。

二维三边测量问题的数学推导可以用一个简单的例子来解释。在图 3.2

中，站在 B 处（坐标为 x 和 y），我们想知道相对于二维平面上的参考点 P_1、P_2 和 P_3 的位置。测量 r_1，将我们的位置缩小到一个圆。接下来，测量 r_2，将 B 缩小到两个点 A 和 B。第三个测量 r_3，给出 B 的确定值。也可以进行第四个测量，用来减少并估计误差。

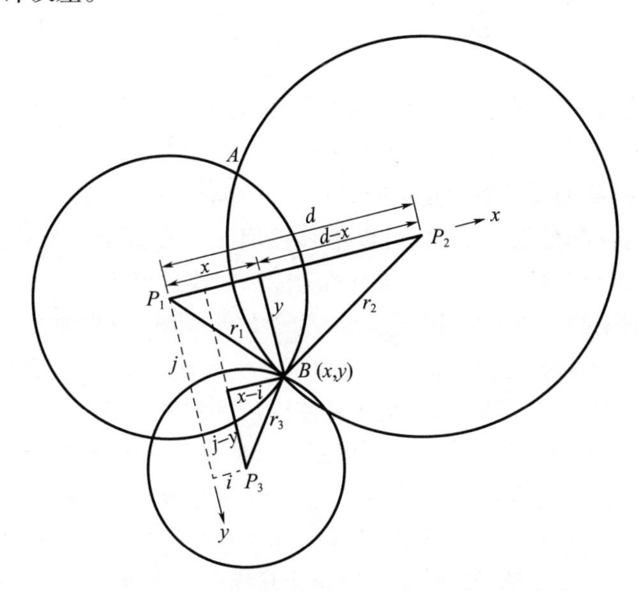

图 3.2　基于二维三边测量确定位置

如果我们将 P_1 点视为坐标系的原点，x 轴则沿 P_1P_2 方向，y 轴为沿 P_3 到 P_1P_2 的法线，那么，从三个方程开始，即

$$r_1^2 = x^2 + y^2 \tag{3.6}$$

$$r_2^2 = (d - x)^2 + y^2 \tag{3.7}$$

并且

$$r_3^2 = (x - i)^2 + (j - y)^2 \tag{3.8}$$

我们从式(3.6)中减去式(3.7)，然后求出 x 为

$$x = \frac{r_1^2 - r_2^2 + d^2}{2d} \tag{3.9}$$

现在，x 已知。将其代入式(3.6)中，得到以下等式：

$$y^2 = \frac{(r_1^2 - r_2^2 + d^2)^2}{4d^2} \tag{3.10}$$

我们可以用数学方法从方程(3.10)中求解 y，但因为 y 在这个方程中被平方了，我们永远不会得到负的 y 值。对于 A 和 B，y 都是正值，并且大小相同，我们无法将位置固定在这两个点中的某一个点上。因此,我们需要第三个参考。

对第三个圆,将式(3.10)代入式(3.7),得到 y:

$$y = \frac{r_1^2 - r_3^2 + (x-i)^2 + j^2 - \dfrac{(r_1^2 - r_2^2 + d^2)^2}{4d^2}}{2j} = \frac{r_1^2 - r_3^2 + (x-i)^2 + j^2 - x^2}{2j} \tag{3.11}$$

三维三边测量需要另一个参考点来求解 z 坐标。前面是二维三边测量的简单示例,其中一个参考点(P_1)是坐标系的原点,两个参考点的连接线是坐标轴。在实际应用中,我们需要参考定义明确且固定的坐标系和原点(如地心坐标系)来确定一个物体的位置。然而,可以平移任何三个点的集合从而符合这些约束,找到求解点,然后反向平移以在原始坐标系中找到求解点。

三维空间中的三边测量相当复杂。为了便于理解,业界通常使用术语"三角测量"来描述 GNSS 定位系统的工作原理。从前面的讨论中,我们很清楚,三角测量和三边测量是不同的。三角测量使用角度测量来确定位置,而三边测量使用距离测量。GNSS 和地面三边测量都完全依靠测量距离来确定位置。地面三边测量和 GNSS 之间的区别之一是,距离(称为范围)是根据地球表面的参考点测量的。然而,在 GNSS 中,它们是对在地球上空数千千米轨道上运行的卫星进行测量的。此外,从移动参考进行测量比从固定参考进行测量更具挑战性。

3.3 历书和星历

当 GNSS 接收机开始工作时,它应该知道卫星的位置(即在哪里)和距离(即有多远)。让我们首先讨论 GNSS 接收机如何知道卫星在太空中的位置。GNSS 接收机从卫星中提取历书和星历两种编码信息。历书数据是所有卫星的轨道模型。特定星座的每颗卫星广播该星座所有卫星的历书数据。历书数据并不十分精确,一般认为有效期为 6 ~ 7d。数据由卫星连续传输并存储在 GNSS 接收机的存储器中。因此,接收机知道卫星的大致(粗略)轨道以及每颗卫星应该在哪里。随着卫星的移动,历书数据定期更新新的信息。

相比之下,星历数据提供了每颗卫星非常精确的轨道信息,接收机需要这些信息来确定其精确位置。由于卫星可能会因扰动而略微偏离轨道,地面监测站用于跟踪卫星轨道、姿态、位置、速度和时钟漂移。地面监测站将这一信息发送到主控站,用于预测未来几个小时卫星的精确轨道,并计算时钟校正系数。这些预测的轨道数据和计算的时钟校正随后发送到注入站,以便注入卫星。然后，卫星将该信息发送到用户的接收机。这种精确预测的轨道数据称为星历数据。重要的是要记住，尽管已经强调星历数据“非常精确”，但它们绝不是完全精确的，只是试图精确“预测”的结果。GPS 的星历数据每 2h 更新一次，GLONASS 为 30min，伽利略为 3h，北斗为 1h（表 2.4）。星历数据作为编码信息从卫星发送到用户接收机。每颗卫星只广播自己的星历数据。星历表数据的子集（片段）由每颗卫星连续广播到用户的接收机，这些数据仅在几分钟内保持有效。

注释

卫星的轨道不固定，它因引力和其他因素而变化。主要的扰动是由于地球的非球面性（不对称性）、日月引力（月亮和太阳）以及太阳辐射场的影响。由这些力引起的偏差通过周期性轨道调整操作进行校正。同样，由于作用在卫星上的内部和外部扭矩，其方向会缓慢漂移。卫星在太空中的方位称为姿态。轨道和姿态参数均由姿态和“轨道控制系统”控制，以符合具体的容差极限。每颗卫星都配有小型内部火箭助推器，助推器可以产生维持这些关键参数所需的推力。

GNSS 接收机启动后，搜索卫星，然后与其建立链接。一旦与一颗卫星确认了初始链接，接收机单元就下载历书，即关于所有其他卫星（近似）位置的数据。通过将历书数据编程到计算机中，GNSS 接收机能够更快地定位其他卫星，并开始存储来自这些卫星的星历数据。接收机需要星历数据来获取每颗可见卫星的精确位置并精确确定接收机的位置。

若 GNSS 单元长时间未启动，内部存储的卫星星历和历书可能过期或失效，再次启动时将会进入冷启动状态。在冷启动状态下，接收机需要花费较长时间锁定卫星信号。当接收机中存储的数据在该时刻有效（未过期）时，接收机被视为热启动状态。如果 GNSS 接收机在关闭状态下移动了几百千米以上，或者丢失了准确时间，历书数据也将无效。在这种情况下，接收机必须进行全空域导航卫星信号搜索或重新启动，以更新和存储有效卫星历书与星历数据。GPS 需要 12.5min 完成一套完整星座历书信息的传输，GLONASS、伽利略和北斗分别需要 2.5min、10min 和 12min，同时也对应了各类 GNSS 接收机从冷启动状态到热启动状态需要的时间。

在 GNSS 接收机开始工作之前，必须获取历书和星历数据。一旦 GNSS 接收机锁定了足够的卫星以计算位置,我们就可以开始导航或测量了。大多数接收单元在地图(地图屏幕)上显示位置页面或显示用户位置的页面,以帮助用户导航。

3.4 时间和距离

即使 GNSS 接收机从星历数据中知道卫星在空间中的精确位置,但它仍然需要知道卫星离地球有多远(距离),以便确定其在地球上的位置。有一个简单的公式可以告诉接收机它离每颗卫星有多远。该距离等于发射信号的速度乘以信号从给定卫星到达接收机所需的时间,即

$$\text{速度} \times \text{行程时间} = \text{距离} \tag{3.12}$$

我们可以回忆童年时我们是如何试图找出雷暴离我们有多远的。当我们看到闪电时,我们数着直到听到雷声的秒数。计数时间越长,雷暴越远。GNSS 的工作原理相同,称为到达时间或传播时间。我们会注意到,在雷暴期间,我们在看到闪电后的某个时候才听到声音。原因是声波传播比光波慢得多。我们可以通过测量我们看到闪电的时间和听到雷声的时间之间的时间差来估计我们与雷暴的距离。将这一时间差乘以声速,我们就可以得到雷暴的距离(假设与声音相比,光几乎是瞬间到达我们的)。声音在空气中的传播速度约为 344m/s(1130 英尺/s)。因此,如果我们看到闪电和听到雷声之间的时间差为 5s,那么我们到雷暴的距离为 5s × 344m/s = 1720m。

使用相同的基本公式,我们可以确定从卫星到接收机的距离。接收机已经知道信号的速度:它是无线电波的速度(即光速 299792458m/s 或 186282.03 英里/s)减去信号在地球大气中传播时的任何延迟(上述光速适用于真空)。然而,我们知道,当信号通过大气层传播时,它会产生延迟。现在,GNSS 接收机需要确定公式中的时间部分。答案在于卫星发射的编码信号。传输的代码称为伪随机噪声(PRN),因为它看起来像噪声信号(Spilker,1980)。PRN 是 GNSS 的基本组成部分。PRN 码是看起来像 0 和 1 的随机组合的特定码;但是,它们不是完全随机的。物理上,它是一个非常复杂和冗长的数字代码,非常复杂,看起来几乎像随机的电噪声,因此称为伪随机。将其设计得复杂有以下几个原因(Langley,1990):首先,复杂模式有助于确保接收机不会意外地与其他信号同步。使 GNSS 接收机价格实惠的重要原因是因为这些代码可以利用“信息论”来“放大”信号。正因为如此,GNSS 接收机不需要大的碟形天线接收来自卫星的信号。

当卫星生成 PRN 时,GNSS 接收机同时生成相同的代码,并尝试将其与卫星的代码相匹配。然后,接收机会比较两个代码,以确定它需要延迟(或偏移)多少代码以匹配卫星代码。最后将该延迟或时间偏移乘以信号的速度以确定距离。

第 4 章将详细讨论如何实现上述代码的匹配。现在通过一个简单的示例(Javad et al. ,1998)可以理解确定时间延迟。假设我们的朋友在一大片场地的末端,以每秒一次计数的速率重复喊出从 1 到 10 的数字(1 到 10 次计数的完整周期为 10s)。同时,也假设我们在场地的另一端与他同步地做着完全相同的事情。实现同步的方法是,我们两人从精确的一秒开始,观察我们的手表每秒计 1 个数字来实现(假设我们两人都有非常精确的手表)。由于声音从一个地方传播到另一个地方需要一些时间,所以我们听到朋友的计数,相对于我们的计数有延迟。如果我们听到朋友的计数相对于我们的计数延迟了两个数,那么我们的朋友一定距离我们 688m(344m/s ×2s)。这是因为计数相隔 2s。

然而,在 GNSS 中,需要精确测量;我们需要测量几分之一秒的时间。为了实现这一目标,卫星配备了非常精确的原子钟,可以以 ns 为单位测量时间。这种高精度的时间测量最终将有助于计算接收机的精确位置(Langley,1991a)。接收机没有原子钟(由于尺寸和成本限制),其时钟不能像卫星那样精确地计时。因此,为了考虑 GNSS 接收机的内部时钟误差,每次距离测量都需要进行校正。因此,距离测量值称为伪距。为了使用伪距数据确定位置,必须至少跟踪 4 颗卫星。3.6 节更详细地描述了这一概念。

3.5　卫星数量

根据先前关于不同三边测量计算需要多少参考点的讨论(二维三点和三维四点),我们可以假设 GNSS 三维三边测量需要 4 个参考点。但事实并非如此。它仅需要三个参考点来确定三维位置;然而,第四个参考点对于测量接收机中的准确时间至关重要(参见 3.6 节)。让我们试着了解在 GNSS 中如何只用三个参考点确定三维位置。

我们在第 1 章中讨论过,通过从三颗卫星开始测距,可以将我们的位置缩小到宇宙中的两个点(参见 1.4 节和图 1.2)。然而,由此产生的三个球体表面相交的两个点具有特殊性:它们分别位于包含三颗卫星的平面(连接三个球体中心的平面)的上方和下方。地面定位是独特的,因为“可见”卫星都位于地平线之上。这意味着上述平面不能与地球相交,因此和该平面相交的点是不成立的，该解可以排除。此时，地球本身就是第四个球体。两个可能的点中只有一个实际上位于或接近星球表面，我们可以舍弃在太空中的那一点（Samama，2008）。因此，三颗卫星可以为我们提供三维定位信息。然而，GNSS 接收机通常期望4颗或更多的卫星以在 GNSS 接收机中实现精确测量时间（原子精度时间）。

3.6 时间同步

尽管参考点是任何导航系统中定位的基础，但在 GNSS 中，卫星和接收机之间的时间同步对于实现定位精度至关重要。测量信号从卫星到接收机的传播时间需要两个变量：信号传输的时间（信号离开卫星的时间）以及卫星时钟和接收机时钟之间的偏差。管理发送时间是星座地面控制段的职责（参见第4章）。

然而，接收机的钟差很难克服，因为需要非常精确地同步。必须记住，1ns 对应 30cm（或 1m 对应 3.3ns），因为光速约为 3×10^8m/s。时间同步中的1个纳秒误差意味着距离测量中的 30cm 误差。时间同步就需要达到这样的精度水平。在卫星方面，时间安排几乎完美，因为卫星上有极其精确的原子钟；接收机通常配备石英晶体时钟（也称为晶体振荡器），其精度要低得多。但卫星和接收机都需要能够精确同步它们的 PRN 码才能使整个系统工作。GNSS 的设计者提出了一个出色的解决方案，使接收机能够具有卫星原子钟的精度，确保每个 GNSS 接收机本质上都是一个“原子精度”时钟或“虚拟原子钟”。

在 GNSS 中，对于接收机接收的所有卫星信号的所有测量，只要这些测量是在同一时刻进行的，接收机钟差对于所有测量都是相同的。在这种情况下，这是现代接收机的典型情况，通常至少有12～24个并行通道用于同时测量，钟差实际上包括对所有测量的共同偏差。因此，除了接收机位置的三个坐标（x，y，z），还有一个新的定位问题的“未知数”：钟差（t）。

因此，GNSS 定位的解向量由 x、y、z 和 t 共4个变量组成。在继续解决这个问题之前，我们需要记住钟差并不是卫星和接收机之间的唯一问题。因此，虽然所有卫星测量的钟差都是相同的，但其他误差是针对每个信号的。第5章详细讨论了这些误差。

如果接收机的时钟是理想的，那么理想情况下，所有4个球体都会在一个点（接收机的位置）相交。但对于非理想的时钟，作为交叉检查的第四个测量值将不会与前三个测量值的交点相交。为了消除这种差异，接收机的计算机会确定测量值的差异。然后，接收机寻找一个校正因子，它可以从所有时间测量中扣除,这将使得它们在一个点相交。由于在测量中加入了时钟偏置误差,因此从时间测量中获得的距离称为“伪距”(而不是距离)。

回到定位,需要找到提取钟差变量的方法。

与地面定位中纯几何方面有关的三种测量值不同,还需要再多一个测量值。接收机必须求解其位置(x_r, y_r, z_r)和钟差(t),因此需要4颗卫星来确定接收机在地面导航中的位置。钟差的校正使接收机的时钟重新同步,从而在接收机中实现原子精度时间。一旦进行了此校正,它将应用于所有其他测量,从而产生正确的距离测量。接收机钟差距离(即伪距)的观测方程为(Langley,1991a)

$$\rho = R + ct \tag{3.13}$$

式中,c为真空中的信号速度(或简称“光速”);t为接收机时钟误差;ρ为测量的伪距;R为真正的“几何”距离。三维真实几何距离可通过简单的三维三边测量方程计算:

$$R^2 = x^2 + y^2 + z^2 \tag{3.14}$$

或

$$R^2 = (x_r - x_s)^2 + (y_r - y_s)^2 + (z_r - z_s)^2 \tag{3.15}$$

或

$$R = \sqrt{(x_r - x_s)^2 + (y_r - y_s)^2 + (z_r - z_s)^2} \tag{3.16}$$

式中,(x_s, y_s, z_s)代表卫星的坐标;(x_r, y_r, z_r)代表接收机的坐标。

因此,从式(3.13)中,接收机进行的每个观察可以参数化如下:

$$\rho = \sqrt{(x_r - x_s)^2 + (y_r - y_s)^2 + (z_r - z_s)^2} + ct \tag{3.17}$$

因此,对于4颗卫星,我们将有以下4个方程:

$$\rho_1 = \sqrt{(x_r - x_1)^2 + (y_r - y_1)^2 + (z_r - z_1)^2} + ct \tag{3.18}$$

$$\rho_2 = \sqrt{(x_r - x_2)^2 + (y_r - y_2)^2 + (z_r - z_2)^2} + ct \tag{3.19}$$

$$\rho_3 = \sqrt{(x_r - x_3)^2 + (y_r - y_3)^2 + (z_r - z_3)^2} + ct \tag{3.20}$$

$$\rho_4 = \sqrt{(x_r - x_4)^2 + (y_r - y_4)^2 + (z_r - z_4)^2} + ct \tag{3.21}$$

式中,(x_1, y_1, z_1),(x_2, y_2, z_2),(x_3, y_3, z_3)和(x_4, y_4, z_4)代表4颗卫星的位置,这是从星历数据中已知的;ρ_1、ρ_2、ρ_3和ρ_4为卫星距接收机位置的距离(伪距)(图3.3),可使用方程(3.12)得出。因此,通过求解最后4个方程,我们可以确定:x_r、y_r、z_r和t共4个未知数。GNSS接收机配备有专用软件,用于常规地求解这些方程。

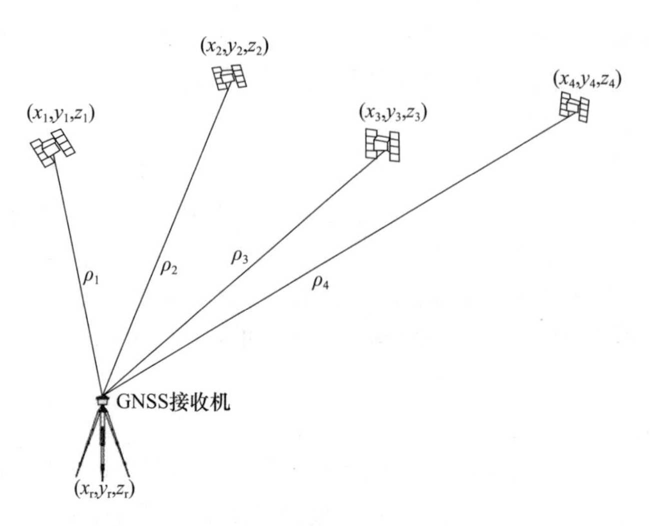

图 3.3　参考 4 颗卫星的 GNSS 定位

上述解释仅适用于单个星座接收机，如 GPS。在双星座接收机（如 GPS/GLONASS 组合模式）的情况下，接收机必须跟踪 5 颗卫星（代表相同的 4 个先前未知数和来自另一星座的至少一颗卫星），以确定 GPS/GLONASS 的时间偏差。使用 Galileo 系统，我们需要跟踪更多的卫星。随着 GPS/GLONASS 组合接收机的可用性，用户可以访问一个潜在的 48 颗以上的卫星组合系统，从而显著提高性能。更大的卫星星座还可提高实时载波相位差分定位性能（参见第 6 章）。

3.7　卫星轨道和位置

系统的许多特性可以从 3.6 节中给出的非常基本的方程中确定。首先，接收机需要知道卫星的位置。其次，伪距的准确性至关重要。若伪距错误，则结果位置也将错误。最后，系统使用的物理常数也非常重要。例如，上述方程组中引入的光速必须为 299792458m/s（而不是 3×10^8m/s）。然而，光速也会受到大气的影响。

卫星的位置由卫星本身通过星历表提供，就像早期导航（天体导航）需要天体星历表一样。然而，今天的技术要求更高的精度，因此星历必须更精确。但是仍然存在另一个困难：信号离开卫星的时间和接收机接收信号的时间不相同，因为信号从卫星到达接收机需要一些时间。这一讨论产生了一个新问题：我们是否需要考虑卫星的位移？为了给出这个问题的部分答案，让我们记住一些基本事实。卫星轨道的选择是为了提供对地球的全覆盖。因此，这是卫星数量、卫星高度(包括发射功率和卫星寿命)和从任何地面位置可见的卫星数量之间的折中。卫星与接收机之间的距离再次取决于卫星的星座和位置。当卫星位于天顶时,从卫星到接收机的距离最短,等于轨道高度。如果卫星在地平线上,那么距离最长(图 3.4)。

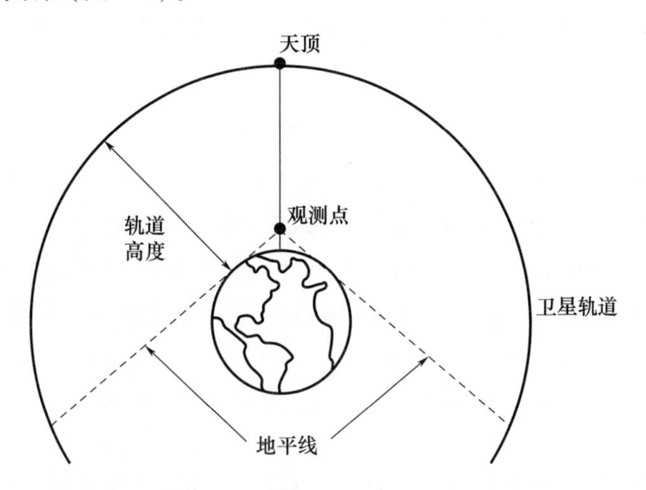

图 3.4　若卫星位于天顶,则卫星与地球上或地球上方固定点的距离最短,而在地平线上距离最长;卫星在地平线下不可见

注释

天顶是天空中出现在地球上任何点正上方的点。更准确地说,它是天空中高程 +90°的点。从几何学上讲,它是天球上从地球中心通过我们的位置画出的一条线所交的点。实际上,与天顶相对的点是最低点。如果一个人仰面躺着,直视头顶的天空,他就是在看他的天顶。如果他移动并躺在另一个地方,则他的天顶将与他一起移动。天空中的这个移动点对我们很有用,因为它是一个“参考点”,或者是一个起点,我们可以从它测量头顶天空中物体的位置。天顶角是天空中的物体(如太阳)与头顶正上方物体之间的角度距离。天顶角是 90°减去仰角的结果。

地平线是当我们站在一个地方,环顾四周时看到的和天空交汇的边缘时所形成的圆。通常,我们只有站在沙漠或海上的船上,才能看到周围的地平线。它是一个以观察者为中心的自然圆。随着观察者的移动,他的地平线也随之移动。到地平线的距离取决于我们有多高。蚂蚁的地平线只有几英寸(1英寸=0.0254m)。一个6英尺(1英尺=0.3048m)高的人可以看到5km外的地平线。船上的水手大约有100英尺高,可以看到约20km远的地平线。在130km高度的飞机上,我们将看到650km外的地平线。

考虑到每个星座最近和最远的卫星,GLONASS星座最低19100km、最高24680km,GPS星座最低20200km、最高25820km,Galileo星座最低23222km、最高28920km。这样的高度直接导致GLONASS信号的传播时间为64ms和82ms,GPS信号的传播时间为67ms和86ms,Galileo信号的传播时间为77ms和96ms。因此,现在可以获取卫星在传输期间所行进的距离。GLONASS的最小行进距离为252m(最大为325m),GPS的最小行进距离为260m(最大为333m),Galileo的最小行进距离为285m(最大为355m)。考虑到卫星位置,在不直接影响定位精度的情况下,不能忽略这段飞行时间。事实上,为了达到几米的定位精度,卫星的定位精度必须远小于上述值。因此,所需的"参照点"位置实际上是卫星发射信号时的位置,即在接收机接收信号的时刻之前几十毫秒。

为了解决这个问题,在GNSS中实施的轨道建模为接收机提供了参数,使其能够计算卫星在每一时刻的位置。信号带着时间标签离开卫星,因此接收机知道该时刻卫星的位置(根据星历数据)。

3.8 信号相关参数

一旦所选择的轨道和星历数据已经提供给接收机,就仍然需要信号。选择所使用频率和代码的原因是什么?

GNSS的未调制频率称为载波频率,因为它们的作用主要是承载将要调制的数据信息。选择高频(高于1GHz)用于无线应用,因为它们具有更好的传播能力。为了避免意外匹配,为该特定应用保留这样的频率是必要的。这是在国际电信联盟(ITU,简称国际电联)的协调下实现的(www. itu. int)。

一旦选择了频带,就必须定义信号的结构。在星基定位系统中,需要三个组成部分:卫星的识别、计算卫星位置所需的数据传输(通常是星历数据),以及实现从卫星到接收机传输时延的物理测量手段。为了满足这些要求,有不同的选择,但必须遵守物理限制,如分配的带宽。例如,分配给 GPS 的带宽在 L1 为 24MHz,L2 为 22MHz。未来使用的 L5 将为 28MHz。因此,选择使用 PRN 码同时识别 GPS 卫星(对于 GLONASS,通过不同频率实现卫星识别;参见第 4 章)和时间测量。

用于给定系统的频率数量是另一个考虑因素。对于 GPS 和 GLONASS,从一开始就使用了两个频率。这样做的主要原因是电离层中的误差源,即传播延迟。这个高大气层由电离粒子组成,这些粒子会直接影响传输信息的速度。它不是以光速传播,而是以较低的速度传播的。在考虑从时间测量到伪距的转换时,必须考虑并减轻这种影响。这是通过模拟电离层的厚度和电离粒子的比例来实现的。然而,这种建模非常复杂:例如,电离粒子的厚度和浓度取决于太阳的影响。建模的成功与否取决于季节、太阳活动、温度、电磁波的实际路径(取决于卫星和接收机的相对位置)等。即便建模考虑了所有这些方面,但其他的误差、电离层,仍然隐约可见。幸运的是,电离层背后的物理原理是非线性的(电离层是一种色散介质),在两个不同频率下进行两次测量有助于缓解这种影响。读者可以自己判断,早期 P 码在 GPS 的 L1 和 L2 上可用,而 C/A 码仅在 L1 上可用。基于 P 码的 GPS 接收机有能力克服电离层误差,但 C/A 接收机不能。这是美国 GPS 计划的有意选择,目的是将双频的可用性限制为仅授权用户。引入两个信号迫使接收机处理两个频率而不是一个频率。但是简单的电子设备不能使用相同的前端(接收机处理输入信号的部分)同时处理 L1 和 L2。在设计 GPS 时,接收机中需要更复杂的电子部件来适应 L2 上的民用信号,这增加了民用设备的价格。请注意,美国政府目前正在考虑将此功能用于 GPS(自 2005 年起)。

注释

色散介质是指不同频率表现出不同行为的介质。当所观察现象的数学表达式不是所考虑参数的线性函数时,情况就是这样。在当前通过电离层时传播延迟的情况下,方程显示了频率平方的存在。

最后,本章简要讨论了如何计算 GNSS 位置,重点是接收机位置。但为了彻底了解技术背景,也有一些内部问题需要解决。在第 4 章、第 5 章和第 6 章中,我们将更仔细地研究这些问题。然而,本章也是下面三章的基础。

练习

描述性问题

1. 如何使用三角测量来确定位置？三角测量和三边测量的区别是什么？

2. 从数学上解释基本的二维三边测量。

3. 历书和星历是什么？它们之间有什么区别？

4. 解释历书和星历的用途。我们如何在给定光速和传播时间的情况下确定距离？

5. 解释如何计算伪距。

6. 我们如何确定接收机位置的三个坐标和时间偏差？

7. 你对时间同步的理解是什么？如何实现这一目标？

8. 从单个和多个星座中确定一个目标的位置需要多少颗卫星？简要说明。

简短说明/定义

就以下主题写出简短的含义：

1. 历书数据
2. 星历数据
3. GNSS 接收机的冷态和暖态
4. 伪随机噪声码
5. 钟差
6. 天顶
7. 地平线
8. 载波频率

第 4 章

全球卫星导航系统信号和距离确定

4.1 引言

目前,世界上有多个 GNSS 星座;因此,它们之间可以互补而非竞争。卫星数量和可用信号数量的急剧增加无疑引起了性能和应用数量的增加。为了适应所有现有和拟议的服务,来自卫星的信号数量正在迅速增长,有望获得新的能力和潜在的新应用。本章主要描述信号和使用这些信号确定距离。

GNSS 信号携带两种类型的编码信息,即测距码用于测量到卫星的距离(范围);导航码(也称为导航电文或数据信息),包括星历数据和卫星星座的时间与状态的信息。这些代码通过载波信号传输。代码或其载波都可用于确定距离。

4.2 无线电波的概念

GNSS 信号是指电磁频谱上微波区域的无线电波。波是一种通过空间和时间传播的扰动,通常伴随着能量转移。对我们大多数人来说,最熟悉的波浪形式是海浪。虽然我们看不见,但声音是另一种通过空气从一个地方传播到另一个地方的波。电磁波是一个可以在真空中传播的波的例子,即没有介质的参与。为了理解 GNSS 信号及其特性,让我们对电磁波,特别是对无线电波进行概述。

4.2.1 电磁波

19 世纪 60 年代,詹姆斯·克拉克·麦克斯韦(James Clerk Maxwell)将电磁辐射(EMR)概念化为一种以大约 3×10^8m/s 的光速在空间中传播的电磁能量或波。电磁波由电场和磁场两个波动场组成(图 4.1)。这两个波动场彼此成直角(90°),均垂直于传播方向,具有相同的振幅(强度),同时达到最大值和最小值。与其他类型的波不同,电磁波可以在真空中传播。每当电荷加速时,就会产生 EMR。

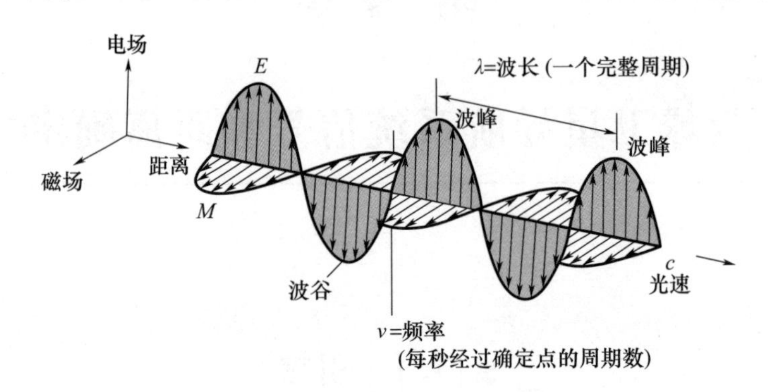

图 4.1　由电场和磁场组成的电磁波

理解电磁波的波长和频率两个特征特别重要。一个周期是从一个波峰到下一个波峰的完整数值序列(图 4.1)。波峰是一个周期中具有最大正值或向上位移的波上一点。波谷和波峰相反。波长是一个完整波在一个周期的长度,可以测量为两个连续波峰之间的距离(图 4.1),并取决于带电粒子加速的时间长度。波长通常用希腊字母 λ 表示,以米(m)或比米更小的单位表示,如纳米(nm,10^{-9}m)、微米(μm,10^{-6} m)或厘米(cm,10^{-2} m)。频率是指单位时间内通过固定点的波的周期数。频率通常用希腊字母 nu(ν)表示,通常以赫(Hz)测量,相当于每秒一个周期。每秒发送一个波峰(完成一个周期)的波,其频率称为每秒一个周期或 1Hz。千赫(kHz)是每秒 1000 个周期。兆赫(MHz)是每秒 1000000 个周期,而吉赫(GHz)是每秒 100000000 个周期。

EMR 的波长(λ)和频率(ν)之间的关系基于以下公式,其中 c 是光速:

$$c = \lambda\nu \tag{4.1}$$

或

$$\lambda = \frac{c}{\nu} \tag{4.2}$$

注意,波长和频率成反比,这意味着波长越长,频率越低;波长越短,频率越高。

4.2.2　电磁频谱

EMR 在广泛的波长或频率范围内延伸。EMR 的狭义范围(0.4 ~ 0.7μm)，即人眼检测到的范围，称为可见光区域(也称为光，但物理学家通常使用“光”一词来表示可见光以外的辐射)。所有辐射能的连续体分布可以在电磁频谱图中绘制成波长或频率的函数(图 4.2)。电磁频谱范围从较短波长(包括宇宙射线、伽马射线和 X 射线)到较长波长(包括微波和广播无线电波)。

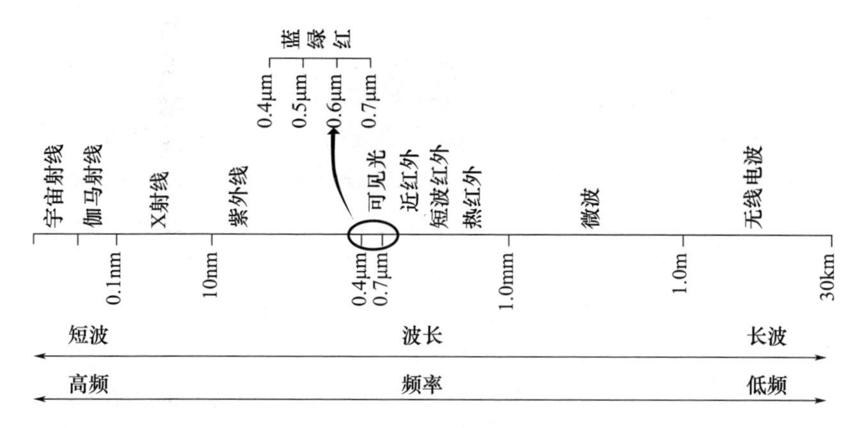

图 4.2　电磁频谱

多年来，科学家利用光谱仪和其他辐射检测仪器，将电磁光谱划分为几个区域或区间，并对其进行描述性命名。这些区域或间隔也称为频带。微波波段是无线电波段的一部分，其波长范围为 1mm ~ 1m，或频率在 0.3 ~ 300GHz。该范围再次细分为几个子波段，如 P 波段(0.3 ~ 1.0GHz)、L 波段(1.0 ~ 2.0GHz)、S 波段(2.0 ~ 4.0GHz)、C 波段(4.0 ~ 8.0GHz)、X 波段(8.0 ~ 12.5GHz)、K 波段(12.5 ~ 40GHz)等。无线电波段的波长范围从 1mm 到 30km(频率范围从 10kHz 到 300GHz)。无线电频带分为若干子频带，如表 4.1 所列。GNSS 载波来自电磁频谱的一部分微波区域，即超高频范围的 L 波段。

表 4.1　无线电频段规范

频带	缩写	频率范围	波长范围
甚低频	VLF	10 ~ 30kHz	30000 ~ 10000m
低频	LF	30 ~ 300kHz	10000 ~ 1000m
中频	MF	300 ~ 3000kHz	1000 ~ 100m
高频	HF	3 ~ 30MHz	100 ~ 10m

续表

频带	缩写	频率范围	波长范围
甚高频	VHF	30～300MHz	10～1m
特高频	UHF	300～3000MHz	100～10cm
超高频	SHF	3～30GHz	10～1cm
极高频	EHF	30～300GHz	10～1mm

4.2.3 无线电波源

将电流视为不同电位点之间沿导体（如铜线）流动的电子流。如果引起电子流动的电动势的极性（正或负的条件）是恒定的，那么直流电流沿同一方向连续流动，例如电池。然而，如果电流是由旋转导体和固定磁场之间的相对运动引起的，如发电机中的情况，电动势的极性随着发电机转子的旋转而改变，那么产生的电流在导体中随之改变方向。这称为交流电。

流过导体的电流能量要么作为热量耗散（能量损失与流经导体的电流和导体电阻成比例），要么存储在关于导体对称分布的电磁场中。该电磁场的方向是产生电流的源极性的函数。当电流（电子流）从导线中移除时，该电磁场将在有限时间后坍缩回到导线中。

如果电线供应的电流源的极性以大大超过电磁场在电线上坍缩所需的有限时间的速率反转，会发生什么？在快速磁极反转的情况下，将在导线上形成另一个磁场，其强度与初始磁场成比例，但磁场方向与初始磁场完全相反。由于存在第二定向电磁场，即使电流源消失，初始磁场也无法在导线上坍缩。相反，它与导线“分离”，并传播到空间。这是无线电天线的基本原理，它以与磁极反转率成比例的频率和光速相等的速度传导波（Bowditch，1995）。

4.2.4 无线电波强度

磁场的强度与流过导体的电流大小成正比。回顾上一节中对交流电的讨论。旋转发电机产生电流。也就是说，电流的大小随旋转导体和用于感应电流固定磁场的相对位置而变化。电流从零开始，在转子完成1/4转时增加到最大值，在转子旋转完成一半时下降到零。然后电流接近最大负值；随后再次回到零（Bowditch，1995）。

图4.3显示了电流和电流流过的导体中感应的磁场强度之间的关系。回顾上述讨论，磁场强度与电流大小成比例；也就是说，如果电流由正弦波函数表

示,那么由该电流产生的磁场强度也将呈现正弦波形。场强曲线的这种特征形状导致在提及电磁传播时使用术语“波”。峰值从零起算的最大位移称为振幅。任何波的前侧都称为波前。对于非定向天线,每一个波都以扩张的球体(或半球)方式向外传播;并且,在定向天线中,波向按照特定方向行进。

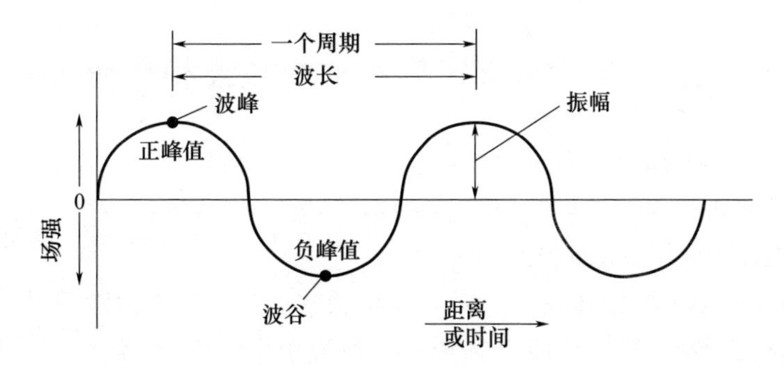

图 4.3　电流与场强的关系

4.2.5　无线电发射机和接收机

无线电发射机主要包括:①提供直流电的电源;②将直流电转换为射频振荡(载波)的振荡器;③控制生成信号的装置;④增加振荡器输出的放大器(Bowditch,1995)。当无线电波通过导体时,导体中会感应出电流。无线电接收机是一种设备,它感应天线中产生的功率并将其转换为可用形式。它能够从可能到达接收天线的多个频率中选择单个频率(或窄带频率)的信号。接收机能够解调信号并提供足够的放大信号。接收机的输出可以通过耳机或扬声器听到,也可以通过表盘、阴极射线管、计数器或其他显示器看到。因此,无线电信号的有效接收需要天线、接收机和显示单元三个部件。

不想要的信号或传输信号的任何失真阻碍了在接收机端接收信号,称为干扰。故意产生这种干扰以阻碍通信的行为称为堵塞。无意的干扰称为噪声。这意味着干扰包括堵塞和噪声。无线电接收机的主要区别在于(Bowditch,1995):①频率范围:可调谐的频率范围;②选择性:将接收限制在所需频率的信号,并避免接收其他几乎相同频率的信号的能力;③灵敏度:在噪声背景下将弱信号放大到可用强度的能力;④稳定性:抵抗偏离设定频率的能力;⑤保真度:再现原始信号基本特征的完整性。

接收机可以具有附加特征,如自动频率控制、自动噪声限制器等,其中一些功能是相互关联的(Bowditch,1995)。例如,若接收机缺乏选择性,则可以接收与接收机调谐频率略有不同的信号。这种情况称为溢出,由此产生的干扰称为串扰。若选择性被充分增加以防止溢出,则它可能不允许接收足够大的频带以获得期望信号频带的全部范围。因此,保真度可能会降低。

应答器是能够接受询问者的询问并自动发送适当答复的收发器。

4.3 GNSS 信号——载波和代码

GNSS 卫星如何将所有信息传送到接收机?它使用代码。GNSS 代码是二进制,即计算机语言的0和1。代码通过载波传送到 GNSS 接收机(Issler et al.,2003;Spilker,1980;Langley,1993a)。

以恒定频率和振幅传输的一系列波称为连续波。当连续波以某种方式被修改时,称为调制。当这种情况发生时,连续波用作信息的载波。

在通信技术中,载波或载体是一种波形(信号的形状和形式),它被输入信号调制(修改或改变),目的是通过无线电波传输信息:例如,要传输的语音或数据。载波至少有一个特性,如相位、振幅或频率,达到传递信息的目的,可以改变或调制(图4.4)。例如,从 AM 无线电台接收的信息、音乐或语音通过振幅调制(AM,即幅度改变)被置于载波上,而来自 FM 无线电台的信号信息由于频率调制(FM,即频率改变)而存在。可以使用几种类型的调制中的任何一种来运载信息。

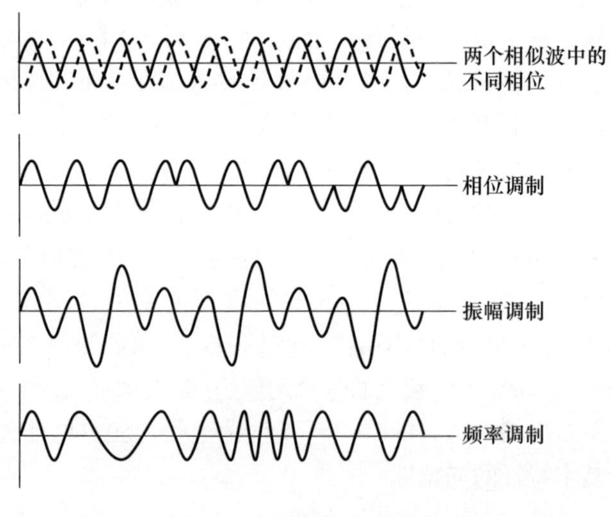

图4.4 波中不同类型的调制

波的相位是特定的时刻在周期中的位置。在大多数情况下,以圆形度量表示,一个完整的循环被视为360°(图4.6)。通常,起点并不重要,主要关注的是相对于其他波的相位。因此,波峰间隔1/4周期的两个波称为90°异相(图4.7)。若一个波峰出现在另一个波谷处,则两个波峰相位相差180°(图4.8)。

通过使用无线电波进行相位调制,将GNSS信号从卫星传送到接收机(Sickle,2008)。我们将在本章后面详细讨论GNSS信号。在此之前,让我们讨论这些信号所携带的信息。

4.4　GNSS信号携带的信息

如前所述,GNSS系统基于三边测量,即根据从卫星到接收机的距离(范围)来进行测量。这些距离是用电磁频谱的微波部分中从GNSS卫星广播到GNSS接收机的信号来测量的。GNSS系统有时称为无源系统(Sickle,2008),因为只有卫星发射信号,用户(接收机)只是接收信号。结果,可以同时监视GNSS信号的GNSS接收机的数量不受限。正如数百万台电视机可以在不中断广播的情况下调谐到同一频道一样,数百万台GNSS接收机可以在不使系统负担过重的情况下监测卫星信号。这是一个明显的优势;尽管如此,GNSS信号必须携带大量信息。GNSS接收机必须能够从卫星收集的信号中收集确定自身位置所需的所有信息。

就GNSS系统而言,距离是光速和所经过时间的乘积。在地基测量中,电子测距装置内产生的频率可用于确定其信号经过的传播时间,因为信号从反射器反射并返回到其开始位置(图4.5)。因此,一般而言,仪器可以将发射时刻和接收时刻之间经过的时间的一半乘以光速,就可以找到其自身与反射棱镜(反射器)之间的距离。但是,GNSS系统中的信号只向一个方向传播,即传向接收机。卫星可以标记信号离开的时刻,接收机可以标记信号到达的时刻。GNSS中距离的测量取决于对GNSS信号传播过程所需时间的测量,因此必须通过对GNSS信号本身进行解码来确定经过的时间。

GNSS和地面三边测量定位都从参考(控制)点开始。在GNSS中,参考点是卫星本身;因此,了解卫星的位置至关重要。在不知道参考点位置的情况下测量到该点的距离是无用的。GNSS信号为接收机提供测量其自身与卫星之间距离的信息是不够的。同样的信号也必须传达卫星在那一瞬间的位置。由于卫星始终以3.5~4.0km/s的速度相对于接收机移动,情况变得有些复杂(表2.4)。

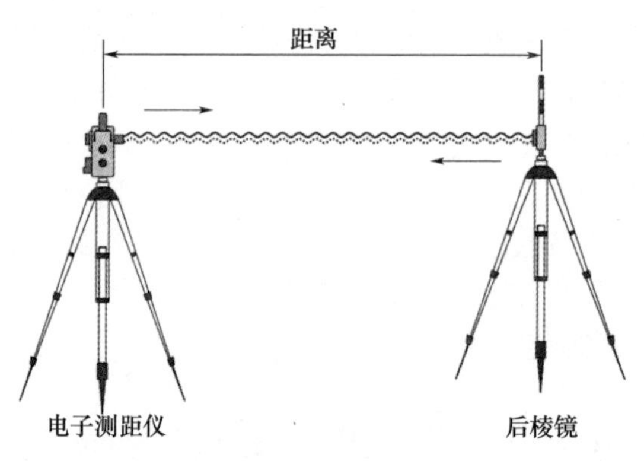

图 4.5　双向量程测量

在 GNSS 中，与地面三边测量一样，信号必须通过大气层传播。在地基三边测量中，根据本地观测估计的大气对信号影响的补偿可以应用于信号源，以进行必要的校正。这在 GNSS 中是不可能的。GNSS 信号开始于空间的虚拟真空中，但在撞击地球大气层后，它们会穿过大部分大气层（Saastamoinen，1973）。因此，GNSS 信号必须向接收机提供大气校正所需的一些信息。

在地面三边测量或 GNSS 系统中，确定新位置需要一个以上的测量距离。对于 GNSS 系统，最低要求是至少 4 颗 GNSS 卫星的距离测量。GNSS 接收机必须能够将其跟踪的每个信号与信号源（即发射卫星的位置）匹配。记住，空中有多个发射卫星，接收机需要知道哪个信号来自哪颗卫星。因此，GNSS 信号本身也必须携带一种卫星识别编号。为了安全起见，信号还应该告诉接收机在哪里可以找到所有其他卫星。

此外，如果卫星不能进行调节或发生故障，那么从该卫星接收的信号不应该被接收器用于定位。因此，接收机还应该知道从卫星接收的信号是否可用。有关卫星“健康状况”的信息也会发送到接收机。地面控制站监测每颗卫星的“健康状况”，并将这些信息发送给星座中的所有卫星，然后再发送给接收机。

总而言之，GNSS 信号必须以某种方式与其接收机进行通信：①卫星上的时间；②移动卫星的瞬时位置；③必要的大气校正信息；④卫星识别系统，告诉接收器信号来源以及接收器可以在哪里找到其他卫星；⑤卫星的健康信息。

4.5　导航电文

导航代码或导航电文是告知 GNSS 接收机它们需要知道的一些最重要信息的工具（GLONASS ICD 2002，2005；Issler et al.，2003；Sickle，2008；Samama，

2008;Zaharia,2009)。导航代码通常具有较低的数据传输速率,如GPS、GLONASS和北斗的数据传输速率为50b/s(Galileo的数据传输速率为25b/s)。导航电文提供有关卫星时间、卫星健康信息以及大气校正(部分)、星历和历书的信息。这些数据由卫星地面控制段的注入站上传。

不幸的是,导航电文中包括的信息(如星历表)的某些方面的准确性随着时间而降低。因此,需要建立机制来防止电文过时。该信息由注入站经常更新。以下各节描述了导航电文所携带的所有信息。

4.5.1 GNSS时间

在导航电文中可以找到时敏信息。它有助于接收机将标准时标与特定GNSS星座的时间相关联。虽然类似,但GPS、GLONASS、Galileo和北斗在记录与报告时间的方式上有一些不同。首先,我们必须理解,特定GNSS星座使用的时间不同于协调世界时(UTC)、国际原子时(TAI)或我们日常生活中使用的任何其他时间尺度(Bowditch,1995)。UTC是一种全球时间刻度。UTC的速率由世界各地的计时实验室控制,比地球自转更稳定。这导致UTC与地球实际运动之间存在差异。通过在UTC中周期性引入闰秒(1s调整),该差值保持在0.9s以内。闰秒是必要的,因为时间是用稳定的原子钟来测量的,而地球的自转速度却不断减慢,尽管速度略有变化。因此,闰秒用于保持UTC接近平均太阳时间(Bowditch,1995;Lombardi,2002)。就像是在闰年时我们需要额外增加1d的时间。

与UTC不同,TAI是一种高精度的原子时间标准,可跟踪地球大地水准面上的正确时间。作为标准,TAI是全世界大约300个原子钟所保持时间的加权平均值。不同机构的时钟定期相互比较。国际计量局(BIPM)将这些测量值结合起来,回顾性地计算加权平均值,形成最稳定的时间尺度。TAI是统一的常规时间尺度,但它不直接在日常生活中应用。对于TAI,不需要额外增加闰秒。常用时间(通过不同方式广播)称为UTC。截至2020年12月,TAI比UTC提前38s:1972年开始时的初始差为10s,加上自1972年以来UTC的28闰秒。

GPS时间(GPS系统中内部使用的刻度)与TAI相似,比TAI晚19s(恒定值)。GPS系统使用美国海军天文台(USNO)维护的UTC时间基准。在互联网上,USNO主时钟时间可在https://www.usno.navy.mil/USNO/time/display-clocks/simpletime获得。由于GPS时间不受地球限制,因此不使用闰秒。尽管许多闰秒已添加(并且正在添加)到UTC,但没有添加到GPS时间,导致它们之间的差异不断增加。这使UTC和GPS时间之间的关系复杂化。尽管它们的速率几乎相同,但以 GPS 时间表示特定实例的数字与以 UTC 表示相同实例的数字相差几秒。GPS 导航电文包括 GPS 时间和 UTC 之差(整数闰秒和分数差),因此它们是相关的(Langley,1991a)。

与公历的年、月和日格式不同,GPS 日期表示为周数和一周中的某一天。周数在导航电文中传输。GPS 第零周开始于 1980 年 1 月 6 日 00:00:00 UTC(00:00:19 TAI),结束于 1980 年 1 月 12 日。随后是 GPS 第 1 周、GPS 第 2 周等。然而,大约 19 年后,在 1999 年 8 月 21 日至 8 月 22 日午夜(UTC)GPS 第 1023 周结束时,有必要从 0 重新开始编号。这称为翻转。第二次翻转发生在 2019 年 4 月 6 日至 4 月 7 日午夜,当 GPS 第 2047 周(计数器中表示为 1023)前进并在计数器中翻转到 0 时。许多较旧的接收机和移动电话在翻转过程中失去了时间并停止工作;然而,它们在修补后又开始运行。

这种必要性来自 1023 周后的下一周将是 GPS 第 1024 周的事实。这是一个问题,因为导航电文中 GPS 周字段的容量仅为 10 位,10 位字段可容纳的最大计数为 2^{10} 或 1024(0 ~ 1023)。为了在将来克服这一问题,现代化导航电文具有用于 GPS 周计数的 13 位字段;这意味着 GPS 周在很长一段时间内不需要再次翻转(Samama,2008)。

GLONASS 使用由(苏联(SU)和现在的)俄罗斯维护的 UTC 时间(GLONASS ICD 2002,2005)。与 GPS 不同,GLONASS 时间直接受闰秒引入的影响。GLONASS 时间刻度不是连续的,必须针对周期性闰秒进行调整。GLONASS 时间由控制段保持在 UTC(SU)的 1ms 内,通常优于 1μs,并在导航电文中广播偏移量的剩余部分。在 UTC 的闰秒校正期间,GLONASS 时间也通过改变所有 GLONASS 卫星机载时钟的秒脉冲计数进行校正。通过相关公告、通告等方式提前(至少提前三个月)通知 GLONASS 用户关于这些计划的校正。因此,GLONASS 卫星在其导航电文中没有任何关于 UTC 闰秒校正的数据。由于闰秒校正,GLONASS 时间和 UTC(SU)之间没有整数秒差。然而,由于 GLONASS 控制段的特定特征,这些时间尺度之间存在恒定的 3h 差异(GLONAS ICD 2002,2005)。

Galileo 还建立了一个参考时标,即 Galileo 系统时间(GST),以支持系统运行(Stehlin,2000;Zaharia,2009)。Galileo 系统通过将 Galileo 时间引导到 TAI 来避免增加闰秒。GPS 时间被引导到由 USNO 产生的 UTC 实时表示;而 GST 由 BIPM 引导至 TAI。GST 时间从 1999 年 8 月 21 日至 22 日午夜 UTC 0 时开始。Galileo 的时间精度相对于 TAI 保持在 50ns 以内。

北斗使用的时间参考系统称为北斗时(或北斗系统时间,缩写为 BDT)。与 GPS 时间类似,北斗时是一个连续的时间尺度,不引入任何闰秒。BDT 源于安装在北斗地面控制中心的原子钟,可以追溯到中国国家官方时间 UTC,由中国科学院国家授时中心(NTSC)保存。BDT 时间从 2005 年 12 月 31 日至 2006 年 1 月 1 日午夜 0 时 UTC 开始。参照 UTC,北斗的时间精度保持在 100ns 以内(Dong et al. ,2007,2008)。

从前面的讨论中,我们可以理解 GPS、GLONASS、Galileo 和北斗使用的时间不同,它们使用的参考也不同。GNSS 时间是本书中使用的通用术语,用于指代这些时间尺度。

4.5.2　卫星时钟

每颗 GNSS 卫星都有自己的机载时钟,也称为时间标准,其形式是由原子振动频率调节得非常稳定和精确的原子时钟(Langley 1991a;Lombardi,2002;Jespersen et al. ,1999)。任何一颗卫星的时钟完全独立于任何其他卫星的时钟,因此允许它们偏离特定 GNSS 严格控制的标准时间 1ms。与其不断调整卫星的机载时钟,以使它们彼此之间与 GNSS 时间保持同步,不如由控制段的监测(或跟踪)站仔细监测它们的单独漂移。这些监测站记录每个卫星时钟的信息,将其发送到主控站,在主控站将卫星时钟信息与主控站的时钟进行比较,并识别时钟偏移。然后,这些时钟偏移信息被发送到注入站,用于上传到每颗卫星的导航电文,称为广播时钟校正。

GNSS 接收机能够使用导航电文中广播时钟校正给出的校正信息,将卫星时钟与 GNSS 时间关联起来。这显然只是将接收机自身时钟与卫星时钟直接关联问题的部分解决方案。接收机将需要依赖于 GNSS 信号的其他方面来获得完整的时间相关性。每颗卫星时钟的漂移既不是恒定的,也不能通过频繁地更新广播时钟校正以完全定义漂移。因此,导航电文还提供了广播时钟校正可靠性的定义。这称为钟差数据版本协议(IODC)。

4.5.3　广播星历

导航电文还包含一种时敏信息。它包含卫星相对于时间的位置信息。这称为卫星星历。

然而,广播星历从来都不是完美的。在 GPS、Galileo 和北斗的情况下,广播星历以开普勒参数表示(参见 5.8.1 节)(Samama,2008)。星历元素以 17 世纪德国天文学家约翰·开普勒的名字命名。GLONASS 使用地心笛卡儿坐标及其导数计算未来轨道(GLONASS ICD 2002,2005)。但在每一种情况下,它们都是卫星实际轨道的最小二乘曲线拟合分析的结果。因此,与 IODC 一样,广播星历表的准确性随着时间而恶化。因此,这个问题是导航电文最重要的部分之一,称为星历数据版本标识(IODE)。

4.5.4 大气校正

导航电文提供的数据仅提供了大气相互作用的部分解决方案。控制段的监测站通过分析所有 GNSS 卫星广播的两个频率(如 L1 和 L2)的不同传播速率,发现了由于其通过电离层的行程引起 GNSS 信号的明显延迟。这两个频率的使用和大气对 GNSS 信号的影响将在第 5 章(5.4 节)稍后讨论。就目前而言,只要知道单频接收机依赖导航电文携带的电离层校正,就足以帮助消除大气引入的部分误差(Klobuchar,1987)。

4.5.5 广播历书

导航电文告诉接收机在哪里找到特定 GNSS 星座的所有卫星。这些信息是较为粗略的轨道信息,称为历书。然而,这些数据不完整,无法提供给定时刻卫星的准确位置信息,无法用于定位。一旦接收机找到了它的第一颗卫星,它就可以查看该卫星导航电文中缩减的粗略轨道信息(历书),以确定更多卫星的位置。这使得对卫星的跟踪更快。

4.5.6 卫星健康

关于接收机正在跟踪的卫星"健康状况"的信息也可从导航电文中获得。它允许接收机确定卫星是否在正常参数范围内运行。每颗卫星都会发送特定星座中所有卫星的健康数据。GNSS 卫星容易发生各种故障,特别是时钟故障。这就是为什么它们至少携带三个时钟的原因之一。地面控制站还定期上传卫星"健康数据"。"健康数据"在接收机尝试使用特定信号之前告知接收机卫星的任何故障。

4.6 测距码

除导航电文外,GNSS 卫星还发送一种特殊类型的代码,用于确定从卫星到接收机的距离。该编码信息由载波信号以多个频率发送。第 2 章记录了当前使用的频率(表 2.4)。然而,与导航电文不同,测距码不是用于广播信息的工具。它们携带原始数据,GNSS 接收机从中获得传播时间和距离测量值。

测距码是非常复杂的,一开始看起来就像是噪声。尽管它们称为伪随机噪声或 PRN 码,但实际上,这些码是经过精心设计的。这种复杂而特殊的设计为它们提供了重复和复制的能力(Langley,1990)。

对所有这些代码的讨论超出了本书的范围,因此本书没有进行过多描述。然而,为了便于理解,我们可以将 GPS 的 P 码作为一个例子介绍一下(Spilker,1980)。GPS P 码以 10.23Mb/s 的速率生成,在 L1 和 L2 上都可用。每颗卫星都被分配了一部分非常长的 P 码,并且每 7d 重复一次 P 码。整个代码每 37 周更新一次。所有 GPS 卫星在相同的两个频率上广播其代码。然而,GPS 接收机需要区分一颗卫星与另一颗卫星的信号播送。一种便于识别卫星的方法是将 37 周长的 P 码中特定的一周分配给每颗卫星。

请注意,GPS 和 GLONASS 在频谱方面存在根本性差异,这是由用于识别卫星的寻址技术引起的。若所有卫星以相同频率生成相同的代码,则不可能识别发出特定信号的卫星。与所有无线电通信系统一样,最基本的困难是找到最佳方式,允许多颗卫星无干扰地接入同一接收机;相应的技术称为多址接入。有三种主要技术可用于此:频分多址(FDMA)、时分多址(TDMA)和码分多址(CDMA)(Pratt et al.,2003)。

在 FDMA 中,特定频率被分配给发射机,以便由接收机识别;而在 TDMA 中,可识别单个时隙;在 CDMA 中,不同的码被分配给每个发射机(Bellavista et al.,2007)。一些系统还使用这些码的组合。CDMA 的主要优点是分配的整个带宽可以被每个接收机使用。GPS、Galileo 和北斗系统使用 CDMA,但 GLONASS 使用 FDMA。然而,GLONASS 正在从 FDMA 转换为 CDMA。这种转换始于 2014 年(发射了一颗 GLONASS－M 卫星),预计将于 2040 年完成。俄罗斯计划在 2022 年发射第一颗 GLONASS－K2 卫星。GLONASS－K2 将允许俄罗斯评估计划在 L1、L2 和 L3 频率上广播的 CDMA 信号。然而,GLONASS 还将继续为"无限的未来"传输 FDMA 信号,以提供向后兼容能力。

对于 GPS、Galileo 和北斗,每颗卫星都通过其代码进行识别,如前所述,每颗卫星都被分配了一个非常长的代码的特定一周。因此,所有卫星都在同一频率上发射。在 GLONASS 的情况下,每颗卫星由其不同的频率识别,所有卫星都有相同的代码。GLONASS L1 和 L2 载波频率的标称值由以下表达式定义(GLONASS ICD 2002,2005):

$$f_{K1} = f_{01} + K\Delta f_1 \tag{4.3}$$

$$f_{K2} = f_{02} + K\Delta f_2 \tag{4.4}$$

式中,K 为 GLONASS 卫星在 L1 和 L2 子带中相应发送的信号的频率数(频率信道):

$$f_{01} = 1602\text{MHz};\ \Delta f_1 = 562.5\text{kHz}$$，对于 $L1$ 子带

$$f_{02} = 1246\text{MHz};\ \Delta f_2 = 437.5\text{kHz}$$，对于 $L2$ 子带（这些是基频值）

在历书数据中提供任何特定 GLONASS 卫星的信道号（K）。

4.7 调制载波和相移

所有上述代码都是通过调制载波传输到 GNSS 接收机的，因此了解调制载波是如何生成的非常重要。我们知道 GNSS 是一个无源系统，这意味着信号是单向传输的。然而，GNSS 中使用的单向测距比电子测距仪中通常使用的双向测距更复杂。GNSS 信号不能在其原点进行分析。测量信号从卫星传输到达接收机之间经过的时间需要两个时钟：一个在卫星中，另一个在接收机中。为了准确表示它们之间的距离，这两个时钟需要彼此完全同步，从而进一步增加了复杂性。这种理想同步在物理上是不可能的，因此该问题在数学上得到了解决（参见 3.6 节）。

仅在最一般意义上，GNSS 测量中使用的时间测量设备才被称为时钟，它们更准确地称为振荡器或频率标准。换句话说，它们不是发出一系列稳定的可听见的滴答声，而是通过以极有规律的间隔切断连续的电磁能量束来保持时间。结果是产生一系列稳定的波长，这是调制载波的基础。如前所述，GNSS 载波是相位调制的结果。

这通过一个示例进行了说明（Sickle，2008）；电影放映机中快门的作用类似于振荡器对相干光束的调制。就像是特定频率的可见光束通过电影放映机。它以恒定速率旋转的快门中断，快门交替地阻挡和打开光。换句话说，快门将连续光束分割成等长的段。每个长度从快门关闭和光束完全遮挡开始。当快门旋转和打开时，光束逐渐露出。它增加到最大强度，然后随着快门的逐渐关闭而再次降低。光不是简单地打开和关闭，它是逐渐增强和减弱的。在这个类比中，光束是载波，其波长比由快门产生的载波调制波长短得多。这种调制可以用正弦波来说明。当光被快门阻挡时，波长开始。第一个最小值称为 0°相位角。第一个最大值称为 90°相位角，发生在快门完全打开时。当快门再次关闭时，它在 180°相位角处返回最小值。但波长尚未完成。它继续通过第二个快门在 270°打开，在 360°关闭。360°相位角标志着一个波长的结束和下一个波长的开始。从 0°到 360°相位角的时间和距离是一个波长或一个完整周期（图 4.6）。只要振荡器的操作速率非常稳定，调制的每个波长周期开始和结束之间的长度和经过时间都相同。

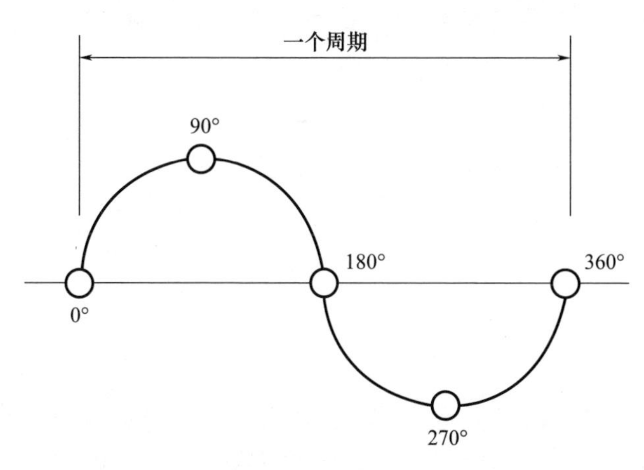

图 4.6　0° ~360°相位 = 一个完整周期(或一个波长)

GNSS 振荡器有时称为“时钟”,因为调制载波的频率(以 Hz 为单位)可以指示波长开始和结束之间的时间差,这对于确定波长覆盖的距离非常有用。方程 4.2(4.2.1 节)中描述了波长和频率之间的关系。现在,考虑从卫星到接收机的距离,它可以被几个整波覆盖,也可以是整波的一小部分覆盖。在使用原始的冈特链时,测量员可以简单地查看链,即可估算出最后一环应计入测量值的部分长度。这些链是有形的(人类感官可以检测到),因此可以计算完整链并估计最后一个链的小数部分。但调制载波的波长是不可见的,GNSS 必须以电子方式找到波长测量的小数部分。因此,它将卫星信号的相位角与由接收机生成的发射信号副本的相位角进行比较,以确定相移。该相移表示波长测量的小数部分。

注释

冈特链是一种用于土地测量的测量装置。它由 100 根长铁丝链组成的链条组成,长 22 码(1 码 =0.9144m),正好 66 英尺。沿链条的不同距离处有黄铜标签,以简化中间测量。

它是如何工作的? 首先,必须记住,调制载波上的点由相位角定义,如 0°、90°、180°、270°和 360°(图 4.6)。当两个调制载波在完全相同的时间达到完全相同的相位角时,它们称为同相、相干或锁相。相反,当两个波在不同的时间达到相同的相位角时,称为异相或相移。例如,在图 4.7 中,虚线所示的正弦波和实线所示的正弦波,其相位相差了 1/4 个波长周期,即 90°。

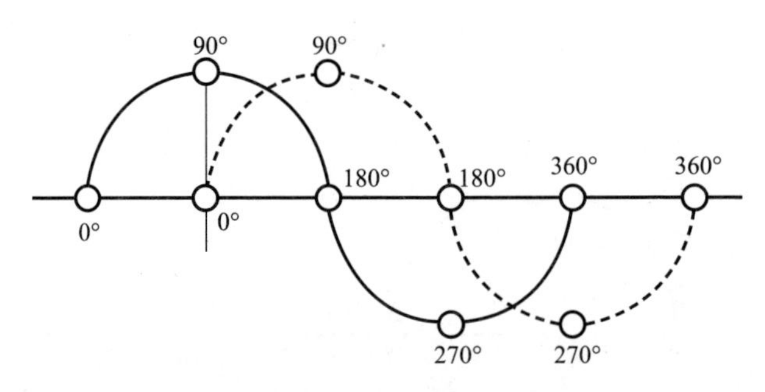

图 4.7　两个信号之间的 90°相移

在 GNSS 中,对输入信号相位和接收机内部振荡器相位差的测量揭示了距离末端的一点距离。在 GNSS 中,该过程称为载波相位测距。顾名思义,这种测量实际上是在载体本身进行的。虽然该技术公开了波长的小数部分,但仍然存在确定整波(周期)数的问题,通常称为周期模糊度或整周模糊度。我们将在本章(4.10.2 节)和第 8 章(8.3.3 节)中讨论周期模糊度。

4.8　观测量——伪距和载波相位

在 GNSS 文献中都使用“可观测量”一词来表示信号,其测量值给出了卫星和接收机之间的范围(距离)。这个词用来区分被测量的事物(可观察的)和测量值(观测到的)。可观测量可以被认为是测量的基础或尺度。在 GNSS 中,有伪距和载波相位两种类型的可观测量(Langley,1993a)。后者也称为载波频拍相位,是用于高精度 GNSS 测量的技术基础。另外,伪距可用于当需要瞬时点位置或考虑相对较低精度时的应用。这些基本可观察性也可以各种方式组合,以产生具有某些优点的附加测量;在许多 GNSS 接收机中都会使用伪距作为通过载波相位测量最终确定位置的初步步骤。

伪距的基础是从 GNSS 卫星接收的调制载波上携带的代码与接收机中生成的相同代码的副本之间的相关性。这种技术称为码相关。用于测量应用的大多数 GNSS 接收机能够进行码相关。也就是说,它们可以确定伪距。接收机还能够确定载波相位。然而,首先让我们集中讨论伪距,其次讨论载波相位。

相位调制编码

在我们开始讨论伪距和载波相位测量之前,需要了解相位调制。我们知道 GNSS 载波是相位调制的结果。这种调制方法的结果是信号可以占据更宽的带宽。这种特性提供了几个优点，包括更好的信噪比、更精确的测距、更少的干扰和更高的安全性。然而，扩展信号的频谱密度也会将其功率降低到 160 ~ 166dB/W。GNSS 信号的功率非常低，通常被描述为相当于从 16093.44km 外看一个 25W 灯泡（Sickle，2008）。显然，在茂密的植被覆盖下、水下、地下或建筑物内接收 GNSS 信号有些困难。

最常用的扩频调制技术称为二进制相移键控（BPSK）（Roddy，2006；Mittal et al.，2007），也称为双相移键控制。BPSK 是一种用于将二进制信号添加到正弦波载波以创建导航电文和测距码的技术。它们都由 0 和 1 组成，这种二进制码被印在载波上，而不改变载波的振幅、频率或波长。相反，BPSK 调制是通过 180°的相位变化实现的。当消息的值从 0 变为 1 或从 1 变为 0 时，载波相位立即反转，即翻转 180°。而每一次翻转都是在载波的相位处于零交叉点时发生的（图 4.8）。

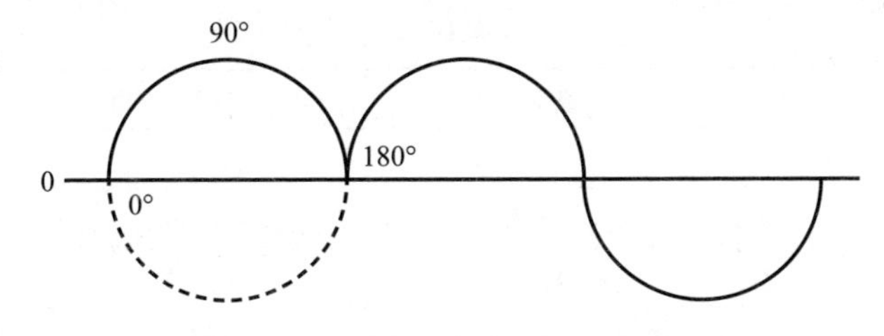

图 4.8 零交叉点发生 180°相移

二进制码中的每个 0 或 1 称为码片。使用术语"码片（chip）"代替"比特（bit）"表示它不携带任何信息，"0"表示正常状态，"1"表示镜像状态。请注意，从 0 到 1 和从 1 到 0 的每一次移位都伴随着载波相位的相应变化（图 4.9）。GNSS 信号所有分量的速率是振荡器标准速率的倍数，如对于 GPS P 码为 10.23MHz，该速率称为基本时钟速率，符号为 F_0。例如，对于 L1 和 L2，GPS 载波分别是 F_0 的 154 倍或 1575.42MHz，以及 F_0 的 120 倍或 1227.60MHz（Kaplan，1996；Spilker，1980）。GPS L5 也是基本时钟速率的倍数，是 F_0 的 115 倍或 1176.45MHz。

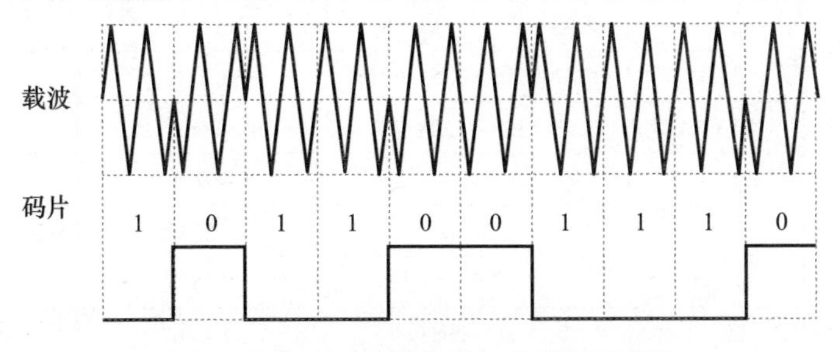

图 4.9 每个码相位调制两个周期的示例

代码也是基于基本时钟速率。例如，每微秒出现10.23个GPS P码码片，0或1；这称为码速率。换句话说，P码的码速率为10.23Mb/s，与F_0（10.23MHz）完全相同。这种码速率也称为码频率。从前面的讨论中，我们了解到，在GPS L1 P码中，154个周期覆盖一个二进制码，0或1。这意味着相位在154个周期或154个周期的倍数后发生变化（Spilker，1980；Wells，1986）。图4.9显示了每比特两个周期的代码，因为一个比特由两个完整的周期表示；因此，相位在两个周期或两个周期的倍数之后改变。GPS C/A码的码速率是P码的1/10，是F_0的1/10，即1.023Mb/s。这意味着，在生成一个C/A码片所需的时间内会出现10个P码片，从而允许P码导出的伪距更精确。这是C/A代码称为“粗捕获”代码的原因之一。表4.2提供了GLONASS系统（GLONASS ICD，2002）、Galileo系统（Samama，2008）和北斗系统的码速率。

表4.2　GNSS信号详情①

星座	信号	载频/MHz	PRN码速率/(Mb/s)	信号调制
GPS	L1 C/A	1575.42	1.023	BPSK
	L1 P(Y)	1575.42	10.23	BPSK
	L1 M	1575.42	5.115	BOC(10,5)
	L1 C	1575.42	1.023	BOC(1,1)
	L2 P(Y)	1227.60	1.023	BPSK
	L2 M	1227.60	5.115	BOC(10,5)
	L2 CM	1227.60	0.5115	BPSK
	L2 CL	1227.60	0.5115	BPSK
	L5 C-I	1176.45	10.23	BPSK
	L5 C-Q	1176.45	10.23	BPSK
GLONASS	L1 C/A	1598.0625~1607.0625	0.511	BPSK
	L1 P	1598.0625~1607.0625	5.115	BPSK
	L2 C/A	1242.9375~1251.6875	0.511	BPSK
	L2 P	1242.9375~1251.6875	5.115	BPSK
	L3 C/A	1198~1208	4.069	BPSK
	L3 P	1198~1208	4.069	BPSK
Galileo	E1-I	1575.42	2.5575	MBOC(6,1,1/11)
	E1-Q	1575.42	2.5575	BOC(14,2)
	E2-I	1561.098	2.046	BPSK(2)

续表

星座	信号	载频/MHz	PRN码速率/(Mb/s)	信号调制
Galileo	E2 - Q	1561.098	2.046	BPSK(2)
	E5a - I	1176.45	23.205	AltBOC(15,10)
	E5a - Q	1207.14	23.205	AltBOC(15,10)
	E5b - I	1207.14	2.046	BPSK(2)
	E5b - Q	1207.14	10.23	BPSK(10)
	E6 - I	1278.75	10.23	BPSK(10)
	E6 - Q	1278.75	10.23	BPSK(10)
北斗	B1 - I	1561.098	2.046	BPSK(2)
	B1 - Q	1561.098	2.046	BPSK(2)
	B1 - C	1575.42	2.046	MBOC(6,1,1/11)
	B1 - A	1575.42	2.046	BOC(14,2)
	B2 - I	1207.14	2.046	BPSK(2)
	B2 - Q	1207.14	10.23	BPSK(10)
	B2a	1176.45	10.23	AltBOC(15,10)
	B2b	1207.14	10.23	AltBOC(15,10)
	B3 - I	1268.52	10.23	BPSK(10)
	B3 - Q	1268.52	10.23	BPSK(10)
	B3 - A	1268.52	10.23	BOC(15,2.5)

① 本表中提供的信息仅供参考,不具有决定性。

尽管C/A码和P码这两种代码都在同一载波上广播,但它们可以通过正交传播(90°相位调制)相互区分。这意味着载波上的C/A码调制与同一载波上的P码调制相移90°。

正交相移键控(QPSK)是另一种相移键控制,也用于GNSS。术语“正交”意味着载波在给定时间可以具有4个可能的相位。这4个相移可能发生在0°、90°、180°或270°。在QPSK中,通过正交相位变化来传送信息。在每个时隙中,相位可以改变一次。由于存在4个可能的阶段,在每个时隙内传送2bit的信息。因此,QPSK的比特率是BPSK比特率的两倍。4个可能的相位变化中的每一个都分配一个特定的2b的值(或二位二进制数)。例如,0°为01,90°为00,180°为10,270°为11。图4.10显示了这种调制如何生成一系列2bit的值。

虽然QPSK可以被视为四进制调制,但更容易将其视为两个独立调制的

BPSK 载波。根据这种解释,偶数位(或奇数位)比特用于调制载波的同相(I)分量,而奇数位(或相应的偶数)比特用来调制载波的正交相位(Q)分量。BPSK 用于两个载波,并且它们可以独立解调。图 4.11 清楚地显示了如何将 QPSK 视为两个独立的 BPSK 信号。这显然意味着 QPSK 载波可以用作两个 BPSK 载波,如在 GPS L1 信号中使用 QPSK,以此在两个不同的 BPSK 载波中发送两个不同码 P(Y)码和 C/A 码。然而,QPSK 也可被用作单载波以增加数据比特率。

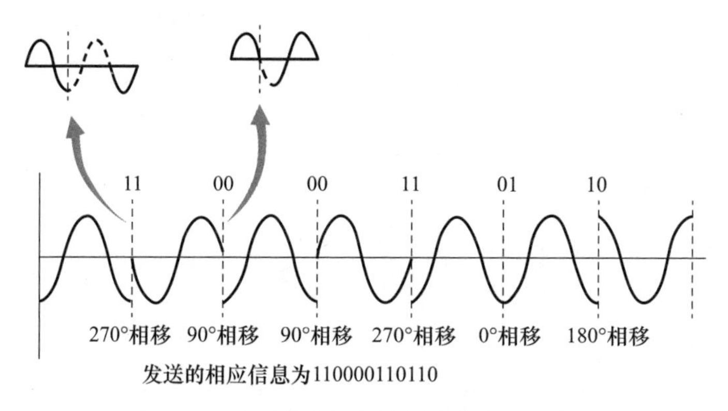

图 4.10 在时隙之间的转换中传输 2bit 信息

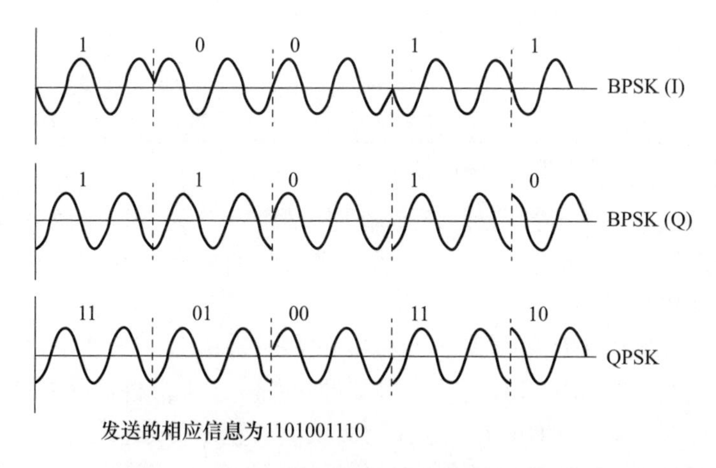

图 4.11 QPSK 是 BPSK(I)和 BPSK(Q)的组合

现代 GNSS 卫星正在使用一种称为二进制偏移载波(BOC)的新调制过程。利用 BOC,BPSK 信号进行进一步调制。调制频率总是码速率的倍数。产生 BOC 信号的主要原因是:一方面,需要改进传统 GNSS 信号的特性,以更好地抵抗多径效应、各种干扰和接收机噪声;另一方面,需要改善分配带宽与现有信号或未来同类信号的频谱共享。BOC 的相应频谱会向中心频率的两侧偏移，允许在同一中心频率上有许多不同的信号。该调制的特性以特定方式进行通信。按照 Betz(1999)提出的惯例，BOC(α,β)用作缩写。副载波频率实际上是 $\alpha\times$ 1.023MHz，而码片速率实际上是 $\beta\times$1.025Mb/s(Betz,1999)。例如，BOC(10,5)意味着副载波频率为 10.23MHz，码速率为 5.115Mb/s。

2004 年，美国和欧洲联盟签署了一项开创性的协议，为 GPS 和 Galileo 系统的民用用户提供通用、可互操作的信号：以 1575.42MHz 为中心的 1.023MHz 副载波频率和 1.023Mb/s 编码速率的 BOC(1,1)调制。技术工作组随后的讨论产生了一种认为是更好的信号结构：复合二进制偏移载波(MBOC)。支持 MBOC 调制论点的一个重要部分源于这样一种预期，即通过代数加法(复合 BOC)或时间复用(时间复用 BOC)，在 BOC(1,1)上添加更高频率的 BOC 调制，可以改善多径抑制(Simskyet et al.,2008)。不仅 Galileo 系统，北斗也在使用 MBOC。

Galileo 和北斗也使用另一种调制技术，称为交替二进制偏移载波(AltBOC)。AltBOC 调制方案基于标准 BOC 调制。标准 BOC 调制是一种副载波调制，它将信号频谱分成两部分，分别位于中心载波频率的左侧和右侧。AltBOC 调制方案旨在生成采用类似标准 BOC 中所涉及的源编码的单副载波信号。该过程允许保持 BOC 实现的简单性(Issler et al.,2003)。AltBOC 调制提供的优点是，载波的同相(I)和正交相位(Q)分量可以作为传统 BPSK 信号单独处理，或者一起处理，从而在跟踪噪声和多径方面产生巨大性能。BOC 调制还有其他几种现代变体，如正弦 BOC(BOCSin)、余弦 BOC(BOCCos)、双 BOC(DBOC)等，其中一些目前已被选用于 GNSS 信号。有关 BOC 调制的更多详情请参阅 Lohan et al.(2007)。

从前面的讨论中可以明显看出，不同星座的不同信号(或服务)使用几种调制技术来传输代码(或码片)。表 4.2 详细列出了所有当前可用的信号。

4.9　伪距测量

伪距观测是基于时间偏移的，即 GNSS 信号离开卫星和到达接收机之间经过的时间。第 3 章(3.4 节)描述了时间偏移的基本概念，我们试图将友方卫星的计数与己方卫星的计数相匹配。在 GNSS 中，经过的时间或时间偏移称为传播延迟，用于测量卫星和接收机之间的距离。测量由代码组合完成。伪距由 GNSS 接收机使用已施加在调制载波上的复制码来测量。GNSS 接收机自身生成该复制码,以与它从卫星接收的代码进行比较。为了对这一过程进行概念化,可以想象两个代码在完全相同的时间生成,在各个方面都是相同的:一个在卫星上,另一个在接收机上。卫星向接收机发送其代码,但在到达接收机时,两个代码不匹配。这些代码是相同的,但在接收机中的复制代码发生时间偏移之前,它们不会相互关联。

接收机生成的复制码相对于接收到的卫星伪随机码发生偏移。为了匹配接收机生成的复制码和接收到的卫星伪随机码,这种时间偏移揭示了传播延迟,即信号从卫星到接收机的行程所需的时间。一旦完成时间偏移,两个代码完全匹配,卫星信号在传输过程中花费的时间(传播延迟)几乎可以很好地测量。如果这个时间偏移可以简单地乘以光速,得到卫星和接收机之间的真实距离,这将是一件非常美妙的事情,而且数值很接近。但该过程中存在一些物理限制,这些限制将阻止这种理想的关系,这将在后面描述。

4.9.1 自相关

如前所述,来自 GNSS 接收机获取的第一颗卫星的导航电文的历书信息告诉它哪些卫星可以预期进入接收机的视野。利用该信息,接收机可以为这些卫星中的每一颗加载测距码(如 C/A 码或 P 码)。然后接收机尝试将测距码的复制码与它实际从卫星接收的信号对齐(匹配)。发生相关性所需的时间受历书中信息的存在和质量的影响。

将来自卫星的代码与来自 GNSS 接收机的复制码对齐称为自相关,它取决于码片到码态的转换(Borre,2001)。用于从码片(0 和 1)导出码态(+1 和 -1)的公式为

$$\text{代码状态} = 1 - 2x \tag{4.5}$$

式中:x 为代码码片值。例如,正常码态为 +1,对应码片值为 0。镜像码态为 -1,对应码片值为 1。

这些码态的功能可以通过提问三个问题来说明(Sickle,2008):

首先,如果接收机中生成的码态跟踪环路与从卫星接收的码态不匹配,接收机如何知道?

例如,在这种情况下,接收机的 10 个码态中的每一个与卫星的每个码态的乘积之和除以 10,不会得到 1(图 4.12(a))。

其次,当接收机中的码态与从卫星接收的码态不匹配时,接收机会做什么?

接收机将搜索频率从中心频率略微偏移。这样做是为了适应输入信号所

引入的多普勒频移(稍后给出定义),这是无法避免的,因为卫星总是朝向或远离接收机移动。接收机也会及时地变换其代码片段。这些在时间和频率上的迭代小偏移将一直持续,直到接收机码态确实与来自卫星的信号匹配。

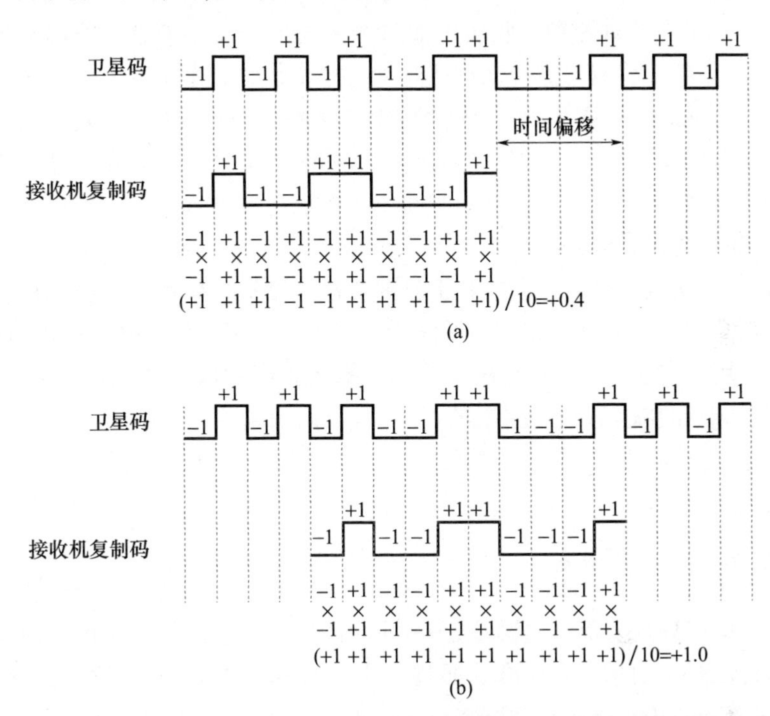

图4.12　代码相关性的概念

最后,接收机如何知道复制码状态的跟踪环路何时与来自卫星的码态匹配?

在这种情况下(4.12(b)),接收机的第10个复制码中的每个码态和来自卫星中的10个码态中的每一个乘积之和除以10,正好是1。

在图4.12(a)中,来自卫星的代码和来自接收机的复制码不匹配,码态的乘积之和不是1。在两个代码自相关(图4.12(b))之后,码态之和除以10正好是1,接收机的复制码与来自卫星的码相匹配,就像钥匙与锁相匹配一样。

4.9.2　锁定和时间偏移

一旦实现了两个代码的相关,它就由GNSS接收机内的相关信道来维持,此时可以说接收机已实现锁定或被锁定到卫星。若相关性后来被某种方式中断,则称接收机失锁。然而,只要锁定存在,接收机就可以收到导航电文。请记住,导航电文的一个要素是广播时钟校正，它将卫星的机载时钟与 GNSS 时间联系起来，并且会出现伪距过程的限制。

在自相关中发现的时间偏移不能完全揭示卫星在特定时刻真实距离的一个原因是卫星中的时钟和接收机中的时钟之间无法获得理想状态的同步。回想一下，两个比较代码是直接从这些时钟的基本代码频率生成。由于这些离得很远的时钟无法完全同步，一个在地球上一个在太空中，因此它们产生的代码也不能完全同步。因此，观察到的时间偏移的一小部分一定总是由这两个时钟之间的不一致导致的。换句话说，时间偏移不仅包含信号从卫星到接收机的传播时间，还包含时钟误差。

事实上，每当卫星时钟和接收机时钟与精密控制的 GNSS 时间进行对比时，都会发现它们有点偏移。它们的振荡器从来都不是完美的。毫不奇怪，它们不像世界上用于定义 GNSS 时间速率的 100 多个原子钟那样稳定：它们受到温度、加速度、辐射和其他不稳定因素的影响。因此，有两个时钟偏移（一个用于卫星，一个用于接收机）使每个伪距可观测值产生偏差。这就是它被称为“伪距”的原因之一。

4.9.3 伪测距方程

时钟偏移只是伪距中的误差之一。除时钟误差外，还涉及若干误差（如第5章所述）。它们之间的关系可以通过以下方程来说明（Wells，1986；Bossler et al.，2002；Gopi，2005；Sickle，2008）：

$$\rho = R + d_{\mathrm{p}} + c(\mathrm{d}t - \mathrm{d}T) + cd_{\mathrm{ion}} + cd_{\mathrm{trop}} + \varepsilon_{\mathrm{mp}} + \varepsilon_{\mathrm{p}} \tag{4.6}$$

式中：ρ 为伪距测量值；R 为真实距离；d_{p} 为卫星轨道（星历）误差；c 为光通过真空的速度（恒定）；$\mathrm{d}t$ 为卫星时钟偏离 GNSS 时间；$\mathrm{d}T$ 为接收机时钟偏离 GNSS 时间；d_{ion} 为电离层延迟；d_{trop} 为对流层延迟；$\varepsilon_{\mathrm{mp}}$ 为多径；ε_{p} 为接收机噪声。

请注意，在不考虑时钟偏移、大气效应和其他不可避免偏差的情况下，伪距 ρ 和真实距离 R 不能等效。

这种关于时间的讨论可能很容易转移人们对真实目标的注意力，即接收机的定位。显然，如果卫星的坐标和接收机的坐标完全已知，那么确定时间偏移或找到它们之间的真实距离（R）将是一件简单的事情。事实上，放置在已知坐标位置的接收机可以非常精确地确定时间，从而用于监测世界各地的原子钟。通过同时跟踪同一卫星的多个接收机可以实现 10ns 或更好的分辨率。此外，放置在已知位置的接收机可用作基站，以确定未知站点接收机的相对位置，这是大多数 GNSS 测量的基本原理。

有必要假设真实距离(R),也称为几何距离,实际上包括卫星和接收机的坐标。然而,它们隐藏在测量值、伪距(ρ)和式(4.6)右侧的所有其他项中。因此,目标是从数学上分离和量化这些偏差,以便显示接收机坐标。不用说,描述(或建模)偏差的任何缺陷都将降低最终确定接收机位置的质量。这些问题将在第 5 章中讨论。

4.10　载波相位测量

载波的波长与码片长度相比非常短。例如,GPS L1 P 码片长度是载波波长的 154 倍。载波相位的测量精度可以达到毫米级,而 P 码测量精度为几分米(C/A 码测量精度则为几米)。因此,如果我们可以通过载波而不是代码来确定距离,那么与伪距测量相比,我们可以实现非常高的精度。

理解载波相位比伪距更困难,但它们测量的基础有一些相似之处。例如,伪距测量的基础是从 GNSS 卫星接收的代码与接收机内生成的复制码的相关性。载波相位测量的基础是将从 GNSS 卫星接收到的载波本身与在接收机内生成的参考载波相结合。输入信号和接收机内部参考之间的相位差揭示了 GNSS 中载波相位测量的小数部分(图 4.13)。从卫星到达接收机信号的整周数(即测量的整数部分)并不能立即获得。

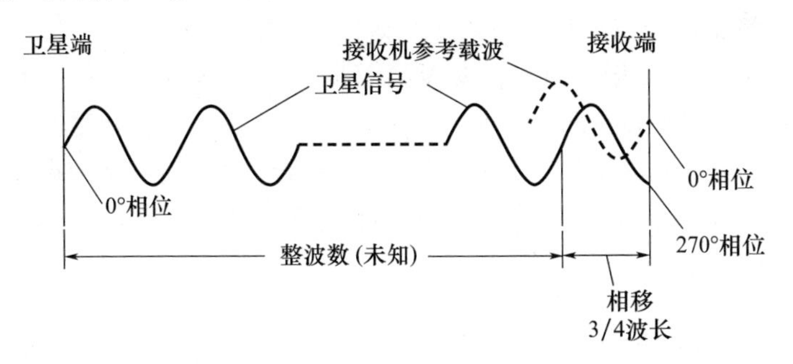

图 4.13　相移和整周数(注意,接收机的参考载波是在接收机内生成的,而不是发送到卫星;该图为示意图)

载波相位观测量有时称为重构载波相位或载波拍频相位观测量。在这种情况下,拍频是由具有不同频率的两个波组合产生的脉冲。当组合具有不同频率的任何一对振荡时,都可能会发生这种情况。在 GNSS 中,当接收机中生成的载波与从卫星接收的载波相结合时,就会产生拍频。起初,这似乎不合理。两个完全相同的载波怎么会产生拍频呢？我们知道，在卫星中生成的载波和在接收机中生成的参考载波之间不应有任何频率差。如果频率没有差异，怎么会有拍频呢？但是这两个载波之间确实有细微的差别。在从 GNSS 卫星到接收机的过程中，载波的频率发生了变化。这种现象描述为多普勒效应。

4.10.1 多普勒效应

多普勒效应（或多普勒频移）是指观察者相对于波源移动时，波的频率和波长的变化（Jones，1984）。这种现象可以用声音模型来解释。声音的频率增加，表现为音调升高；音调降低，是频率降低的结果。当一个静止的观察者听到过往列车的喇叭声时，他会注意到，随着列车越来越近，音调会上升，而随着列车驶离，音调会下降。然而，驾驶列车的驾驶员听不到站在轨道旁边的观察者所听到的声音变化。他只能听到一个恒定、稳定的音调。列车相对于观察者的相对运动导致喇叭频率的明显变化。

从观察者的角度来看，无论是波源、观察者，还是两者都在移动，当它们移动得更近时，频率增加，当它们分开时，频率减少。因此，如果 GNSS 卫星正在向观察者（接收机）移动，其载波将以更高的频率到达接收机。如果 GNSS 卫星正在远离观测者，其载波将以较低的频率进入接收机。GNSS 卫星实际上总是相对于观察者移动，因此从 GNSS 卫星接收到的任何信号都是多普勒频移后的。

在 GNSS 情况下，接收机在某些应用中也发生移动（如汽车导航系统的接收机）。因此，还应考虑接收机的移动。这同样通过多普勒频移分析实现。事实上，当接收机的硬件试图“找到”给定卫星的信号时，它必须考虑多普勒频移的两个分量：卫星的运动和接收机的运动。多普勒由任何一个或两个的相对位移产生。所以必须要考虑多普勒频移。这是通过测量接收机振荡器的频移来实现的（详见 8.3.1 节）。

4.10.2 载波相位测量方程

在 GNSS 文献中，以周期为单位的载波相位观测量通常用 φ 表示。其他约定包括使用上标来表示卫星名称，以及使用下标来定义接收机。例如，在下式中，φ_r^s 用于表示卫星 s 和接收机 r 之间的载波相位观测值。定义载波拍频相位观测值的差值为（Wells，1986）

$$\varphi_r^s = \varphi^s(t) - \varphi_r(T) \tag{4.7}$$

式中：$\varphi^s(t)$ 为卫星 s 在时间 t 广播的载波的相位，请注意，该载波的频率是由接收机振荡器产生的相同、名义上恒定的频率；$\varphi_r(T)$ 为其在时间 T 到达接收机 r 时的相位。

使用载波相位观测量来测量距离的描述可以从与伪距计算相同的基础开始，即传播时间。信号广播时刻 t 和接收时刻 T 之间的时间，乘以光速 c，将得到卫星和接收机之间的伪距 ρ：

$$(T - t)c \approx \rho \tag{4.8}$$

该表达式现在将行程时间与距离相关联。然而，事实上，载波相位观测量不能依赖于传播时间，原因有两个：首先，在载波相位中，接收机的观测量没有用于标记输入连续载波上任何特定时刻的代码。其次，接收机无法区分载波的一个周期与其他周期，因此它无法知道信号离开卫星时的初始相位。换句话说，接收机无法知道传播时间，因此很难看到它如何确定卫星和自身之间的整周数。这个未知量称为周期模糊度（或整周模糊度）。载波相位观测必须从接收器的相位测量中得出范围，而不是从信号的已知传播时间中得出。

丢失的信息是跟踪开始时接收机和卫星之间的整个相位周期数。关键的未知整数（以 N 表示）是整周模糊度，接收机无法直接测量。接收机可以计算从开始跟踪到停止的整个相位周期。它还可以通过确定卫星和接收机载波之间的相移来监测部分相位周期（图 4.13），但整周模糊度 N 未知。然而，有一些技巧和技术可以解决这种“模糊性”，这将在后续章节中讨论。

一个载波相位观察量的 360°周期为波长 λ。因此，整个载波相位方程中包含的整周模糊度是波长的整数，由 λN 表示。所以，整个载波相位观测量方程可以表示为（Wells，1986；Bossler et al.，2002；Gopi，2005；Sickle，2008）：

$$\varphi = R + d_p + c(\mathrm{d}t - \mathrm{d}T) + \lambda N - cd_{ion} + cd_{trop} + \varepsilon_{mp} + \varepsilon_p \tag{4.9}$$

式中：φ 为周期中的载波相位观测量；R 为真实距离；d_p 为卫星轨道（星历）误差；c 为通过真空的光速（恒定）；$\mathrm{d}t$ 为卫星时钟与 GNSS 时间的偏移；$\mathrm{d}T$ 为接收机时钟与 GNSS 时间的偏移；λ 为载波波长；N 为周期内的整周模糊度；d_{ion} 为电离层延迟；d_{trop} 为对流层延迟；ε_{mp} 为多径；ε_p 为接收机噪声。

注意，与伪测距方程（方程（4.6））不同，这里电离层延迟为负（这是一个重要问题，将在 5.4.1 节中讨论）。此外，方程（4.6）和方程（4.9）中提到的误差尚未定义。为了求解这些方程，我们需要了解这些误差及误差的确定。第 5 章将讨论这些问题。

练习

描述性问题

1. 解释电磁能量的电磁波波动模型，推导频率、波长和光速之间的关系。定义电磁频谱。

2. 无线电波是如何产生、传输和接收的？

3. 你对“载波调制”的理解是什么？描述不同类型的调制。

4. 你对“导航代码”的理解是什么？此代码包含哪些信息？

5. 解释GPS、GLONASS和Galileo中使用的时间标准与UTC和TAI的比较。

6. 你对“观测量”的理解是什么？解释如何在伪距观测量中实现自相关。

7. 解释BPSK和QPSK的概念。

8. 你对BOC调制了解多少？解释BOC(1,1)。

9. 解释伪距测量方程。

10. 解释多普勒频移及其在GNSS中的重要性。

11. 解释载波相位测量方程。

12. 你对“周期模糊度”的理解是什么？为什么GNSS接收机不能解决周期模糊度问题？

13. 你对“伪距”和“几何距离”的理解是什么？它们如何相互关联？

14. 如何从码片中确定码态？解释码态的功能。

15. 用适当的说明解释自相关(锁定)。

简短说明/定义

就以下主题写出简短的含义：

1. 频带

2. 微波波段

3. 无线电波段

4. L波段

5. 超高频

6. 信号干扰

7. 相位调制
8. TAI
9. UTC
10. Galileo 系统时间
11. 数据时钟问题
12. 多址接入
13. CDMA
14. FDMA
15. 星历数据版本标识
16. 二进制相移键控
17. 码片
18. 码速率
19. 锁定
20. 载波拍频相位

第 5 章

误差和准确性问题

5.1 引言

在现实世界中，有几个因素影响 GNSS 的性能，可能使其在数学上不够理想。以下几个方面列出了 GNSS 的性能（Petovello，2008）：

（1）精度：当使用适当的硬件、软件和操作程序时，能保持一定程度的准确性。

（2）可用性：系统在地球上任何地方和任何时间对所有用户可用的程度。

（3）连续性：在连续的基础上保持一定精度的程度。

（4）可靠性：系统和结果的可靠性，通常由定位精度的某种“可重复性”来证明。

（5）完整性：监控性能在准确性低于某一水平时向用户发出警告的能力。

（6）成本：硬件和软件的成本以及间接运营成本。

（7）竞争性技术是否存在？它们为实现高精度提供了什么？

然而，对于大多数用户来说，最重要的性能度量是准确性。因此，本章应考查影响定位精度的主要因素。为了从系统中获得尽可能好的精度，一个好的接收机必须考虑各种可能的误差。误差控制对于从伪距或载波相位观测量中找到真实几何距离是必不可少的。

伪测距和载波相位测量方程（分别为方程（4.6）和方程（4.9））已在第 4 章中进行了描述。这两个方程都包括称为“距离偏差”的环境和物理限制，如大气误差、时钟误差、接收机噪声、多径误差、轨道误差等。本章的目的是分离和量化这些误差，并解决其他与精度相关的问题。

5.2　伪距误差的影响

每个误差都会导致对相应伪距的错误估计。虽然有几种方法来表示误差源，但据我们理解，误差源可分为三类，这取决于它们发生的位置：①由于卫星不确定性引起的误差；②由于信号传播引起的误差；③由于接收机不确定性造成的误差。在卫星方面，时钟同步偏差（参考星座时间）和卫星定位精度基本上都会产生最终定位误差。在接收机方面，时钟偏差和天线相位中心位置是定位不准确的主要原因。

除了这些物理误差，在一些星座中，系统管理还会引入自发的噪声。这就是GPS系统中所谓的选择可用性（SA）。其主要思想是在卫星的时间同步数据和星历数据中产生有意误差源。这样一来，在接收端进行的计算就会受到影响。

GNSS中涉及的所有误差也可分为以下类别（Samama，2008）：

（1）同步误差。该误差发生在卫星端或接收机端，并导致发射时间和接收时间不在同一时间参考系下考虑。

（2）传播误差。该误差导致从卫星到接收机的信号飞行理论传输时间与实际传输时间存在差异。其可划分为信号穿过大气层和多径效应两类。在第一种情况下，传输的信息在跨越某些层时会变慢，这应予以考虑。在第二种情况下，信号传输时间被延长。请注意，这两种效应都会导致伪距值增加。

（3）位置误差。该误差与卫星和接收机有关。通过星历数据发送的卫星的精确位置对于接收机计算其位置至关重要。因此，这些卫星位置计算的准确性具有直接影响。但是，还有另一个问题涉及通过定位计算接收机的实际物理位置。这听起来可能很奇怪，因为接收机的位置正是人们想知道的。事实上，在处理高精度定位（即厘米级精度）时，人们应该考虑厘米级的真正意义。由于接收机的尺寸比1cm大得多，那么究竟在哪里考虑定位点？答案是接收天线上的特定点，即相位中心。因此，为了使用定位结果，必须知道天线的实际相位中心位置。

此外，还应包括所有类似噪声的误差，如接收机内部噪声、热噪声等。以下各节描述了GNSS通常遇到的主要偏差或精度相关问题。

5.3　卫星时钟误差

最重要的误差之一是卫星时钟偏差。该误差的影响可能相当大，特别是在接收机不使用广播时钟校正来使从卫星机载时钟获取的时间信号与GNSS时间一致时。

5.3.1 卫星时钟的相对论效应

对相对论的全面解释超出了本书的范围。然而，它影响许多运行流程，其中包括 GNSS 的正常运作。根据相对论（Einstein et al.,2001），由于卫星相对于地心惯性参考系的恒定运动和高度，卫星上的时钟受到其速度（狭义相对论）和引力势（广义相对论）的影响。由于我们知道在非常快的移动过程中时间运行得比较慢，可以预计，对于以 3870m/s（表 2.4）的速度移动的卫星，从地球上看，该卫星时钟运行得比较缓慢。这种相对论的时间膨胀导致了时间的不精确，对于 GPS 来说，约为 7.2μs/d（$1\mu s = 10^{-6}s$）的误差。

根据相对论，如果引力场更强，则时间移动得更慢。对于地球上的观测者来说，卫星上的时钟运行得更快（因为这颗高度为 20200km 的卫星（对于 GPS 来说）所受到的引力场比地球上的观察者弱得多）。这种效应是上述时间膨胀的 6 倍（GPS 每天大约快 45.65μs）。

总的来说，卫星的时钟似乎运行得快一点（GPS 每天快大约 38.44μs）。在 GPS 系统中，这两种效应的组合导致卫星时钟的时钟速率偏移比标称值 10.23MHz 偏移了 4.45×10^{-10}倍（Kaplan,1996;Tapley et al.,2004）。在接收机端不用考虑这一点，只用在卫星端通过移动中心振荡器的频率来解决相对论效应，使其行为等同于没有相对性的行为。为确保时钟在太空中实际达到 10.23MHz 的正确基频，在发射前将其频率设置得要稍慢一点，设为 10.2299999543MHz。对于 GLONASS，同样地，相对值会使得在卫星上观察到的频率标称值偏移。该偏移比 5.0MHz 的标称值标准快 4.36×10^{-10}倍，这可以通过在发射前将频率设置为 4.9999999782MHz 进行调整，这样在发射后就能达到 5.0MHz。Galileo 和北斗也进行了类似的调整。

其他相对论效应也应当被考虑，如卫星轨道的偏心率（偏差）和萨格纳克（Sagnac）效应。在偏心率为 0.02 的情况下，该效应可以高达 45.8ns。幸运的是，通过接收机本身的计算消除了偏移，从而避免了约 14m 的测距误差。Sagnac 效应是由观察者在地球表面的移动引起的，由于地球自转，观察者也以高达 500m/s 的速度（在赤道）移动（Tapley et al.,2004）。这种效应的影响很小，计算起来很复杂，因为它取决于运动的方向，仅在特殊情况下考虑。

5.3.2 卫星时钟偏移

卫星时钟偏移不同于相对论效应。星载卫星时钟相互独立。如果这些铷、铯和氢原子钟不受频繁调整的干扰，它们的频率就会更稳定，因此尽可能不要进行调整。然而，虽然原子钟非常精确，但它们并不完美。可能会出现微小差异，这些差异转化为传播时间测量误差。这些"非常精确"的原子钟每3h也会累积1ns的误差。让我们以GPS为例来理解这一点。

例如，虽然GPS时间本身被设计为保持在UTC的1μs以内（闰秒除外），但卫星时钟允许从GPS时间漂移到毫秒。这里涉及三种时间：第一种是美国海军天文台（USNO）的UTC，第二种是GPS系统时间，第三种是每颗独立GPS卫星确定的时间。

它们的关系如下。主控站从世界各地的监测站收集GPS卫星数据。经过处理后，这些信息被上传回每颗卫星，成为广播星历表、广播时钟校正等。GPS时间的实际规范要求其在美国国家标准局确定的UTC的1μs之内，不考虑闰秒。闰秒用于保持UTC与地球实际自转的相关性，但在GPS时间中被忽略。在GPS时间中，自1980年1月6日00:00:00时起，UTC中似乎根本没有出现闰秒。实际上，GPS时间比微秒级规范更接近；它通常与UTC相差约25ns以内，闰秒除外。每个独立的卫星时钟应与GPS系统时间精确匹配，然而，在实际中，它们经常会有偏差。GLONASS、Galileo和北斗也会出现类似的时间相关问题。

为了解决卫星时钟漂移问题，地面站会对其进行持续监测，并将其与主控制时钟系统进行比较，主控制时钟是十多个非常精确的原子钟的组合。计算卫星时钟的误差和漂移，并将其包含在卫星发送的消息中。我们记得，时钟校正是发送给接收机的导航电文的一部分。在计算到卫星的距离时，GNSS接收机会从报告的发射时间中扣除卫星时钟误差，以计算真实信号传播时间。

任意时间t的卫星时钟误差可通过以下模型计算（Bossler et al.，2002）：

$$dt = \alpha_0 + \alpha_1 (t - t_{oc}) + \alpha_2 (t - t_{oc})^2 \tag{5.1}$$

式中：α_0、α_1和α_2是相对于参考时间（如UTC）的时钟偏移、时钟偏移率和参考时钟时间t_{oc}（时钟时间）的时钟偏移加速度的一半。这可以很好地预测卫星时钟的行为。

5.4　大气影响

当信号从卫星传输到接收机时，必须穿过大气层的各个层。这种穿越会产生信号衰减和路径偏离两种影响（Klobuchar，1991；Prolss，2004）。然而，第一种效应是基本的，必须通过双频分析（电离层相关效应）或适当的建模消除。

5.4.1 电离层延迟

GNSS定位中的另一个重大误差可归因于大气层。GNSS信号在穿越太空这一虚拟真空环境时几乎不受影响，随着其穿过地球大气层而发生变化。通过折射和衍射，大气层改变了信号的传输速度，并在较小程度上改变了信号的方向。

电离层是GNSS信号遇到大气的第一部分。这是一种色散介质，在太阳辐射的作用下发生电离。色散意味着该行为取决于信号的频率。电离层从地球表面上方约50km延伸至1000km。电离层包含中间层和热层（图5.1），其本身由D（50～90km）、E（90～1700km）和F（170～1000km）区域组成（Prolss，2004）。电离层最外层称为外大气层的区域。所有这些分层划分都基于电子密度，电子密度距离地球越来越远变得越低。这些层会折射来自卫星的电磁波，导致信号运行时间延长（传播时间延长）（图5.2）。当信号穿过大气层的这一部分，对GNSS信号最麻烦的影响是群延迟和相位延迟（Parkinson et al.，1996）。它们都改变了测量距离。这些延迟的大小取决于信号通过电离层时电离层各层的密度和厚度。当气态分子被太阳紫外线辐射发生电离时，电离层的电子密度会随着释放的自由电子的数量和扩散而变化。该密度通常描述为总电子含量（TEC），即每立方米自由电子的数量（图5.1）。

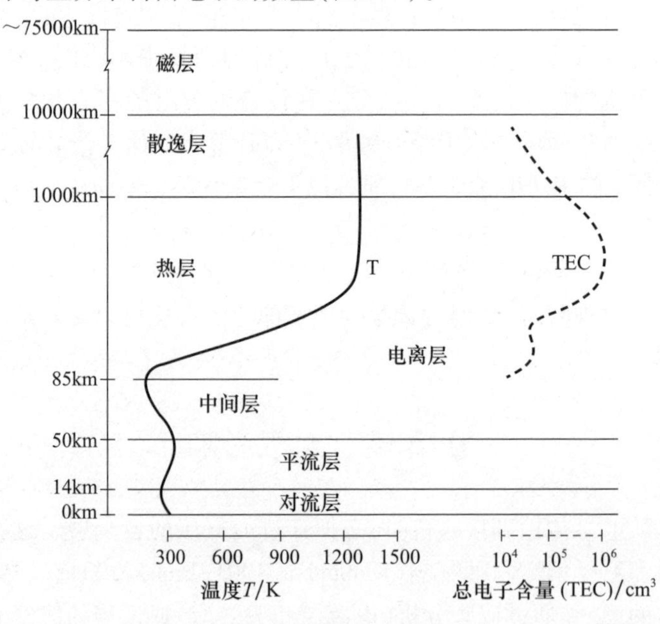

图5.1 地球大气层

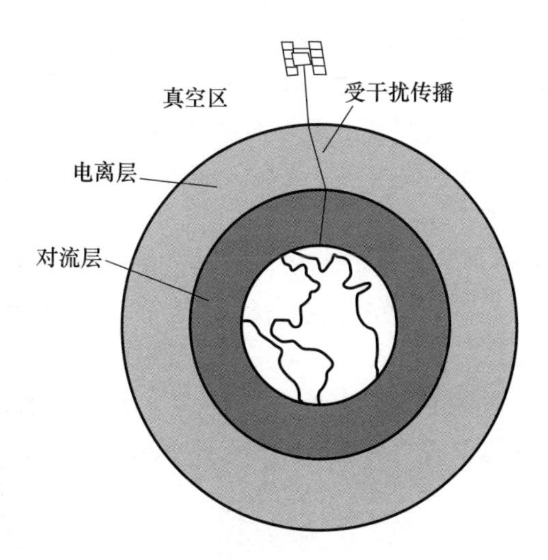

图 5.2 影响了无线电波通过地球大气层的传播

电离层延迟在每日循环中缓慢变化。这种变化通常在当地的午夜和清晨之间最小,在正午左右最大。在中纬度地区的白天,电离层延迟可能会增加到夜间的 5 倍,但增长速度很少超过 8cm/min。此外,一年中的时间、季节和天气对电离层的高度及其电离粒子的密度也有很大影响。在 11 月,地球离太阳最近时,电离层延迟几乎是 7 月地球离太阳最远时的 4 倍。电离层对 GNSS 信号的影响通常在 3 月达到峰值,也就是大约在春分时(太阳正好位于地球赤道正上方时)。

电离层是不均匀的。它在一个特定区域内的不同层之间会发生变化,其在地球某一区域的行为可能与在另一区域的不同。例如,电离层扰动通常在极地地区较高。但最高 TEC 值和最大的水平梯度变化出现在地磁纬度约 60°的带状区域。该纬度带位于地球磁赤道以北 30°和以南 30°的位置。

电离层效应的严重程度随 GNSS 信号通过该层所传播的时间而变化。来自观察者地平线附近的卫星信号必须穿过比来自观测者天顶附近卫星的信号更多的电离层才能到达接收机。信号在电离层中的时间越长,电离层效应越大,层内水平梯度的影响越大。

总之,当卫星对于观察者高度角较低,卫星运行到春分点附近,并且太阳黑子活动达到最大值时,电离层导致的误差可能很大。它随地磁活动强度、位置、时间甚至观测方向而变化。幸运的是,电离层色散特性可以用来最小化其对 GNSS 信号的影响。色散特性意味着电离层造成的传输时间延迟量取决于信号的频率。这种色散特性的一个结果是,在信号穿过电离层的过程中,载波上的调制(编码)和载波本身受到的影响不同。

载波、测距码和导航码上的所有调制（码）似乎都变慢了；它们受到群延迟的影响。但载波本身似乎在电离层中加速了；它受相位延迟的影响。将速度的增加称为延迟似乎很奇怪，但是，由于电子含量的性质与群延迟相同，相位延迟只是负增长。请注意，d_{ion}的代数符号在载波相位方程中为负，但在伪距方程中为正（分别对应方程(4.6)和方程(4.9)）。

电离层色散特性的另一个结果是，高频载波的时间延迟量小于低频载波。如果分析到达接收机的高低频信号在到达时间上的差异，则可以计算经过电离层的时间延迟量（Parkinson et al.，1996）。因此，通过跟踪两个载波（如 L1 和 L2），双频接收机具有建模和消除电离层偏差的功能，但不能全部消除。电离层效应的频率依赖性由以下表达式描述（Brunner et al.，1993）：

$$v = \frac{40.3}{c \cdot f^2}\mathrm{TEC} \tag{5.2}$$

式中：v 为电离层延迟；c 为光速（m/s）；f 为信号频率（Hz）；TEC 为每立方米的自由电子数量。

如式(5.2)所示，时间延迟与频率的平方成反比。换句话说，频率越高，延迟越小。因此，双频接收机能够区分对 L1 和 L2 的影响。虽然双频模型可用于减少电离层偏差。然而，它还远远不够理想，不能确保完全消除这种影响。

双频接收机相当昂贵，早期的两个信号（L1 和 L2）不适用于民用。那么单频接收机如何解决大气延迟的问题呢？单频用户可以使用克罗布歇（Klobuchar）模型部分模拟电离层的影响（Klobuchar，1987，1996）。如第 4 章所述，导航电文中的单频接收机也可使用电离层校正，这在一定程度上可用于大气校正。Klobuchar 模型的 8 个参数与导航电文一起传输，并用作两个三阶多项式展开的系数，这也取决于一天中的时间和接收机的地磁纬度。这些多项式解出了垂直电离层延迟的估计值，然后将其与依赖于卫星高度的倾角因子相结合，从而产生接收机卫星之间视线的延迟（Grewal et al.，2001）。最终值提供了真实延迟的 50% 以内的估计值，低海拔卫星的延迟范围为 5m（夜间）到 30m（白天），中纬度高海拔卫星为 3 ~ 5m。

注释

中纬度是地球上位于热带和极地之间的地区；大约在赤道以北或以南 30° ~ 60°的范围内。中纬度地区是气象学中的一个重要地区，其天气模式通常与热带和极地地区的天气不同。

5.4.2　对流层延迟

对流层是大气层的最低层，与地球表面直接接触（图5.1）。根据观测点的不同，其高度从7km到14km不等。事实上，它从地球表面延伸到极地上空约7km，赤道上空约14km。对流层和电离层之间的空间称为平流层。在本章的讨论中，平流层将与对流层相结合，正如在GNSS的许多文献中所做的那样。因此，下面对对流层效应的讨论将包括地面以上约50km的地球大气层。

对流层和电离层对卫星信号的影响完全不同。对流层是频率低于30GHz的非色散介质。换句话说，GNSS卫星信号的折射率与其在对流层中的频率无关。对流层是地球大气层电中性层的一部分；这意味着它既不被电离也不色散。因此，所有GNSS频率都是同等折射的（信号弯曲）。这种延迟（由于折射）取决于温度、压力、湿度和卫星的高度。与电离层类似，对流层的密度也取决于其对GNSS信号影响的严重程度。

卫星高度引起的对流层效应类似于天文观测中的大气折射；随着能量通过更多的大气层，这种效应会增加。例如，当卫星接近地平线时，对流层引起的信号延迟达到最大。而天顶（接收机正上方）卫星信号的对流层延迟达到最小。对流层对伪距的影响因卫星高度而异，范围从2m（卫星位于天顶）到30m（对于5°仰角卫星）不等（Brunner et al.，1993）。

对流层建模是在GNSS数据处理中用于减少偏差的一种技术，其有效性可达90%～95%。然而，剩余的5%～10%很难消除。例如，温度和湿度的表面测量并不是接收机和卫星之间路径条件的有力指标。但是，能够提供卫星和接收机之间线路条件的仪器在模拟对流层效应方面更有帮助。目前，已经开发了几个模型，包括Saastamoinen模型（Saastamounen，1973；Wells，1986）和Hopfield模型（Hopfield，1969）。它们在相当高的仰角下表现良好。目前，用于GNSS的建模是基于Saastamoinen和Hopfield模型；并且这些参数已包含在接收机层级中。其他模型也确实存在，并且可以用于特定目的，如指数模型。

对流层延迟主要受接收机高度的影响，通常认为是干延迟和湿延迟的组合。造成大部分延迟的干延迟（可能为80%～90%）与大气压力密切相关，并且比湿延迟更容易估计。湿延迟取决于当地的大气条件，变化非常快。幸运的是，由于水汽辐射计和无线电探空仪的高成本通常仅限于最高精度的GNSS工作，干延迟分量在对流层距离误差中占较大比例。虽然本地测量有助于实现更好的精度，但很难实施。因此，模型通常也用于湿延迟和干延迟。Hopfield（1969）、Saastamoinen（1973）和Black（1978）提出的模型都成功地预测了干延迟约为1cm，湿延迟约为5cm。

差分技术（参见第6章）也可用于相互靠近的接收机（当接收机处于等效气象条件下时）。然而，用户应检查两个接收机的高度值是否非常接近，以实现对流层延迟的可接受差分消除。在差分技术方面，大气偏差还有其他实际后果。例如，大气的特性从来都不是均匀的，大气建模的重要性随着接收机之间距离的增加而增加。考虑一个信号从一颗卫星传输到两个非常接近的接收机。该信号将受到非常相似的大气影响，因此，大气偏差建模对测量它们之间的相对距离的准确性不太重要。但是，从同一颗卫星传输到两个相距遥远的接收机的信号可能会穿过不同层次的大气层，这时大气偏差建模将更为重要。

5.5 多径信号

顾名思义，多径是通过多条路径而非直接视线（LOS）接收 GNSS 信号（图5.3）。多径是指 GNSS 卫星信号在被接收机天线检测到之前被某些物体或地球表面反射的现象（Weill，1997）。这增加了信号的传播时间，从而导致误差。信号也可以从卫星的部分结构反射出去（如太阳能电池板），但这部分通常可忽略，因为这是人为无法阻止的情况。多径既不同于电离层和对流层信号的明显减慢，也不同于时钟偏移引起的差异。多径中的距离延迟是 GNSS 信号反射的结果（Grewal et al.，2001）。

在测量到每颗卫星的距离时，我们假设卫星信号直接从卫星传播到接收机的天线。但除了直接信号，还有来自地面和天线附近物体的反射信号。这些反射信号通过间接路径到达天线并干扰直接信号。复合信号造成了关于实际传播时间的不确定性。多径对伪距解的影响大于载波相位解。然而，载波相位的多径比伪距的多径更难抑制。

在传播领域中，当考虑发射机和接收机之间的无线电链路时，通常要区分两种配置（图5.3）：存在直接几何无障碍路径的视线（LOS）配置，以及不存在此类直接路径的非视线（NLOS）配置。当考虑卫星导航中的 NLOS 情况时，由于接收机从根本上是基于它所接收的信号是 LOS 的假设，所产生的定位将存在误差。然而，即使考虑 LOS 配置，也可能存在一条反射路径，该路径是通过信号在建筑物外墙或地表等表面上的反射而获得的。接收天线上的入射信号实际上是所有入射信号的时间组合，即 LOS 和 NLOS。接收机的设计不了解其所处环境，因此它假设接收到的信号处于 LOS 状态。真正的问题实际上是接收机的时间分辨率。如果它能够区分延迟了一定时间 dt 的两个信号，那么干扰效应将降低为到达接收天线的反射信号,在 LOS 到达后小于 dt。不幸的是,基于码相关的接收机的鉴别能力并不是无限的。基于早晚相关的相关间距给出了一个典型值(Samama,2008)。这种相关性有助于提取接收机早期接收到的信号,并抑制后续信号(适用于通过直接视距和间接视距到达的同一信号)。请记住,直接信号的传播时间小于间接信号的传播时间。这导致窄相关器(Van Dierendonck et al. ,1992)的剩余误差为 10 ~ 15m,而单芯片间隔相关器(称为宽相关器)的剩余误差为 100 ~ 150m。几乎所有接收机制造商都开发了特定的相关配置,以减少多径对最终定位的影响(Grewal et al. ,2001;Raquet,2002;Fu et al. ,2003;Samama,2008)。

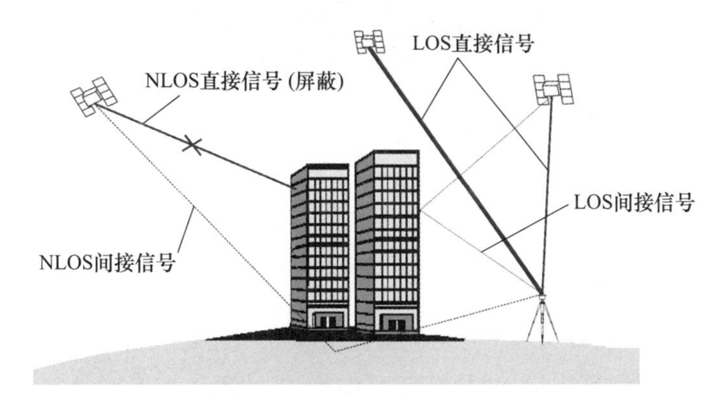

图 5.3　信号反射引起的干扰

虽然窄相关器的性能优于宽相关器,但另一种技术,即边缘相关器,性能更好。与减少天线接收的反射信号量的“硬件”解决方案相比,这些技术是典型的信号处理方法。后一种方法只能在环境已知或特定的情况下进行。例如,地面反射的情况,可以通过扼流圈天线(图 5.4)来缓解,扼流圈天线设计用于抑制地面反射波。对残差的长期分析也有助于消除多径引起的误差;这种方法显然不适用于实时应用,仅适用于静态测量应用。

基于相位的接收机(基于载波)的情况更为复杂,因为直接信号和反射信号被添加到天线中。结果信号的相位可能与直接 LOS 信号相差很大。在多径环境中使用相位测量时,必须仔细分析这种影响。

但是信号处理技术和扼流圈都不能完全消除多径信号的影响。当 GNSS 信号从大约 10m 或更短的距离(从天线到反射器的距离)反射时,受到短延迟的影响,这些方法没有明显效果。更常用的策略是 15°截止角或掩模角。该技术要求仅在卫星高于接收机地平线 15°以上时才跟踪卫星(这也将减少大气偏差)。仔细选择天线位置，将天线放置在远离反射表面（如附近的建筑物、水或车辆）的位置，是另一种减少多径发生的方法。

图 5.4　扼流圈天线

5.6　接收机时钟误差

GNSS 定位中的另一个主要误差可能由接收机时钟（接收机的振荡器或频率标准）引起。接收机对相位差的测量及其复制码的生成都取决于该内部频率标准的可靠性（Misra，1996）。与卫星时钟误差类似，接收机时钟中的任何误差都会导致距离测量不准确。然而，为接收机配备非常精确的原子钟并不实际（原子钟质量超过 20kg，成本约 5 万美元，并且需要极其仔细的温度控制）。

GNSS 接收机通常配备石英晶体时钟（通常称为晶体振荡器），相对便宜且小巧。它们的功率要求低，寿命长。其可靠性范围从大约最低的 1/108 到大约最高 1/1010；这意味着每 10s 漂移约 1ns。即便如此，石英钟也不如原子钟稳定（每 3h 漂移约 1ns），并且还对温度变化、冲击和振动更敏感。一些接收机利用来自增强站的外部定时来增强其频率标准。

接收机时钟与卫星时钟同步问题的最常见解决方案是使用来自 4 颗卫星的 4 个距离测量值。同时对 4 颗卫星进行测量，我们不仅计算了位置的三个坐标，而且还以非常高的精度找到了接收机时钟的误差（如 3.6 节所述）。该唯一解是有效的，因为未知变量不超过观测数。接收机同时跟踪 4 颗卫星；因此，对于观测的每个历元，可以同时求解 4 个方程。GNSS 文献中的一个历元是一个非常短的观测时间（可以看作一瞬间），通常只是较长测量的一小部分。

5.7　接收机噪声

由于接收机内使用的测量步骤而产生的误差通常统称为接收机噪声(Langley,1997)。这取决于天线的设计、用于模数转换的方法、相关过程以及跟踪环路和带宽。通过结合更精确的载波相位观测,伪距测量中的噪声可以减少50%。接收机噪声也是一种非相关误差,如多径;因此,无法对其进行数学建模(Ward,1994)。幸运的是,这是一个小偏差。一般来说,接收机噪声误差约为载波相位观测所涉及信号波长的1%。在测距码解决方案中,误差的大小与芯片宽度有关。例如,C/A码解决方案中的接收机噪声误差比P码解决方案高得多。在载波相位解决方案中,接收机噪声误差对总误差的贡献为毫米级。

当处理大约几米的典型精度值时,无须考虑计算点的确切位置。在这种情况下,假设"接收机天线"通常为几厘米高或宽。然而,在处理高精度定位时应考虑这个问题。"收集"信号的物理点是天线的相位中心。这一点很难精确定义,并且取决于输入信号的入射角;因此,该点不一定是几何固定的。记住,相位中心不是天线的物理中心;因此,需要对天线进行精确校准。当要求厘米级精度时,这一点至关重要。

5.8　轨道/星历误差

虽然卫星定位在非常精确的轨道上,但由于多个原因,轨道的轻微偏移是常见的。卫星的轨道运动不仅是地球引力的结果;还有其他几种力作用在卫星上。主要的干扰力是地球引力的非球形性质、太阳和月球的吸引力以及太阳辐射压力。然而,太阳和月球对卫星轨道的影响较小。星历误差的三种类型是径向误差、切向误差和交叉轨迹误差(Parkinson et al. ,1996)。

卫星的轨道由地球上的几个监测站连续监测,并发送到主控站。该主控站根据监测到的轨道信息预测未来几个小时内卫星的精确轨道,并使用注入站将预测的轨道信息发送给卫星,这些注入站又通过导航电文发送给接收机。尽管卫星的位置不断被监控,但它们不可能每秒都被监视并更新正确的信息。通常,GPS的星历表更新速度为2h(GLONASS为30min,Galileo为3h,北斗为1h)。因此,在监测或更新时间之间可能会出现略微的星历误差。然而,这些误差通常非常小(通常不超过2m),但若需要更高的精度,则必须考虑到轨道计算程序本身的精度也会对结果产生影响。参考第6章(6.4.2.2节)了解如何消除星历误差。

卫星的轨道特性

星历是基于GPS、Galileo和北斗轨道的开普勒元素推导出来的；然而，对于GLONASS，它是基于地心笛卡儿坐标及其导数（Langley，1991b；Tapley et al.，2004；GLONASS ICD 2002，2005）。尽管详细讨论它们超出了本书的范围，但对开普勒元素的简要描述可能有助于我们理解卫星的轨道特征。

约翰内斯·开普勒（1571—1630）是一位德国天文学家和数学家，他根据第谷·布拉赫（1546—1601）的观测结果提出了三条定律，这些定律描述了行星围绕太阳的运动。这种行星运动，或称开普勒运动，现在被用来描述轨道卫星绕地球运行的路径，唯一作用于卫星运动的力是地球的引力（Seeber，1993）。开普勒三定律是：

（1）轨道是在一个平面上的椭圆，吸引体的质心位于其焦点之一。这表明，围绕地球运行的卫星在任何时候都不会与地球保持相同的距离，除非轨道是圆形的。卫星轨道上最接近地球的点称为近地点，最远点称为远地点（图5.5（a））。

（2）卫星的半径向量在相等的时间内扫过面积相等的区域。这意味着卫星的速度不是恒定的，在远地点时速度最快，在近地点最慢。

（3）椭圆轨道周期的平方与椭圆轨道半长轴的立方之间的比值对于所有卫星都是相同的。这表明，具有相同轨道半长轴但具有不同偏心率（椭圆的扁平程度）的两颗卫星将需要相同的时间完成其轨道的一圈（图5.5（b））。

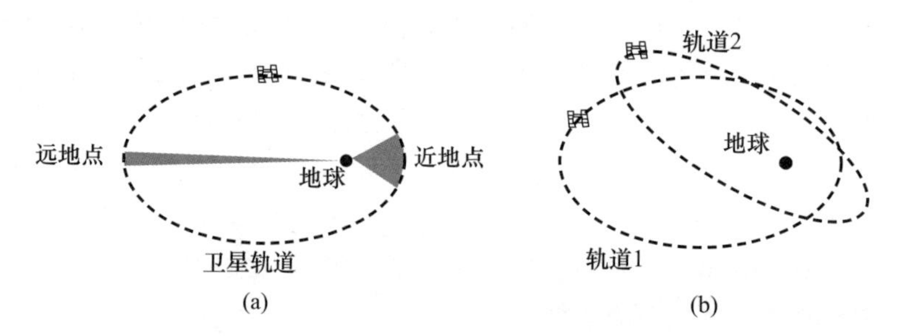

图5.5　卫星的速度在远地点最快，在近地点最慢（a）；具有相同轨道半长轴但具有不同偏心率的两颗卫星具有相同的轨道周期（b）

仅用6个参数（开普勒元素）可以用来描述卫星相对于地球的开普勒运动。它们是：①轨道半长轴；②轨道偏心率；③轨道平面相对于赤道平面的倾角；④升交点赤经；⑤近地点幅角；⑥卫星过近地点时刻。

开普勒定律适用于理想化的卫星轨道，其中唯一的吸引力是球形引力场。对于任何不遵循这种理想情况的绕地球轨道运行的卫星，其开普勒位置将受到以下扰动力的影响：

(1) 地球的非球面性：地球不是一个理想的球体，且密度分布不均匀。这对地球引力场的影响由球面谐波系数表示，球面谐波系数用于计算特定位置的扰动势。

(2) 日月引力：其他天体（特别是月球和太阳）都有自己的引力场，并对卫星施加引力。这些力的大小可以被高精度地模型化，因此，它们的影响可以大幅降低。

(3) 大气阻力：卫星不是在完全真空中运行的，会遇到大气阻力的摩擦影响。这是轨道高度的大气密度以及卫星的质量和表面积的函数。然而，对于 GNSS 卫星来说，这是可以忽略的，因为它们在地球大气层上方非常高的高度上运行。

(4) 太阳辐射压力：卫星将直接和间接受到太阳发射的光子的影响（反照率效应）。这被称为太阳辐射压力，是卫星有效面积（垂直于辐射的表面面积）、表面反射率、太阳光度和到太阳距离的函数。对于 GNSS 卫星，这种影响不能忽略，且难以建模，因此是最大的未知误差源。

上述大多数影响都可以建模，但太阳辐射压力和反照率扰动力却难以建模。所有的扰动力都会改变卫星受到的引力，并根据其扰动加速度进行量化。如果忽略这些干扰加速度，就会对 GNSS 定位产生影响。通过 GNSS 导航电文发送的广播星历表使用开普勒元素来表示理想轨道，并加入额外条件来考虑扰动力的影响。然而，重要的是要认识到，尽管星历数据非常准确，但它们从来都不是完美的，可能会导致仪表误差。此外，星历表不能随时更新，随着时间的推移，在控制段上传新的星历表之前，它会过时。因此，导航电文携带有关星历质量的信息——星历数据版本标识。接收机使用此信息来决定在计算过程中应考虑哪些卫星，以及不应考虑哪些。

5.9　其他精度相关问题

在第 4 章中，我们讨论了几个与误差相关的问题（方程(4.6)和方程(4.9)）。所有这些问题也在本章前面的章节中讨论过。然而，在 GNSS 定位精度方面仍有一些问题有待解决。严格意义上讲，这些不是误差，而是影响准确性的因素。以下各节简要描述了这些问题。

5.9.1 卫星数量

已经确定,我们至少需要 4 颗卫星来获得 3D 定位和时间误差。接收机“看到”的卫星越多,精度越高。我们还知道,GNSS 是在三维三边测量的基础上工作的。为了获得更好的精度,已经开发了一种称为 3D 多边定位的技术。在这个过程中,接收机会考虑使用更多卫星进行多次三边测量。理想情况下,每次三边测量的确定位置应完全重叠。这意味着所有三边测量的球体都将在一个点上相交,导致只有一个可能的解,但实际上,相交处形成了一个形状不规则的区域。该设备可以位于该区域内的任何点,使设备从多种可能性中进行选择。

图 5.6(a)显示了由三颗卫星创建的此类区域。当前位置可以是深灰色区域内的任何点。信号运行时间无法绝对确定,因此无法精确绘制圆。所以,可能的位置用浅灰色圆环圈标记。这种情况可以通过添加更多卫星来改善(图 5.6(b))。

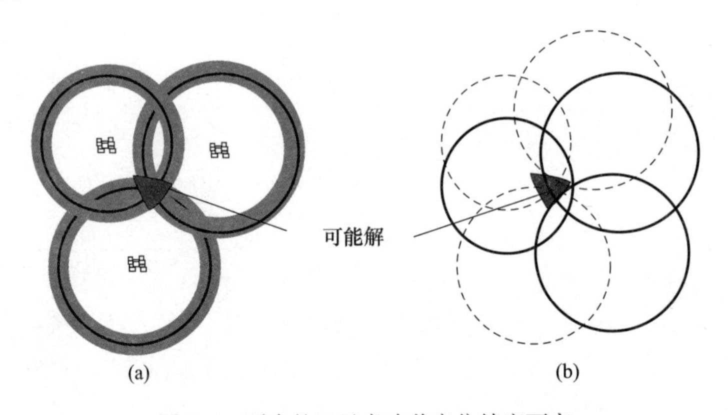

图 5.6 更多的卫星意味着定位精度更高

来自不同卫星的误差通常不相同,然而这些多个误差可以相互补偿。换言之,通过使用更多卫星,得出的位置将比使用最少卫星数得出的位置更准确。这可以通过最小二乘法实现。最小二乘法的基本思想是最小化误差平方和。如果我们的接收机记录了到 6 颗卫星的伪距测量值,那么我们如何组合这些测量值并找到我们的位置？可用最小二乘法求解。也可以使用许多其他技术,但通常采用最小二乘法,因为它被称为最佳估计或无偏估计(最佳线性无偏估计,BLUE):

(1)最佳:产生最小的方差。这意味着最小二乘解的精度高于任何其他方法。它还为导出量(如 GNSS 位置计算导出的航向)产生最高精度。

(2)线性:观测值与某些线性模型的参数有关。

(3)无偏:平均而言,最小二乘解最接近真实解。

(4)估计:因为我们不知道真正的解决方案是什么,所以我们必须使用可用的数据进行估计。这可以认为是“经过计算的猜测”。

最小二乘法通过最小化特定的二次型来工作,基本上是通过使加权残差的平方和尽可能小。GNSS 软件包直接处理这个问题,因此用户不必考虑。

5.9.2　精度衰减因子

影响位置确定精度的另一个因素是“卫星几何构型”或“卫星接收机几何构型”。卫星在观察者(接收机)地平线上方的分布直接影响从卫星获得的位置质量,这称为精度衰减因子(Dilution of Precision,DOP)。如果接收机看到 4 颗卫星,并且所有卫星都处于例如西北部,这将导致“糟糕”的几何结构。在最坏的情况下,当所有距离确定指向同一方向时,根本不可能进行位置确定。即使确定了位置,位置误差也可能高达 100 ~ 150m。另外,若 4 颗卫星在整个空中分布良好,则确定的位置将更加准确。让我们假设卫星以 90°的步长位于北、东、南和西。然后可以在 4 个不同方向上测量距离,从而形成“良好”的卫星几何构型。

图 5.7 显示了二维情况。信号运行时间不能如前所述精确地确定。因此,可能的位置由灰色圈标记。图 5.7(a)中两个圈的相交面积相当小,差不多是一个方形区域;所确定的位置将更准确。如果从接收机的角度来看,卫星大致地位于一条直线上,或者如果卫星彼此非常接近,则可能位置的交叉区域要大得多,并且会拉长(图 5.7(b))。当面积变大时,位置精度就会“衰减”。

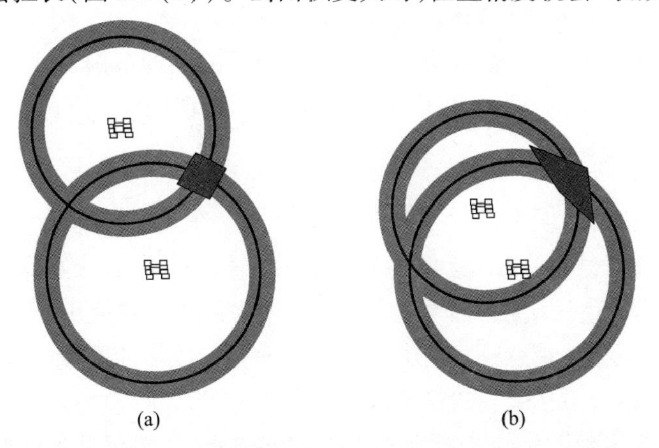

图 5.7　两颗卫星的良好几何对准(a);两颗卫星的不良几何对准(b)

大多数 GNSS 接收机不仅显示锁定卫星的数量，还显示它们在空中的位置（称为天空图，图 5.9）。这使得用户能够判断相关卫星是否被障碍物遮挡，并且如果将位置改变几米是否可以提高精度。许多仪器提供了测量值的准确性声明，主要基于不同因素的综合原因。

传统上，对于导航应用，参数的方差 - 协方差矩阵的分量被转换为 DOP 值（Langley，1991c）。低 DOP 值是好的；高 DOP 值是不好的。换句话说，当卫星处于可靠 GNSS 定位的最佳配置时，DOP 值就会较低。

DOP 值高被认为是一个警告，即接收器定位的实际误差可能比我们预期的大。但请记住，DOP 值直接增加的不是误差本身，而是 GNSS 定位的不确定性。以下是该效应的近似值（Langley，1991c）：

$$\sigma = \text{DOP} \cdot \sigma_{\text{UERE}} \tag{5.3}$$

式中：σ 为位置的不确定性；DOP 为精度衰减因子；σ_{UERE} 为测量不确定度（测量误差的平方根和）。

现在，接收机的位置是通过三维解导出的，因此有几个 DOP 值用于评估接收机位置分量的不确定性。例如，存在水平精度衰减因子（HDOP）和垂直精度衰减因子（VDOP），其中定位解决方案的不确定性已分别分离为水平分量和垂直分量。当水平和垂直分量相结合时，三维位置的不确定性称为位置精度衰减因子（PDOP）（Siouris，2004）。

$$\text{HDOP} = \sqrt{\sigma_{\text{E}}^2 + \sigma_{\text{N}}^2} = \sqrt{\sigma_x^2 + \sigma_y^2} \tag{5.4}$$

$$\text{VDOP} = \sqrt{\sigma_h^2} = \sqrt{\sigma_z^2} \tag{5.5}$$

$$\text{PDOP} = \sqrt{(\text{HDOP}^2 + \text{VDOP}^2)} = \sqrt{\sigma_{\text{E}}^2 + \sigma_{\text{N}}^2 + \sigma_h^2} = \sqrt{\sigma_x^2 + \sigma_y^2 + \sigma_z^2} \tag{5.6}$$

还有时间精度衰减因子（TDOP）表示了接收机时钟不确定性。几何精度衰减因子（GDOP）是所有上述因子（HDOP、VDOP 和 TDOP）的组合。

$$\text{TDOP} = \sqrt{\sigma_{\text{T}}^2} \tag{5.7}$$

$$\text{GDOP} = \sqrt{(\text{PDOP}^2 + \text{TDOP}^2)} = \sqrt{\sigma_{\text{E}}^2 + \sigma_{\text{N}}^2 + \sigma_h^2 + \sigma_{\text{T}}^2} = \sqrt{\sigma_x^2 + \sigma_y^2 + \sigma_z^2 + \sigma_{\text{T}}^2} \tag{5.8}$$

式中：$\sigma_{\text{E}}^2, \sigma_{\text{N}}^2, \sigma_h^2$ 为东、北和高度误差分量的方差；$\sigma_x^2, \sigma_y^2, \sigma_z^2$ 为 (x, y, z) 坐标分量的方差；σ_{T}^2 为估计接收机时钟偏移参数误差的方差。

最后，存在相对精度衰减因子（RDOP），包括接收机的数量、卫星数量、观测时段的长度，以及卫星配置的几何构型（Sickle，2008）。

由从接收机到卫星的路线定义了物体体积越大，卫星几何形状越好，DOP 值越低（图 5.8）。4 颗卫星的理想布局是 1 颗位于接收机的天顶（正上方），其他 3 颗卫星在地平线附近，彼此方位角相差 120°。在这种分布下，DOP 值将接近 1，这是可能达到的最低值。在实践中，最低 DOP 值通常约为 2。例如，若位置的标准偏差为 ±5m，DOP 值为 2，则位置的实际不确定度将为 ±5m 或 ±10m 的 2 倍（参见式（5.3））。许多 GNSS 接收机允许设置 PDOP 掩码，以确保若 PDOP 高于设定值，则不会记录数据。典型的 PDOP 掩码设置为 6。随着 PDOP 增加，位置的精度通常会下降；并且随着 PDOP 减少，位置的精度得到改善；然而，这并不总是一定如此。

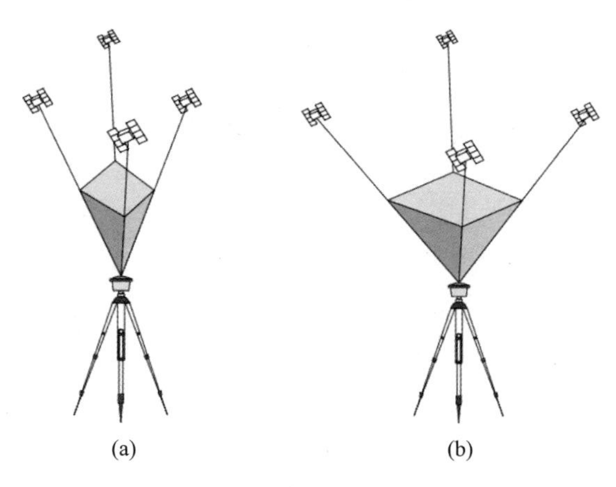

图 5.8　精度衰减因子：差（a）和好（b）

据观察，垂直分量估计值（垂直精度衰减因子 VDOP）的 DOP 值始终大于水平定位（水平精度衰减因子 HDOP）的 DOP。众所周知，基于 GNSS 的位置确定中的垂直误差比水平误差大 1.5 ~2.0 倍（近似值）；这主要是由于卫星的几何分布造成的。为了在定位计算中获得最准确的高度，接收机应使用在各个方向上均匀分布且相互垂直（均匀分布）的卫星，以及一颗位于正上方的卫星。然而，接收机可能会选择更接近地平线的卫星，以获得更准确的水平位置，因为这是大多数导航者感兴趣的。此外，不可能为接收机提供卫星的均匀分布，并且不可能从地平线以下的卫星接收信号。结果，VDOP 高于 HDOP。这个问题可以通过使用局部增强（如伪卫星或中继器）来克服，因为这样就有可能改进由此实现的“星座”分布。其原理很简单，就是将这种增强放置在接收机位置下方。这对垂直精度有直接影响（Samama，2008）。

VDOP 误差较大的另一个原因是垂直坐标轴和时钟状态之间存在强相关性。Kline（1997）解释了这一现象，因为时钟偏差在影响伪距测量方面非常类似于沿垂直坐标轴移动天线。时钟偏置对每个伪距加上或减去相同的量；而垂直移动天线则会改变每个伪距，尽管改变的大小不相等但方向一致。因此，垂直精度和时间精度之间存在很强的相关性（Kline，1997）。大地测量也影响 GNSS 测量中的垂直误差，但这将在 9.5.1 节中解释。

当 DOP 值超过特定位置的最大限值时，表明在一段时间内存在不可接受的不确定性，该时间段称为中断。这种不确定性的表现形式在解释测量基线和规划 GNSS 测量时都是有用的。在规划 GNSS 测量时，卫星相对于观测者地平线的位置是一个关键考虑因素，因此，大多数软件包提供了各种方法来说明特定时间段内特定位置的卫星配置。例如，卫星在整个观测范围内的配置很重要；因为随着卫星的移动，DOP 值发生变化。幸运的是，可以提前计算 DOP 值，并且可以预测 DOP 值。而且由于大多数软件允许从任何给定位置和时间计算卫星星座，因此它们可以提供相应的 DOP 值。

天宝的免费在线软件可在 www. gnssplanning. com 上获得，可用于预测任何位置和许多星座（GPS、GLONASS、Galileo、北斗以及区域系统）的 DOP 值。这类任务规划软件提供了多种图表，以帮助规划 GNSS 的测量或任务。其中一个图称为天空图，通过一系列同心圆表示用户的天空窗口。图 5.9 显示了 2009 年 1 月 1 日由天宝软件生成的加尔各答（原名加尔各达，北纬 22°33′，东经 88°20′）的天空图。中心点代表用户的顶点，而外圆代表用户的地平线。中间圆表示不同的仰角。外圆也划分为 0°～360°，以表示卫星方位角（运动方向）。一旦用户定义了其近似位置、所需星座（如 GPS、GLONASS）或多星座、所需观测周期，每颗卫星的路径将显示在星图上。这意味着可以获得相对卫星位置、卫星方位角和仰角。用户还可以指定一个特定的仰角，通常为 10°～15°，用作遮罩角或截止角。遮罩角是指即使卫星位于地平线上方，接收机也不会跟踪任何卫星的角度。其他重要的图包括卫星可用性（或能见度）图，该图显示了用户指定遮罩角以上的可见卫星总数（图 5.10）和 DOP 图（图 5.11）。

关键的是，DOP 值被用作 GNSS 可能无法产生良好的定位结果，同样不应被用作描述实际定位质量的衡量标准。如果使用 DOP 值来描述结果位置，通过测量几何形状，DOP 值可能会产生误导，原因有很多：

（1）伪距观测值中可能存在异常值，导致定位效果不佳。DOP 值不会检测到这一点。

（2）低仰角卫星将改善几何构型。然而，这些卫星观测到的距离将有较大的大气误差，再次导致定位不良。

（3）在 GPS 系统的所有观测中，没有显示 SA 引入误差的水平和速率。然而，目前这不是一个问题，因为 SA 目前未被激活（请参阅 5.9.3 节）。

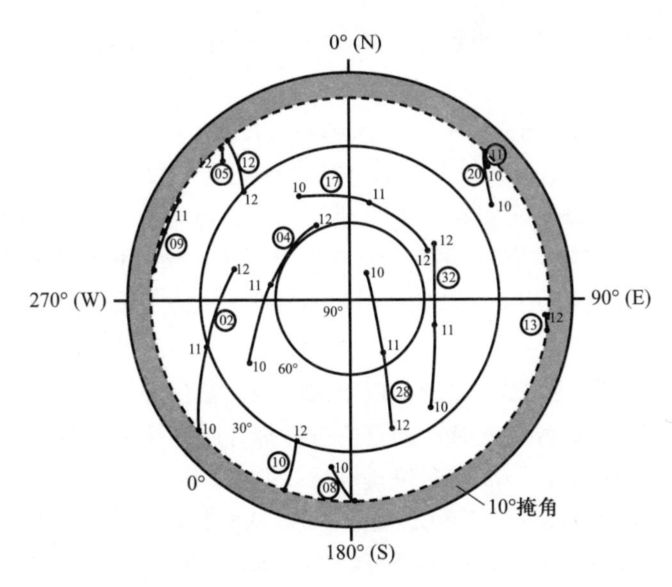

图5.9　2009年1月1日加尔各答GPS天空图(卫星ID用圆圈表示,时间用斜体数字表示)

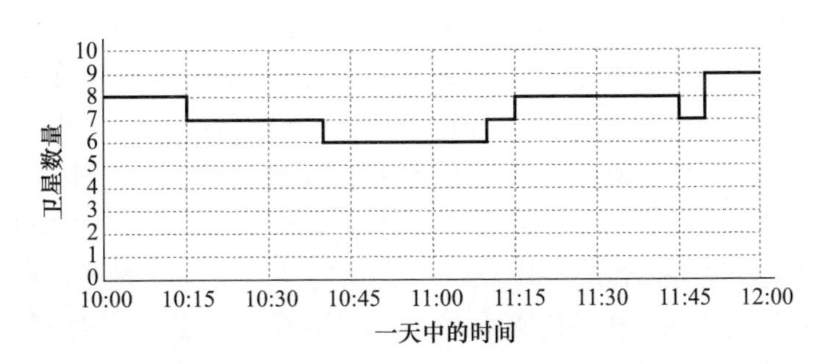

图5.10　2009年1月1日加尔各答GPS能见度图

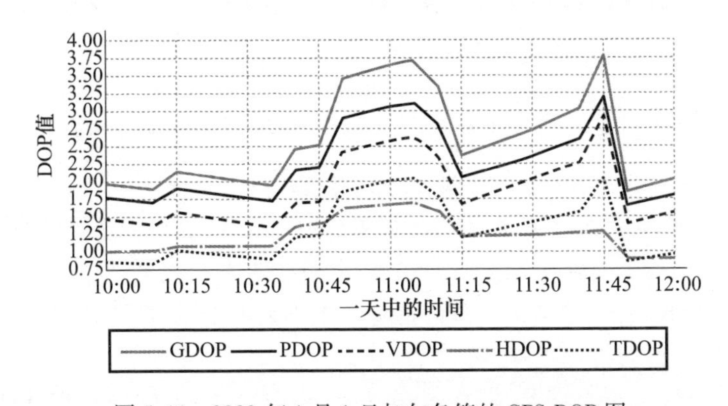

图5.11　2009年1月1日加尔各答的GPS DOP图

5.9.3 SA和AS

选择可用性(SA)和反电子欺骗(AS)技术仅与GPS相关。GPS系统不准确的最相关因素SA已不再是一个问题,因为它于2000年5月2日早晨5:05关闭。美国军方故意降低卫星信号的做法称为SA,旨在阻止民用用户使用精确的GPS信号。美国国防部(DoD)认为,向公众提供高精度信号不符合美国国家利益。因此,他们当时引入了人为故意误差来降低GPS的定位精度(Georgiadou et al.,1990)。

SA是人为篡改卫星发送的L1信号的时间。这是通过引入额外的卫星时钟偏差来实现的。这种引入时钟偏差的过程称为时钟抖动。对于民用GPS接收机而言,SA导致了较不准确的位置确定。此外,星历数据的传输精度较低,这意味着传输的卫星位置与实际位置不一致,从而将精度降低到仅50~150m。由于SA停用,民用接收机现在的精度约为10m;特别是,高度的测定有了很大的改进(以前几乎是无用的)。

AS技术通过改变P码的特性进一步改变GPS信号,以防止接收机进行P码测量。根据AS的政策,禁止访问在两个L波段频率上调制的P码。AS于1994年1月31日实施,通过在P码上再加密一个密码(W码);因此,P码变为Y码。这一决定背后的解释是,通过对军事PRN码保密,美国的敌人无法使用地面发射机干扰信号,也无法通过从卫星发送虚假P码信号来“欺骗”(冒充授权用户获得未经授权的访问权限)军事GPS接收机。本书中的AS是指针对伪装成GPS信号的恶意广播的反制措施。然而,一些GPS接收机制造商已经开发了专有技术,用于即使在AS存在的情况下进行双频测量。当GPS地面控制站激活了安全系统SA或AS时,导航电文会通知军用接收机。因此,它们有能力解决这些问题,而民用接收机则无法解决。

注释

虽然GNSS欺骗(传输虚假信号以欺骗接收机)尚未成为民用用户的主要问题,但它代表了一种日益增长的风险。当然,这种能力是存在的,而且随着越来越多与安全相关的应用程序上线,欺骗的动机也在增加。Ledvina等(2009)讨论了各种对策,并演示了一种使用多天线阵列检测GPS欺骗的成功方法。

5.10　误差预算估算

GNSS 团体的最终目标是减少接收机定位中的各种误差或精度问题。前几节必须说明全球误差预算中每个单独误差的各自重要性。这里所做的假设是，单个伪距的预算直接与相应的接收机位置相关(这不是完全正确的，但仍然是一个可接受的假设)。表 5.1 给出了单个伪距测量中与不同源相关的各个值的概念(Samama,2008)。除了前面描述的误差，还需要绘制一条新的路线，以纳入地面、空间和用户段所有的不可预测源。

表 5.1　伪距误差源估计(仅适用于 GPS 解决方案)

参数	精确定位服务 (米级误差范围)	标准定位服务 (米级误差范围)
卫星时钟偏移	3.0	3.0
接收噪声	0.2	1.5
电离层延迟	2.3	4.9 ~ 9.8
对流层延迟	2.0	2.0
多径	1.2	2.5
卫星星历	4.2	4.2
地面/空间/用户/其他(总和)	2.9	2.9

通常，每个偏差表示为距离本身，每个量称为距离误差。可以通过引入用户等效距离误差(UERE)或用户距离误差来实现检查定位精度的简化方法。假设测量误差相同且独立，则称为 UERE 的量可定义为表 5.1 中列出的各个范围误差的平方根。

$$\mathrm{UERE} = \sqrt{\sum_{i=1}^{n} (\mathrm{UERE}_i)^2} \tag{5.9}$$

在每颗卫星的导航电文中提供最大预期的总 UERE(减去电离层误差)的预测作为用户距离精度(URA)。URA 用于表示单量程测量的精度。

GNSS 位置的标准偏差通常称为 DRMS(距离均方根)值或西格玛(1σ)值。DRMS 可以表示为用于描述定位精度的测量。将 UERE 与适当的 DOP 值相乘产生了在 1 西格玛(1σ)水平上的预期定位精度(式(5.3))。定位精度也表示为 σ 或“2 个 DRMS”或“2σ”。2σ 确实意味着 DRMS 的两倍。实际上，一个特定的 2σ 值是一个圆的半径，该半径预计包含接收机在其所占位置中收集的

95% ~98% 的位置。例如，所谓的绝对定位精度为 10m2σ，这意味着大约 95% 的水平位置解将在实际位置的 ±10m 范围内。

为了获得 2σ 水平的精度，我们将 1σ 乘以因子 2。例如，假设独立接收机的 UERE 为 8m，并将 HDOP 的典型值取为 1.5，则 95% 时间的水平位置精度为（El – Rabbany，2002）：

$$2\sigma = \text{UERE} \times \text{HDOP} \times 2 = 8 \times 1.5 \times 2 = 24\text{m} \tag{5.10}$$

练 习

描述性问题

1. 你对“卫星时钟偏移”有什么理解？解释卫星时钟的相对论效应。
2. 解释 GNSS 信号的电离层延迟。
3. 解释 GNSS 信号的对流层延迟。
4. 什么是多径？如何减少多径效应？
5. 解释“接收机时钟错误”和“接收机噪声”。
6. 你怎么理解“星历误差”？为什么会出现这些误差？
7. 解释开普勒轨道要素。
8. 卫星数量如何影响 GNSS 的定位精度？
9. 在考虑 HDOP、VDOP、GDOP、TDOP 和 RDOP 的情况下解释 DOP。
10. 简要讨论大气误差。
11. 考虑 HDOP 为 1.6，使用表 5.1 中列出的误差计算 2σ 值。

简短说明/定义

就以下主题写出简短的含义：

1. 用户等效范围误差
2. Sagnac 效应
3. 相对论时间膨胀
4. 电离层
5. 中间层
6. 总电子含量
7. 群时延
8. Klobuchar 模型

9. 反照率
10. 最佳线性无偏估计
11. GDOP
12. 选择可用性
13. 反电子欺骗技术

第 6 章

定位方法

6.1 引言

至此,我们有一个总体理解,就是必须解决定位方法中与定位精度相关的一些问题。当处理具有几米精度的码相关函数(伪距测量)时,必须考虑前面第 5 章所讨论的误差。而且必须对这些误差仔细建模。然而,在处理需要厘米级精度的载波相位测量时则完全不同。在这样的精度要求下,需要解决一些额外的问题。

例如,关于在地图上表示如此精确的位置,人们不得不质疑所使用地图的真实准确性。该地图是否可能具有这种精度水平,或者这种定位是否只应被视为相对于局部参考系中初始点的一种相对定位?其他问题则与载波相位测量中要考虑的误差有关。首先,让我们简要回顾第 5 章中讨论的主要误差来源。当然,现在还必须处理整周模糊性。此外,对于时钟偏差,应同时考虑卫星和接收机的时钟偏差,因为导航电文广播的校正不够精确,无法达到厘米级精度。因此,载波相位测量的方法不同于针对码相位测量所实现的方法,是一种基于允许消除大多数可能偏差的物理方法。本章旨在通过码相关或载波相位测量来简要讨论所有定位方法。读完本章后,我们将对不同方法处理的精度问题有更清晰的认识。

6.2 定位分类

GNSS 定位与导航的分类高度重叠,存在许多理论组合。我们之前讨论的分类之一是伪距测量(用于较低精度定位)和载波相位测量(用于更精确定位)。对于这两种观测,有动态的(或运动)和静态定位两大类。在静态 GNSS 技术中,接收机在观测期间是静止的。动态的应用则意味着移动,即一个或多个 GNSS 接收机在其观测期间实际上处于周期性或连续运动。陆地、海上或空中移动的 GNSS 接收机是动态 GNSS 的特征。然而,值得一提的是,在实践中,"动态"一词通常用于表示"基于载波相位的相关技术"(参见 6.4.2 节)。对于基于码相位的解决方案,我们将使用"动态"一词。

另外,静态应用则使用在测量期间处于静止状态的接收机所获取的观测值。大多数静态应用,无论是基于测距码还是基于载波,都可以提供比动态/运动学方法更高的冗余度和精度。大多数 GNSS 测量控制和大地测量工作仍然依赖于基于载波的静态技术。

差分/动态和静态应用也包括单点(或自主或绝对定位)和相对定位两种分类。单点定位或自主定位使用单个接收机进行定位,而相对定位使用差分技术和多个接收机。这种相对定位技术在理论上又可分为接收机差分、卫星差分、频率差分和时间差分。需要理解的是,在实际中,这些技术中的一种以上经常被组合以实现更高的精度。因此,另一种分类表现为单差、双差和三差。在相对或差分定位的情况下,可以实时或在整个测量完成后的一段时间进行差分校正。因此,相关技术又可分为实时处理和后处理。

需要注意的是,上述分类是用于确定位置的所有可能的理论技术。然而,在实践中,由于实现的复杂性或一种技术在精度实现上与另一种技术相似,因此有些技术未被使用。例如,我们没有任何基于载波的相对静态和自主动态的实际解决方案。因此,还可以看到根据其应用(Ghilani et al. ,2008)对 GNSS 定位进行分类的实践,如图 6.1 所示。进一步注意,为了更好地理解,我们应使用特定术语来描述特定解决方案,如术语"自主"和"相对"用于基于载波的解决方案,而"点"和"差分"则用于基于测距码的解决方案。在下面的章节中,我们将尝试理解常用技术的基本概念。然而,在本章中,我们将更加强调基于测距码的解决方案;第 11 章将重点讨论基于载波的解决方案。

6.3 单点定位和自主定位

对于不需要高精度但需要快速定位的用户来说,单点定位是最基本和最常用的技术。例如,汽车驾驶员不需要厘米级的精度,只需要米级精度就足够了;此外,他们不能等太长时间来获得移动时的定位信息。点定位模式(通常为动态)是此类应用的最佳解决方案。点定位方法也称为独立定位、绝对定位、单点定位或导航解决方案。此方法使用单个接收机进行定位，其中接收机仅处理来自卫星的输入信号。目前，接近单点定位的唯一可能是利用码相位相关性，因为没有解决整周模糊度的方法。单点定位解决方案在某种意义上是 GNSS 实现的初始想法。它依赖于编码伪距测量，可用于快速定位（几乎瞬时）。在这种方法中，卫星的位置可从其广播星历表的数据中获得。卫星时钟偏移和电离层校正也可从导航信息中获得。即使假定所有这些数据都不包含误差，但仍有 4 个未知数：接收机在三个坐标（x,y,z）中的位置和接收机的时钟偏差。三个伪距为三个坐标的求解提供了足够的数据。第四个伪距提供了接收机时钟偏移的解。第 3 章（3.6 节）解释了这一概念，我们可以清楚地理解单点定位的概念。静态和动态单点定位技术都基于相似的原理，实际上它们之间没有区别。从理论上讲，导航解决方案的任何单个历元都有足够的信息来求解 3.6 节中描述的方程。接收机内安装的软件连续求解每个历元的这 4 个未知变量（三个坐标以及接收机的时钟误差）。事实上，通过这种方法就可以确定移动车辆上或移动人员手中接收机的轨迹（路径）。

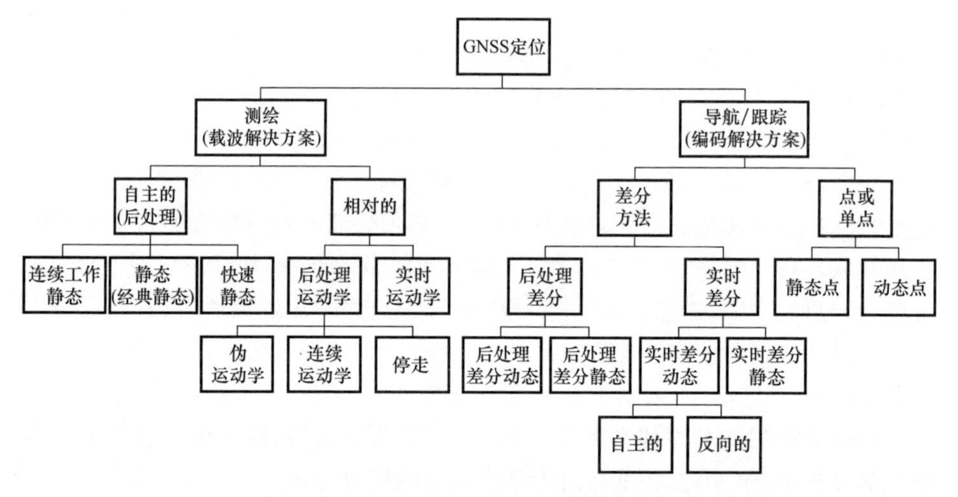

图 6.1　根据应用对 GNSS 定位的分类

自主定位也基于单个接收机；然而，它使用基于载波的解决方案。在此方法中收集或测量点无法得到单历元解；相反，它需要很长的观测时间和数百（或数千）个周期才能获得定位解。由于需要较长的观测时间才能获得解，所以不适合动态应用，仅适用于不同类型的静态测量。自主定位涉及若干技术复杂性，将在 6.5 节中单独讨论。

6.4 差分定位和相对定位

单点定位模式由于其码相关技术而不能提供高精度。此外,GNSS信号的真正问题在于传播时间测量中存在的各种误差源。为了减少这些误差的影响,一种方法是在测量值之间进行差分处理。在某些情况下,这允许去除不同测量值中相同的量,从而得以显著改善精度。这种差异的实现统称为差分。术语"相对"用于基于载波的差分解。无论它们是基于码还是载波,这些技术都涉及至少两个用于求解定位的接收机。一个接收机保持静止作为参考;其他接收机四处移动以收集或记录坐标。伪距差分定位可以获得比单点定位更高的精度,因为在同一时间从不同站点对同一卫星进行的观测之间存在广泛的相关性。然而基于载波的相对技术提供的精度比基于载波的绝对定位略低。不言而喻,相对载波相位测量比基于伪距的差分更精确。

根据想要实现的目标,有许多差分/相对的方法;然而,它们都计算出了差异。在GNSS领域中,"差分"一词已经代表了组合测量的几种类型的同步解。其主要思想是实现差分方法,即通过计算数量差来物理地消除某些偏差。差分GNSS或DGNSS(例如,DGPS——差分GPS)一词已在当今普遍使用。该首字母缩写的使用通常指的是一种相对定位的方法,其中使用测距码的伪距测量而不是使用载波相位。载波相位测量技术通常被称为相对技术,以便将它们与伪距差分技术区分开来。从理论上讲,这两者都使用差分技术。伪距差分技术主要使用接收器位置差分,而基于载波的技术使用了多个差分技术(稍后解释)。重要的是要理解,尽管基于测距码和基于载波的技术都不是仅使用一个接收器,但它们使用的定位计算技术并不相同,因为它们使用的是两个不同的可观测值。

基于载波的相对技术是GNSS测量的标准模式,主要测量同步观测接收器之间的基线分量($\Delta x,\Delta y,\Delta z$)。在相对定位的情况下,一个接收器在位置A,其绝对坐标是已知的(x_A,y_A,z_A),而另一个接收器在位置B,其位置有待确定。两个接收器同时观测相同的卫星,然后使用在两个地点收集的观测数据来计算位置B相对于A的位置。由于A的坐标是已知的,B的绝对位置只是将A的坐标与基线分量($\Delta x,\Delta y,\Delta z$)相加。基于测距码的DGNSS使用另一种方法。位置A处的接收器(其绝对坐标已知)确定每个可视卫星的信号传播时间的总误差。随后接收机B用该误差来校正其位置。

对于相对法或差分法,有以下几点解释:

（1）点 B 处的接收机可能是静止或移动的，但点 A 处的接收机基本上是静止的。

（2）该技术的数据处理基本上有两种策略：①数据差分，使数学模型明确包含基线分量（Δx、Δy、Δz）；②使用已知位置 A 和来自 A 的校正数据对 B 点进行定位校正。前者通常在载波相位处理软件中实现；后者是使用伪距数据的 DGNSS 正常模式（对于 DGNSS，有两种可能的实现方式，见 6.4.1 节）。

（3）如果 B 是静止的，则可以通过“观测时段”（持续时间可能从几分钟到几小时不等）收集数据，并可能获得更精确的解决方案。

（4）相对位置的精度是两个接收机 A 和 B 之间距离的函数。

（5）若来自参考接收机 A 的原始测量数据（在基于载波的情况下）或数据校正（在基于测距码的情况下）被发送到接收机 B，则可以实时地确定相对位置，其中这些来自参考接收机 A 的数据是和 B 的原始测量数据相结合再进行处理的。在后处理应用程序中（非实时），A 的原始测量数据或数据校正记录在接收机 A，B 的原始测量值记录在接收机 B。最后，稍后会将接收机 B 的数据与接收机 A 的数据进行比较，以便对接收机 B 记录的原始数据进行必要的处理和校正。

然而，从前面的讨论来看，使用两个接收机同时跟踪同一颗卫星是克服空间相关偏差影响的有效方法。

6.4.1 伪距差分技术

伪距差分测量，即所谓的 DGNSS，是基于差分技术的（Kaplan，1996）。在动态应用中，这种方法可以产生几米（1～5m）的有效测量，有时在静止情况下甚至更好。相同的原理适用于动态和静态的应用；然而，所获得的精度是不同的。

这涉及两个接收机的合作问题：一个位于已知位置（具有精确定位信息，或通过长时间放置接收机来确定其平均位置），另一个则四处移动进行位置测量（图 6.2）。位于已知位置的接收机称为基本接收机、静态接收机或参考接收机，而未知位置的另一个接收机称为移动接收机或移动机。静态接收机是关键，它将所有卫星测量结果连接到一个可靠的本地参考中。如果两个接收机彼此相当接近，比如说在几百千米之内，那么到达它们的信号将穿过几乎相同的大气层，因此具有几乎相同的误差。这是该技术的基本思想。

这个想法很简单：将静态接收机放置在一个已精确测量过的点上，并让它保持在那里。该接收机及其位置和附加设施（如传输设备）称为参考站。该基站接收机接收与移动接收机相同的GNSS信号,但它不是像普通的GNSS接收机那样工作,而是反向处理三边测量方程。不用时间测量来计算其位置,而是使用其已知位置来计算估计的传播时间。估计的传播时间是GNSS信号从卫星到达接收机所需的时间。同时,它还测量实际传播时间(信号从卫星到接收机所用的时间)。由于大气干扰、卫星时钟偏差、卫星星历表等,实际传播时间与估计时间不同。

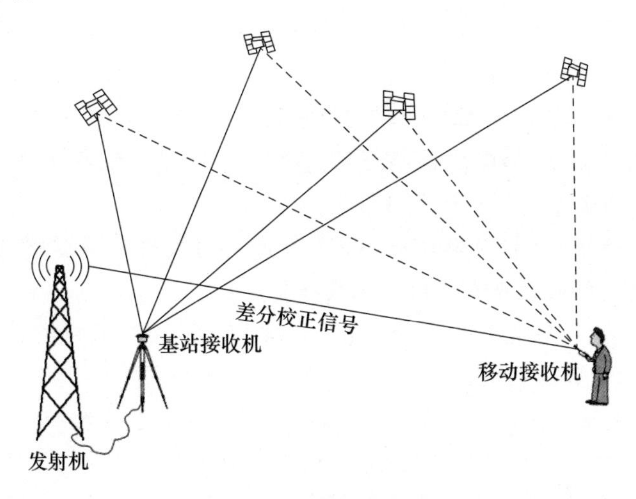

图6.2　伪距差分定位

现在,参考基站会比较这两个时间测量值。这两个时间的差可以通过将时间差乘以光速转换为伪距误差,光速是给定卫星的“误差校正”因子。然后,参考基站将该误差校正信息发送到移动接收机,以便其能够使用该信息来校正自身的测量值。由于参考基站无法知道移动接收机可能使用众多可用卫星中的哪一颗来计算其位置,因此参考基站快速地遍历所有可见卫星并计算每颗卫星的误差。然后,它将该信息编码成标准格式,并通过通信链路将其发送到移动接收机(Langley,1993b)。移动接收机获得完整的误差列表,并对正在使用的特定卫星进行校正。校正可以通过调频无线电频率、卫星或塔式发射机进行传输。这种技术称为实时DGNSS,因为误差校正是实时进行的。

基站接收机和移动接收机之间的距离称为基线。当基线很短时,即当接收机彼此非常接近时,两个接收机的距离误差几乎相同;因此,我们可以使用基站计算的距离误差来校正移动接收机的位置。随着基线变长,距离误差之间的相关性变弱。换言之,在计算的移动接收机位置中可能会出现一些残差,这取决于其与基站的距离。

最后,值得一提的是,伪距差分方法不能单独处理错误;相反,误差计算输出是一个“常见偏置误差向量”,将从移动接收机的最终导航解决方案中删除(Langley,1993b)。对于测距码测量,尽管其他理论上的差分方法也是可能的,但这是唯一已经实现的方法。

注释

DGNSS 通信链路必须考虑以下因素:

(1)覆盖范围:这通常取决于所使用的无线电传输频率、发射机的分布和间距、传输功率、衰落和干扰的敏感性等。

(2)服务类型:如实时 DGNSS 服务是否为“受限”服务,仅对选定用户可用,是订阅服务还是开放广播服务。

(3)功能性:包括链路特性,如是否为单向或双向通信链路、占空比(是否连续或间歇)、是否传输其他数据等。

(4)可靠性:通信链路是否提供“合理”服务?例如,时间覆盖特性是什么?链路是否逐渐退化?短期中断呢?

(5)完整性:这是关键应用程序的一个重要考虑因素,因此需要以高概率检测传输消息中的任何误差,并相应地提醒用户。

(6)成本:包括 DGNSS 服务提供商和用户的资本与维持性费用。

(7)数据速率:一般来说,数据速率越快,距离校正的更新速率越高,因此定位精度越高。通常,每几秒一组纠正电文是可以接受的。

(8)延迟:指计算校正电文与移动接收机接收消息之间的时间间隔。显然,这应该尽可能短,通常建议延迟小于5s。

6.4.1.1 位置域和测量域差分策略

DGNSS 有两种可行的实施方式,即位置域和测量域差分策略(Kaplan,1996)。DGNSS 定位可以通过将坐标解从基站连续传输到移动接收机来完成。这种块转换技术,也称为位置域差分策略,是最容易实现的(尽管它确实有一些严格的限制条件)。在这种情况下,基站接收机位于已知点。需要比较基站接收机的已知位置;瞬时计算基站接收机的位置以生成校正(δx,δy,δz);然后将校正发送到移动接收机,以便立即校正移动接收机端的“原始”点坐标。在这种情况下,重要的是移动接收机和基站接收机必须使用相同的卫星来生成其定位点的解,否则可能会导致严重的误差,可能比(未校正的)单点定位的误差更严重。

这是一个显著的限制,因为如果两个接收机相隔很远,或者当移动接收机在城市峡谷中运行时(城市峡谷会导致卫星信号的严重遮挡),几乎不可能同时看到同一颗卫星。

一种常见的实时 DGNSS 策略是距离校正技术。不是对坐标进行校正,而是为了伪距计算的校正因子;这也称为测量域差分策略。这在很多方面都类似于块移位方法的过程。基站位于已知位置:使用已知位置,计算真实几何距离;通过比较"真值"和"观测值"距离,对所有伪距数据进行校正;最后,在执行定位解算之前,将校正数据发送到移动接收机以校正距离。该技术更加灵活,因为校正是在伪距上进行的,因此移动接收机可以使用校正距离的任何组合来获得解决方案。

6.4.1.2 实时和后处理技术

6.4.1 节所述的 DGNSS 技术是一种实时技术,其中误差校正几乎瞬间从基站传输到移动接收机,以便立即进行最终定位计算。在某些情况下,不需要从静态接收机到移动接收机的实时传输。对于这些情况,我们可以使用后处理技术节约成本(Seeber,1993)。这项技术很简单,并非所有应用程序都是基于同样的目的创建或使用的。有些不需要用到实时无线电链路,因为不需要立即进行高定位精度。例如,如果我们想制作地图,移动接收机只需要记录其所有测量位置和每次测量的准确时间。随后,这些数据可以与在参考接收机处记录的数据校正合并,以进行数据的最终清理(校正)。因此,我们不需要用到实时系统中的无线电链路。然而,这两种技术都有其各自的优缺点,如表 6.1 所列。

表 6.1 实时和后处理 DGNSS 实现的相对优缺点

实时 DGNSS 实现	后处理 DGNSS 实现
优势: (1)不需要数据存档,也不需要后处理。 (2)移动接收机小而轻。 (3)工业标准 DGNSS 校正消息格式的传输意味着以低(附加)成本将实时 DGNSS 能力内置到所有接收机中。 (4)当 DGNSS 处于广播(或"开放服务")模式时,所有移动接收机独立运行。 (5)可以利用通信链路将其他(非定位)数据发送到基础设施或从基础设施发送	劣势: (1)该操作需要协调移动接收机和基站接收机捕获的数据。 (2)移动接收机大而重。 (3)不能像大多数导航应用程序那样用于实时定位。 (4)后处理软件可能是仪器专用的。 (5)移动接收机不能独立操作;它们需要参考基站接收机处理其数据以进行必要的校正

续表

实时 DGNSS 实现	后处理 DGNSS 实现
劣势： (1)通信信道的要求导致更大的基础设施复杂性和相关问题,如信号覆盖、衰落等。 (2)增加了建立和维护成本。 (3)实时跟踪具有容量限制。 (4)实时跟踪可能是授权用户可用的受限系统。 (5)实时系统中的质量保证比后处理更困难	优势： (1)不需要额外的仪器(如通信设备)。 (2)更低的建立和维护成本。 (3)可以采用质量保证措施

后处理方案的一个重要考虑因素是数据文件格式。有两种文件格式选项可用于后处理数据:第一种是特定于接收机的数据格式,仅当相同型号的接收机作为基本接收机和流动接收机运行时才有用;第二种是 RINEX(接收机独立交换)格式的公认标准格式(参见 8.5 节)。私有和公共基站通常以 RINEX 格式向用户提供数据。

6.4.1.3 自主和反向技术

实时 DGNSS 有自主和反向两种不同的实现方式。前者为移动接收机自主解算并使用自己的精确坐标。后者是一种可以在某个服务中心实时监测移动接收机位置的方法。反向系统在某些跟踪应用中是有用的。假设有一个公共汽车车队,我们希望在街道地图上以非常高的精度精确定位它们,但不想为每辆公共汽车购买昂贵的差分接收机。使用反向系统,公共汽车将配备标准接收机和发射器,通过互联网将标准接收机位置传输回跟踪部门。然后在跟踪部门就可以校正接收到的位置,它需要一台计算机在设备服务中心进行计算,并以一个参考站、一台计算机和许多标准接收机为成本,就能为我们提供一组非常精确的实时位置。重要的是要认识到,如果我们不需要通过差分校正来实现高精度,那么也可以在没有差分校正的情况下实现反向系统校正,程序相同,然而,在一般反向 GNSS 的情况下,不进行差分校正。

实时自主差分技术从参考站向移动接收机提供校正数据,以便移动接收机能够校正其测量值并确定更准确的位置。在这种情况下,在移动接收机端确定定位。使用距离校正(6.4.1.1 节)是实时自主导航的首选模式。在基站接收机处计算距离校正,然后将其发送到一个或多个移动接收机。基站接收机和移动接收机彼此独立运行。我们可以使用不限数量的移动接收机作为基站。在反向实时情况下,由于信息处理能力的限制,基站只能跟踪有限数量的移动接收机。然而,这种系统非常适合于监测诸如运输中的贵重物品等应用。该系统可以进一步扩展，通过双向通信连接，将跟踪和导航模式结合起来，以提供理想的全方位导航/跟踪系统。

注释

在GNSS的早期，参考站是由私营公司建立的，这些公司有一些大型项目，需要测量员或石油钻探组织等高精度团体。这种做法至今仍然是一种非常普遍的方法。我们必须购买一台参考接收机，并与我们已有的差分移动接收机建立通信链路。但现在有足够多的公共机构在传递校正信息，我们或许可以免费获得。美国海岸警卫队和其他国际机构正在世界各地建立参考站，特别是在热门港口和水道周围。这些电台通常在无线电上发射已经就位的信标，用于无线电测向（通常在300kHz范围内）。许多新型接收机被设计用于可以接受校正，有些甚至配备了内置无线电接收机。这对于需要在现场进行某些操作的应用来说是非常理想的，如放置标记（监视）或将对象移动到精确位置。

6.4.2 基于载波相位的相关技术

在上一节中，我们描述了伪距差分技术，该技术可以提供1～5m的精度。然而，在许多应用中，我们需要更高的精度。例如，制作大比例尺地图需要厘米级的精度。为了实现厘米精度定位，需要相位测量技术。显然，这两种差分方法彼此截然不同，只是它们都计算差分。

对于载波相位测量，该概念基于单差、双差、三差三个连续差分，它们分别实现：①接收机差分技术，其中使用两个接收机从单颗卫星进行测量；②卫星差分技术，同一时刻使用两颗卫星，与接收机差分组合使用；③时间差分方法，其中给定卫星在与接收机差分和卫星差分组合移动的同时被跟踪。还必须实施频率差分方法，以减少电离层传播误差影响，并获得厘米级精度。因此，载波相位测量技术一共使用4种差分方法（Samama，2008）。

6.4.2.1 单差

单差，也称为接收机之间的差分或简单差分，指两个不同接收机测量的一颗GNSS卫星的同步载波相位测量值之间的差分（图6.3）。但是，不要将这两个接收机与前面描述的伪距差分方法混淆。在这种情况下，我们最初可能认为两个接收机都位于未知位置。与伪距差分方法相比，这两个接收机彼此放置得更近。若将基线（两个接收机之间的距离）与卫星到接收机的距离进行比较，则基线可以忽略不计。与伪距差分技术不同，这里，误差计算输出不是“常见偏置误差向量”，而是用数学方法处理每个单独的误差。

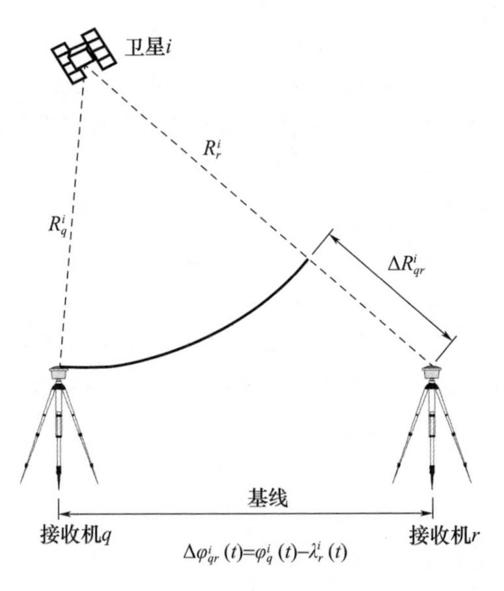

图 6.3　单差测量技术

通过使用两个接收机和单颗卫星获得的单差允许通过在任意给定时刻（历元）t 实现由两个接收机的信号处理产生的伪距差分来完全消除卫星的时钟偏差。这是可能的，因为两个接收机彼此距离“不太远”，并且两个接收机使用同一颗卫星。两个接收机同时观测同一颗卫星，因此卫星时钟偏差对于它们是相同的，可以消除。在该解决方案中，两个接收机记录的大气偏差和轨道误差几乎相同，因此也可以消除它们（图 6.3）。

为了描述这个概念，让我们从一般的载波相位观测方程（在方程（4.9）中描述）开始。对于两个接收机（q 和 r）和一颗卫星 i，我们将有两个方程（El - Rabbany，2002；Samama，2008；Sickle，2008）。

$$\phi_q^i(t) = R_q^i(t) + d_{\mathrm{p}}^i + c(\mathrm{d}t^i - \mathrm{d}T_q) + \lambda N_q^i - cd_{\mathrm{ion}}^i + cd_{\mathrm{trop}}^i + \varepsilon_{\mathrm{mp}_q} + \varepsilon_{\mathrm{p}_q} \quad (6.1)$$

$$\phi_r^i(t) = R_r^i(t) + d_{\mathrm{p}}^i + c(\mathrm{d}t^i - \mathrm{d}T_r) + \lambda N_r^i - cd_{\mathrm{ion}}^i + cd_{\mathrm{trop}}^i + \varepsilon_{\mathrm{mp}_r} + \varepsilon_{\mathrm{p}_r} \quad (6.2)$$

式中：ϕ 为周期内的载波相位观测值；R 为真实距离；d_{p} 为卫星轨道（星历）误差；c 为通过真空的光速；$\mathrm{d}t$ 为卫星时钟与 GNSS 时间的偏移；$\mathrm{d}T$ 为接收机时钟与 GNSS 时间的偏移；λ 为载波波长；N 为周期内的整周模糊度；d_{ion} 为电离层延

迟；d_{trop}为对流层延迟；$\varepsilon_{\mathrm{mp}}$为多径误差；$\varepsilon_{\mathrm{p}}$ 为接收机噪声。

因此，唯一的区别为

$$\Delta\phi_{qr}^{i}(t)=\phi_{q}^{i}(t)-\phi_{r}^{i}(t)=\Delta R_{qr}^{i}(t)-c\Delta \mathrm{d}T_{qr}+\lambda\Delta N_{qr}^{i}+\Delta\varepsilon_{\mathrm{mp}_{qr}}+\Delta\varepsilon_{\mathrm{p}_{qr}} \tag{6.3}$$

式中：Δ 表示接收机之间的差值。

在式(6.3)中，卫星轨道误差(d_p)和卫星时钟偏差(d_t)已被消除。大气延迟(d_{ion}和 d_{trop})也可以通过让接收机间非常靠近来消除；对于两个接收机，它们的值应该相同，并且差值为 0。

不幸的是，在载波拍频相位观测量中仍有 4 个因素无法通过单差分消除：每个接收机处的整周模糊度之间的差分、接收机时钟误差、多径误差和接收机噪声之间的差分。

6.4.2.2　双差

双差是两颗卫星的两个单差之差(El Rabbany，2002；Samama，2008；Sickel，2008)。它可以消除接收机(q 和 r)的时钟偏差，因为对于两颗卫星(i 和 j)在相同时刻(t)执行差分。它涉及添加另一种可能称为单差的差分，也称为星间差分，即与单个接收机相连的两颗卫星。因此，双差是接收机间差分和星间差分的组合(图 6.4)。因此，在数学上，双差公式为

$$\Delta\nabla\phi_{qr}^{ij}(t)=\Delta\phi_{qr}^{i}(t)-\Delta\phi_{qr}^{j}(t)=\Delta\nabla R_{qr}^{ij}+\lambda\ \Delta\nabla N_{qr}^{ij}+\Delta\nabla\varepsilon_{\mathrm{mp}_{qr}}^{ij}+\Delta\nabla\varepsilon_{\mathrm{p}_{qr}}^{ij} \tag{6.4}$$

其中，Δ 表示接收机之间的差分；∇表示星间差分。

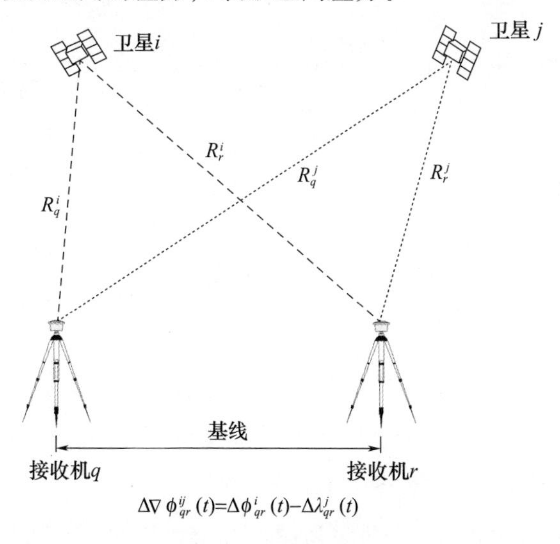

图 6.4　双差测量技术

在式(6.4)中，接收机时钟偏差(dT)已被消除；接收机在同一时刻对两颗卫星进行测量，因此两颗卫星的接收机时钟误差应相同，且差值为0。因此，从所有实际应用的角度来看，双差不包含接收机时钟误差、卫星时钟误差、星历误差和大气误差。然而，双差的缺点是，每次差分操作都会使接收机噪声增加2倍。此外，整周(或循环)模糊度N仍然没有解决。

6.4.2.3 三差

三差(图6.5)可以消除之前测量中常见的整周模糊度，其中仅考虑了变化周期(El Rabbany,2002;Samama,2008;Sickel,2008)。这可以通过在两个连续测量时刻(在两个连续时刻t_1和t_2)考虑两个双差的差来实现。这意味着三差使用了：接收机之间的差分、星间差分和历元之间的差分；它也称为接收机-卫星-时间三差。从数学上讲，三差公式为

$$\Delta\nabla\phi_{qr}^{ij}(t_1t_1)=\Delta\,\phi_{qr}^{ij}(t_1)-\Delta\,\phi_{qr}^{ij}(t_2) \tag{6.5}$$

在三差中，两个接收机(q和r)在两个连续的时刻(t_1和t_2)内观察到相同的两个卫星(i和j)。该解决方案可用于解决整周模糊度N，因为如果所有都按假设的那样，那么N在两个观察到的时间段上是常数。因此，三差使得检测和消除整周跳变相对容易。实际上，三差不够精确，但它可用于解决整周模糊度。一旦确定了整周模糊度，就可以使用双差解来计算实际载波相位测量值。

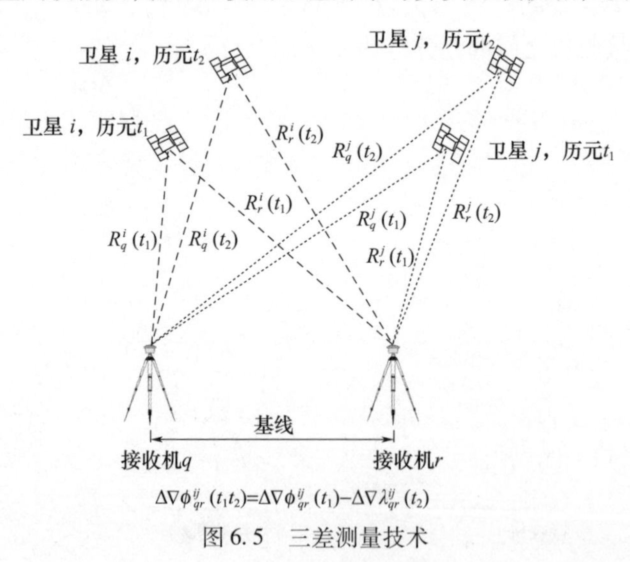

图6.5 三差测量技术

然而，仍然存在两个误差，即多径误差和接收机噪声。这两个误差是每个接收机的局部误差，并且不能通过上述简单差分方法消除。一些研究人员提出

了几种技术来消除这些误差(Raquet,2002;Fu et al.,2003;Samama,2008)。这些是基于数学模型的一些方法,解释它们超出了本书的范围。除基于模型的方法外,还有硬件方法。例如,如前所述,引入扼流圈天线以缓解多径误差(5.5节)。

此外,人们知道传播误差比所搜索的精度高至少两个数量级(在寻求厘米精度的情况下大约1m),因此需要一种方法来彻底消除这些影响。这只能通过局部差分方法实现,即两个接收机之间的距离接近,以避免两个位置的气象条件不同,或者通过使用双频方法消除电离层效应。因此,出现了频率差分的需求。

在基于载波相位的相对测量情况下,移动接收机的整周跳变是常见的。一旦卫星和接收机之间建立连接,接收机就称为已实现锁定或已锁定(卫星)。若连接后以某种方式中断,则称接收机失锁。整周跳变是接收机对卫星信号连续锁相的不连续性。失锁时,会发生整周跳变。功率损失、出现障碍、非常低的信噪比或任何其他中断接收机对卫星信号的连续接收事件都会导致整周跳变。也就是说,接收机失去了整周模糊度。有几种方法可用于恢复丢失的整数相位值。基于载波的相关技术可用于动态测量。在动态测量中,整周模糊度的求解称为初始化。在实践中使用了几种初始化技术,如动态模糊度求解、静态测量初始化、已知基线等(参见11.7节)。

一旦实现初始化,用户可能希望从一点移动到另一点。这称为基于载波相位动态相对技术的动态GNSS定位。这通常包括固定静态接收机和移动接收机,以实现载波相位相对方法的定位。移动接收机的载波相位由电子设备跟踪,一旦解决了整周模糊度,则只能进行基站和探测器之间的相对测量。这以非常高的精度给出了接收机的相对位移的形成。然而,也有几种不同的技术来实现这一点(Hoffmann - Wellenhof et al.,1994);这些技术包括伪动态、连续动态、半动态/不定期启停和实时动态。请参阅第11章进行进一步讨论。

实时动态(RTK)定位是最流行的动态解决方案。这是动态模式的一种特殊实现,其中使用实时移动求解技术来获得移动中的校正位置。只要至少有5颗或6颗卫星可用,RTK就十分有效。实际上,RTK系统使用单个静态接收机和一个或多个移动接收机(图6.6)。静态接收机重新广播其测量的载波相位,移动单元将其自身的相位测量与从静态接收机接收的相位测量进行比较,以产生双差,消除模糊度,并执行位置计算。这允许移动单元以几毫米的精度计算它们相对于基站的相对位置。然后,该相对位置转换为参考基站接收机位置的绝对位置。因此,移动接收机的绝对位置仅精确到与基站接收机的位置相同的精度。

在大多数情况下,RTK在其计算中考虑了所有可见卫星,从统计上确定了移动接收机位置的最可能解。确定位置必须位于其中的搜索范围。然后评估所有可能的解，并选择其中一个。该过程在计算上要求很高。这些双频系统的典型标称水平精度为$(1 \pm 2 \times 10^{-6})$ cm，垂直精度为$(2 \pm 2 \times 10^{-6})$ cm。尽管技术复杂性和昂贵的接收机限制了RTK技术在一般导航方面的使用，但它非常适合高精度测绘等应用。

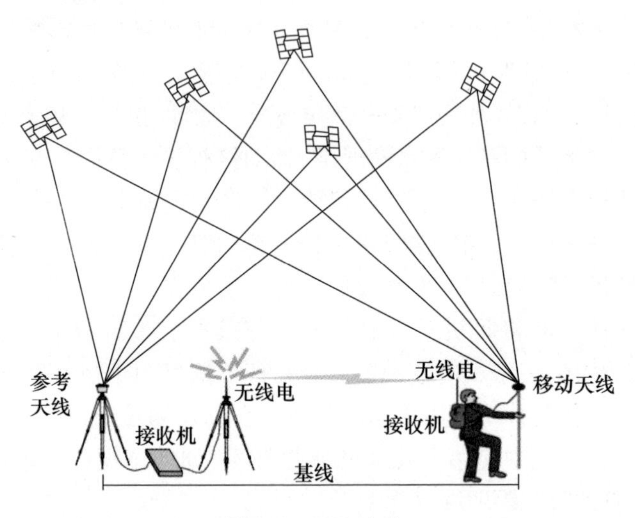

图6.6　RTK定位

注释

由于GLONASS的FDMA信号结构，与GPS、Galileo或北斗相比，其模糊度求解过程更为复杂。GLONASS信号的波长并非所有卫星都通用。GLONASS(FDMA)双差载波相位观测除了通常的双差模糊度，还包括单差参考模糊度。此外，GLONASS观测可能受到频率间偏差的影响。这两个问题通常不与CDMA信号相关，并且如果处理不正确，将阻碍甚至不能获取可靠的模糊解。在实践中解决这些问题具有挑战性，特别是在实时应用和涉及不同接收机品牌时。然而，这些问题是可控的，一旦解决了这些问题，在高精度GNSS解决方案中加入GLONASS观测值，肯定会比单独使用GPS更能提高定位性能。有关GLONASS(FDMA)模糊度解的详细讨论，请参见Takac和Petovello(2009)的文献。

6.5 自主定位

自主定位使用单个接收机来确定其位置,并且基于载波相位解。所有自主解都是静态的,因为它们需要很长的观测周期。自主定位技术根据观测周期的长短分为快速静态、经典静态和连续运行静态。这些技术将在第11章中详细介绍和比较。在本章中,我们将讨论自主静态测量中整周模糊度的解算问题。自主静态(在本章中称为静态)载波相位GNSS测量过程允许在需要高精度定位时解决各种系统误差(Hoffmann - Wellenhof et al.,1994)。所有静态过程都会在预定时间的延长周期内记录数据,并且在此期间卫星几何构型改变。这是可用于获得更高精度的经典GNSS测量方法。

现在,让我们尝试了解如何在静态模式下实现载波相位测量。可观测载波相位涉及多个分量。从接收机锁定到特定卫星的那一刻起,可观测到的载波相位实际上有三个分量(Sickle,2008)。

$$\varphi = \alpha + \beta + N \tag{6.6}$$

式中:φ 为总载波相位;α 为初始周期小数部分;β 为观测到的周期计数;N 为锁定时的周期计数(整周模糊度)。

回到式(6.6),首先是小数初始相位 α,锁定的一瞬间在接收机处产生。接收机开始跟踪来自卫星的输入相位。它还不知道如何实现理想的同步。由于接收机缺乏这方面的知识,它只是在相位的某一部分捕捉卫星信号。有趣的是,注意到这个小数部分在观测期间不会改变,因此称为小数初始相位。其次 β,它是从锁定时刻到观察结束时发生的全相位周数,它实际上是观察到的整周计数。该分量是当卫星飞过时接收机与卫星之间的全相位周期1,2,3,4…的连续计数。在三个分量中,这是唯一会发生变化的数(如果观测正确)。

最后是整数周期模糊度 N。它表示接收机锁定的一瞬间,接收机和卫星之间的全载波相位周数。它称为锁定时的整周计数。除非锁定丢失,否则从锁定时刻开始,N 不会改变(对于给定卫星)。换句话说,总载波相位观测值由两个在观测期间不变的值组成,即分数相位(α)和整周模糊度(N)。只有观察到的整周计数(β)发生变化,除非出现整周跳变。然而,在静态测量中,整周跳变极为罕见;相反,在实际中,静态测量是在动态测量中发生整周跳变时重新初始化的解。

然而,为了将GNSS载波相位观测值用于定位,必须通过将原始相位转换为距离测量来解决整周模糊度(N)。这不是一项容易的任务。仅凭一个历元的数据,我们期望获得所有观测卫星的接收机坐标、时钟偏移和整周模糊度的解。

这是不可能的,因为我们没有足够的观测数据。收集几个历元的数据也无法解决问题;尽管我们现在有足够的方程(每个历元一个),但问题是方程是奇异的或不可解的,因为卫星相对于接收机仍然处于相同的相对位置(大致)。只有卫星接收机几何构型的显著变化才能确定整周模糊度。这需要长时间收集数据。然后下载所有数据并在后处理软件中进行处理,以确定单点坐标。它使用多种统计方法的组合来解决模糊度,并从数百或数千次测量中计算接收机的坐标。关于整周模糊度的更多讨论见 8.3.3 节。

6.6 差分和相对校正源

在相对或差分技术中,无论是基于测距码还是载波,都需要一个参考或基站接收机。对于该接收机,使用观测到的载波相位数据是一种强制性的操作技术,用于从 GNSS 测量中获得准确结果。不幸的是,参考接收机的作用只是减轻影响探测器的误差。这迫使用户购买参考接收机,但参考接收机产量又不高,从某种意义上说它们不占有主要的市场份额。此外,基于载波的参考接收机的成本很高。为了克服这个问题,许多国家或州甚至商业公司都建立了参考站网络。目前,全世界有 6500 多个这样的参考站(https://www.trimble.com/trs/findtrs.asp),来自这些参考站的数据可用于后处理应用或实时应用。参考站网络数据以本地接收机格式或 RINEX 格式获得。对于后处理,通常通过互联网提供数据。RINEX 格式使得从不同品牌的接收机收集的数据能够进行组合和处理。

美国海事服务无线电技术委员会(RTCM)(www.rtcm.org)是一个关注海事行业通信问题的组织。成立了特别委员会 104,负责起草确保开放式实时差分 GPS 系统所需的校正信息的标准格式(Langley,1994)。该格式称为 RTCM 104,最近更新为 3.1 版。美国天宝公司(Trimble Navigation)还发布了实时系统使用的消息格式。紧凑型测量记录(CMR)格式由天宝公司于 1992 年开发并首次使用。该格式被开发为以紧凑格式从 GPS 基站向 GPS 移动接收机传输测距码和载波相位校正数据的方法,用于 RTK GPS 测量。2009 年,天宝公司引入了一种新的广播观测格式,称为 CMRx,用于支持其他 GNSS 星座。CMRx 的目的是改善初始化时间,覆盖更多的 GNSS 核心星座,处理新的 GNSS 信号,并改善城市和遮挡下环境的性能。

根据 RTCM 104 版本 3.1 建议,伪距校正消息传输包括从大量不同消息类型中选择。并非所有消息类型都需要在每次传输中广播;一些消息需要高更新率,而另一些消息只需要偶尔传输。另外还规定了载波相位数据传输,以支持使用 RTCM 消息协议的基于载波的 RTK 定位。GLONASS 差分校正也可以在该协议内传输。许多消息类型仍然未定义,从而提供了相当大的灵活性。

DGNSS 数据链路的最大考虑是距离校正的更新速率。SA(当前已不再使用)引起的误差可能比任何其他偏差变化更快,如轨道误差、大气折射等。因此,它们是早期实时 DGNSS 通信选项的主要关注点和主要限制因素。每颗卫星伪距的修正值及其变化率都采用一种近实时的模式确定并播发出去。如果电文延迟(或龄期,或时间间隔)太久,就会导致修正信息的时间相关性降低,从而改正效果变差。

大多数导航型 GNSS 接收机具有"RTCM 能力",这意味着它们被设计为通过输入端口接受 RTCM 消息,因此可以输出差分校正位置。RTCM 不是某种专门设备才可用,任何制造商的移动接收机都可以使用校正数据,即使这些校正数据是由不同制造商的基站接收机生成的。还有许多免费和商业的实时 DGNSS(特别是 DGPS)校正服务,可通过无线电或通信卫星在各国提供。这些服务对于导航、测绘和低精度测量非常有用,还有基于向终端用户发送差分校正的商业服务。更多详情请参阅第 7 章。

通信(无线电)链路

RTK 和实时 DGNSS 操作需要通信(或无线电)链路将信息从基站接收机传输到移动接收机,地面和卫星通信链路都用于此目的。我们将在本节中讨论仅限于专用的地面通信链路。关于卫星通信链路的信息将在第 7 章介绍。RTK 数据通常以 9600b/s 的比特率(数据在发射机和接收机之间流动的传输速率)传输,而 DGNSS 校正通常以 200Kb/s 传输(El Rabbany,2002)。使用电磁频谱不同部分的各种无线电链路可用于支持此类操作。实践中主要使用的频谱部分是低频/中频(LF/MF)频段(即 30kHz ~ 3MHz)与甚高频和超高频(VHF/UHF)频段(如 30MHz ~ 3GHz)(Langley,1993b;PCC 2000)。此外,GNSS 用户还可以利用自己的专用无线电链路来发送基站信息。

使用 VHF/UHF 频段建立专用地面 GNSS 无线电链路的频率最高。该频段的无线电链路提供视距覆盖,能够穿透建筑物和其他障碍物。这种无线链路的例子是广泛使用的位置数据链路(PDL)(图 6.7(a))。PDL 允许 57600b/s 的比特率,其特点是低功耗和增强的用户界面。这种类型的无线电链路需要许可证才能运行。另一个例子是无许可证扩频无线电收发机,它在 UHF 频段的一部分工作(图 6.7(b))。该无线链路在城市和农村地区的覆盖范围分别为 1 ~ 5km 和 3 ~ 15km。最近,一些制造商采用蜂窝技术、数字个人通信服务和第三代(3G)宽带数字网络作为替代通信链路(El Rabbany,2002)。3G 技术使用通用的全球标准,这降低了服务成本。此外,该技术允许设备始终处于“开启”位置,以便进行数据传输或接收,而订阅者只需支付为其发送或接收的数据包。市场上现有的许多GNSS接收机具有内置无线电调制解调器,这些调制解调器都使用一种或多种此类技术,如Trimble R8s或R10s(图6.7(c))。

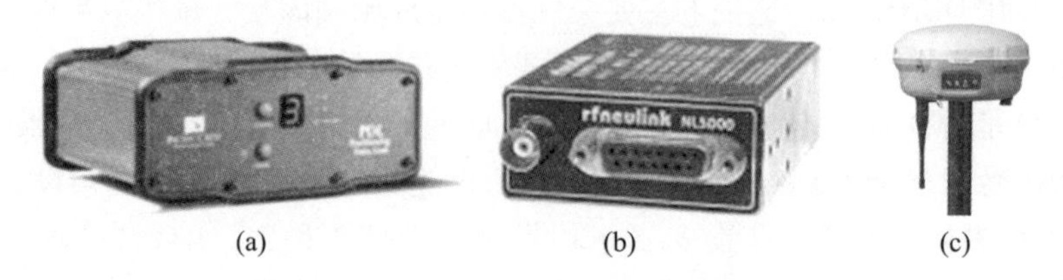

图6.7 太平洋克雷斯特公司的PDL无线电调制解调器(a);来自RfWel的扩频无线电收发器(b);Trimble R8s接收机,内置无线电调制解调器和天线(c)

应当指出,沿传播路径方向的障碍物(如建筑物和地形)会使传输信号衰减,从而导致信号的覆盖范围有限。发射信号衰减也可能由地面反射(多径)、发射天线和其他因素引起(Langley,1993b)。为了增加无线电链路的覆盖范围,用户可以使用功率放大器或高质量同轴电缆,或者可以增加发射/接收无线电天线的高度。然而,若用户使用功率放大器,则应注意信号过载,这通常发生在发射和接收无线电设备非常接近时(Langley,1993b)。用户还可以通过使用一个或多个中继器来增加信号覆盖。在这种情况下,最好在基站使用单向(单一方向)天线,在中继器站使用全向(全方向)天线(PCC 2000)。使用中继器也有助于穿透建筑物内部、洞穴内部或绕过障碍物(图6.8)。

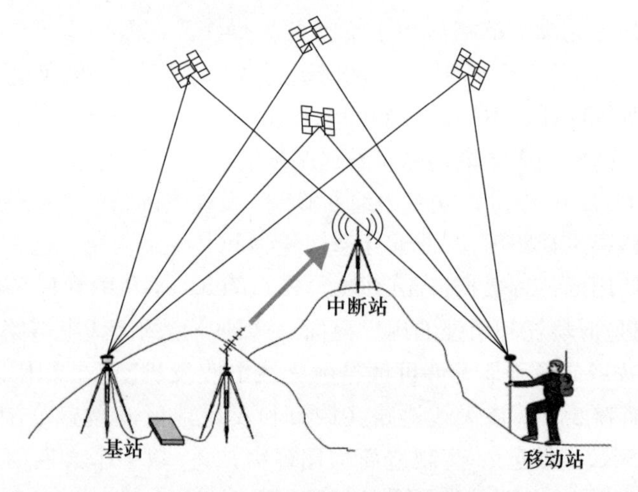

图6.8 使用中继器穿透障碍物

6.7　处理算法、操作模式和其他增强方式

最后,定位精度还取决于许多操作、算法和其他因素。例如:

(1)用户是移动还是静止。由于随时间平均随机误差的影响,静止条件下的冗余观测使精度得以提高;而移动接收机不具备这种可能性。

(2)是否需要实时的结果,或者是否可以对数据进行后处理。实时定位要求使用“稳健”但精度较低的技术。对数据进行后处理的好处是可以对 GNSS 数据进行更复杂的建模和处理,从而将残差和误差的幅度与影响降至最低。但是,后处理不算是导航的一种应用。

(3)测量噪声水平对 GNSS 可达到的精度有相当大的影响。预计低测量噪声将导致相对较高的精度。因此,载波相位测量是高精度技术的基础,而伪距测量用于低精度应用。此外,载波相位数据可在用于定位算法之前,用于“平滑”相对噪声的伪距测量。

(4)测量中的冗余度。诸如被跟踪卫星的数量(取决于仰角截止角、接收机信道的数量、来自不同星座的卫星,如 GPS 和 GLONASS、伪卫星的使用等)、观测次数(双频载波相位、双频伪距)允许实施更复杂的质量控制程序,从而“捕获”(删除或降低权重)质量差的数据,否则会引入误差。

(5)算法类型也可能影响 GNSS 精度。例如,“奇异的”数据组合是可能的(载波相位加伪距)、卡尔曼滤波器(Kalman,1960)解算算法、更复杂的相位处理算法等。

(6)可以采用数据增强和辅助的技术。例如,使用载波相位平滑伪距数据、诸如来自惯性导航系统的外部数据(以及在无法进行卫星定位时可以用其他设备导航,如航位推算装置)、附加约束等。

6.7.1　软件增强

可以对 GNSS 数据处理进行许多改进,有些增强相对较小,有些重要,但大多数改进是以分层方式考虑的:从伪距数据的直接处理,到可能涉及引入“外来”附加数据类型的复杂估计算法。可能与许多应用相关的三个示例是:

(1)时钟或高度辅助的位置解决方案。

(2)伪距数据的载波相位平滑。

(3)用于数据处理的卡尔曼滤波算法。

然而,必须强调的是,为了通过使用上述技术确保高质量的定位结果,可能

还需要升级 GNSS 硬件(如使用载波相位跟踪接收机),以及实施严格的数据收集程序(如提高精度的最有效方式是使接收机天线静止几分钟或更长时间)。

6.7.1.1 时钟辅助和高度辅助

时钟辅助是指我们假设接收机时钟相对于 GNSS 时间的偏离量不是完全未知参数的过程。高度辅助是指我们可以假设接收机高度是已知的技术。事实上,有使用或不使用额外的硬件两种方式来实现这些增强。

在没有额外硬件的情况下(因此也没有额外的观测),关于接收机时钟偏移的信息可以被包括在伪距解中作为额外约束。该约束可被视为伪观测:也就是说,时钟偏移可作为可观测值输入(将其称为"选项 1"),或者可以视为不需要在标准四卫星估计程序中估计的已知量("选项 2"),得到的解更优。因为:①有一个额外的观测值来估计相同数量的参数(选项 1);②更少的参数要使用相同数量的伪距观测值进行估计(选项 2)。现在,问题是接收机时钟误差估计来自哪里? 如果接收机时钟具有足够好的质量,使得时钟偏差在未来的短时间内是高度可预测的,那么一旦以常规方式确定了偏差和偏差率,就可以假设在未来某个时间的估计时钟偏差足够准确,从而没必要在逐历元基础上进行估计。然而,根据 Misra(1996)的调查,标准石英晶体时钟不能满足这一作用,但炉控晶体振荡器可以。

类似的方法可以应用于高度。大多数导航应用涉及 2D(水平)定位。如果硬件(如气压计)可用,就可以在解决方案中添加额外的高度观测量(这类似于向被跟踪的星座添加额外卫星)。或者,一旦估算出高度,就可以假设其在未来一段时间内不会发生变化,因此从可估计参数集中删除。事实上,当少于 4 颗卫星可见时,许多接收机都有此选项(特别是当存在明显的信号遮挡时,如在城市峡谷)。

6.7.1.2 使用载波相位数据平滑伪距数据

伪距数据有两个主要问题:高测量噪声和与载波相位数据相比更大的多径干扰。克服这两个问题的方法是将伪距和载波相位组合,这实际上是"平滑"伪距数据。所有数据平滑技术的基础都是从载波相位数据推导出距离变化率,并将其与伪距数据提供的绝对距离测量相结合。

Hatch(1982)描述了一种早期的数据平滑技术实现方法,利用双频载波相位和伪距数据。此后,已经开发了使用多普勒数据代替载波相位数据的替代平滑算法。如今,许多 GNSS 接收机在标准导航解决方案中都使用了这样的载波平滑数据。

6.7.1.3　卡尔曼滤波器

至今,将卡尔曼滤波器(Kalman,1960)用于 GNSS 数据处理已经非常成熟。当估计问题被过度确定时,即当存在比估计位置参数所需更多的观测值时,通常使用这种标准的最小二乘估计技术(Hoffmann - Wellenhof et al. ,1994;Leick,2004;Levy,1997)。在动态应用中,最小二乘法可以逐时应用于数据。然而,相关参数(位置)和主要系统误差(如时钟或大气误差)是时变量。此外,时间变化在一定程度上是可预测的。对于此类应用,最有效和最佳的数据处理技术,是基于最小二乘原理的扩展,包括预测、滤波和平滑的概念。

预测、滤波和平滑这三个概念密切相关,通过一个例子得到了最好的说明,在本例中,移动车辆的相关参数是其在时间 t 的瞬时位置。实时计算车辆位置的过程(即在 t_k时刻进行观测,求得 t_k时刻位置结果)称为滤波。基于在 t_{k-1}的最后测量值,计算车辆在随后某个 t_k时刻的预期位置称为预测,而一旦所有测量值被后处理到 t_{k+1},对车辆所在位置(如在 t_k)的估计称为平滑。

虽然这三个步骤是独立的,并且可以独立应用,但也可以按顺序应用:

(1)预测步骤:基于过去的定位信息和动态模型,计算下一个测量时期的预测位置及其精度。动态模型与测量模型一样,由功能和随机组件组成。

(2)调整或滤波步骤:这是一种经典的调整,除了在预测步骤中已经对提供的参数进行了相当好的先验估计,基本上,得出的参数估计是预测量和测量数据的加权组合。卡尔曼滤波器是广义最小二乘滤波器的一种特殊形式。

(3)平滑步骤:在完成最后一次测量和滤波步骤后,重新处理所有测量数据。

如上所述,滤波器的实现需要为测量系统和系统动力学分别指定随机与数学模型。一旦定义了数学和随机模型,原则上,卡尔曼滤波器内的实现相对直接明了,尽管存在从计算、数值稳定性或质量控制角度来看具有不同优势(Gelb,1974;Minkler et al. ,1993)。

卡尔曼滤波技术特别适用于 GNSS 导航,因为:

(1)标准最小二乘法步骤独立处理每个测量历元,因此不使用系统动力学信息,如接收机所连接的车辆的运动。

(2)允许严格计算精度和可靠性度量,如误差椭圆和边缘可检测误差。

(3)卡尔曼滤波器也是许多质量控制或故障检测过程的核心,这些过程可以实时实现以检测故障(如在过程中引入了低质量数据或在测量或系统动力学模型中存在误差的情况下），识别误差源，然后调整（或恢复）系统以确保结果不会由于该系统故障而产生偏差。

（4）估计影响多个历元数据的小偏差。例如，现代导航技术中的许多测量偏差具有在单历元水平上不明显的漂移特征，因为它们在标准历元最小二乘解中表现为“噪声”。

（5）通过考虑关于系统动力学的信息，如接收机的规则运动，即使没有足够的数据，如当只有两颗卫星可见时，也可以进行位置估计。

（6）卡尔曼滤波器可以在测量时接收数据，并且不必“减少”到某个特定的历元。

（7）卡尔曼滤波器非常适合混合（或融合）各种数据类型（包括来自非GNSS传感器的数据）。

一些接收机将卡尔曼滤波器作为导航计算算法，但其实际效用通常仅在定位系统涉及多个传感器时才明显，如当GNSS与航位推算传感器集成时（如6.7.2节所述）。然而，卡尔曼滤波器并不是“神奇”的程序，因为如果输入数据的质量有问题，或者系统动力学模型的假设存在错误，那么结果位置仍有严重偏差。

6.7.2 硬件增强：GNSS和其他传感器

对于许多车辆导航应用而言，特别是在城市环境中，由于卫星信号衰减和被障碍物遮挡，GNSS作为一个独立的定位系统是不够的。因此，基于多种技术的组合开发了许多导航系统。GNSS与航位推算传感器的集成似乎是支持导航应用中车辆定位的理想选择，因为它们是互补系统，可以输出连续的位置信息，达到城市车辆导航所需的精度。然而，航位推算传感器确实增加了导航硬件的总成本。

航位推算是利用先前位置计算当前位置的过程，这是一种通过计算给定航线（方向）上行驶的距离来确定位置的技术。行驶距离由速度乘以经过的时间来确定。航位推算系统的原理是相对位置固定方法，该方法需要了解车辆的位置及其随后的速度和方向（如GNSS信号中断之前的最后位置和速度确定），以便计算其当前位置（Bowditch，1995）。因此，典型的航位推算系统包括距离和航向（方向）传感器。这样的系统只能给出车辆的2D（水平）位置（尽管更复杂的航位推算系统还包括可以提供车辆的3D位置的高度传感器或倾角计）。然而，由于不利的误差累积（航向上的小误差随着时间的推移而增大为位置上的大误差），需要频繁校准。正是在这种情况下，GNSS与航位推算系统相结合。也就是说，航位推算传感器提供关于相对位置（相对于起始位置）的信息，但GNSS

接收机的位置测量值(x,y,z)用于确定航位推算的传感器误差,这些误差可以反馈到导航计算机中。

在导航应用中用于航位推算系统的传感器可能包括以下部分或全部传感器(Krakiwsky et al. ,1995):

(1)里程表是一种距离传感器,可单独或成对安装在车辆的车轮或变速器上。里程表容易因车轮打滑和轮胎压力与速度变化引起的车轮周长变化而产生误差。其精度通常为行驶距离的0.3% ~2%。

(2)测量车辆航向的磁罗盘。陆地车辆应用中最流行的电子罗盘技术使用磁通门原理。城市环境中磁通门罗盘的经验测试表明,由于其对外部磁场干扰(如桥梁、铁路轨道、立交桥等)的敏感性,预计标准误差为2° ~4°。

(3)倾斜传感器,提供关于车辆的俯仰角和侧倾角的信息,并且可以涉及一个或多个倾角计。这种传感器相对昂贵,但其精度约为0.1°。

(4)测量车辆航向变化率的陀螺仪。光纤陀螺仪的漂移率为(1° ~10°)/h;低成本(更广泛使用)的振动陀螺仪和固态陀螺仪表现出较差的偏置和比例因子稳定性,因此需要近乎连续的校准。

(5)数字地图可用于将数学坐标与街道路段和十字路口的位置联系起来。反过来,地图特征的存储坐标提供了在坐标空间中导航的方式,因此可以用数字地图辅助导航。数字地图的精度要求必须足够高,以确保车辆不会在邻近街道上行驶。

图6.9中说明了一种包含GNSS和航位推算传感器的通用车辆导航系统结构。

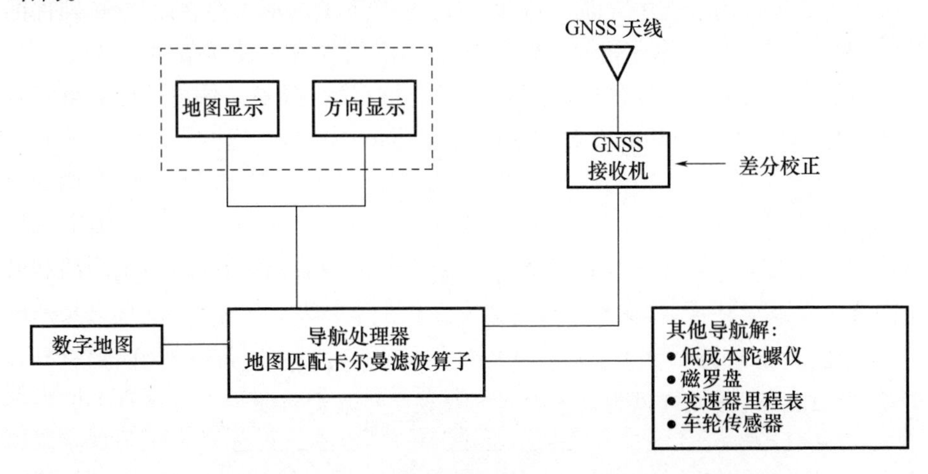

图6.9　通用GNSS和航位推算车辆导航系统(1996年之后)

航位推算传感器相对于主导航设备(GNSS 接收机)的精度要求需要进行权衡。这意味着航位推算子系统越精确,GNSS 最大可容忍的中断时间越长。航位推算子系统的传感器可分类为航向或速度信息源。车辆里程表是获取速度信息的一个有吸引力的选择。里程表一旦校准,就提供了良好的长期稳定性,并且轮胎压力变化引起的任何影响都可以通过 GNSS 实时来校准。另一种速度选择是使用低成本加速计;然而,必须首先消除加速度计偏差,并定期重新校准。航向信息的潜在来源包括磁罗盘、加速度计、两轮里程表和陀螺仪。磁罗盘是一种低成本传感器,但需要校准以消除局部磁场干扰的影响。这就要求对原始航向信息进行过滤,以适应其他传感器,特别是 GNSS。陀螺仪仅提供航向和速率信息,因此需要其他传感器进行航向初始化。几种不同类型的陀螺仪可供选择,但最常见的是振动陀螺仪,尽管光纤陀螺仪有望随着其成本降低而更有竞争力。

GNSS 和航位推算传感器集成的核心问题是数据处理算法的设计。这通常是卡尔曼滤波器的一种形式。其有两种选择:①松耦合,其中一些预处理在传感器特定的滤波器中执行;②紧耦合,所有观测值都在其中同时处理。最常用的滤波器是松耦合滤波器。由于传感器的非同质类型(它们都来自不同的制造商)及其相对较低的成本,每个传感器通常都有自己的滤波器。然后在主滤波器内对来自每个传感器的输出进行融合。这意味着传递到主滤波器的 GNSS 观测值是位置、速度和时间(而不是伪距或载波相位测量值)。这种方法可以校准局部传感器偏差和比例因子,并为车辆位置、速度、时间和航向以及质量控制的准确性和可靠性提供全局最优解。

然而,国防和航空航天工业正在开发新的惯性测量单元。如今,航位推算很少以传统形式用于空中导航,但它以惯性导航系统的形式存在。惯性导航系统(参见 7.5 节)与其他导航辅助设备结合使用,可在几乎任何条件下提供可靠的导航能力。与航位推算(需要频繁校准)不同,惯性导航系统的优势在于,一旦初始化,就不需要外部参考来确定其位置、方向或速度。

注释

基本磁通门罗盘是一种简单的电磁设备,它使用两个或多个小线圈缠绕在高磁导率磁性材料芯上,直接感应地球磁场水平分量的方向。与磁罗盘相比,该结构的优势在于读数是电子形式的,可以进行数字化且传输方便,远程显示,并且可以由电子自动驾驶仪用于航向校正。

磁通门罗盘和陀螺仪相互补充。磁通门提供了一个长期稳定的方向参考,除了改变磁干扰,陀螺在短期内是准确的,即使在加速度和横倾效应下也是如此。在高纬度地区,地球磁场朝磁极方向向下倾斜,陀螺仪数据可用于校正磁通门输出中因滚动引起的航向误差。它还可用于校正安装在钢制容器上的磁通门罗盘所经常出现的横滚和倾斜引起的误差。

6.8　其他讨论

除了本章前面描述的差分方法,在某些特定情况下,如在使用载波相位测量初始化动态定位时的初始位置,可以设想开发基于测距码测量的单差和双差技术,以完全消除接收机和卫星的时钟偏差。三重差分在测距码测量中没有实际意义,因为通过计算更容易消除与测距码有关的歧义。单差和双差技术未在测距码测量中实现的原因是它们相对于潜在增益的复杂性增加。当然,增益依然存在,因为时钟偏置虽被彻底消除,但与其他误差源相比,它仍然太小。

实现码双频对于大众市场民用来说是一个重大改进。这必须与相应的应用场景相平衡,因为在当前的接收器架构中,双频接收机的成本大约是单频系统成本的1.5倍(需要实现两个无线电前端)。注意,从技术角度来看,双频的重点在于消除电离层误差,以及在单差或双差方法中实现后一种校正。

下一个可能的重点是利用现有的4个不同的全球星座(GPS、GLONASS、Galileo和北斗)和一些区域星座(IRNSS、QZSS)实施差分方法。因此,可以想象使用来自不同星座的不同信号或卫星来实现新的差分方法(称为星座间差分)。尽管互操作性概念实际上包括使用来自不同星座的卫星计算位置的可能性,但由于它们使用的信号配置不同,差分方法不可能实现,这也许是卫星导航信号国际合作的下一步。为此,已经采取了在所有星座的至少一个或两个相同频率上广播信号的举措。

记住,对于频率差分方法,硬性要求是接收来自同一颗卫星的两个频率(如L1和L2)的两个信号。我们可能还记得,在6.2节中,提到了混合技术的说明,如快速静态技术。这包括使用特定算法,一旦跟踪至少4颗卫星(几分钟即可),就可以快速解决整周模糊度问题。这通常在双频模式下实现,尽管其他模式也是可能的。

除了两个基本测量原理(码相位和载波相位)以及前面章节中描述的相关

技术,还可以使用其他一些技术。其中一种是精密单点定位(PPP)(Han et al.,2001;Colombo et al.,2004)。这项技术基于观测卫星轨道和时钟数据,而不是预测星历。例如,国际 GNSS 服务组织(IGS)(www.igs.org)提供了各种精度的数据。实时提供"超快速"产品,轨道精度约为 10cm,时钟精度为 5ns。更高的精度是可能的,但延迟会增加。与相对定位技术相比,PPP 的一个优点是只需要一个接收机,但需要额外的校正方法,以减轻某些无法通过差分消除的系统效应。为了实现尽可能高的单点定位精度,应同时使用载波相位和伪距测量。此外,必须处理剩余的未建模误差,包括接收机时钟误差、对流层延迟、卫星天线偏移、场地位移效应和设备延迟。该方法可利用无差测量或卫星间单差测量。幸运的是,这些剩余误差中的大部分能够以足够的精度建模(Kouba,2003)。例外情况是接收机钟差(在无差测量的情况下)和对流层延迟,它们通常被视为额外的未知数,与基站坐标和模糊度参数一起估计。如果不立即需要定位信息(如测绘),PPP 是实现高精度的低成本解决方案;因此,它变得非常受欢迎。我们将在 6.8.1 节中阐述 PPP。

在线数据处理服务

许多组织已经开始提供在线 GNSS 数据处理服务,其中有些是需要订阅的,另一些则是向国际社会开放的。这些服务并不基于相同的技术原理,也不适用于所有应用;它们的表现也可能有所不同(Liu et al.,2007;Tsakiri,2008)。例如,一些基于差分校正,一些基于精确观测星历表,还有一些基于模糊度解析等。一些服务结合了多种技术。然而,它们都是基于对收集到的观察结果的后处理。在线 GNSS 数据处理服务的主要优势在于只需使用单个 GNSS 接收机。因此,与传统方法相比,这些服务显著降低了设备和人员成本、预先规划和组织工作(Wang et al.,2017)。只用一个双频接收机,基于差分方法就可以通过全球可用的精确卫星轨道和时钟数据,使用参考站或 PPP,对观测数据进行后处理。我们将在第 7 章(7.3.1.7 节和 7.3.2 节)中讨论差分校正服务。

关于 PPP,我们知道接收机要下载星历数据以确定卫星的位置,并且接收机基于这些星历表确定其位置。然而,这些星历表实际上是预测数据,而不是实际卫星位置(轨道不是完全可预测的)。现在考虑一种解决方案,它可以根据卫星跟踪的实际轨道处理接收机收集的位置数据。这可以通过连续观测(跟踪)卫星并确定其实际星历表来实现。若 GNSS 接收机系统存储了原始观测值,则在以后就可以根据比导航电文中更准确的星历表进行处理,从而获得比标准计算更准确的位置估计。此外,测量时的实际卫星时钟误差也可纳入后处理。这就是PPP的基本概念。根据接收机定位数据文件的持续时间,一些系统甚至提供静态或快速静态处理。

除差分校正服务外,一些免费的在线PPP数据处理服务包括(Wang et al.,2017):

(1)OPUS(在线定位用户服务)(https://www.ngs.noaa.gov/OPUS/index.jsp):该服务由国家海洋和大气管理局(NOAA)提供,包含国家空间参考系统(NSRS)坐标。OPUS使用NOAA CORS网络计算坐标。要使用OPUS,用户需要将GPS数据文件(使用测量级GPS接收机收集)上传到OPUS上传页面。计算出的NSRS位置通过电子邮件发送给用户。使用PAGES静态软件处理持续2~48h的文件。接收机的坐标是三个独立的单基线解的平均值,每个解都是通过来自附近的三个CORS之一的双差载波相位测量值计算。使用RSGPS快速静态软件处理持续15min~2h的文件。快速静态处理对数据连续性和几何结构有更严格的要求;在一些偏远地区,它可能不起作用。在正常情况下,大多数位置可以计算精确到几厘米以内。

(2)APPS(自动精确定位服务)(http://apps.gdgps.net):该服务由美国宇航局喷气推进实验室(NASA JPL)提供。用户需要将测量文件上传到FTP服务器上的特定区域,这些文件会被自动处理。他们还提供可下载的软件GIPSY-OASIS,用户可以下载并安装在PC上进行离线处理。

(3)SCOUT(Scripps坐标更新工具)(http://sopac-old.ucsd.edu/scout.shtml):这是Scripps轨道和永久阵列中心与加利福尼亚空间参考中心的合作产品。SCOUT可以通过提交特定日期的RINEX文件来计算特定站点的平均坐标。它使用超快速轨道进行近实时数据处理,并支持一些特定的接收机和天线(列表可从其网站获得)。用户一次只能处理10个未完成(排队)作业。平均运行时间为30min。

(4)CSRS-PPP(加拿大空间参考系统精密单点定位服务)(https://webapp.geod.nrcan.gc.ca/geod/tools-outils/ppp.php?locale=en):该常用工具可以在静态和动态模式下计算原始GNSS数据的更高精度位置。CSRS-PPP在线后处理工具将使用最佳可用星历表(FINAI、RAPID或ULTRA-RAPID)。FINAI可提供±2cm的精度。它基于每周综合星历表,并在一周结束后13~15d内提供处理数据。RAPID在第二天提供快速处理数据,精度为±5cm。ULTRA-RAPID每90min提供一次(不可下载),精度为±15cm。

(5)GAPS(GNSS分析和定位软件)(http://gaps.gge.unb.ca):GAPS在静态和动态模式下使用单个GNSS接收机为用户提供精确的卫星定位。通过使用国际 GNSS 服务组织(IGS)和加拿大自然资源局(NRCan)等来源提供的精确轨道和时钟产品,在足够的收敛期内,可以在静态模式下实现厘米级定位,在动态模式下实现分米级定位。

(6)AUSPOS(澳大利亚地球科学在线 GPS 处理服务)(https://www.ga.gov.au/scientific-topics/positioning-navigation/geodesy/auspos):AUSPOS 处理装置由澳大利亚地球科学公司提供。它利用了 IGS 站网络和 IGS 产品范围。IGS 最终轨道产品要在观测日后大约两周才可用。快速轨道产品在观测两天后可用。若最终和快速轨道产品都不可用,则使用 IGS 超快速轨道产品。该处理的精度为亚厘米。

(7)Magic GNSS PPP(magicPPP)(https://www.gmv.com/en/Products/magicPPP):magicPPP 实现了 GMV 开发的新一代 PPP 算法。GMV 是一家私营技术商业集团。magicPPP 提供 4 种不同的服务:①后处理服务:注册用户可以在 magicGNSS 云系统工作区上传、存储和管理原始数据文件,并使用多种工具进行后处理和结果显示。②PPP Web 服务:该服务在 TCT/IP 层工作,并接收来自特定用户的 RINEX,无须图形界面支持。该服务可以集成到用户移动应用程序中,以便与 magicPPP 服务器进行快速交互。③电子邮件服务 PPP(免费):用户可以通过电子邮件将原始 RINEX 数据文件发送到 magicppp@gmv.com。④实时校正:magicPPP 服务器的连续运行基础设施以流格式生成 PPP 校正。注册用户可以通过互联网或卫星通信链路检索这些校正,以防无法访问互联网。GMV 目前正在开发与大多数商用接收机兼容的 magicPPP RT 实时终端。

此外,UNB 的精密单点定位软件中心(PPPSC)比较了在线 PPP 应用的解决方案(http://www2.unb.ca/gge/Resources/PPP)。所有上述系统都支持 RINEX 格式,且在线处理服务以公认的基准提供坐标。然而,应该指出的是,在生成这些坐标时,所有服务的准确性都取决于用户提供给它们的数据质量和数据跨度的长度(Tsakiri,2008)。通常,这些服务在国际地球参照框架(ITRF)或其国家大地测量参考框架中生成坐标。可以使用公布的转换参数或政府组织提供的在线软件,如 NGS 坐标转换和转换工具,将坐标从一个参考框架转换到另一个参考坐标框架(https://www.ngs.noaa.gov/NCAT)。

6.9 定位方法总结

在本章中,我们讨论了许多定位技术和仪器,这可能会使读者感到困惑。然而,本节总结了整个章节,以方便读者中的初学者。通过载波相位测量的相对定位是高精度 GNSS 定位的主要观测指标。然而,实际观测条件并不总是如此理想。当障碍物导致周期跳变时,编码伪距测量可能比载波相位测量更有优势。在精度要求低而生产要求高的情况下,伪距测量也可以是优选的。毫无疑问,在适当的情况下,动态 GNSS 是几种替代方法中最具生产力的。然而,其技术复杂性和在接收机移动时需保持锁定 4 颗或更多卫星的必要性限制了其应用。

差分是一种巧妙的方法,用于最小化载波相位测距中误差的影响。这项技术在很大程度上克服了理想时间同步的不可能性。双重差分是最广泛使用的公式。正是基于双差分载波相位的固定(静态)解决方案使得 GNSS 具有极高的精度。

然而,在讨论误差时,重要的是要记住,多径、接收机噪声、仪器高度设置错误和其他误差(其影响可以通过良好的实践最小化或消除)根本不在差分的范围内。可以通过差分处理的不可避免的偏差包括时钟(卫星和接收机)、大气(电离层和对流层)和轨道误差。通过正确选择基线、观测时段的最佳长度以及 GNSS 定位设计中包含的若干其他考虑因素(参见第 11 章),这些误差的影响可以大大减少。但这样的决策需要知道这些偏差的来源以及控制其大小的条件。误差和准确性问题的控制不能仅仅依赖于数学方法。

练习

描述性问题

1. 为什么要采用不同的定位方法?对定位方法进行分类。
2. 描述基于测距码的单点定位方法。
3. 你对“差分定位”有什么理解?解释伪距差分定位的工作原理。
4. 你对“位置域差分”和“测量域差分”的理解是什么?
5. 解释自主和反向 DGNSS 技术。
6. 解释单差和双差。
7. 解释三重差分。它如何解决整周模糊度?
8. 你对“动态 GNSS”有什么理解?解释实时动态。
9. 单差、双差和三差可以消除哪些误差?列出差分方法无法消除的误差。为什么不能通过差分方法消除它们?
10. 你对 GNSS 的“软件和硬件增强”有何理解?简要讨论。
11. 解释航位推算。它的优点和缺点是什么?

12. 你对“后处理”和“实时”DGNSS有何理解？解释它们的优点和缺点。

13. 你对“时钟辅助”和“高度辅助”有什么理解？GNSS如何帮助进行航位推算？

14. 解释卡尔曼滤波在GNSS中的应用。

15. 你对“GNSS增强”有什么理解？解释地面无线电连接。

16. 精密单点定位(PPP)的工作原理是什么？讨论PPP的两个开放在线服务。

简短说明/定义

就以下主题写简短的笔记：

1. 接收机位置差分
2. 卫星位置差分
3. 频率差分
4. 历元间差分
5. 基站
6. 移动接收机
7. 后处理DGNSS
8. 反向DGNSS
9. 常见偏置误差向量
10. 静态GNSS
11. 双频接收机
12. 互操作性
13. 固定
14. 初始化
15. 航位推算
16. 精密单点定位(PPP)
17. 在线定位用户服务(OPUS)
18. CSRS-PPP公司

第7章

全球卫星导航增强系统和其他卫星导航系统

7.1 引言

我们已经知道,卫星导航系统具有多层基础设施,如核心 GNSS、GNSS 增强系统(卫星和地面)和区域卫星导航系统。到目前为止,我们一直专注于核心 GNSS,即 GPS、GLONASS、Galileo 和北斗。尽管这些全球系统可以服务于不同类型的应用,但它们也有一些局限性。此外,那些没有自己 GNSS 星座的国家只能依赖拥有这些系统的国家。向其他国家提供卫星导航信号的准确性和可用性完全取决于提供国。这些不确定性迫使客户国开发了多个增强的区域系统。本章重点介绍这些不同的系统。

7.2 一代 GNSS 和二代 GNSS

尽管 GPS 和 GLONASS 起源于军事用途,但民用应用一直是人们所期待的。然而,这些系统的非军事用途已远远超出最初的设想。据估计,目前销售的新 GNSS 接收机中,每 10 个中就有 9 个用于民用或商业用途。陆地和近海测量员使用 NAVSTAR GPS 已近 30 年,他们可能比任何其他民用用户群体拥有更多的经验和专业知识。

卫星导航已经完全改变了一些人的生活,在不久的将来,它将改变几乎所有人的生活。为民用导航提供增强精度和完好性监测的卫星导航分为 GNSS-1 和 GNSS-2(图 7.1)(IFATCA,1999)。GNSS-1 是第一代系统,是现有卫星 GPS 和 GLONASS 与星基增强系统(SBAS)或陆基增强系统(GBAS)的组合。

GNSS－2是第二代系统，独立提供完整的民用卫星导航系统，如欧洲的Galileo、现代化的GPS和GLONASS、中国北斗和其他区域卫星导航系统。在本章中，我们将首先讨论增强系统，然后讨论区域卫星系统。

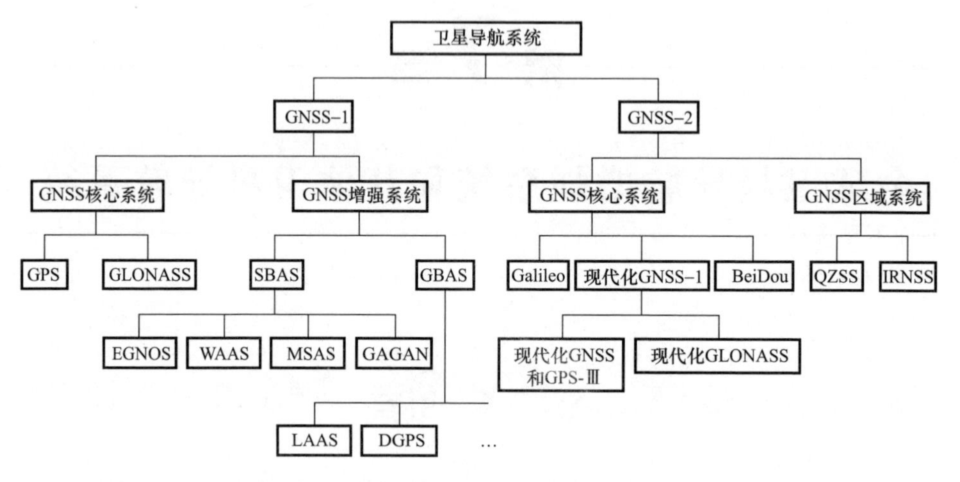

图7.1　卫星导航系统（1999年IFATCA后修订）

7.3　GNSS增强系统

GNSS增强系统是一种通过将外部信息整合到计算过程中来改善导航和定位系统属性的方法，如精度、可靠性和可用性（参见5.1节）。目前已有许多这样的系统（IFATCA，1999），它们通常是根据GNSS传感器如何接收外部信息来命名或描述的。一些系统传输关于误差源（如时钟偏移、星历误差或电离层延迟）的附加信息，其他系统直接测量之前信号的偏差程度，而第三组提供额外的要集成到计算过程中的附加可观测信息。这些增强的信息可以是基于卫星或地面的。

7.3.1　星基增强系统

星基增强系统（SBAS）是通过使用额外的卫星广播电文来支持广域或区域增强的系统。这种系统通常由位于精确测量位置的多个地面站组成。地面站测量一颗或多颗GNSS卫星、卫星信号或可能影响用户接收机接收的信号的其他环境因素。利用这些测量结果，信息电文被创建并发送到一颗或多颗卫星，以便向最终用户（接收机）广播（Andrade，2001；Rycroft，2003）。

有许多共同因素鼓励欧盟和其他国家加入卫星导航共同体；最重要的是，民用 GPS 信号被美国政府故意降级，而 GLONASS 信号对民用根本不可用。因此，一些用户团体开发了克服这些限制的新技术，即所谓的“差分技术”（伪距差分）。基本思想是，这些误差不是随机的，因此对于彼此接近的两个接收机来说是相同的。因此，通过将接收机放置在完全已知的固定位置并观察计算位置和实际位置之间的差异，当然可以消除这些误差的影响。从放置在未知位置的另一接收机计算的定位中减去由此获得的定位误差向量，提高了最终定位精度（如6.4.1节所述）。差分方法之所以受欢迎，是因为它们提供10～20m的精度（而不是选择性可用性（SA）激活时提供的100m精度）。

不幸的是，这种技术需要数据传输链路。美国海事服务无线电技术委员会（RTCM）为此类差分传输制定了规范化格式，但它只涉及格式，不涉及无线电链路。欧盟当时尚未参与卫星导航，这正是加入的时机。GPS 系统完全由美国政府驱动，因此其不可能是中立的。这意味着，如果一颗卫星出现任何问题，除非美国当局同意，否则无法知晓。这种情况会导致定位错误，有时会持续很长时间（数小时），而没有任何人提供任何信息。所有这些原因促使欧盟决定以“星基差分站”和“完好性信号”的形式参与星基导航。为了实现完好性和差分数据传输，主要需要一个大型地面基础设施来收集所有必要的信息。因为附加信息是通过卫星传输的，这些信息随后上传到卫星上，卫星又将其传送到大面积的地面接收机，这称为 SBAS。

除了欧洲静地轨道卫星导航重叠服务（EGNOS）（欧洲航天局），其他三个著名的 SBAS 计划是广域增强系统（WAAS）（美国）、多功能卫星增强系统（MSAS）（日本）和 GPS 辅助型地球增强导航（GAGAN）（印度）。这些计划的覆盖范围（图7.2）由地面基础设施决定，而不是由发射地球静止卫星的覆盖范围决定。另外还存在一些其他系统，后面将对此进行讨论。

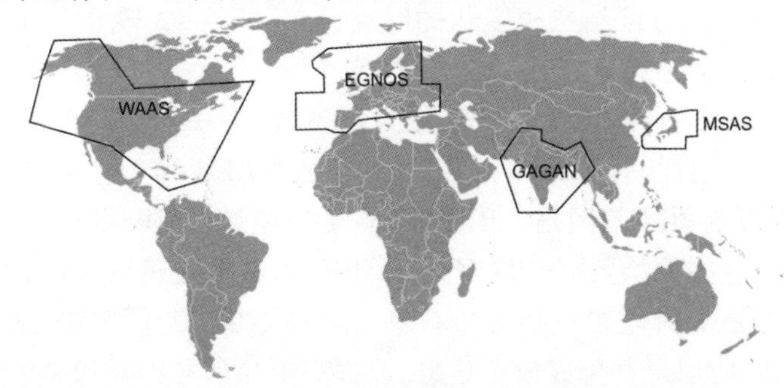

图7.2　不同 SBAS 的覆盖范围

地面站需要收集所需的数据,以便准备差分和完好性消息。目前,正在与一些国家讨论扩大 EGNOS 覆盖范围,特别是在地中海地区。从理论上讲,SBAS 也可以覆盖区域甚至全球。然而迄今为止,上述所有系统都是区域系统,还没有真正覆盖全球的 SBAS。也有一些商业服务基于向终端用户传输差分校正信息,以提高某些地区的可用性、完好性和准确性。其中一些公司还试图在全球范围内提供服务(7.3.1.7 节)。

7.3.1.1 EGNOS

EGNOS 是一种星基增强系统,有效地提高了 GPS 精度(IFATCA,1999;Rycroft,2003;Samama,2008)。该方法仅收集信息,就像标准的本地差分站一样,但覆盖范围更大(通常是欧洲区域)。一旦实现了这一点,差分和完好性数据将被发送到地球静止卫星,以便在大面积范围内传输。

误差校正数据的传输有一些限制。事实上,传输无线电数据链路需要使用一定会增加接收机成本的频带。然而,EGNOS 使用与 GPS 相同的频带,并且使用了与 GPS 卫星的 C/A 码类似的代码。这意味着不需要进行硬件改变就可使每个 GPS 接收机访问差分模式。唯一的区别在于,EGNOS 的导航电文实际上是针对差分模式的,并且必须根据 EGNOS 信息定义而不是 GPS 导航电文定义进行解码。当然,由于最佳 C/A 码是为 GPS 卫星保留的(具有最佳相关特性的 C/A 码是为星座保留的),EGNOS 使用其他 Gold 码,相关性能表现出略微降低。这种巧妙的方法使得“已启用的 EGNOS”接收机在技术定义后立即可用;只需要对软件进行修改,而所有制造商都在早期便进行了这种修改。

EGNOS 完好性概念依赖于各种校正的传递(Samama,2008)。为了实现这一目标,EGNOS 能够对每颗卫星的轨道和时钟误差进行校正(通过所谓的“慢速校正”),并通过使用一组单独的校正对电离层时间延迟进行校正。在 SA 激活时,“快速校正”也分配给快速变化的时钟误差;即使 SA 现在处于未激活状态,这些校正仍然会传递。

EGNOS 地面段由 40 个测距与完好性监测站(RIMS)、2 个任务控制中心(MCC)、6 个导航地面站(NLES)和 EGNOS 广域网(EWAN)组成,该网络为地面段的所有组件提供通信网络。RIMS 的主要功能是从 GPS 卫星收集测量数据,每秒都在将这些原始数据传输到每个 MCC 的中央处理设施(CPF)。最初的 EGNOS 开放服务的配置包括分布在广泛地理域的 40 个 RIMS 站点。MCC 接收来自 RIMS 的信息并生成校正信息,以提高卫星信号精度和关于卫星状态(完好性)信息的电文。NLES 将从 CPF 接收的 EGNOS 电文发送到地球同步卫星,以便向用户广播,并确保与GPS信号同步。除基站或中心外,该系统还有其他地面支持设施,用于执行系统运行规划和性能评估工作,即EGNOS服务提供商运营的性能评估和检验设施(PACF)和特定应用资格设施(ASQF)。PACF在性能分析、故障排除和操作程序、规范和验证升级以及维护支持等方面为EGNOS管控提供支持。ASQF为民航和航空认证机构提供鉴定、验证和认证不同EGNOS应用的工具。EGNOS的空间段由三颗地球静止卫星组成,在L1频段(1575.42MHz)广播GPS卫星的校正和完好性信息。在地球同步卫星链路故障的情况下,这种空间段配置在整个服务区域上提供了高水平的冗余。EGNOS操作的处理方式是,在任何时间点,至少有两个GEO在广播操作信号。EGNOS用户段由EGNOS接收机组成,这些接收机使用户能够完整准确地计算其位置。为了接收EGNOS信号,终端用户必须使用与EGNOS兼容的接收机。

EGNOS通常为不同的用户群体提供三种服务:

(1)开放式服务:免费提供,其GPS水平精度可达1~3m,垂直精度可达2~4m。

(2)商业数据分发服务:通过互联网或手机以受控访问方式为需要增强性能的专业用户提供。

(3)生命安全保障服务:为运输部门提供增强和保证的性能。

EGNOS是根据三方协议开发的,其成员包括欧洲航天局(ESA)、欧洲委员会(EC)和欧洲航空安全组织(Eurocontrol)。有关EGNOS的最新信息,请访问www.esa.int/esaNA/egnos.html。

7.3.1.2　WAAS

广域增强系统(Wide Area Augmentation System,WAAS)是美国联邦航空管理局(FAA)开发的一种空中导航辅助系统,用于增强GPS,旨在提高其准确性、完好性和可用性。从本质上讲,WAAS旨在使飞机在飞行的所有阶段都能依靠GPS,包括精确接近其覆盖范围内的任何机场(Bowditch,1995;Samama,2008)。

WAAS利用位于北美和夏威夷机场内不对外开放的空间内的地面参考站网,测量GPS卫星信号的微小变化。来自参考站的测量值被发送到主控站,主控站对接收到的信息进行排队,并及时(至少每5.2s或更早)将校正信息发送到对地静止的WAAS卫星。这些卫星将校正信息广播回地球,而启用WAAS的GPS接收机在计算其位置时会使用这些校正信息以提高精度。WAAS规范要求其至少在95%的时间内提供7.6m或更高的位置精度(水平和垂直测量值均适用)。在特定地点对系统的实际性能测量表明,在美国大部分毗连地区以及加拿大和阿拉斯加的大部分地区,该系统的水平精度通常超过1.0m,垂直精度通常超过1.5m。

导航系统的完好性包括在其信号提供可能造成危险的误导性数据时及时发出警告的能力。WAAS 规范要求系统具有检测 GPS 或 WAAS 网络中错误的能力,并在 5.2s 内通知用户。有关 WAAS 的最新更新,请访问 www. nstb. tc. faa. gov。

7.3.1.3 MSAS

MSAS 是日本的星基增强系统,与 WAAS 和 EGNOS 类似。日本民航局(JCAB)已实施 MSAS,以将 GPS 用于航空。MSAS 通过位于地球静止轨道的多功能运输卫星(MTSAT)向飞机提供 GPS 增强信息。MSAS 通过分析地面监测站接收到的 GPS 卫星信号,生成 GPS 增强信息。这种增强信息包括类似 GPS 的测距信号和由卫星本身或电离层引起的 GPS 误差的校正信息。目前,MSAS 有 2 个主控站、4 个监测站和 2 个监测与测距站。

MSAS 信号为飞机提供准确、稳定和可靠的 GPS 定位解决方案。这大大提高了 GPS 定位的安全性和可靠性,因此,遵守严格安全规定的航空用户可以将 GPS 定位作为导航系统的主要手段。

7.3.1.4 GAGAN

GAGAN 是由印度政府建立的一种星基增强系统。它是一种通过提供参考信号来提高 GNSS 接收机精度的系统。它是由印度机场管理局(AAI)和印度空间研究组织(ISRO)联合开发的。顾名思义,该 SBAS 与 GPS 兼容,但也在考虑与 Galileo 兼容。GAGAN 还考虑了与其他 SBAS(如 WAAS、EGNOS 和 MSA)的互操作性。GAGAN 的实施是为了帮助飞行员在印度领空导航,并在恶劣气象条件和复杂进近下(如芒格洛尔和列城机场)降落飞机。

GAGAN 虽然主要用于民用航空,但也有利于其他政府机构。GAGAN 的空间段设计有三颗可运行的地球同步卫星。在地面上,GPS 数据在 15 个印度参考站(INRES)接收和处理,这些参考站位于艾哈迈达巴德、班加罗尔、布巴内斯瓦尔、加尔各答、德里、迪布鲁加尔、加雅、果阿邦、古瓦哈提、杰伊瑟尔梅尔、查谟、那格浦尔、博尔本德尔、布莱尔港、特里凡得琅。印度主控中心(INMCC)由位于班加罗尔的两个站点组成,处理来自 INRES 的数据,以计算差分校正并估计其完好性水平。由两个 INMCC 生成的 SBAS 消息通过其相应的印度地面注入站(INLUS)上行注入卫星。使用与 WAAS 接收机相同的技术,GAGAN 使 GPS 接收机能够使用 GAGAN 信号。GAGAN 在 L2 和 L5 频率上使用 GPS 型调制。GAGAN 项目的一个重要组成部分是研究印度地区的电离层活动方式。考虑到赤道地区电离层相当不确定的活动方式,特别处理了这一问题。然而,印度空间研究组织成功地模拟了电离层校正。GAGAN 电离层算法,称为 ISRO GIVE 模型多层数据融合(IGM - MLDF),在运行的 GAGAN 系统中运行。GAGAN 的准确度标准在水平和垂直方向上均小于 7.6m。然而,发现纬度、经度和高度的位置标准偏差均小于 4m,这表明 GAGAN 的位置精度在 7.6m 的要求范围内。陆基增强系统可进一步提高这些位置精度。

7.3.1.5　SDCM

差分校正和监测系统(SDCM)是俄罗斯联邦的星基增强系统,用于 GPS 和 GLONASS 卫星的完好性监测。SDCM 参考站网由俄罗斯的 19 个站和国外的 5 个站组成。中央处理设备位于莫斯科。SDCM 空间段设计有 3 颗运行中的和 1 颗备用地球同步卫星。定位精度在水平方向为 1 ~ 1.5m,垂直方向为 2 ~ 3m。此外,预计它将为距离参考站 200km 范围内的用户提供厘米级定位服务。可以在以下网站找到更多详细信息:http://www.sdcm.ru/index_eng.html。

7.3.1.6　其他政府的 SBAS 系统

其他几个国家也开始开发 SBAS 系统,如卫星导航增强系统(SNAS)(中国)、南美洲/中美洲和加勒比地区的 SACCSA、马来西亚 SBAS、非洲 SBAS 等。其主要目的是为全世界提供连续的 SBAS 覆盖。加拿大还启动了一个名为 CDGPS 的 SBAS 系统,但于 2011 年停止使用。

7.3.1.7　商用 SBAS 系统

还有一些商业服务基于向终端用户传输差分校正,以提高卫星导航系统(如 OmniSTAR 和 StarFire)的可用性、完好性和准确性。这些系统通常通过用户订阅访问的卫星通信链路发送校正数据。配备有能够接收卫星校正信号的调制装置的单个接收机可以使用这种供应装置获得米级精度。这些服务提供适合伪距处理的校正数据,因此可能无法满足精确测量应用的精度要求。值得一提的是:迄今为止,这些系统都基于 NAVSTAR GPS。

OmniSTAR 和 StarFire 系统是可比较的概念;差分校正数据通过地球静止卫星传输链路提供给用户。它们都向用户的接收机发送校正数据,由该接收机计算定位。通过各种技术,可以实现精度范围从 10cm 到 1m。这些公司在多个国家提供可靠的差分实时校正,以便在陆地和空中进行精确定位,并在世界各地建立了一系列参考站。

还有一些基于地球静止通信卫星进行车队管理的商业跟踪服务,如 OmniT-

RACS 和 EutelTRACS。EutelTRACS 系统是用于汽车定位和通信卫星系统。它能在车队和主控制中心之间实时提供消息与报告功能。各种消息通过卫星将中心站连接到欧洲各地的配送中心。OmniTRACS 系统也是一个支持车队管理的无线通信和卫星定位系统。两者都基于 NAVSTAR GPS。除上述之外，其他一些系统也在开发中。有关这些系统及其成本计算详情的其他信息可在其各自的网站上找到：

OmniSTAR：www.omnistar.com

StarFire：www.navcomtech.com/StarFire

OmniTRACS：www.qualcomm.com

EutelTRACS：www.eutelsat.org

7.3.2 陆基增强系统

陆基增强系统（GBAS）是一种通过地面无线电消息实现增强的系统（Grewal et al.，2001；Hofmann – Wellenhof，2003）。与前面解释的星基增强系统一样，陆基增强系统通常由一个或多个精确测量的地面站组成，这些地面站对 GNSS 进行测量，具有一个或多个地面无线电发射机，这些发射机将信息直接发送给终端用户。GBAS 可以覆盖本地和区域。一般来说，GBAS 网络是局域的，支持几十千米范围内的接收机，并在甚高频（VHF）或超高频（UHF）频段进行传输。陆基区域增强系统（GRAS）应用于支持更大区域的系统，也在 VHF 频段进行传输。局部 GBAS 的一个例子是美国局域增强系统（LAAS），而 GRAS 的一个例子是差分 GPS（DGPS）。

7.3.2.1 LAAS

局域增强系统（LAAS）是对 GPS 的局部地基增强，其服务集中在机场区域（半径 30 ~ 50km），用于精确进场、起飞程序和航站区运行。这个系统现在称为 GBAS 而不是 LAAS。在该系统中，本地参考接收机将数据发送到机场的中心位置。该数据用于生成校正信息，然后通过 VHF 数据链路发送给用户。飞机上的接收机使用该信息来校正 GPS 信号。美国联邦航空管理局（FAA）正在美国主要机场实施该系统。该系统侧重于解决突出的完好性和安全问题，以降低航空风险。

7.3.2.2 差分全球定位系统

差分全球定位系统（DGPS）是对 GPS 的增强，它使用固定的地面参考站网来广播卫星系统指示的位置与已知固定位置之间的差分。这些站广播测量的卫星伪距和实际伪距之间的差分,移动接收机可以以相同的差值来校正其伪距。DGPS既可以指广义技术,也可以指使用它实现的具体技术。它通常特指从地面发射机转播校正信息的系统。这些系统通常具有区域覆盖范围。例如,自1999年以来,美国海岸警卫队在美国维持了一个这样的系统(称为全国性DGPS或NDGPS;网站:www. navcen. uscg. gov/dgps/Default. htm)。加拿大人也有一个由加拿大海岸警卫队运营的类似系统。澳大利亚开发了两个DGPS系统:一个用于海洋导航,另一个用于陆地测量和陆地导航。由于核心GNSS星座的精度提高以及不同SBAS的可用性,所有DGPS服务从2020年起停止。

7.3.2.3　天宝、徕卡和其他公司的增强服务

除政府机构外,一些私营组织也提供增强服务。天宝公司的CentrePoint RTX就是这样一种受欢迎的服务。其基于订阅的服务提供后处理和实时校正。天宝公司的RTX网络遍布全球大部分地区,拥有约6500个参考站。它采用多种技术,如PPP和差分/RTK校正,并在不建立基站的情况下实时提供厘米级精度。Trimble RTX提供了卫星传输的校正源。此外,还可以通过互联网或蜂窝网络连接进行校正,增加了其通用性。

HxGN智能网是一种集成的RTK和DGNSS的校正服务,类似于Trimble RTX。它是一个开放的标准校正服务,支持任何GNSS设备,并不断监测其完好性、可用性和准确性。有了4000多个参考站,可以达到厘米级精度。HxGN智能网的建立旨在为任何应用提供高精度、高可用性的RTK校正,可使用任何星座,还同时向所有人开放。然而,该系统目前是基于订阅的。

其他一些提供类似服务的公司(品牌)有QXWZ(https://www. qxwz. com/en)、Sapcorda(https://www. sapcorda. com)、NovAtelCORRECT(https://www. novatel. com)、Hemisphere GNSS的Atlas(https://www. hemispheregnss. com)、来自Topcon的磁铁继电器(https://www. topconpositioning. com),以及三菱电机的Melco Geo + +。

7.4　区域卫星导航系统

正如我们所了解到的,卫星具有提供信号的能力也意味着能够让其信号不可用。GNSS的运营商可能有能力降低或消除其期望的任何领土上的卫星导航服务。因此,随着卫星导航成为一项基本服务,没有自己的卫星导航系统的国

家实际上成为了提供这些服务的国家的客户国。主要出于这一原因，一些国家寻求发展自己的区域卫星导航系统。这些系统与核心 GNSS 类似，但只覆盖区域而不是全球。北斗早期（即北斗一号）被中国部署为区域系统，后来转型为全球系统（北斗三号）。另外两个区域系统是 QZSS（日本）和 IRNSS（印度）。

7.4.1 准天顶卫星系统

准天顶卫星系统（QZSS，日文名称为 Michibiki）是一个日本区域系统，基本上是增强型 GPS 和区域卫星导航系统的组合（https://qzss.go.jp/en）。QZSS 使用与地球静止卫星具有相同轨道周期的多颗卫星，并具有一定的轨道倾角，这些卫星称为准天顶轨道（QZO），星座中还有一颗是地球静止卫星。QZO 卫星被放置在多个轨道平面上，因此总有一颗卫星出现在日本区域上方的天顶附近。该系统可以提供高精度卫星定位服务，覆盖日本近 100% 的地区，包括城市峡谷和山区。然而，许多其他亚太地区的用户都受益于 QZSS。该系统于 2018 年宣布运行，拥有 4 颗 QZO 卫星。然而，日本计划到 2024 年将卫星数量增加到 7 颗。

QZSS 与 GPS 卫星兼容，可与 GPS 卫星集成使用。QZSS 与 GPS 传输相同的定位信号（L1C/A、L1C、L2C 和 L5），并具有与 GPS 同步的时钟，因此它们可以像其他 GPS 卫星一样使用。QZSS 将与 GPS 完全互操作，可以不依赖 GPS。该系统还将设计适配 Galileo 信号。结合 GPS 增加 QZSS 的数量将提高定位精度（因为数量更多的可见卫星肯定会提高定位精度）。此外，天顶上的一颗卫星大大提高了城市峡谷或山区的可用性和定位精度，这些地区的视野经常受到阻碍。QZSS 卫星还为 GPS 发送增强信号，从而将精度进一步提高到亚米级。QZSS 提供不同精度级别的多种服务，精度从厘米到米不等。

7.4.2 印度区域卫星导航系统

印度空间研究组织（ISRO）部署了一个项目，在印度地区实施印度区域卫星导航系统（IRNSS）。该系统的运行名称为印度星座导航系统（NavIC）。它将整个印度次大陆作为其主要服务区域，并将服务扩展到其一些邻国。扩展服务区位于主要服务区和由纬度 30°S ~ 50°N 和经度 30°E ~ 130°E 包围的矩形区域之间（图 7.3）。整个 IRNSS 系统（空间段、控制段和用户段）已在印度建成，并由 ISRO 控制。截至 2019 年，该系统由 8 颗在轨卫星组成；即 IRNSS - 1A（2013 年 7 月 2 日）、1B（2014 年 4 月 4 日）、1C（2014 年 10 月 16 日）、1D（2015 年 3 月 28 日）、1E（2016 年 1 月 20 日）、1F（2016 年 3 月 10 日）、1G（2016 年 4 月 28

日)和1I(2018年4月12日)。IRNSS-1H未成功发射,无法到达轨道。IRNSS的空间段设计有7颗卫星,高度为35786km。其中,三颗卫星位于地球静止轨道(位于34°E、83°E和131.5°E),其余卫星位于地球同步轨道,与赤道平面保持29°的倾角。这样的布局确保了所有卫星都能与印度控制站保持连续的无线电能见度。印度有计划扩大导航系统,将卫星数量增加到11颗来扩展NavIC系统,以提高定位精度。卫星有效载荷包括原子钟和生成导航信号的电子设备。

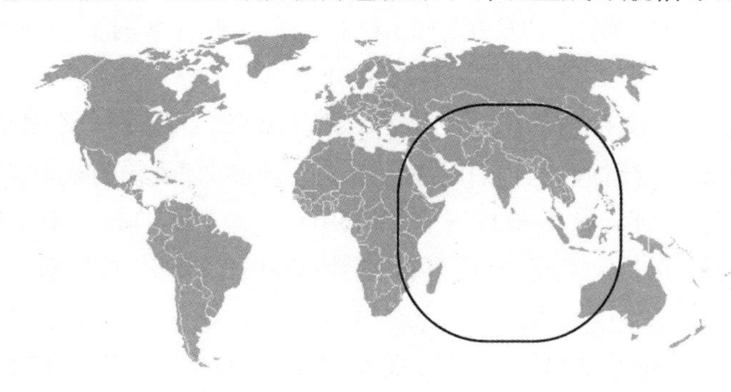

图7.3　IRNSS的覆盖范围

IRNSS地面部分包括控制卫星星座的主要系统,由IRNSS航天器控制设施(IRSCF)、ISRO导航中心、IRNSS距离和完好性监测站、测距站、定时中心、IRNSS测控(TT&C)站和上行链路站以及IRNSS数据通信网络组成。IRNSS航天器控制装置负责通过TT&C控制空间段。除了常规的测控操作,IRNSS航天器控制设施还将ISRO导航中心生成的导航参数上传。IRNSS测距和完好性监测站对IRNSS卫星进行连续单向测距,也用于确定IRNSS星座的完好性。ISRO导航中心负责生成导航参数。IRNSS数据通信网络为IRNSS网络提供所需的数字通信主干。全国分布了17个IRNSS测距和完好性监测站,用于轨道确定和电离层建模。由宽基线和长基线分开的4个测距站提供双向CDMA测距。IRNSS计时中心由高度稳定的原子钟组成。ISRO导航中心通过通信链路接收所有这些数据,然后处理这些信息并将其发送给卫星。IRNSS的设计旨在拥有一个由21个测距站组成的网络,主要分布在印度各地。它们为IRNSS卫星的轨道确定和导航信号的监测提供数据。来自测距(监测)站的数据被发送到ISRO导航中心的数据处理设施,在那里进行处理以生成导航电文。导航电文随后通过哈桑(Hassan)和博帕尔(Bhopal)的IRSCF传送到IRNSS卫星。ISRO导航中心拥有最先进的数据处理和存储设施能够快速处理数据并支持其系统存储。

IRNSS用户接收机利用嵌入在导航信号中并从IRNSS卫星发送的定时信息计算其位置。导航信号中广播的定时信息来自IRNSS卫星上的原子钟。IRNSS系统时间以27位二进制数表示，由以下两个参数组成（ISRO，2017）：周数是一个整数计数器，给出从IRNSS时间原点开始的连续周数。该参数以10位编码，覆盖1024周（约19年）。每周的时间计数以17位表示。IRNSS系统时间起始时间为1999年8月22日00：00 UTC（8月21日至22日午夜）。在起始历元，IRNSS系统时间比UTC提前13闰秒（即1999年8月22日的IRNSS时间00：00：00对应于1999年8月21日的UTC时间23：59：47）。第一次周数翻转发生在1023周后的2019年4月6日。IRNSS网络时间（IRNWT）是与UTC类似的加权平均时间；然而，IRNWT是一个连续时间，没有闰秒。IRNSS卫星携带一个铷原子钟。这些机载时钟由ISRO导航中心监控。对每颗卫星和IRNWT之间的偏差进行建模，该模型的参数作为IRNSS广播导航电文的一部分进行传输。

IRNSS系统旨在提供两种类型的服务（ISRO，2017）：标准定位服务（SPS）和受限服务（RS）。SPS是一项开放服务，已向公众发布，以提供有关空间IRNSS信号的基本信息，促进研究和开发，并助力将IRNSS信号用于导航相关的商业应用。SPS目前在主要服务区域提供了超过20m的位置精度，预计未来将达到5m左右。RS服务是仅向授权用户（包括印度军方）提供的加密服务。RS服务的精度也非常高。IRNSS服务在L5（1164.45～1188.45MHz）和S（2483.5～2500MHz）频带上传输。使用这两个频率有助于大气误差校正。这两种服务都基于CDMA。导航电文以50b/s的速率发送。SPS PRN码长1023码片，码片速率为1.023Mchip/s（RS未公开）。每个载波（L5和S）由三个信号调制，即BPSK（1）、数据信道BOC（5，2）和导频信道BOC。SPS基于BPSK（1）信号；RS使用所有三个信号。SPS和RS两种服务在L5和S频带中都可用。因此，这两种服务均适用于单频和双频接收机。

IRNSS导航系统使用WGS 84坐标系计算用户位置。导航电文（ISRO称导航数据）包括IRNSS卫星星历表、IRNSS时间、卫星时钟校正参数、状态信息和其他辅助信息。导航数据在测距码的基础上进行调制，并分为主要和次要导航参数。主要导航参数包括卫星星历、卫星时钟校正参数、卫星和信号健康状态、用户距离精度和总群延迟。辅助导航参数包括卫星历书、电离层延迟和置信度、IRNSS相对于UTC和其他GNSS的时间偏移、电离层延迟校正系数、差分校正和地球定向参数。有关IRNSS的其他技术细节，请访问ISRO网站：https://www.isro.gov.in/sites/default/files/irnss_sps_icd_version1.1-2017.pdf。

印度空间研究组织还正在研究和分析一项新倡议,建议将区域系统转变为全球系统。这一拟议的全球系统预计被命名为全球印度导航系统(GINS)。GINS 星座将有 24 颗卫星,高度约 24000km,以覆盖整个地球(可能类似于 GPS)。

7.5 惯性导航系统

惯性导航系统(INS)是一种导航辅助设备,它利用计算机和惯性(运动和旋转)传感器连续跟踪车辆的位置、方向和速度(运动方向和速度),而无须外部参考。因此,它并不直接依赖于任何 GNSS(Grewal et al.,2001;Farrell et al.,1998;Titterton et al.,2004)。

INS 至少包括一台计算机和一个包含典型加速度计、陀螺仪、磁力计或其他运动感测装置的平台或模块。INS 最初会从另一个源(人类操作员、GNSS 卫星接收机等)获得其位置和速度,然后通过整合从运动传感器接收的信息来计算自身的更新位置和速度。与航位推算(需要频繁校准)不同,INS 的优势在于,一旦初始化,不需要外部参考来确定其位置、方向或速度。然而,对于初始化,它需要从其他来源获取位置信息,这些信息通常是从 GNSS 获得的。INS 现在通常通过数字滤波系统与 GNSS 组合。INS 提供短期数据,而卫星系统定期校正 INS 的累积误差。

7.6 伪卫星

伪卫星是发射 GNSS 信号的地面无线电发射机。它们的作用就像一颗导航卫星,但来自地球表面。伪卫星是"Pseudo(伪)"和"Satellite(卫星)"两个术语的缩写,用于指代那些不是卫星但执行通常属于卫星领域功能的设备。伪卫星通常是用于创建本地、基于地面 GNSS 替代方案的小型收发机。收发机是一种具有发射机和接收机的组合形式并共享公共电路或单个外壳的设备。每个收发机信号的范围取决于该装置的可用功率。

伪卫星旨在完善 GNSS。能够独立于 GNSS 部署自己的定位系统,在正常 GNSS 信号被阻断/干扰(军事冲突)或不可用(探索其他行星或室内或地下)的情况下非常有用。伪卫星可以通过三种主要方式帮助 GNSS 定位(Edward,2003;Samama,2008)。首先,当自然卫星覆盖不足时,它们可以通过提供更大范围的信号源来增强 GNSS 卫星星座。这种更大范围的覆盖能在天空能见度有限的地方提供很大的导航帮助，如城市峡谷和露天矿场，以及一些涉及航天器相对定位的在轨应用。

其次，当使用载波相位差分GNSS进行精确定位时，伪卫星可用于辅助求解载波周期模糊度。仅使用卫星进行基于运动的整数解析通常是一个缓慢的过程，因为卫星的视线向量变化速率很慢。相反，在存在局部伪卫星的情况下，接收机可以看到视线向量的较大变化，即使接收机的绝对运动相对较小。这可以在几秒内产生整数解。

最后，伪卫星可以完全取代GNSS星座。这样做通常是为了在室内模拟GNSS的定位，尽管也用于探索更为特殊的地点，如地下或其他行星表面。这类应用中的大多数使用载波相位测量而不是基于测距码的伪距测量，因为在相对较小的区域内对精度的要求更高。

为了利用伪卫星信号，用户需要稍微修改GNSS接收机。这是因为接收机被设计用于捕获来自遥远卫星的微弱信号，而不是设计用来处理伪卫星的相对高功率传输。

注释

中继器是一种电子设备，它接收信号并以更高电平和/或更高功率重新传输信号，或将信号传输到障碍物的另一侧，以便信号可以覆盖更长距离而不会衰减。基于基础设施的室内定位的最佳解决方案可能是利用两者的优点混合使用伪卫星和中继器（Samama，2008）。

7.7 GNSS的互操作性和完好性

第6章和本章中描述的位置计算方法适用于所有GNSS星座。因此，可以设想使用来自不同星座的卫星进行定位。例如，可以考虑两颗GPS卫星和两颗Galileo卫星，或者两颗GPS卫星和一颗GLONASS卫星及一颗IRNSS卫星，或者任意的组合。这称为GNSS的互操作性，这比星座叠加的性能更强（Rycroft，2003；Samama，2008）。当然，可以根据每个星座进行多个定位，然后进行一些比较；但互操作性确实是一种嵌入式方法，如它可以在城市峡谷中进行三维定位，尤其是那些使用其他单个星座都无法进行定位的地方。市场上只有仅支持GPS或仅支持GLONASS的接收机。然而，有一个明显的趋势就是开发能够跟踪和处理来自 GPS 与 GLONASS 组合卫星信号的接收机。第一批商用 GPS + GLONASS 系统之一是 Ashtech GG24 接收机。组合式的 GPS + GLONASS 接收机可以跟踪来自 48 颗以上卫星的星座信号，这是仅 GPS 或仅 GLONASS 星座的两倍，因此显著提高了可用性。例如，模拟研究表明，在一半天空下，即有 45°障碍物遮挡的情况下（如被高层建筑遮挡），5 颗或更多的 GPS 卫星在一天中只有大约 33% 的时间可用，4 颗或更多卫星在一天中约 85% 的时间可用。然而，当同时考虑 GPS 和 GLONASS 卫星时，5 颗或更多卫星的可用性是 100%（Samama，2008）。

对于给定的卫星，所使用的方程仍然是伪距方程（方程(4.6)）或载波相位方程（方程(4.9)），如第 4 章中所述。然而，不同星座的唯一共同点是，都要获取接收机的位置。而所有其他变量都不同；卫星的位置由不同的参考坐标系给出，即 GPS/IRNSS 的 WGS 84、GLONASS 的 PZ－90、Galileo 的 GTRF 和北斗的 CGCS 2000。这并不难办，因为可以定义转换矩阵来实现坐标转换（参见第 9 章）。当考虑来自所有星座的所有卫星都具有相同的"质量"时，上述说法是正确的。这也导致了在有 4 颗以上卫星的情况下选择使用哪些卫星的问题。最小二乘法通常基于每颗卫星的相同假设，这在同一星座内并不明显，甚至对于不同星座也不现实。然而，该方法的确可以通过单独的测量权重来扩展，从而考虑不同的质量。

此外，还存在接收机时钟偏移的问题。当然，这是一种物理偏差，它对于所有星座都是相同的，但不幸的是，时间参考系却并非如此。因此，很明显，时钟偏移不相同。有两种方法可以解决这一问题：一种是考虑星座（如 GLONASS 或伽利略或北斗）导航电文提供的时钟校正，其应能够表征所考虑的星座时间与 GPS 时间之间的偏差；另一种是使用额外的卫星来消除这些偏差（通过实施某种差分方法）（Samama，2008）。第一种方法简单得多，但需要评估其引入的误差。当然，在考虑伪距时，应当进行常规校正，以便考虑每个星座各种不同的校正；但是可以认为，一旦在接收机中实现，这些校正不算是真正的难题。导航电文必须根据不同的星座以不同的方式处理（这只是处理复杂性，不是问题）。

关于互操作性的另一个问题是精度衰减因子（DOP）。在某些情况下，如城市峡谷，在使用互操作性的情况下，定位是可以实现的，因为每个星座都有两颗卫星可用。这意味着，任何单个星座都无法实现定位，但星座组合就可以。人们仍然必须记住，虽然定位是可能的，但由于可用的 DOP 值较差，其精度必然会降低。

GNSS 的完好性可以定义为定位质量的可靠性指标（Rycroft，2003；Grewal et

al. ,2001)。考虑到各种误差源,很明显即使考虑了 DOP 值(参见第5章),估计的用户距离误差也是一个“被动”指标。假设一颗卫星发射的信号完全错误,那么用户距离误差仍将为用户提供相同的值。为了提供这种质量因素,需要其他机制。本节将简要讨论的三个方面:①接收机自主完好性监测(RAIM);②SBAS 完好性概念;③Galileo 和其他星座的完好性概念。

如前所述,天空中通常有4颗以上的卫星可用于定位。RAIM 的主要思想是利用不同的选定卫星组合进行独立的位置计算(Parkinson et al. ,1996;Grewal et al. ,2001)。显然,至少需要一颗补充卫星来确定两个星座之间的时间差,而实际可用卫星超过5颗时,允许在检测问题的同时确定错误信号(如果有)。基本机制包括计算6个位置(在5颗卫星的情况下),第一个位置包含所有5颗卫星(如使用最小二乘法),其他5个位置考虑可能的5组4颗卫星。然后,在发现的不同位置之间进行比较,分散性分析能够检测到与某一颗卫星有关的问题(如果有)。该问题可能与导航电文误差或特定传播条件有关。因此,拥有一个额外的卫星来确定任何故障卫星。该技术最初用于要求完好性的应用,通常与安全相关,如航空或铁路运输系统。

SBAS 的开发有准确性改进和完好性要求两个主要目标。完好性被明确确定为是最重要的,是系统定义的主要指南。这一概念也得到了国际民用航空组织(ICAO)的支持,因此显然适用于民用航空。完好性的定义是系统(基础设施和用户)以相关置信度提供定位的能力。因此,它不是系统的固有特性,而是与特定应用程序和环境相关(Samama,2008)。EGNOS、WAAS、MSAS 和 GAGAN 中实施的完好性概念与民航环境相关,应非常谨慎地扩展到其他应用、内容和环境。应注意的一个典型情况是,城市应用将受益于 SBAS 提供的完好性。然而,在目前实施的 SBAS 完好性概念中根本没有考虑与多径相关的误差(这当然是城市峡谷中的主要问题之一)。

注释

最近出现了一个新术语,即辅助全球卫星导航系统(AGNSS)(Tekinay,2000)。AGNSS 是一种技术,它能够使支持 AGNSS 的接收机比仅使用 GNSS 卫星数据更快地确定位置。独立的 GNSS 需要星历和时钟校正的导航模型、参考位置、电离层模型、参考时间以及可选的差分校正来计算其位置。卫星信号的数据速率通常为50b/s;因此,直接从卫星下载轨道信息,如星历和历书，通常需要很长时间，若在获取这些信息的过程中卫星信号丢失，则信息会被丢弃，独立系统必须从头开始。此外，星历数据的有效期为4h，过了这个期限之后星历数据将无法使用，卫星位置也将丢失。因此，星历数据必须每2～4h更新一次。对于AGNSS，网络运营商部署了AGPS服务器。这些AGNSS服务器从卫星下载轨道信息并将其存储在数据库中。支持AGNSS的接收机可以连接到这些服务器，并使用移动网络无线电（如GSM、CDMA、WCDMA、LTE，或其他无线电承载，如Wi－Fi）下载该信息。通常，这些传送方式的数据传输速率较高；因此，下载轨道信息所需时间较少。当辅助数据通过电信系统传输时，典型的定位时间为10～20s，而使用自主方法的定位时间为40～60s，或在弱信号条件下需要更长的定位时间。最理想的情况是接收机已经在其存储器中存储了辅助数据，如以扩展星历表的形式，因此，定位时间可以短至几秒。

练习

描述性问题

1. 你对“GNSS增强”的理解是什么？用实例对其进行分类。
2. 什么是SBAS？简要说明。
3. 描述欧洲静地轨道卫星导航重叠服务。
4. 你对WAAS和MSAS了解多少？
5. 解释GAGAN采用的概念。
6. 什么是GBAS？给出两个GBAS及其应用的例子。
7. 什么是区域卫星导航系统？为什么这些系统很重要？简要描述QZSS。
8. 你对IRNSS了解多少？IRNSS的覆盖范围是哪里？
9. 解释IRNSS提供的服务。什么是IRNSS时间？
10. 什么是“伪卫星”？与传统GNSS相比，它有哪些优势？
11. 你如何理解互操作性和完好性？与这些概念相关的问题是什么，如何克服这些问题？
12. 你对“惯性导航系统”和AGNSS了解多少？
13. 从逻辑上解释一下：互操作性如何识别具有错误信号的卫星？任何SBAS系统都能解决城市地区的精度问题吗？

简短说明/定义

就以下主题写简短的笔记：

1. GNSS-1
2. GNSS-2
3. WAAS
4. OmniSTAR
5. LAAS
6. QZSS
7. 惯性导航系统
8. 接收机自主完好性监测
9. 北斗一号
10. 地基区域增强系统
11. Trimble Center Point RTX
12. 徕卡 HxGN 智能网

第8章

GNSS 接收机

8.1 引言

全球卫星导航系统(GNSS)接收机必须收集来自GNSS卫星的信号,然后将其转换为测量值。它们的特点和性能影响了从最初的规划到处理的整个工作过程中用户可用的技术。为了更好地了解GNSS技术,我们需要了解GNSS接收机如何工作,在实现定位和导航精度方面涉及哪些问题,接收机的类型有哪些,以及如何为特定应用选择合适的接收机。

1980年,市场上只有一台商用接收机,售价高达数十万美元(El Rabbany,2002)。然而,这种情况在过去40年中发生了非常迅速的变化。现在每个人的智能手机和智能手表中都有一个或多个GNSS接收机;也就是说,GNSS在新的市场和已有的市场使用量稳步增长。GNSS的使用越来越多,对该技术的依赖也越来越大。个人、企业和组织都依赖该技术来获得个人娱乐、安全保障和商业优势。现在,市场上有数百种不同类型的GNSS接收机。它们通常能够达到几米到亚厘米的精度,并能够进行伪距和/或载波相位测量,有/无差分能力、实时能力、静态模式操作和其他几种混合技术,其还附带后处理软件和网络调整软件。此外,有些设备还配备了额外电池、外部数据采集器、内置或外置天线、无线电调制解调器等。在本书的篇幅内,无法详细描述每种设备。然而,本章简要概述了GNSS的基本接收机。

8.2 接收机结构

GNSS 接收机结构相当复杂且差别很大。然而，其基本架构很简单，由内置或外置天线、射频部分、微处理器、控制和显示单元以及带有必要电源的存储单元组成（图 8.1）。以下章节简要介绍了这些组成部分（有关更多详细信息，请参阅 Langley，1991d；Van Dierendonck，1995；Kaplan，1996；Spilker et al.，1995；Tekinay，2000；Sickle，2008）。

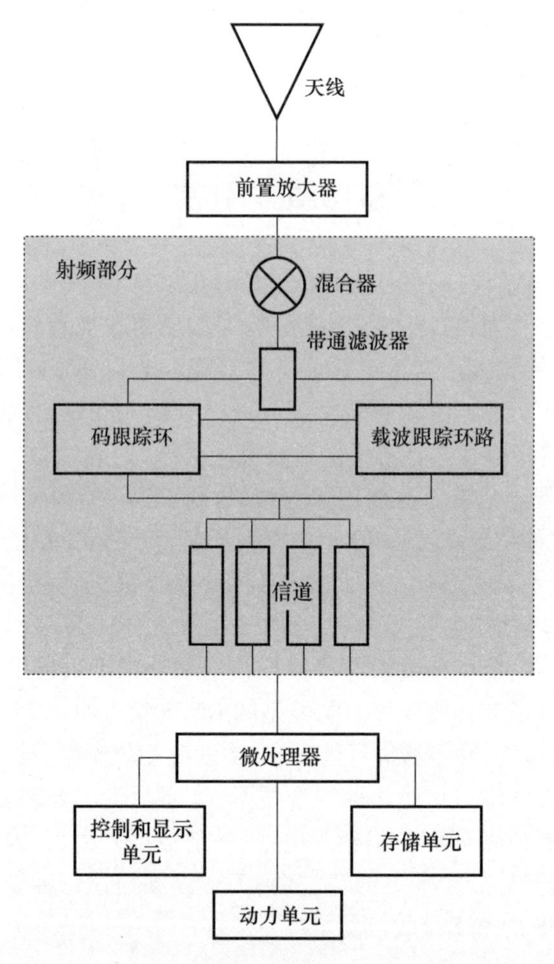

图 8.1　典型 GNSS 接收机框图（Sickle，2008）

8.2.1　接收机天线

接收机需要一个天线来接收卫星传输的电磁信号，并将其转换为可供接收机使用的电信号。天线的主要功能是将电磁波转换为对接收机射频（RF）部分有效的电流（有关 RF 部分的更多信息，请参阅 8.2.2 节）。GNSS 天线可以进行多种设计，但卫星信号的功率密度很低，特别是在经过大气层传播后，因此天线效率至关重要（Langley，1998a；Enrico et al.，2008）。信号由距离地球表面约 20000km 的卫星天线产生（不同星座的高度不同）。因此，GNSS 天线必须具有高灵敏度（也称为高增益）。它们可被设计为仅接收一个频率（如 L1）或多个频率（通常为两个）。

天线可能位于接收机内部或外部。大多数接收机都有内置天线，但许多接收机也可以安装单独的三脚架天线或测距杆天线。接收机制造商通常提供有标准长度连接同轴（或其他类型）电缆的独立天线。天线电缆的标准长度通常为 3～30m。电缆是一个重要的元件。电缆越长，通过电缆传输的 GNSS 信号损失得越多。在永久安装天线用作参考接收机的情况下，可能需要大于标准长度的天线电缆。在这种情况下，可以购买一个前置放大器，在信号到达接收机的过程中提供额外的放大。来自天线的信号通过同轴天线电缆传输到接收机，如果天线电缆过度弯曲、盘绕或损坏，信号就可能会失真。天线电缆还将电力传输到前置放大器。因此，天线电缆的作用与天线和接收机一样重要。用户应尽量减少电缆的缠绕和磨损来保护天线电缆。建议定期更换天线电缆，特别是正在进行的调查使设备暴露在严酷环境中（RMITU，2006）的情况下。如今，接收机和天线通常被封装在一个单元中，以克服这些问题。但可以用一个单独的控制器，通过蓝牙连接到接收机。

天线应具有与其应用相对应的带宽。一般来说，更宽的带宽可以实现更好的性能；然而，增加的带宽会因包含更多干扰而降低信噪比。GNSS 接收机天线的一个非常重要的特征是其相位中心的稳定性（RMITU，2006）。接收机天线的电气中心是我们计算其位置的点，通常称为相位中心。为了确定一个点的坐标，我们必须将天线的相位中心与该点共同定位。但通常天线的“物理中心”正好位于具有垂直偏移（由于三脚架高度）的点的上方，并且垂直偏移是可精确测量的。然后，在计算目标点的坐标时，将要考虑该垂直偏移。因此，假设天线的“物理中心”与其相位中心相同。只有为精密应用而设计的高级天线才是如此。典型天线的相位中心会随着卫星的移动而偏移几厘米。“相位中心稳定性”是精密应用天线的主要特征。幸运的是，目前正在制造的大多数天线的相位中心相当稳定,偏移量仅为几毫米。

天线的另一个需要考虑的特性是天线增益模式。增益模式描述了接收机在特定方位角和仰角下跟踪信号的能力。理想的天线可以在所有方位角上跟踪低至地平线的信号。一般来说,微带天线的跟踪性能适用于测量工作。GNSS信号到达天线时已经变得非常微弱。因此,大多数天线都内置了前置放大器,在信号传输到接收机之前,前置放大器会提高信号的电平。

8.2.2 射频部分

射频部分是接收机的第一个部分,在信号被天线前置放大器放大后对其执行操作。此部分通常称为接收机的前端。不同的接收机类型使用不同的技术来处理GNSS信号,但它们所经历的步骤与本节中解释的步骤基本相同。

前置放大器增加了信号的功率,但重要的是,前置放大器输出的信号增益远高于噪声(Ward,1994)。如果来自天线的信号位于同一频带,则信号处理更容易,因此输入频率与谐波频率的信号相结合。后一种纯正弦信号是前面提到的由接收机振荡器生成的参考信号。这两个频率在一个称为混频器的设备中组合在一起。出现了两个频率:一个是两个频率的总和,另一个是它们之间的差值(Sickle,2008)。

然后,频率之和与频率之差会经过一个带通滤波器,这是一种电子滤波器,可以去除不需要的高频并选择两者中的较低频率(Williams et al.,1998)。它还消除了信号中的一些噪声。滤波后得到的信号称为中频(IF)或拍频信号。该拍频是来自卫星的多普勒频移载波频率与接收机振荡器产生的频率之间的差值。在将信号复制到单独的信道之前,通常有几个IF阶段,每个阶段都会从特定卫星提取代码和载波信息。

如前所述,C/A码或P码的复制码由接收机的振荡器生成,它与中频信号相关。此时测量的是伪距。请记住,伪距是指将接收机内部生成的复制码与和光速相乘的中频信号对齐所需的时间偏移。接收机还生成另一个副本,即载波副本。该载波与中频信号相关,可以测量相位偏移。连续相位观测量或观测周期计数是通过计算锁定后经过的周期以及测量接收机生成载波相位的小数部分来获得的。

天线本身不会对收集的信息进行分类排序。来自多个卫星的信号会同时进入接收机。未区分的信号在RF部分的通道中被识别并相互隔离。GNSS接收机中的信道类似于电视机中的频道。它是硬件,或是硬件和软件的组合,旨在将一个信号与所有其他信号分开。在任何给定时刻,一颗卫星每次只能在一个频道上播放一个频率。一个接收机可能只有一个也可能有数百个物理信道;例如,天宝公司的R10和R8s接收机分别具有672个和440个通道。尽管早些时候我们使用了单信道接收机,但现在最少12个信道才是标准配置。具有12个信道的接收机也被称为12信道并行接收机。如果是双频接收机,这样的接收机实际上可能有24个信道。第一批可用的接收机是基于一种顺序的方法;卫星一颗一颗地连续采集。然而,后来接收机的架构不断改进,并行信道接收机允许多个信号同时采集和跟踪功能。

伪距测量(将卫星码与接收机复制码进行匹配)在射频部分的码跟踪环路(也称为延迟锁定环)内进行。然而,仅靠伪距并不能满足某些应用的需求。因此,大多数接收机需要进一步具备载波信号处理能力。如前所述,正如接收机产生传入复制码(接收到的测距码的副本)一样,接收机也产生传入载波的副本。载波相位测量的基础是这两个载波频率的组合。重要的是要记住,来自卫星的传入信号会受到不断变化的多普勒频移的影响,而接收机内的副本名义上是恒定的。

该过程在PRN代码完成其工作并锁定码跟踪环路后开始。通过将卫星信号与载波副本混合,该过程消除了所有相位调制,将码从输入载波中剥离,同时创建两个中频或拍频:一个是组合频率的总和,另一个是差值。接收机使用一种称为带通滤波器的设备选择后者,即拍频。随后,该信号发送到载波跟踪环路,也称为锁相环(PLL)(RMITU,2006),在该环路中,压控振荡器连续调整,以精确跟踪拍频。

当卫星从头顶经过时,接收机和卫星之间的距离会发生变化。这种稳定的变化反映在进入接收机的信号相位的平稳连续移动。变化率反映在信号多普勒频移的恒定变化(参见4.10.1节)。但是,若接收机的振荡器频率与这些变化完全匹配,则会复制传入信号的多普勒频移和相位。使用载波拍频相位观测量进行测量的策略是对经过的周期进行计数并加上接收机自身振荡器的小数相位。

多普勒信息在信号处理中有着广泛的应用。它可用于区分来自不同GNSS卫星的信号,以确定动态测量中的整周模糊度,有助于检测周跳,并作为自主点定位的附加独立观测值。但多普勒数据最重要的应用可能是确定接收机和卫星之间的距离变化率。距离变化率是一个术语,用于指卫星和接收机之间的距离在特定时间段内距离变化的速率。多普勒频移将在8.3.1节中进一步讨论。

注释

如果存在带内或带外干扰和干扰信号,GNSS 接收机的运行可能会受到严重限制或完全中断(Ward,1994)。大多数接收机过滤带外噪声,但很少抑制带内干扰。随着新的通信系统的建立和无线电频谱变得更加密集,带内干扰和干扰信号的威胁与日俱增。威胁不仅来自干扰信号本身,还来自其落入 GNSS 频带内的谐波。

8.2.3 微处理器

微处理器控制整个接收机,管理数据收集(Enrico et al. ,2008)。GNSS 接收机的许多功能是数字操作,而不是模拟操作。操作控制,如最初获取卫星、跟踪码和载波、解释广播导航电文、从导航电文中提取星历表和其他信息,以及减少多径和噪声等,都由微处理器执行。

微处理器进行数据转换(参见第 9 章),并即时生成最终位置。然后,他们通过控制和显示单元提供位置信息。微处理器与控制和显示单元之间存在双向连接。微处理器和控制与显示单元可以相互接收信息或向对方发送信息。

微处理器运行存储在接收机内存芯片上的程序。当接收机固件升级到新版本时,正是这个程序被更新。微处理器的功率定义了许多相关特性,包括计算能力(是否支持简单定位解决方案或实时载波相位测量)、信号采集和计算速度、接收机尺寸和功率要求。一般来说,处理器功能越强大,接收机所能支持的功能就越强大。

8.2.4 控制和显示单元

一般来说,GNSS 接收机具有一个控制和显示单元(也称为用户界面)。从手持式键盘到屏幕周围的软件按键,再到数字地图显示器,以及与其他仪器的接口,都有多种配置。尽管如此,它们都有相同的基本目的:方便操作员(用户)和接收机微处理器之间的交互。该单元可用于选择不同的测量方法和设置其参数,即历元间隔、遮蔽角和天线高度。控制和显示单元可以提供帮助菜单、提示、基准转换、定位读数、导航结果(如纬度、经度、高度、速度、北向、路线等)的任意组合。现在,控制和显示单元在大多数情况下是分开的,可以通过蓝牙与接收机连接。

控制和显示单元中可用的信息因接收机而异。但当有 4 颗或更多颗卫星可用时,通常可以利用它们显示被跟踪卫星的 PRN 编号、接收机的三维位置、天空图、正北朝向、速度信息和估计误差。其中,一些还显示 DOP 值和 GNSS 时间。

8.2.5　存储单元

对于几乎所有的测量和导航应用程序,都需要存储一些信息。这些信息可能包括用于处理伪距和载波测量、站点标识符和天线高度详细信息、由接收机微处理器确定的位置估计、地图(用于导航)、软件(用于在接收机内执行多个操作)等。大多数 GNSS 接收机都有内部数据记录功能(如闪存卡)。在某些情况下,还可以使用外部数据记录器存储 GNSS 测量值和定位测量的补充信息。现代接收机通常使用固态存储卡。大多数接收机都允许连接到计算机并将数据直接下载到计算机硬盘。

特定定位时段所需的存储量取决于以下几点:时段的长度、可见卫星的数量、历元间隔等。例如,假设从单个 GNSS 卫星接收的数据量为每历元 100 字节,一个典型的 12 通道双频接收机在 1h 时段过程中如果观测 6 颗卫星并使用 1s 历元间隔,则该时段需要大约 2MB 的存储容量。

$$3600\ \text{历元/h} \times 1\text{h} \times 6\ \text{颗卫星} \times 100\ \text{字节/卫星} \approx 2(\text{MB})$$

在观测期间,大量距离测量值和其他相关数据被发送到接收机的存储单元。这些数据随后通过串行或 USB 端口下载到个人计算机,为用户提供后处理或应用选项。

8.2.6　动力单元

由于野外的大多数接收机都使用电池供电,电池及其特性是 GNSS 测量的基础。GNSS 使用了多种电池,并且有各种配置(RMITU,2006)。例如,一些 GNSS 装置由摄像机电池供电,而手持娱乐性 GNSS 装置通常使用一次性碱性 AA 电池(5 号电池),甚至 AAA(7 号电池)型号的电池。然而,在测量应用中,可充电电池是常见的。锂离子聚合物、镍镉和镍金属氢化物可能是最常见的类别,但铅酸汽车电池也有应用。幸运的是,GNSS 接收机在低功率下工作,通常只需要 3 ~36V 直流电。

接收机架构各异。在低成本接收机中,所有组件(天线、射频部分、显示/控制、电源和存储)都集成在一个单元中,在这种情况下可以满足所有的目的。早些时候,在一些高精度接收机中,天线(带前置放大器)是一个单独的单元。RF 部分和显示/控制装置则安装在另一个单元中。这两个单元通过同轴电缆连接。电源(从接收机到天线)和数据(从天线到接收机)通过该同轴电缆传输。

现代高精度接收机将天线和射频部分集成在一个单元中（通常称为接收机）；控制/显示位于另一个单元（称为控制器）中。接收机中还可以内置无线电调制解调器（参见8.2.7节）。这两个单元都有独立的微处理器、存储器和电源单元。数据可以记录在接收机或控制器中。

8.2.7 无线电调制解调器

如前所述，实时DGNSS和RTK数据从位于已知位置的基站接收机传输到移动接收机。然后，移动接收机以基础数据为参考，以便准确计算其自身位置。无线电调制解调器在基站接收机和移动接收机之间提供无线通信（Javad et al.，1998）。需要一个带基站接收机的无线电调制解调器发射器和一个带移动接收机的无线电调制解调器接收机，以便当基站接收机通过其无线电调制解调器发射器广播数据时，无数的移动接收机可以通过其无线电解调器接收机接收数据。

无线电调制解调器发射机由无线电调制器、放大器和天线组成。无线电调制器从基站接收机接收要传输的GNSS数据，并将其转换为可传输的无线电信号。放大器将信号功率提高到可以到达移动接收机的水平（移动接收机越远，需要的放大功率越大）。然后，发射器天线发送放大后的信号。放大器的功率直接影响信号传输的距离和通信的可靠性。该传输范围还取决于地形和无线电传送天线设置。

无线电调制解调器发射机和基站接收机之间的连接通常通过接收机和无线电调制解调器发射机的串行端口建立。若无线电发射器集成在接收机电子设备中，则在内部完成连接。无线电调制解调器接收机由无线电接收机天线和无线电解调器组成。无线电接收机天线从空中接收无线电信号，并将其传送至无线电解调器，该解调器将信号转换成可传送至移动接收机串行端口的形式。现代无线电调制解调器接收机位于移动接收机内部。无线电调制解调器的主要特点是数据转换为可传输的形式。UHF、VHF和扩频（跳频或直接序列）就是一些例子。每种形式都有一些优点和缺点（Abidi et al.，1999）。

最近引入的GNSS无线电调制解调器包括为了基站和移动接收机之间的数据同步使用GNSS的精确定时，以增强数据完整性，以及在扩频无线电中使用直接序列和跳频组合，以增强通信可靠性。使用某些类型的无线电调制解调器可能需要政府授权，因为国际和国家机构负责分配频段并颁发发射信号的授权。在一些国家，有些频带分配给民用使用，而无须任何特殊授权。这是选择无线电调制解调器时要考虑的一个重要因素，因为获得授权通常不是一件容易的事情。美国的900MHz频段和大多数欧洲国家的2.4GHz频段可用于扩频通信，无须任何特殊授权(但对传输信号的功率有局限性)。

UHF 和扩频无线电调制解调器在 DGNSS 和 RTK 应用中最受欢迎。扩频无线电(900MHz 和 2.4GHz)的范围约为 20km(除非天线安装在非常高的位置)。UHF 具有更大的范围;使用 35W 放大器时,UHF 无线电的射程可达 45km,这取决于地形和天线设置。

注释

扩频技术是一种故意在频域中扩展特定带宽内产生能量的方法,从而产生具有更宽带宽的信号(Dixon,1984;Freeman,2005)。使用这些技术有多种原因,包括建立安全通信、增强对自然干扰和干扰的抵抗力以及防止被探测。扩频通信是一种采用直接序列、跳频或两者混合的信号构造技术,可用于多址接入和多功能。这项技术减少了对其他接收机的潜在干扰的同时实现了保密。扩频通常利用类似于序列噪声的信号结构,即在相对宽带(无线电)频带上传播一种通常为窄带的信息信号。接收机将接收到的信号进行相关处理,以检索原始信息信号。

跳频扩频是一种通过使用发射机和接收机都已知的伪随机序列在多个频率信道之间快速切换载波来传输无线电信号的方法。直接序列扩频是一种调制技术,通过该技术,传输的信号比正在调制的信息信号占用更多的带宽。

8.3 信号采集和定位

在本节中,我们将讨论采集和跟踪 GNSS 信号方面有时会遇到的比较困难的问题及其解决方案。GNSS 定位的主要困难是提供尽可能好的测量,即最精确的测量,以便提供最高精度的定位。事实上,只要测量完全准确,定位结果就会比较理想。然而,如第 5 章所述,许多误差会导致测量不准确。其他可能的误差还是由接收机自己的电子处理单元引起的,这可能会导致信号的相关性不够,因为信号没有人们预期的那样纯净。多径、低功率或跨信道(不同卫星)也可能导致信号相关性不理想。此外,必须在二维区域中找到信号,以处理:一方面由于卫星的运动和接收机的位移而产生的多普勒频移,另一方面由于从卫星到接收机的传播延迟而产生的时间频移。当然,这两种搜索(即多普勒和时间)

是进行位置计算的基础。除此之外,接收机还需要解决整周模糊度以进行精确的载波相位测量。多年来实施了不同的方法,从而真正提高了定位的质量。值得一提的是,这些问题由接收机的 RF 部分解决。

基本伪距测量显然是对时间进行测量,这是卫星到接收机距离估计所必需的。这需通过使用代码序列实现,也称为卫星标识符(适用于 GPS、Galileo、北斗和 IRNSS,因为 GLONASS 的识别是通过不同的频率实现的,但仍使用代码)。我们知道,码相关技术可以估计伪距(参见第 4 章)。然而,由于多普勒效应造成信号失真(Hatch,1982;Jones,1984)。多普勒效应是由于发射机和/或接收机的相对运动而对信号进行的物理压缩或扩张(变得更宽)。由于这种失真是一种物理现象,它适用于码相位,也适用于代码,因此也会导致码相位失真,必须予以考虑。其结果是码相位可能减少或加长。如果不考虑这一影响,信号相关性可能就不是最佳的,传播时间将无法准确测量。因此,接收机的基本架构必须实现频率搜索(处理多普勒)和时间搜索(处理传播时间)。此外,若测量基于载波相位,而不是码相位,则还必须解决整周模糊度的问题。

8.3.1 多普勒频移

图 8.2 给出了卫星的多普勒频移从它出现在地平线上的那一刻到它在另一边消失的那一瞬间的整个过程(Gill,1965;Bowditch,1995;Parkinson et al.,1996;Sickle,2008)。这条典型的曲线描述了多普勒频移:当卫星出现时,它离接收机越来越近(正多普勒),然后经过接收机上方,显示出零多普勒,最后离开接收机,显示出负多普勒。图 8.2 还显示了多普勒频率或多普勒频移的值。

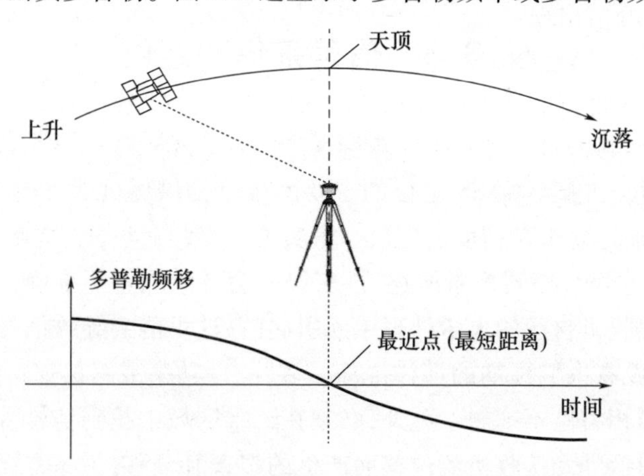

图 8.2 在固定位置获得的典型卫星多普勒频移曲线

通过对最大速度向量投影的简单计算,可以得到要考虑的典型多普勒频移区间。在这种情况下,多普勒的较大值约为 +5kHz。此外,必须加上接收机位移诱导多普勒的相应值,以及接收机本地振荡器漂移的影响。典型的累积结果值为 +10kHz。多普勒频移和载波相位是通过首先将接收频率与接收机振荡器产生的标称恒定参考频率相结合来测量的。两者之间的差异就是经常提到的拍频(或中频),给定时间间隔内的拍数称为该间隔的多普勒计数。由于拍数比其不断变化的频率精确得多,大多数 GNSS 接收机只跟踪累计周期,即多普勒计数。通常会存储整个卫星通道的连续多普勒计数之和,然后将这些数据视为一系列有偏差的距离差序列来处理。输入信号的连续积分多普勒频移的变化速率与重构载波相位的变化速率相同。多普勒频移的积分可精确测量历元间载波相位变化。

8.3.2　时移

时间方面与多普勒略有不同,因为它依赖于代码结构、长度和速率。第一种原始方法是认为码片和不同时移的数量一样多。这意味着在 GPS L1 C/A 的情况下,有 1023 个可能的时差。对于 GLONASS C/A 码,有 511 种可能的时差。另一个重点在于与代码长度相对应的持续时间。对于 GPS C/A 码,代码持续 1ms,与 GLONASS C/A 相同。直接影响是,GPS 和 GLONASS 的搜索域均为 1ms,分别对应 1023 个和 511 个时隙。这种简单的方法表明,对于不同的代码,时间搜索采用不同的值。在所有情况下,此搜索时间都很长。真正完整的信号搜索是多普勒搜索和时间搜索的结合。信号搜索的困难在于二维搜索区域很大。当信号有峰值出现时,这是一个相当好的配置,但噪声源必然会产生许多不同的峰值,这将导致更难确定真正的信号峰值。

早期的第一批可用接收机(GPS 接收机)是基于顺序方法;卫星被连续地一颗一颗地获取。事实上,第一颗卫星被捕获并跟踪,相应的伪距被存储,然后第二颗卫星被获取并跟踪,接着是第三颗卫星,以此类推。一旦获取足够的卫星并存储数据,就可以计算位置、速度和时间。20 世纪 90 年代,接收机的体系结构取得了一些进展,并行信道接收机具有多个信号同时采集和跟踪功能。通过信道,人们必须了解一种可处理一个特定卫星的时间和多普勒搜索的结构。现在,为了通过实现并行性来减少采集时间,使用了多通道接收机。

在 GNSS 信号的采集阶段,复杂二维搜索的另一种方法是执行重型信号处理,如快速傅里叶变换(Van Loan,1992)。这里的想法是将信号传输到频域,以便快速找到信号的多普勒频移;然而,就功耗而言,这是非常不利的(Corazza,

2007；Samama，2008）。

8.3.3 整周模糊度

如前面第6章所述，整周模糊度的求解，即从卫星到接收机的路径上的整个周期数，是一个复杂的问题。但如果在大多数接收机中没有伪距或码相位测量作为前提，这将更加困难。这使得随后的双差分解的中心化成为可能。

在码相位测量之后，使用三种有效的方法来解决整周模糊度（Parkinson et al.，1996；Sickle，2008）。第一种是应用于静态测量的几何方法。处理来自多个时间段的载波相位数据，并使用不断变化的卫星几何形状来估计接收机的实际位置。这种方法效果相当好，但取决于大量的卫星运动，因此，需要时间才能得出结果。第二种使用滤波。这里，对独立测量值进行平均，以找到噪声水平最低的估计位置。第三种是通过搜索可能的整数组合范围，然后计算残差最小的整数组合。搜索和过滤方法依赖于启发式计算，换句话说，是试错法。这些方法无法评估特定答案的正确性，但可以在特定条件下计算答案在指定范围内的概率。大多数GNSS处理软件都使用了这三种方法的某种组合。所有这些方法都以基于测距码的测量提供的初始位置估计为指导。

还有一种方法不使用卫星信号携带的代码。它称为无码跟踪或信号平方，首先应用于最早的民用GNSS接收机。它不使用伪测距，只依赖可观测的载波相位。与其他方法一样，它还取决于中间频率或拍频的创建。但通过信号平方，拍频是通过输入载波本身相乘而产生的。结果是原来频率的两倍，波长的一半，因为这是平方后的结果。这种信号平方方法有一些缺点。例如，如第4章所述，卫星广播的信号具有称为码态的相移，从+1变为-1，反之亦然，但对载波进行平方运算会将它们全部转换为+1。结果是码本身被清除。因此，该方法必须从其他来源获取信息，如历书数据和时钟校正。载波平方的其他缺点包括信噪比下降，因为当载波平方时，背景噪声也被平方，并且在原始载波频率的两倍处发生周期跳变。但是信号平方也有优点。它降低了对多径的敏感性，不依赖PRN码，并且不受GPS P码加密的阻碍。

8.4 GNSS接收机的分类

GNSS接收机可以通过多种方式进行分类，如按照体系结构、操作方法、接收能力等（Gopi，2005）。本节介绍一些重要的分类。商用GNSS接收机根据其接收能力可分为4种主要类型：单频接收机、单频载波平滑码接收机、单频码和载波接收机以及双频接收机。

GNSS接收机也可以根据其跟踪信道的数量进行分类，数量从1到48（或更多）不等。12信道的接收机现在非常常见，也有专业接收机拥有数百个信道。根据信道结构，GNSS接收机可分为顺序接收机、连续跟踪接收机和多路复用接收机。顺序接收机使用一个或两个硬件无线电信道顺序提供单个卫星观测。由于所需电路有限，这些接收机是最便宜的接收机之一。然而，它们需要很长时间才能锁定卫星，并且在高速移动时无法跟踪卫星。连续跟踪接收机（也称为多信道或并行信道接收机）具有足够专用的硬件无线电信道（并行信道），以提供连续的卫星观测。在所有接收机体系结构中，这种类型的接收机具有最佳性能。连续操作至少需要4个硬件无线电频道。五通道接收机可以观测4颗卫星并读取第五颗卫星的导航信息，从而不断更新接收机的卫星轨道参数数据库。六通道接收机可以读取导航信息，跟踪4颗卫星，并保留第五颗卫星以备4颗卫星中的1颗因任何原因丢失时使用。全视角接收器有足够的硬件无线电信道来锁定任何时间出现的卫星。多路复用接收机的作用类似于顺序接收机，因为它在被跟踪的卫星之间切换；然而，它以快速采样率（约50Hz）进行此操作，并且可以跟踪比顺序接收机更多的卫星。它使用多路复用（也称为快速切换、快速排序或快速多路复用）信道，而不是连续跟踪接收机中的并行信道。性能仍然低于连续跟踪接收机，因为它无法整合视野中的所有卫星。

根据操作方法，GNSS接收机可分为码相关的和基于载波相位的两类。码相关接收机通过处理测距码中的信息（码相关性）来确定位置。这种方法的优点是成本低；唯一的缺点是精度中等，约为±5m或更低。基于载波相位的接收机通过处理随时间变化的卫星信号载波相位测量值来确定位置。除了定位卫星，其不需要译解码正在传输的信息。当与差分校正一起使用时，此类接收机可以实时提供厘米级精度。缺点是成本高。

最后，根据应用，接收机种类繁多。通用手持接收机体积小、携带方便、电池供电，并内置显示器和键盘。其中一些接收机还能够从数据卡显示航空或航海图。天线通常放置在接收机单元内；然而，在某些情况下，天线是可拆卸的，以便安装在车辆外部。

航空接收机针对航空导航进行了优化，可以显示航空图表。精度因所用设备的飞机等级而异。用于通用航空的接收机不得使用任何校正，因此精度限制在10m，即95%的精度（即有95%的概率将点记录在实际位置的10m范围内）。集成在商用客机导航套件中的接收机可以使用增强广播，从而提高飞机导航系统的精度，使飞机能够自动着陆。无人机（无人驾驶飞机）需要使用GNSS接收机来为其提供高精度的定位。GNSS 天线安装在无人机的某处,用于接收来自GNSS 星座的位置和时间数据。然后,这些数据通常会被输入设备的导航系统,以便其实现自动起飞、飞行和着陆。海上接收机用于海上导航,包括显示海图和连接其他导航设备的能力。

汽车导航接收机(图 2.10(b))安装在汽车、卡车和火车上。接收机的用途可能因应用而异,但其特性相似。汽车中使用的接收机通常用于驾驶员导航或在发生事故时将汽车位置发送到应急响应中心。公交车、卡车和火车上使用的GNSS 接收机通常用于车队跟踪和导航。

测绘和数据采集接收机(图 2.10(a))经过优化,可用于采集要导出到外部数据库的数据。它们通常具有中等至良好的自主精度,差分校正精度高达 1m。通常,它们会有一台额外的计算机专用于数据收集。这样的数据采集计算机可以预先加载特征库,以便操作员可以从中选择预设的项目类别。这些接收机是手持式设计,带有额外的电池和固定在背包上的 GNSS 天线(图 8.3)。

图 8.3　手持 GNSS 接收机,带有额外电池和天线,固定在背包上

原始设备制造商(OEM)接收机(图 8.4)旨在集成到其他设备中。它们以裸板(卡)或模块的形式从制造商处出厂,没有显示器或内置电源。OEM 接收机的技术特性因设备市场而异。它们能够输出典型的 GNSS 数据流(消息),允许开发人员设计特定的应用程序。例如,移动电话公司采购这些接收机以集成到其产品中。

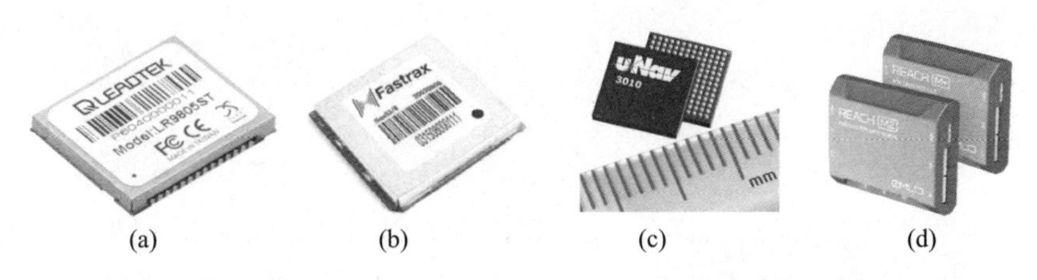

图8.4　OEM裸板GNSS接收机((a)、(b)、(c))和接收机模块(d)

空间接收机用于卫星导航和姿态确定。它们可能是抗辐射的，并且有特殊的程序，允许它们以轨道航天器所经历的极高的相对速度运行。

测量型接收机(图2.10(c))(也称为大地测量接收机)用于土地测量所需的高精度测量(Ghilani et al.,2008;Sickle,2008)。此类接收机配备有外置三脚架天线或带有单独控制器的集成天线接收机(图8.5)。这些接收机的测量通常基于载波相位观测。尽管一些制造商和用户对其手持式伪距接收机的性能提出了非同寻常的声明，并且此类接收机的定位输出已显著提高，但通过测量标准，此类基于测距码的单点解决方案并不准确。然而，使用DGNSS的基于测距码的伪距可以在实时或后处理的测量结果中达到中等精度。例如，DGNSS经常用于为地理信息系统(GIS)收集数据。但是，对于精密测量，载波相位观测量是唯一的选择;它们为大多数测量应用提供了可接受的精度水平。这些接收机有多个独立的通道，可以连续跟踪卫星，从卫星开机后的几秒至不到1min的时间内获取卫星信号。大多数接收机在几分钟内就可以获取上述的所有卫星，而通常时间会因暖启动缩短，并且大多数都会发出某种声音，提醒用户数据正在被记录等。它们中的大部分都可以在去外场测量前，在办公室对其解算时段进行预编程。当然，GNSS控制测量通常使用多个静态接收机，在一段时间内同时从同一卫星收集和存储数据，称为一次解算时段。在一天的所有时段完成后，它们的数据通常以通用二进制格式下载到个人计算机的硬盘上进行后处理。然而，并非所有的GNSS测量都是这样处理的;例如，实时动态测量使用无线电链路即时提供校正数据。有关测量型接收机的详细信息，请参阅第11章。

定时接收机用作时间和频率参考。位置是这些接收机的次要信息，通常被用户忽略。从GNSS系统获得的时间和频率的主要好处是长期稳定，并且可以通过GNSS时间标准与全球时间网络进行协调。

除上述外，GNSS接收机现在可用于手机(图8.6(a))、掌上电脑(PDA)(图8.6(b))、手表(图8.6(c))等。软件辅助GNSS接收机是另一种类型(图8.7(a))。

(a) (b)

图8.5　带有外部三脚架天线(a)的测量接收机和带有集成天线(b)的接收机

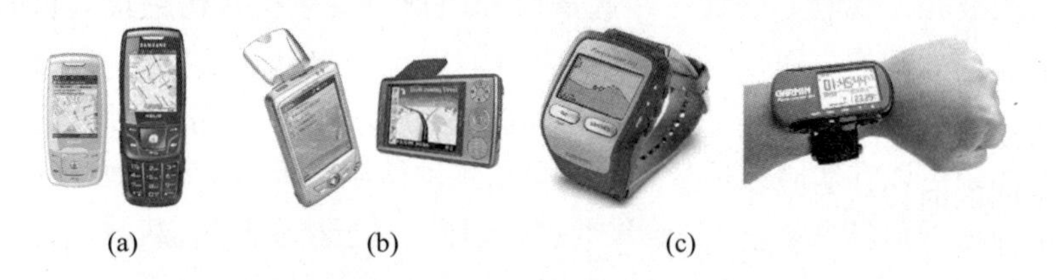

(a) (b) (c)

图8.6　移动电话中的GNSS(GPS)接收机(a)、带内置GPS接收机的PDA(b)和手表中的GPS接收机(c)

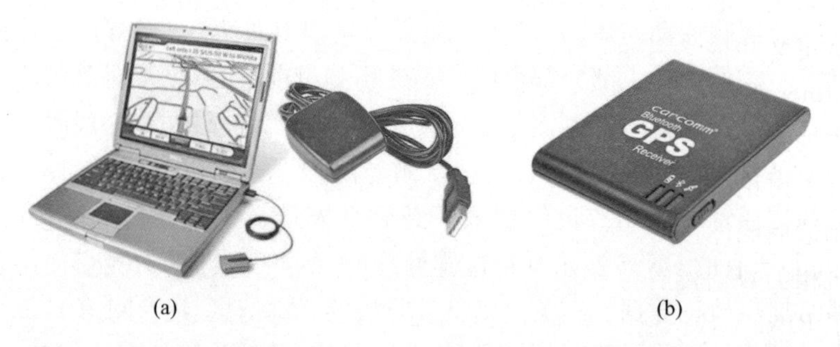

(a) (b)

图8.7　带有USB电缆(a)和蓝牙无线接收机(b)的软件辅助GNSS接收机

GNSS系统的软件技术正在为广泛的通信和导航系统的定位能力铺平道路。这些基于软件的GNSS系统接收机具有强大的中央处理单元和数字信号处理功能,可以借助软件实时接收和解码GNSS信号。它们在修改设置以适应新应用程序方面提供了相当大的灵活性,即无须重新设计硬件,以及对不同的频率计划使用相同的电路板设计,以及实现未来的升级(Borre et al. ,2007)。

传统的 GNSS 接收机在专用集成电路(ASIC)中实现采集、跟踪和位同步操作,但软件 GNSS 接收机通过在软件而非硬件中实现这些模块来提供灵活性。通过简化硬件架构,软件使得接收机更小、更便宜、更节能。软件可以用 C/C + +、MATLAB 和其他语言编写,并移植到所有操作系统中。因此,软件 GNSS 接收机为手机、PDA 和类似应用程序提供了最大的灵活性。这些接收机可以通过数据线或无线蓝牙技术与计算机连接(图 8.7(b))。

8.5　接收机独立交换格式

后处理 GNSS 方案的一个重要考虑因素是数据文件格式。有两种文件格式选项可用于后处理数据:一种是接收机特定的数据格式,仅当与基站和移动接收机为相同品牌的接收机时才有用;另一种是普遍认可的标准接收机独立交换(RINEX)格式。每种测量接收机类型都有自己的二进制数据格式,且可观测值是按照制造商的单独概念定义的。时间标签可以用传输时间或周期的小数部分来定义;码相位和载波相位可以具有不同或相同的时间标签,并且可以同时或在不同的时段观测卫星。

因此,不同接收机类型的数据不能简单地用一个特定的数据处理软件包同时处理。为了解决这个问题,要么所有制造商都必须使用相同的数据输出格式,要么必须定义一种通用的数据交换格式,该格式可以用作所有接收机类型和软件系统之间的数据接口。第一种方式迄今尚未实现。然而,目前已经成功地尝试定义和接受国际数据交换的通用数据格式。基于瑞士伯尔尼大学的开发,Gurtner 等人(1989)在美国新墨西哥州拉斯克鲁兹举行的第五届国际卫星定位大地测量研讨会上提出了 RINEX 格式。该提案在本次研讨会的一次会议上进行了讨论和修改,并被推荐在国际上使用。RINEX 已被国际用户团体和接收机制造商团体接受。对于大多数大地测量接收机,制造商提供转换软件,将接收机相关数据转换为 RINEX 格式。另外,所有主要的 GNSS 数据处理软件都提供了 RINEX 数据输入选项。因此,RINEX 是接收机和多用途数据处理软件之间的通用接口。

8.6　选择 GNSS 接收机

目前,GNSS 系统接收机的不同品牌和型号数量正在迅速增加。价格正在下降,新的功能不断涌现,尺寸较小的设备现在可以与原先较大的设备抗衡,以更方便的尺寸提供相同的高级功能。GNSS 接收单元是为几种完全不同的最终用途而设计的。对于选择接收机,第一个问题是它将用于什么目的。接下来是要跟踪哪种观察量(测距码或载波)。通用手持 GNSS 接收机是基于测距码的;但也有例外。尽管如此,它们的使用仍在增长,尽管大多数无法跟踪载波相位观测量,但有些接收机还是具有差分能力的。尽管如此,这些接收机是考虑到了导航的需要而开发的。事实上,它们有时会根据可以存储的航路点和航迹点的数量进行分类。

航路点是一个源自军事用途的术语。它是指一个人、车辆或飞机到达预定目的地必须经过的中间位置的坐标。有了这样的接收机,导航员可以调用从当前位置到下一个航路点的距离和方向。航路点还定义了接收机在导航(或较粗测量)期间记录的特定点。我们的房子、码头、机场、停放的汽车、一个很棒的钓鱼或狩猎点等——我们想要标记为点特征的任何点都是一个航路点。在使用 GNSS 接收机行驶期间,接收机默认会以固定的时间间隔记录航点之间点的数值。这些是轨迹点。当我们旅行时,GNSS 接收装置会自动将旅程记录在轨迹日志中。

这些接收机并没有足够的内存,因为它们的设计应用实际上不需要内存。然而,DGNSS 基站接收机则需要相当大的内存。它仍然是只跟踪测距码的接收机。测距码接收机能够观察两个频率的载波相位,并且需要更大的内存。

然而,为特定应用选择合适的仪器并不容易。接收机一般按其物理特性、它们可以利用的 GNSS 信号元素以及对其精度的要求来进行分类。但这些功能对接收机实际生产力的影响并不总是显而易见的。例如,确实,接收机使用的 GNSS 信号越多,灵活性就越大,但成本也就越高。而将用户需要的功能与真正不必要的功能分离开来则更为复杂。用户必须首先掌握一些信息,了解这些功能与接收机在特定 GNSS 定位/导航方法中的性能有何关系。典型的基本问题应该是:

(1)定位时使用了什么可观测量(码相位还是载波相位)?

(2)这个接收机能提供我们工作所需的准确度吗?

(3)这样一个项目的生产率可能是多少?

(4)要测量的每个点(位置)的实际成本是多少?

(5)接收机可以处理差分校正吗?

(6)它能满足人们选择它的所有目的吗?

(7)电池寿命有多长?

(8)该装置的内存是否足以满足所选应用场景的需求?

除了这些基本问题,还有许多其他问题需要考虑(Bossler et al. ,2002;Broida,2004;Gopi,2005;Sickle,2008)。其中大多数取决于应用领域。以汽车中使用的便携式设备为例。表 8.1 给出了如何评估此类接收机的想法。尽管本示例适用于便携式汽车导航接收机,但这些讨论在本质上对其他类型的接收机也同样具有帮助和相关性。

表 8.1　选择 GNSS 接收机时应考虑的问题

特征	它是什么意思和要寻找什么
模型	检查价格时,请确保我们准确地将一个型号与另一家制造商的相同型号进行比较
价格	了解它包括什么,有时价格是一个"捆绑包"或包含额外组件的套件的成本;有时价格仅指单机价格
审查日期/详情	如果使用审查信息来帮助做出决策,请记住,各装置在其生命周期内通常会进行软件升级,这些升级可以改掉缺点并添加新功能
质保期	越长越好
支持服务	免费支持,最好延长时间
包含内容	理想情况下,我们希望购买的产品包括接收机、说明书、安装适配器、主电源和汽车电源适配器、地图软件和地图数据、可移动数据卡,以及设备和计算机之间的数据连接器(通常为 USB)。手提箱也很有用
开箱即用	有些装置几乎可以立即投入使用,其他装置则要求用户首先将数据从 DVD 复制到某种类型的存储卡,并可能需要注册软件等。显然,开箱即用的设备更受欢迎
大小	越小越好,尽管屏幕大小(越大越好)是一个限制因素。请记住,较大的屏幕需要较高的功率
重量	越轻越好。然而,请考虑我们随身携带设备的总重量,加上底座、汽车充电器和其他必要配件
安装附件	理想情况下,我们希望能够将该装置安装在挡风玻璃或汽车仪表板上,使用某种可拆卸或可重复使用的支架,以便我们可以轻松地将其从一辆车移动到另一辆车
屏幕尺寸	越大越好;但请注意,像素计数与屏幕大小一样重要。相当大的屏幕尺寸为对角线 3.5 英寸,良好的屏幕尺寸是 5 英寸或更大,但当屏幕达到 6 英寸或更大时,就需要在车内的其他位置上为其做出让步;当然,这个装置会变得更大、更重,也更难携带。我们认为小于 3.5 英寸的屏幕太小了,无法接受
屏幕像素	越多越好,这意味着显示越清晰、越锐利。屏幕像素比屏幕尺寸更重要——在稍小的屏幕上,更多的像素有时比在相对较大的屏幕拥有更少的像素更具可读性。可接受的最小屏幕分辨率为 240×320 像素
屏幕颜色	越多越好。大多数地图软件的颜色数量似乎非常有限(大约 16 种),但更多的颜色可提供额外的信息,帮助我们立即看到并识别屏幕上显示的内容。避免选择黑白屏幕的装置

续表

屏幕可见性	重要的是,即使在阳光直射的情况下,也可以清晰地阅读
屏幕背光	我们需要多层次的背光亮度,以便在夜间驾驶时调节最佳舒适度
日间/夜间模式	有些装置会自动在白天和晚上的颜色与亮度之间切换,以使地图在昏暗和全光条件下最清晰可见。它们之所以能做到这一点,是因为它们知道自己所处的位置以及一天中太阳升起和落下的时间。其他设备允许我们在这些模式之间手动切换。还有些装置根本没提供任何选择
控制	该装置是否使用触摸屏或按钮(或两者都有)? 因为我们可能在开车的同时也在试图调整接收机,所以我们需要大按钮或触摸屏区域,以便快速触摸或按下,而不是过于分散注意力的小控件
可用的交互式帮助文件	在实际接收设备的页面上,能够立即解释选项的含义是非常有帮助的
移动时功能有限	有些装置可以限制我们在移动时可以做的事情,有些装置则直接不支持在移动时做很多事情,据说是为了人们的安全。但更多的是,这给我们以及车上可能被指定为导航员的任何其他人带来了极大的不便。这是我们可能不想要的功能
图形处理器速度	它在驾驶时刷新地图图像的速度有多快? 当我们移动和转弯时,立即更新要比缓慢更新好
同时跟踪的最大卫星数	尽管一些装置承诺能够同时跟踪多达16颗卫星,但在天空中一个星座同时观测到12颗以上的卫星是非常罕见的。即使可以观测到更多卫星,额外卫星提供的额外精度提升在成本上也可以忽略不计
增强型辅助	这大大提高了装置的精度
航位推算能力	这在信号较差的地区非常有用,如被高层建筑包围的市中心或隧道内
卫星延迟	它是否显示正在从多少颗卫星接收数据(最好是在天空图中)? 这有助于我们了解位置数据计算可能有多准确,还可以显示天线最敏感和被阻塞的位置
精度计算	该装置是否显示其计算的误差估计值
该装置能显示当前的经纬度和罗盘航向吗	这可能很有用,尤其是在越野行驶时
导航设备能显示我们当前的海拔吗	该功能对于开车没有什么实际的价值,但当我们在山上旅行时,看到我们的海拔变化会很有趣
这个导航设备能显示准确的时间吗	GNSS设备可以将时钟与卫星上极其精确的时钟同步,因此我们没有其他精确的时间来源
外部天线功能	现代导航设备在没有外部天线的情况下似乎表现得非常好;早期的导航设备肯定需要它们。但是,如果需要,可以添加外部天线,这将增加该导航设备的整体功能
CPU处理器速度	这在要求机组计算或重新计算路线时最为明显
行车电脑功能	该导航设备是否提供“行车电脑”功能,如平均速度、当前速度、最大速度、行驶距离、行驶时间(以及停车时间)? 它能保存所行驶的路线吗

续表

电池类型	即使我们计划主要在车内使用我们的导航设备,有时我们也可能无法使用汽车的电源。该导航设备使用充电电池还是普通电池?它需要多少块电池?如果它们是可充电的,那么它们是我们可以在任何地方买到的标准尺寸电池,还是该导航设备独有的电池(即更换更困难、更昂贵)
电池寿命	中等背光时,一组电池能用多长时间?如果电池不可充电,我们可以将一组新电池的成本除以其预期寿命,得出每小时运行的成本
电源输入	理想情况下,该导航设备应通过USB端口接受外部电源,使其与多种充电器兼容,并允许从笔记本电脑或普通电脑充电
自动电源开关	例如,当连接到汽车电源时,某些导航设备将打开;当汽车电源关闭时也会自动关闭。如果长时间没有移动,一些导航设备将自动关闭
地图供应商	有几个来源:Navteq、Tele Atlas、MapmyIndia、Google、Here Map。有些是基于订阅的,如MapmyIndia
地图中提供的国家	越多越好
更新策略、频率和成本	我们希望每年更新一次,但要小心那些需要我们用原始磁盘验证的带有复制保护的烦琐升级方法,还要小心那些花费了大量金钱的更新
地图数据如何加载到接收机中	SD卡似乎是将数据加载到接收机中的成本最低、最方便的格式。其他存储介质也存在,但容量可能不够或价格可能更高
语音引导	一个能播报路线指引的语音功能非常有帮助,因为它意味着我们可以将视线保持在路上,而不需要看接收机就知道何时何地转弯
说出街道名称	如果该导航设备可以说出街道名称,这将更有帮助,因为它是"向右走下一条路"等通用类型指令与"在公园街的下一个路口右转"等更具体的指令之间的区别
语音语言	有些设备给我们提供了英语语音的选择,男声或女声的选择,以及各种不同的语言
二维/三维	有些导航设备提供所谓的地图3D视图,这是一种鸟瞰图,从我们在地图上的位置后面俯视,以夸张的视角展望我们所在的位置和前方的道路。有些甚至可以用3D显示建筑物、桥梁和雕像。这种视图看起来不错。然而,大多数人可能会发现经典的2D"地图样式"视图更有帮助
我们可以选择北方向上还是行进方向向上(航向向上)	一般来说,大多数人都希望设备屏幕指向与我们旅行的同一方向。这样,现实生活中的左转在地图上也会显示为左转。有时,像在传统地图上一样,有一个"正北向上"的方向是有帮助的。当缩放很远的距离或在北方向上规划路线时,这尤其有用,这时我们查看地图的方式与查看常规打印地图的方式相同
分屏模式	一些屏幕较大的导航设备允许我们分屏,每个屏幕都有不同的信息。例如,一个屏幕高度缩放了附近区域的详细信息,并且以行进方向向上为定向,另一个屏幕是缩小显示整个区域的总览图,并显示正北向上
显示地图比例	如果地图没有显示比例尺那么它有什么用?如何让我们理解"地图上这么多厘米等于公路上这么多千米"?对于无须通知我们即可自动"缩放"刻度的接收机来说,这一点更为重要

续表

提供的 PoI 数量	导航设备可以提供数量惊人的兴趣点（PoI），有些导航设备可以提供多达 500 万、1000 万甚至更多的兴趣点
可以添加的用户 PoI 数量	我们当然希望能够添加尽可能多的额外 PoI（和目的地）
PoI 信息包括电话号码	该功能很有帮助，如我们可以打电话给餐厅查询其营业时间或预订情况
PoI 接近提醒	这有一个明显的好处，也有一个更微妙的好处，即如果我们在一个有交通摄像头的地方，可以将其位置设定到我们的导航设备中，每当接近交通摄像头时设备就会提醒我们
限速提醒	除非该导航设备也“知道”我们行驶的道路上的速度限制，否则这几乎没有价值
它同时显示英里和千米吗	如果两者都显示，我们就可以方便地在两者之间切换
我们能用航路点建立一个多站旅程吗	例如，如果我们正在计划一个行程，“首先我们想先去超市，然后去购物中心，然后去银行，再去汽车经销商，最后回家”，这会很有帮助
它能解决“旅行推销员”的难题吗	这允许我们输入一系列目的地，该导航设备会尽快计算访问所有目的地的最佳顺序。这是一个罕见的功能，只有极少数导航设备能够提供
我们可以为不同的道路类型设定假定速度吗？如果可以，有多少种不同的道路？	这一信息有助于设备选择最快的路线，也有助于更准确地预测我们到达目的地的时间
我们可以为道路/路线类型设置首选项吗	有些导航设备允许我们指定诸如“避免/首选高速公路”之类的首选项，类似地，也可以指定渡船、狭窄道路和各种其他路线选项
我们可以为不同类型的车辆选择不同的设置吗	有些导航设备允许我们在汽车、卡车、自行车和可能的其他类型的交通工具之间进行选择，具有不同的设置（如不同道路类型上的典型速度）和各自的偏好
该设备是否提供多种路线选择	有些导航设备在屏幕上显示不同的路线供我们选择，使我们能够直观地看到不同的选择。如果我们对路线有所了解，就会很有帮助，使我们能够对提议的路线进行实际检查
它会显示历史轨迹吗？	有些导航设备可以在地图上留下一行点来显示我们去过的地方。在某些情况下（尤其是非公路上的行驶时），这可能会有所帮助
蓝牙电话集成	一些导航设备可以通过蓝牙连接到手机。例如，如果我们从地图上选择一家餐馆，然后想拨打它的号码，这可能会很有帮助
将数据导出到笔记本电脑	有些导航设备允许我们将实时 GNSS 数据导出到笔记本电脑地图/导航程序。如果我们有第二个人作为导航员，就能够在我们开车时使用笔记本电脑，这将很有帮助
它能播放 MP3/MP4 或其他数字音频吗	有些导航设备可以兼作 MP3/MP4 播放器。然而，这对大多数人来说没有什么价值；最好有一个专用 MP3/MP4 播放器来播放音乐/视频

续表

它能显示图片吗	有些设备允许我们存储数字图片，然后我们可以将其显示在设备屏幕上。对于大多数人来说，这是另一个低价值的噱头应用
实时交通报告集成	有些导航设备可以通过无线电接收机接收额外的数据，该接收机能为我们提供即时的、特定地点的交通堵塞、道路建设、事故等信息
其他位置服务集成	一些导航设备提供额外的数据服务，如当地电影放映时间、当地加油站价格等
注：这张表只是为了有趣的研究而准备的，可能会漏掉一些要点。然而，这为我们在购买 GNSS 接收机时的考虑提供了一些思路	

8.7 GNSS 接收机制造商

国际市场上有大量接收机制造商。然而，值得一提的是，它们中的每一家都不可能生产所有类型的接收机，并且所有制造商都不提供同等质量的定位。在购买接收机之前，我们需要了解自己的需求，选择接收机，并比较特定类型接收机的制造商。表 8.2 列出了主要 GNSS 接收机制造商，尽管清单并不详尽。

表 8.2　GNSS 接收机的主要制造商

公司	网站
航空数据有限责任公司(Air Data Inc.)	www.airdata.ca
Allen Osborne 联合有限责任公司(Allen Osborne Associates Inc.)	www.aoa-gps.com
美国 GNC 公司(American GNC Corporation)	www.americangnc.com
加拿大马可尼公司，GPS-OEM 集团(Canadian Marconi Company, GPS-OEM Group)	www.marconi.ca
科瓦利斯微技术有限责任公司(Corvallis Microtechnology Inc.)	www.cmtinc.com
俄罗斯顶级卫星接收装置制造商(EMLID)	www.emlid.com
Furuno 美国有限责任公司(Furuno USA Inc.)	www.furunousa.com
佳明国际(GARMIN International)	www.garmin.com
GEC 普莱西半导体(GEC Plessey Semiconductors)	www.gpsemi.com
州际电子公司(Interstate Electronics Corporation)	www.iechome.com
徕卡测量系统(Leica Geosystems)	www.leica-geosystems.com
劳伦斯电子有限责任公司(Lowrance Electronics Inc.)	www.lowrance.com
麦哲伦导航有限责任公司(Magellan Navigation Inc.)	www.magellangps.com
摩托罗拉空间与系统技术公司(Motorola Space and Systems Technology)	www.mot.com

续表

公司	网站
诺瓦泰有限责任公司(NovAtel Inc.)	www. novatel. ca
瑞典希尔瓦有限公司(Silva Sweden AB)	www. silva. se
SiRF 技术有限责任公司(SiRF Technology Inc)	www. sirf. com
SiTex 船舶电子有限责任公司(SiTex Marine Electronics Inc.)	www. si - tex. com
Skyforce 航空电子设备(Skyforce Avionics)	www. skyforce. co. uk
Sokkia Topcon 有限公司(Sokkia Topcon Co Ltd)	www. sokkia. com
光谱精度(Spectra Precision)	www. spectraprecision. com
星链公司(Starlink Incorporated)	www. starlinkdgps. com
Symmetricom 有限责任公司(Symmetricom Inc.)	www. symmetricom. com
通腾国际有限公司(TomTom International)	www. tomtom. com
TRAK 微波公司(TRAK Microwave Corporation)	www. trak. com
天宝导航有限公司(Trimble Navigation Limited)	www. trimble. com
u - blox 股份公司(u - blox AG)	www. u - blox. ch
环球航空电子系统公司(Universal Avionics Systems Corporation)	www. uasc. com

8.8 可测量的智能手机

如今,每一部智能手机都配有支持一个或多个 GNSS 星座的 GNSS 接收机。智能手机中包含的 GNSS 接收机主要用于导航。然而,这些应用已进一步扩展到跟踪、应急响应,甚至测量。智能手机的 GNSS 接收机虽然不是很精确,但可以成为 GIS 测量的低成本解决方案。现已经开发了多款应用程序来支持手机中的 GIS 数据收集和跟踪。其中大多数是专有的或基于订阅的。ESRI (www. esri. com)提供的一款基于订阅的流行应用程序是 Collector for ArcGIS。同一家公司的另一个应用程序是 ArcGIS Survey 123。Survey123 是一个基于表单的数据收集应用程序,其核心是关于事实的问题和答案。使用 Survey123,人们当然可以捕获地理信息,但这只是表单中的另一个问题。此应用程序更适用于捕获属性信息(地理对象的文本描述),而不是地理空间信息。Collector for ArcGIS 是一款基于地图的应用程序;它可以用来捕获地理信息。使用 Collector,还可以捕获与这些功能关联的属性,但地图是第一位的,属性数据库功能是次要的。Collector 中捕获的数据存储在云中,因此可以立即在其他设备中访问。

尼泊尔的 SW Maps 是一款免费且非常高效的基于 Android 的应用程序（https://swmaps-mobile-gis.soft112.com），它支持 GPS、GLONASS、Galileo、北斗和 QZSS（未来还将支持 IRNSS）。人们可以使用这个应用程序记录点、线、多边形，甚至照片；这些记录的数据可以显示在背景地图/卫星图像（如谷歌地图或 OpenStreetMap）上，并可以将自定义属性数据附加到任何功能。属性类型包括文本、数字、预定义选项集的选项、照片、音频片段和视频。该应用程序甚至可以通过蓝牙或 USB 连接到外部接收机（支持 RTK 的接收机）。它支持导入/导出多种文件格式，如 KMZ、Shapefile、GeoJSON、GeoPackage 和许多其他格式。它可以定义和记录具有不同样式的多个特征图层。甚至可以在这个应用程序中手动绘制点/线/多边形特征。一旦我们在此应用程序中创建了一个项目，它就可以作为其他项目的模板导出。当部署许多测量员和仪器来收集相同类型的数据时，这是非常有用的。可以使用 SW Maps Template Builder 工具在 Windows PC 上创建模板，也可以从智能手机中包含的任何现有项目导出模板。它可以通过互联网处理 RTK 数据。在互联网不稳定或没有互联网的情况下，使用外部接收机时，它可以记录原始的 GNSS 动态观测结果。这些原始观测结果可用于后处理。目前已经开发了一种自动工具，用于校正使用尼泊尔加德满都的 CORS 站校正记录的数据点。SW Maps 教程可从以下网址下载：http://swmaps.softwel.com.np/assets/resources/manual.pdf。

其他类似的应用程序包括 GPS Essentials、Polaris GPS Navigation、GNSS Surveyor、LandMap、TcpGPS、Apglos Survey Wizard、Geo++RINEX Logger 等。Geo++RINEX Logger 使用最新的 Android API 服务将设备的原始 GNSS 测量数据记录到 RINEX 文件中，包括伪距、累积增量距离、多普勒频率和噪声值。到目前为止，它支持 GPS/GLONASS/GALILEO/BDS/QZSS 的 L1/L5/E1B/E1C/E5A（根据设备支持情况），并已在许多设备上成功测试。Trimble DL 是一款应用程序，可与 Trimble 接收机配合使用，进行静态和快速静态测量。此应用程序无须昂贵的控制器。

我们知道，手机中的 GNSS 接收机不属于测量级别。因此，为了获得高精度，有必要通过蓝牙或 USB 连接外部接收机，如图 8.7 所示。有几个制造商销售这些产品。有些接收机甚至支持 RTK。然而，在购买此类接收机之前，有必要确认接收机是否受所用软件的支持。图 8.8 显示了一些可以连接到手机的外部接收机。如图 8.8 所示，GPS Precision 的 Arrow 200 声称具有 1cm 的 RTK 精度。

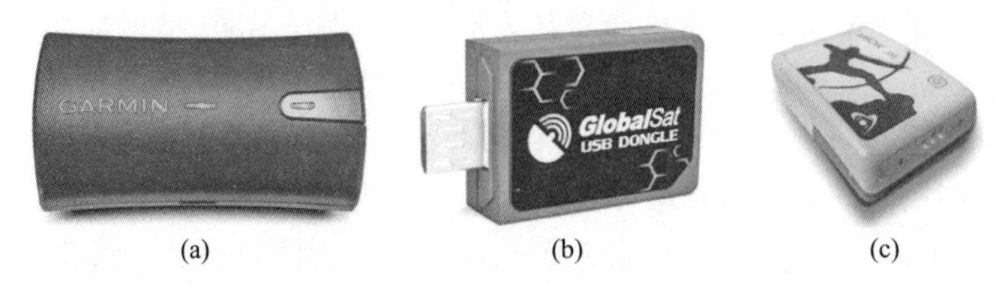

(a) (b) (c)

图8.8 Garmin(a)、GlobalSat(b)和GPS Precision(c)手机的外部GNSS接收机

注释

我们可以在Worldwide Web上编辑或构建GNSS路线,也可以下载程序查看地形图和航拍照片,而无须花费任何费用。这里有一些可以让读者了解我们可以利用在线提供的,并且免费下载的大量GNSS软件包。这些可下载的GNSS软件包还可以做很多其他事情。简单的在线搜索就可以找到各种符合特定要求的GNSS软件包。以下是一些免费软件包及其好处,但市面上还有数以百计的其他软件。

(1)3D跟踪:如果我们下载3D跟踪软件(www.free.3dtracking.net),我们可以在谷歌地图(www.maps.Google.com)和谷歌地球(www.earth.google.com)的帮助下详细观察我们的运动情况。这是一款导航和跟踪软件,它允许我们在旅途中访问跟踪系统,确保我们可以随时掌控车队和客户。此软件可在PDA或带有GPS接收机的手机上使用。我们可以在Web服务器的帮助下记录数据,并可以随时再次查看记录的数据。

(2)Cetus GPS:科学家、探险家、GIS测量员和GPS爱好者可以使用Cetus GPS(www.cetusgps.dk)进行现场数据收集和GPS跟踪。Cetus GPS最初由瑞士军队使用。我们可以通过这个可免费下载的软件扩展我们的标准GPS设备的功能。

(3)EasyGPS:使用EasyGPS(www.easygps.com),我们可以在Magellan、Garmin或Laurance GPS接收机和计算机之间编辑、创建和传输路线和航路点。EasyGPS让我们能够连接到网络上最佳的信息和地图网站,也让我们只需单击一下即可访问地形图和航拍照片。我们还可以读取天气预报,并与全球各地的GPS专家用户交换数据。

(4)Garmap Win:Garmap Win(www.harukaze.sakura.ne.jp/garmap/

e_garmapwin. html)与 EasyGPS 有些相似,可以与 Garmin 接收机一起用于创建和编辑路线以及跟踪日志和航路点。我们可以使用 Garmap Win 下载航路点、跟踪日志和路线,并可以在地图上找到当前位置。

(5)GPS 操作回放:GPS 操作回放(http://gpsactionreplay. free. fr),该软件允许我们回放和分析 GPS 数据,包括实时动画、自动对焦和自动速度计算。这是一个基于 Java 的应用程序,可以在 Windows、Mac 和 Linux 以及在其他网络浏览器中的小程序上运行。

下载免费 GPS 软件时,有必要确保我们能够了解我们收到的内容,因为这些软件附带了使用条款和限制。有时软件功能有限,而完整产品则需购买。在某些情况下,某些功能在特定时期后被禁用,因为它们是作为试用版提供的。然而,重要的是要确保软件组件符合我们的需求,以提高接收机的性能。

练习

描述性问题

1. 用图表描述 GNSS 接收机的基本架构。

2. 解释 RF 单元的工作原理。

3. 你对接收机天线和前置放大器了解多少?

4. 解释无线电调制解调器的必要性和工作原理。

5. 解释接收机如何识别多普勒频移和时移。

6. 接收机如何解决整周模糊度? 简单解释。

7. 如何对接收机进行分类? 简单解释。

8. 你对 RINEX 有什么了解? 为什么它很重要?

9. 你对“顺序接收机”和“连续接收机”有什么理解? 并解释它们的工作原理和相对优缺点。

10. GNSS 接收机分类的不同方法是什么? 提供示例。

11. 解释测绘和测量接收机。

12. 在购买 GNSS 接收机时,我们应该考虑哪些基本问题? 详细解释你的答案。

13. 我们可以将手机用作低精度测量仪器吗？解释与之相关的软件和硬件概念。

简短说明/定义

就以下主题写简短的笔记：

1. 接收机天线
2. 前置放大器
3. 拍频
4. 信道
5. 微处理器的作用
6. 控制和显示单元
7. 无线电调制解调器接收机
8. 航路点
9. 跟踪点
10. 轨迹日志
11. OEM 接收机
12. 测量接收机
13. RINEX
14. SW Maps
15. Collector for ArcGIS

第 9 章

大地测量学

9.1 引言

在前面的章节中,我们讨论了基于卫星的导航和定位技术,包括基本概念、困难以及如何克服这些困难。位置信息很有意义,但若没有世界的通用表示法,则毫无意义。例如,海员可能知道船只的位置和目的地的坐标,但为了安全航行,还必须知道潜在危险位置,以及港口、指定航道、限制水域等位置。因此,我们需要在地图上表示定位信息;为了允许位置表示,需要全球坐标作为参照。这就引出了对大地测量学的讨论。

大地测量一词来自希腊语,字面意思是"划分地球"。大地测量学的第一个实际目标是为国家地形测量提供准确的框架,因此它是一个国家地图的基础(Smith,1997)。为了绘制地图,大地测量学必须定义地球图形的基本几何和物理特性。因此,大地测量学的科学目标始终是确定地球的大小、形状和引力场(Clarke,2001;DMA,1984;Smith,1997;Seeber,1993;Hofmann Wellenhof et al.,2005)。大地测量学可以被定义为涉及地球表面元素的精确测量方法的科学,以及为确定地球表面的地理位置而对其进行的处理,包括地球在三维时变空间的重力场。它还涉及地球大小和形状的理论。卫星大地测量是通过卫星技术测量地球的形状和尺寸、物体在其表面的位置和地球重力场的形态(Seeber,1993),包括天文定位在内的传统天文大地测量通常不视为卫星大地测量的一部分。本章将讨论大地测量学的要点,以了解 GNSS 定位。

定位是确定陆地、海上或空间中某一点相对于坐标系的坐标。定位是通过将已知的地面或地外点的位置与未知的地球位置联系起来的测量值进行计算来解决的。这可能涉及天文坐标系和地球坐标系之间的转换。为了在空间表示(如地图)中表示这些点的位置,我们通常还需要处理投影系统。

9.2 坐标系统

在数学和应用中,坐标(或参考)系统是一种将数字元组(有序列表)分配给 n 维空间中每个点的系统。坐标系用于识别图形或网格上的位置(Gaposchkin et al. ,1981)。例如,为地理位置分配经纬度的系统是坐标系,即有各种坐标系可用于表示任何点的位置。然而,它们都可以分为曲线和直角坐标系两大类。曲线坐标系使用从原点出发的角度测量来描述自己的位置,而直角坐标系使用到原点的距离测量。曲线系统的一个例子是使用角纬度/经度测量的地理坐标系,直角坐标系的一个实例是使用线性测量的笛卡儿坐标系。

9.2.1 天赤道坐标系

在天文学中,天体坐标系是绘制天空位置的曲线坐标系。目前有不同的天体坐标系可供使用。天赤道坐标系可能是使用最广泛的天体坐标系(Cotter et al. ,1992;Kaler,2002)。它与地理坐标系关系最为密切。让我们来试着理解这个坐标系。

地球的轨道是一个低偏心率的椭圆($e = 0.01673$),太阳位于其中一个焦点。地球在黄道面上自西向东旋转 24h。黄道面是包含地球绕太阳平均轨道的几何平面。地球自转轴偏离黄道面垂线 23°27′,换句话说,黄道面和赤道面之间有 23°27’的夹角。地球也正以同样的方向围绕太阳旋转。

春分点(也称为春季的昼夜平分点)是指太阳从南半球到达北半球时穿过赤道的点。太阳的这个明显位置正好位于地球赤道上方。赤道平面和黄道平面的相交线表示春分点的方向(图 9.1)。考虑到春分点方向(天文领域中的一个参考点),可以使用赤经和赤纬来定义地球位置,定义如下(图 9.2(a))。

赤经(α)是指从地球中心出发,穿过某位置与春分点之间的夹角。在赤道平面上,从 0°到 360°逆时针计算。赤纬(δ)是位置方向与赤道平面的夹角,在当地子午线上测量,从北或南 0°到 90°。这就是所谓的天赤道坐标系。

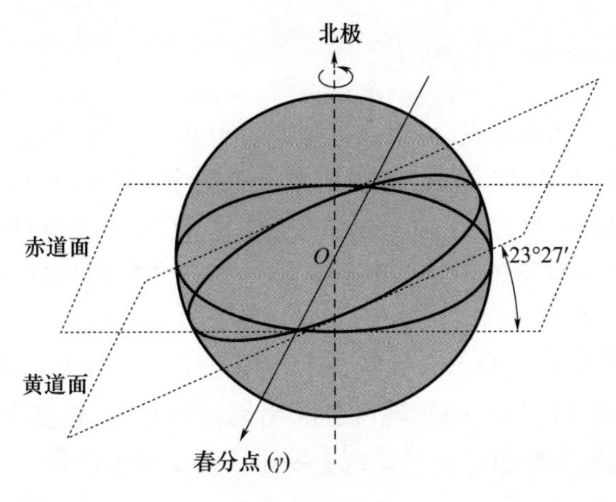

图 9.1　春分点

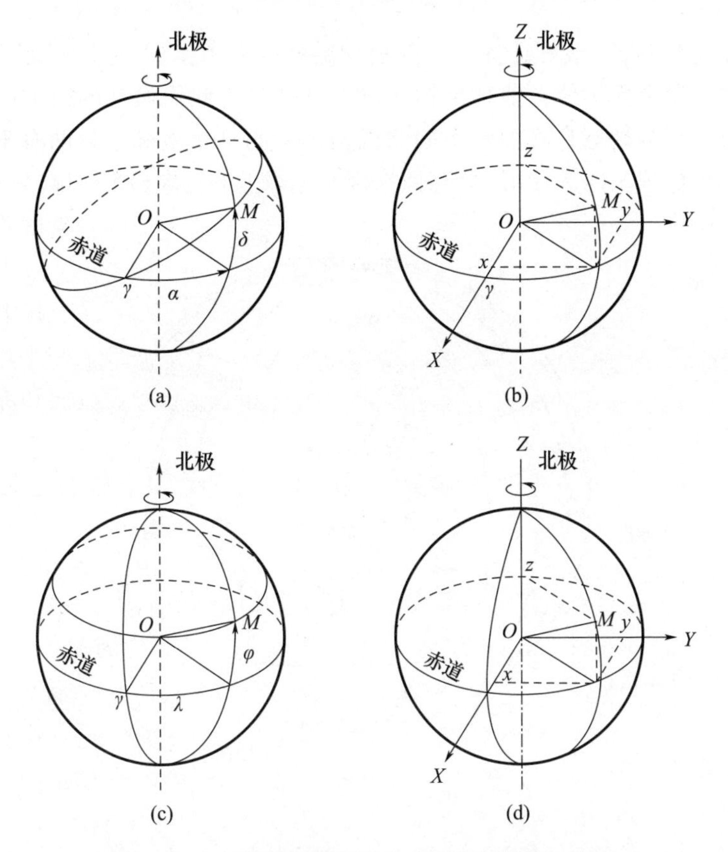

图 9.2　(a)天球赤道坐标系;(b)地心惯性坐标系;
(c)地理坐标系;(d)地心地固坐标系

9.2.2 地心惯性坐标系

从天体赤道坐标系出发，可以描述地心笛卡儿（直角）坐标系。这一坐标系被称为地心惯性（ECI）坐标系，通常用于天文计算（Kaplan，1996；Parkinson et al.，1996；Samama，2008）。在这个系统中（图9.2（b）），地球中心被视为原点（O），z轴是极轴，x轴穿过春分点，y轴被选作为一个右手系，位于赤道平面上，与x轴呈逆时针90°。

然而，天体赤道系统和ECI系统都不适用于定位。因为春分点是一个固定点，它不会随着地球的自转而旋转；因此，当地球自转时，地球上的某个给定位置不会保持相同的坐标值。这些系统主要用于确定恒星位置。

9.2.3 地理坐标系

出于定位目的，最好选择一个随地球旋转的参考坐标，这样就能为给定位置始终提供单个坐标值。地理坐标系（GCS）就是为此而设计的（图9.2（c））。GCS通过一个与地球自旋轴对齐的曲线坐标系的三个坐标中的两个来表达地球上的每个位置。GCS使用3D球面来定义地球上的位置（图9.3）。

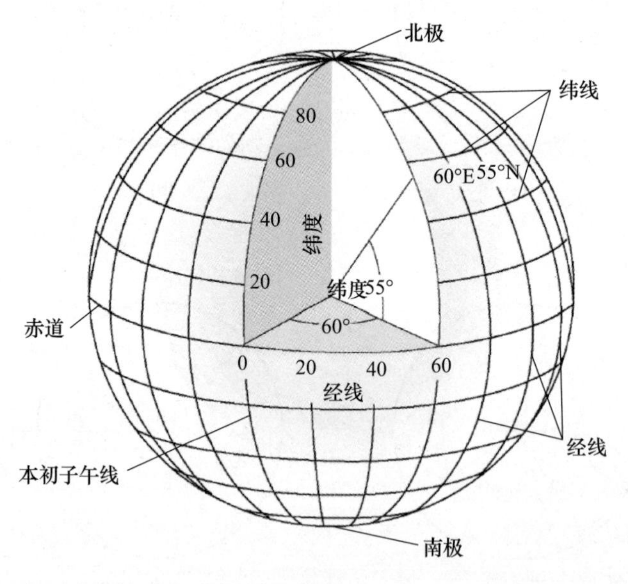

图9.3 地理坐标系

地球表面任何一点的位置都可以通过经纬度来确定。经纬度是从地球中心到地球表面某一点的角度测量值。因此，这个坐标系的原点是地球的中心。

连接该点与地球中心点的线与赤道平面之间的夹角称为纬度。在赤道平面上测得的点的“本初子午线平面”和“子午面”之间的逆时针角距离称为经度。在这个系统中,“水平线”或东西线是纬度线或纬线,而垂直线或南北线是经线或子午线。这些线环绕地球,形成一个网格网络,称为经纬网。

穿过英国格林尼治皇家天文台的经线通常作为中央经线的选择,因此中央经线称为格林尼治子午线或本初子午线。经线在赤道处间隔最宽,在两极最接近。纬度线与经线相互垂直,并相互平行。每一条纬度线代表一个围绕地球运行的圆。每个圆都有不同的周长和面积,这取决于它相对于两极的位置。周长最大的圆称为赤道,距离两极等距。

经纬网的原点(0,0)定义为赤道和本初子午线相交的位置。地球因此被划分为 4 个地理象限。北方和南方位于赤道的上方和下方,西方和东方位于本初子午线的左侧和右侧。纬度和经度值通常以十进制度数或度、分和秒进行测量。记住,它们都是角度测量值。

9.2.4　地心地球固定坐标系

从 GCS 中,还可以定义一个等效的笛卡儿坐标系,称为地心地球固定坐标系(ECEF)(Kaplan,1996;Gopi,2005;Chatfield,2007)。主要参数如下(图 9.2(d)):原点 O 是地球的中心。z 轴是朝向北方的极轴,x 轴位于赤道平面上,并穿过格林尼治子午线。选择 y 轴形成右手系,并位于赤道平面上,与 x 轴呈逆时针 90°。GCS 和 ECEF 坐标系对于定位非常实用,是卫星导航系统的两个常用参考系。

因此,许多不同的坐标系正在使用中,人们需要知道相关导航系统所使用的是哪一个坐标系。当然,当需要比较不同定位系统时,这也是最重要的。当定位系统被引用到不同参考系统的各种技术集成,并以不同的参考系统为基准时,情况尤其如此。

9.3　地球形状

GCS 表面的形状由椭球体定义。虽然地球表面不能用任何规则的几何形状来表示,但它是“地球形状”的,即地球的所有起伏原貌(山脉和洼地)。然而,地球最好用椭球体来表示。球体基于圆,而椭球体(或椭球)则基于椭圆(图 9.4)。椭圆的形状由两个半径定义。长半径称为长半轴,短半径称为短半轴。围绕短半轴旋转椭圆将创建一个椭球体。椭球体也称为椭球。椭球体和椭球是同义词。“椭球体”一词在印度和英国使用，而“椭球”一词则在美国和俄罗斯使用。

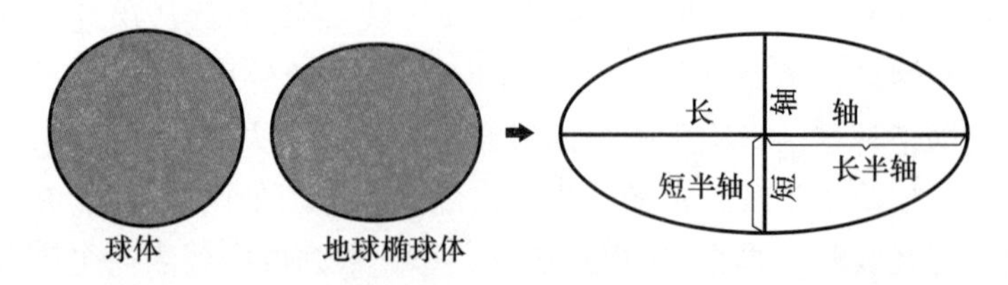

图 9.4　球体和椭球体

椭球体由长半轴(a)和短半轴(b)或通过长半轴和椭球的扁率(f)定义。扁率反映了两个轴之间的长度差。扁率公式为

$$f = (a - b)/a \tag{9.1}$$

偏心率(e)是另一个可以描述地球形状的量

$$e^2 = (a^2 - b^2)/a^2 \tag{9.2}$$

地球大致是一个扁椭球体，半轴长分别约 6378km 和 6357km；但其形状可能会在某些地方偏离椭球形状几千米。由于重力和地表特征的变化，地球并不是一个完美的椭球体。为了帮助我们更好地理解地球的表面特征及其特殊的不规则性，我们对地球进行了多次测量。这些测量产生了许多代表地球的椭球体。通常，一个国家或特定地区要选择适合自己的椭球体。最适合一个区域的椭球体不一定是适合另一区域的椭球体。

现存许多椭球体参考，每个都是局部大地水准面的近似值。简单地说，大地水准面是假设的地球表面，与世界各地的海平面重合(Bowditch,1995)。它接近椭球，但表面复杂。大地水准面几乎与平均海平面相同，也就是说，它可以被描述为与海洋中的平均海平面重合的表面，并且向大陆底部延伸，如果被小的光滑水道填满，海平面将达到这个高度。大地水准面平均值与公海的平均海平面一致。由于平均海平面不完全是一个等势面，或者由于地球潮汐导致大地水准面的周期性变化，造成了模糊不清的情况，但这些变化不会超过 1m。平均海平面或大地水准面是测量海拔的基准。大地水准面与椭球体的偏离程度可能不同(图 9.5)，可达 200m 甚至更大。不幸的是，大地水准面具有相当复杂的数学性质。它是一个曲率不连续的复杂曲面，不适合作为进行数学计算的曲面。因此，椭球是用于数学计算的唯一选项。

1866 年，亚历山大·罗斯·克拉克爵士在欧洲、俄罗斯、印度、南非和秘鲁进行了测量，以形成一个用于绘制美国地图的椭球体(Clarke,1880)。对椭球体

的估计可以计算地球上每个点的高程，包括海平面。1983 年，根据 1980 年的测量结果采用了新的基准，并被国际公认，即 1980 大地参考系统（GRS 80）。1984 年，美国军方改进了 GRS 80 椭球体的值，并创建了 1984 世界大地测量系统（WGS 84 或 WGS 1984）（Hofmann – Wellenhof et al. ,2005）。

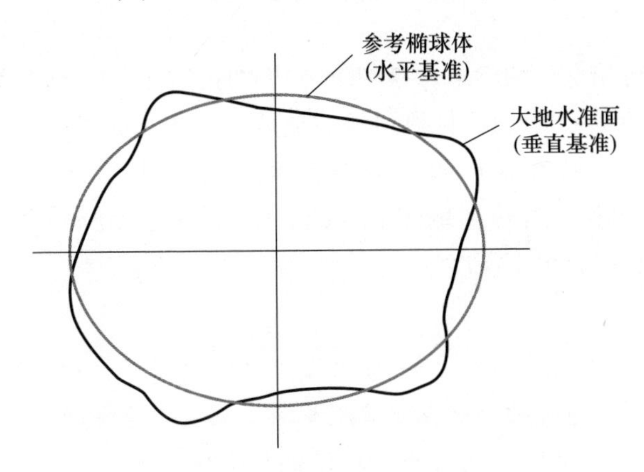

图 9.5　椭球体和大地水准面

埃弗斯特椭球体是印度和邻国的参考面。它是以 1830—1843 年担任印度测量总署署长的乔治·埃弗斯特爵士命名的。他负责子午线弧长的测量工作，进而估算地球椭球体的大小。1830 年该椭球体最初以英尺为单位定义。英尺值如下：

长半轴，$a = 20922931.80$ 英尺

短半轴，$b = 20853374.58$ 英尺

扁率，$f = 1/300.8017$

最常见的椭球体如下：

埃弗斯特（乔治爵士）1830：最早的球体之一；适用于印度

长半轴 =6377276m

短半轴 =6356075m

克拉克 1886，美国地质调查局（USGS），北美基地使用

长半轴 =6378206.4m

短半轴 =6356583.8m

GRS 80（大地参考系统，1980）；当前北美测绘使用

长半轴 =6378137m

短半轴 =6356752.31414m

WGS 84（世界大地测量系统，1984 年），当前全球选择

长半轴 = 6378137m

短半轴 = 6356752.31m

9.4 基准

基准是进行测量时的参考。在测量学和大地测量学中，基准是地球表面上进行位置测量的参考点，也是计算位置的地球形状的相关模型，称为大地基准。在大地测量中，我们考虑两种类型的基准，即水平基准和垂直基准（DMA，1984）。水平基准用于描述地球表面上的一个点，通常用经纬度表示。垂直基准则用于测量高程或水下深度。

注释

潮汐观测站通过每小时或连续测量潮汐来监测海平面。在19年的气象周期内，测量的高潮和低潮的平均值视为平均海平面。为了包括18.67年期间月球节点回归的所有可能的重要周期，同时仍以一个完整的年周期结束，所以使用了一个19年的亚周期。海平面存在不规则的明显长期趋势，为了获得公共的垂直基准，因此需要对特定19年周期内的潮汐观测值进行平均（Bowditch，1995）。

虽然椭球体近似于地球的形状，但基准定义了椭球体相对于地球中心的位置。基准为测量地球表面的位置提供了参考框架。它定义了经纬线的原点和方向。GCS通常被错误地称为基准，但基准只是GCS的一部分。

以地球为中心或地心基准，使用地球的质心作为椭球体的原点。最新开发和广泛使用的地心基准是WGS 1984。它是全球位置测量的基准。局部大地基准面对齐其椭球体，以紧密贴合特定区域的地球表面。椭球体表面上的一个点与地球表面上的特定位置相匹配（通常在平均海平面上）。该点被称为基准的原点。原点的坐标是固定的，所有其他点都是根据它来计算的。局部基准面的椭球体原点不在地球中心而是偏离地球中心。局部基准将其椭球体与地球表面上的特定点对齐，因此不适合在其设计区域之外使用。大地基准由一组至少5个参数定义；长半轴、扁率或短半轴，以及用作参考面的椭球体原点坐标。为了实现基准，在地球表面选择一个初始点。该点的坐标（纬度和经度）由恒星天文观测估算，高度是通过从已知基准值的平均海平面以上的水准测量获得的。

一条直线的方位角也可以通过天文观测获得。通过天文观测和水准测量仪获得的该点坐标是对初始点自然坐标的估计。假设这些坐标与初始点的大地坐标相同。然后,控制网络通过采用各种方法在全国各地提供控制点。就印度而言,印度中部的卡利恩普尔被选为初始点。波茨坦是欧洲的初始点,米德斯牧场是北美的初始点等。

我们应该为特定的基准选择合适的椭球体(表9.1)。

表9.1　特定的基准及椭球体

基准	椭球体
埃弗斯特——印度和尼泊尔基准	埃弗斯特1975定义
卡利恩普尔1880	埃弗斯特1830
卡利恩普尔1937	埃弗斯特(1937调整)
卡利恩普尔1962	埃弗斯特1962定义
卡利恩普尔1975	埃弗斯特1975定义
坎达瓦拉基准	埃弗斯特(1937调整)
印度1954	埃弗斯特(1937调整)
印度1960	埃弗斯特(1960调整)
印度1975	埃弗斯特(1975调整)
WGS 1972	WGS 1972
WGS 1984	WGS 1984
PZ－90	PZ－90
GTRF	GRS 80
北京1954	克拉索夫斯基1940
CGCS 2000	CGCS 2000

9.4.1　WGS 1984基准

与局部大地基准不同,局部大地基准基本上是由与单个“原点”地面站相关的参数定义的,卫星导航系统中使用的基准是由以下组合定义的:①物理模型,如地球重力场所采用的模型、地球的重力常数、地球的自转速率、光速等;②几何模型,如轨道确定程序中的卫星跟踪站使用的坐标,以及将天体参考系(其中计算卫星星历)转换到地球固定参考系(在其中表示跟踪站坐标)相关的进动、章动、极运动和地球自转模型。

此类基准具有以下特征:

(1)它是以地球为中心的,因为地心是卫星绕其轨道运行的物理点。

(2)它通常被定义为笛卡儿坐标系(尽管通常也定义了参考椭球体),其轴方向接近旋转主轴(z 轴)以及格林尼治子午线平面和赤道平面(x 轴)的交点,y 轴形成右手坐标系。

(3)有许多不同的卫星基准,每个基准都与不同的卫星跟踪技术(如卫星激光测距、子午仪多普勒测频等)以及用于轨道计算的不同重力场模型、地球定向模型和跟踪站坐标的不同组合有关。

WGS 84 是一个这样的卫星基准,由美国国家图像和测绘局定义并维护,且作为全球大地测量基准。它是所有 NAVSTAR GPS 定位信息参考的基准,因为它是广播星历的参考系统(Seeber,1993)。WGS 84 是固定在地球表面的 ECEF 坐标系(图 9.2(d))。

WGS 84 参考椭球的定义参数为

长半轴:6378137m。

椭球体扁率:1/298.2572235633。

地球角速度:7292115×10^{-11} rad/s。

地球引力常数(包括大气):3986005×10^{-8} m^3/s^2。

由于一些原因,如当主要跟踪技术改进(如当经纬仪多普勒系统被 GPS 取代时)或地面站的配置发生根本性变化,足以证明重新计算全球基准坐标的合理性时,故需要定期重新定义参考系统。结果通常是基准定义的小幅变化,以及坐标数值的变化。

9.4.2 印度大地基准

印度大地基准是一个局部基准面,以埃弗斯特椭球体为基准面,在不同时期被逐渐地定义。天文观测至少进行了两次。后来进行的更精确的观察结果被接受。因此,在卡利恩普尔确定了垂直方向的子午线和主垂直偏转。基准参数如表 9.2 所示(Agrawal,2004)。

表 9.2　基准参数

初始点(起始点)	卡利恩普尔
起始纬度	24° 07′11.26″
起始经度	77° 39′1 7.57″
垂直子午线偏转	−0.29″
主垂直偏转	+2.89″
大地水准面起伏	0m

续表

初始点(起始点)	卡利恩普尔
长半轴	6377301.243m
扁率	1/300.8017
到苏兰塔尔(中央邦)的方位角	190° 27′06.39″

9.4.3 国际地面参考系统

地球表面上坐标已知的基站有时被称为地球参考坐标系(TRF)。值得注意的是,基准和TRF之间存在差异。基准是一组可以抽象定义坐标系的常数,而不是体现基准实现的典型参考站本身的坐标网络(Sickle,2004)。然而,“基准”一词通常用于描述参考框架(基准)和坐标点本身(TRF),而不是将TRF与它们所依赖的基准分开和区分开来。

1991年,国际大地测量协会决定设立国际GNSS服务组织(IGS),以促进和支持诸如维护GNSS跟踪站永久网络以及持续计算卫星轨道和地面站坐标等活动(Dixon,1995)。这两项都是定义和维护独立于WGS 84的新卫星基准的先决条件。在1992年的一次测试任务后,常规任务于1994年初开始。该网络是一项国际合作活动,由分布于世界各地的大约50个核心跟踪站组成,并辅以200多个其他站点(一些站点持续运行,其他站点仅间歇跟踪)。

国际地球自转服务局负责定义并定期重新确定用于跟踪站坐标的参考系。参考系统的实现称为国际地球参考框架(ITRF)(Burkholder,2008),其定义和维持取决于卫星激光测距、超长基线干涉测量和GNSS坐标值的适当组合(然而,越来越多的情况是由GPS系统提供大部分的数据)。每年都会进行一次新的精确跟踪结果组合,所得基准称为ITRF××,其中“××”是年份(http://itrf.ensg.ign.fr)。将ITRF系列基准与WGS区分开的另一个特征是,不仅定义了台站坐标,还定义了由于大陆和区域地壳构造运动而产生的台站速度。因此,通过应用速度信息并预测未来(或过去)任何时间的基站坐标,可以在某些“历元”(如1999年1月1日)确定基准内的基站坐标,如ITRF98。

此类ITRF基准最初专用于需要最高精度的地球动力学应用,现已越来越多地用作重新定义许多国家大地测量基准的基础。例如,称为澳大利亚地心基准的新澳大利亚基准是在大量控制站基础上对历元为1994.0的ITRF92框架的实现(Manning et al.,1994)。当然,其他国家可以自由选择任何一个ITRF基准(通常是最新的),并为其国家基准定义任何历元(GPS测量的年份,或未来的某个日期,如2025年)。只有ITRF基准和历元都相同时,才能声称两国具有相同的大地基准。然而,此类基准的差异仍然可以通过相似性转换模型进行调整(9.5 节)。

9.5 GNSS 中使用的椭球和基准

GNSS 不是一个局部定位系统,而是一个用于定位和导航的全球系统,因此每个 GNSS 平台都使用以地球为中心的地心基准,而不是局部基准。然而,它们使用的椭球体是不同的。GPS 和 GLONASS 使用的地心基准分别是 WGS 84 和 PZ - 90(Parametry Zemli,1990,也称为 PE - 90)。伽利略系统使用的参考系是伽利略地面参考系(GTRF),与 ITRF 一致,并包含在 ISO 19111 标准中。Galileo GTRF 基于 GRS 80 椭球体。中国的北斗使用中国大地坐标系 2000(CGCS,2000)。然而,早期的北斗系统使用的是基于克拉索夫斯基 1940 年椭球体的北京 1954 年基准。IRNSS 使用 WGS 84 基准,QZSS 使用 QZSS/PNT 基准。QZSS/PNT 与 ITRF 非常相似;ITRF 和 QZSS/PNT 之间的差值声称在 20mm 以内。

在 WGS 84 模型中,平行于赤道平面的平面截面为圆形。赤道半径为 6378. 137km。垂直于赤道平面的平面截面为椭圆形,包含 z 轴的截面其长半轴为 6378137m(赤道半径),短半轴等于 6356752. 31m。

PZ - 90 模型类似于 WGS 84,赤道面平面的长半轴为 6378136m,短半轴为 6356751m(GLONASS ICD 2002)。GTRF 模型也类似(基于 GRS 80),长半轴为 6378137. 31414m,短半轴为 6356752m(Zaharia,2009)。CGCS2000 的长半轴为 6378137m,扁率为 1/298. 57222101。CGCS2000 参考的是历元为 2000 年 1 月 1 日(2000. 0)的 ITRF97 框架。

GNSS 用户可能会遇到的情况是,相对于用于导航目的的地图,他们的全球卫星导航服务接收机设置错误。GNSS 接收机的设置必须与地图相匹配。特别是,坐标系及其基准必须相同。例如,GPS 根据 WGS84 球体和基准计算位置。然而,用户可能会遇到使用其他基准和椭球体的地图。每个特定地图的详细信息通常可以在地图上的边距信息中找到,若要确保接收机和地图之间的准确关系,则必须将其正确输入接收机。出于测量目的,明智的做法是使用特定的 GNSS 基准和椭球体(即 WGS 84 或 PZ - 90 或 GTRF,视具体情况而定),然后可以在软件的帮助下将其转换为任何其他局部系统,几乎在所有情况下(精度要求非常高的情况除外)都不会造成明显的精度损失。

要将任何局部大地测量系统的坐标转换为任何地心系统(反之亦然),需要以下转换参数:

（1）dx、dy 和 dz：局部系统原点相对于地心系统原点的三个坐标，称为平移参数（图 9.6）。

（2）ω、φ 和 κ：局部系统轴的三个方向相对于地心系统轴的方向，称为旋转参数（图 9.6）。

（3）da 和 db：分别表示两个系统的长半轴和短半轴的差分值，或者简单地用 ds 表示比例尺的变化。

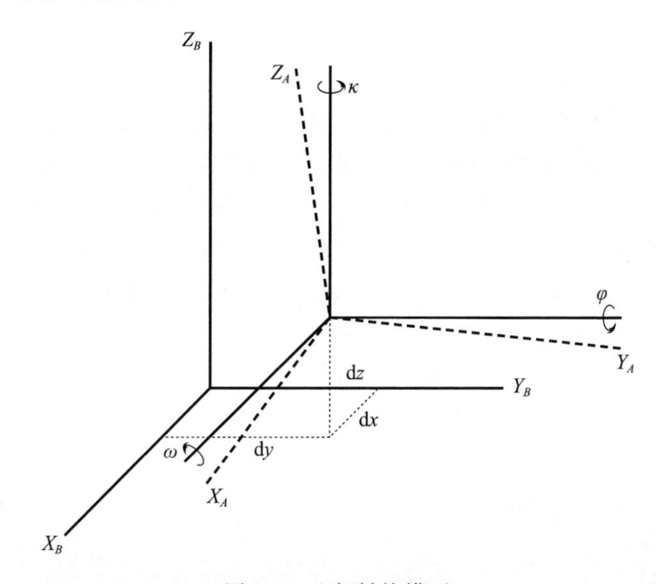

图 9.6　坐标转换模型

一些研究机构倾向于忽略旋转参数。在两个系统坐标已知的情况下，至少需要三个点来计算转换参数。

Bursa－Wolf 模型（Vanicek，1995；Torge，1993）通常被许多大地测量学家用于坐标转换，即

$$\begin{pmatrix} X_B \\ Y_B \\ Z_B \end{pmatrix} = \mathrm{d}s \times \boldsymbol{R} \times \begin{pmatrix} X_A \\ Y_A \\ Z_A \end{pmatrix} + \begin{pmatrix} \mathrm{d}x \\ \mathrm{d}y \\ \mathrm{d}z \end{pmatrix} \tag{9.3}$$

式中，X_A，Y_A，Z_A 为局部系统中某个点的坐标；X_B，Y_B，Z_B 为地心系统中同一点的坐标（图 9.6）；$\boldsymbol{R}$ 为一个 3×3 正交旋转矩阵，即

$$\boldsymbol{R} = \begin{pmatrix} \cos k\cos\phi & \cos k\sin\phi\sin\omega + \sin k\cos\omega & \sin k\sin\omega - \cos k\sin\phi\cos\omega \\ -\sin k\cos\phi & \cos k\cos\omega - \sin k\sin\phi\sin\omega & \sin k\sin\phi\cos\omega + \cos k\sin\omega \\ \sin\phi & -\cos\phi\sin\omega & \cos\phi\cos\omega \end{pmatrix} \tag{9.4}$$

对于小的旋转角度,该矩阵可近似为

$$\boldsymbol{R} \approx \begin{pmatrix} 1 & k & -\varphi \\ -k & 1 & \omega \\ \phi & -\omega & 1 \end{pmatrix} \tag{9.5}$$

注释

每个 GNSS 都有明确定义的地心大地基准。因此,通过 GNSS 接收机获得的坐标属于 WGS 84、PZ－90、GTRF 或 CGCS2000 基准。然而,所有国家的控制点和地图都以当地大地测量数据为基础。因此,从 GNSS 获得的坐标可能与国家系统坐标(当地基准)相差 100m 甚至更多。然而,如果有可靠的转换参数,坐标可以从特定的 GNSS 基准转换为任何其他当地基准。到目前为止,在印度基准方面还没有发现非常精确的转换参数(Agrawal,2004)。考虑到这个问题,用户应充分意识到这一点,并认识到 GNSS 接收机对他们的用途。

GNSS 和高度测量

地球表面上的一个点并不是完全由其纬度和经度来定义的。如前所述,还有第三个元素:高程。测量人员传统上将这一位置组成部分称为高程。以地球表面某一点定向的水平面定义了一条与该点的大地水准面平行的线;这条线的高实际上是高度或高程。因此,该高程确定的高程值是相对于大地水准面的高程,称为正射高程(从大地水准面到点的距离,沿垂直于大地水准面的线测量)。相比之下,GNSS 测量的是椭球面上方各点的相对高程,称为椭球面高度,这与正高不同。因此,与 GNSS 坐标相关的高度值可能表明水向坡上流动的高度。从 GNSS 测量得出的地心位置无法直接获得正高。然而,将椭球的纬度、经度和高度转换为正高测量值并不困难,因为参考椭球是经过数学定义的,并且明确指向地球(Sickle,2008;Smith,1997;Zilkoski et al.,1989)。现代高性能接收机可以在内部处理此运算,并输出正高值(如果我们要求接收机这样做)。

椭球(h)和正高(H)与大地水准面高度(N)密切相关(图 9.7)。大地水准面高度是椭球面与大地水准面高度的间隔距离(若大地水准面在椭球面下方,则可能为负值)。利用基准观测、重力观测和高程模型网络用于建立大地水准面模型,据此可以估算大地水准面高度(RMITU,2006;Zilkoski et al. ,2005)。这些大地水准面高度的精度取决于构建模型时所使用的各种测量的精度。测量员必须将大地水准面高度应用于 GNSS 导出的高度值,以获得正高(与平均海平面相关)。将 GNSS 导出的椭球高度与大地水准面高度相结合,可以给出可用的正高。使用以下高程公式:

$$h = H + N \tag{9.6}$$

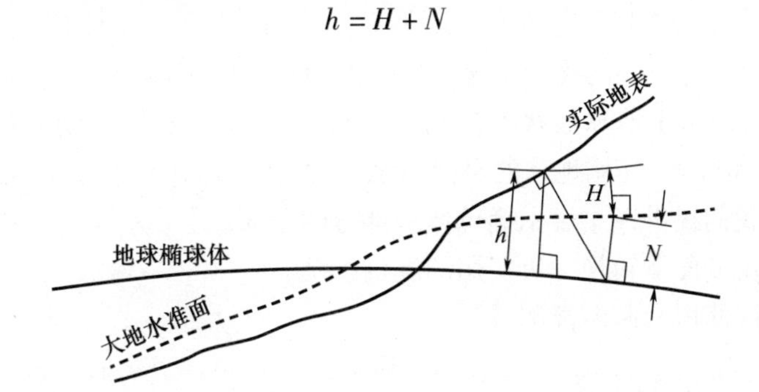

图 9.7 正交高程和椭球高度之间的关系

注意,式(9.6)只是一个近似值,因为正高是沿着垂直于大地水准面法线的弯曲铅垂线测量的,而椭球面和大地水准面高度是沿垂直于椭球面的直线测量的。用于估算大地水准面高度的大地水准面模型的精度通常为几厘米。此外,用户必须意识到大地水准面与平均海平面并不完全重合,可能有高达 10m 的偏差。因此,由 GNSS 测量得出的高度通常有一些误差。

许多商用 GNSS 软件包和数据采集器(控制器)能够将椭球高度转换为正高。测量人员必须提供在整个测量区域内分布均匀的三个点的大地水准面起伏的估计值。大地水准面起伏由测量期间占据已知正高的点来确定。然后,软件使用这些信息来估算必要的参数,并将转换应用于所有其余的点。

9.6 投影

地球被纬度和经度线分成不同的部分。这个网络称为经纬网。地图投影表示在平面上按网格划分。从理论上讲,地图投影可以定义为"在一定比例尺上将整个地球或其一部分在一个平面上系统地绘制纬线和经线,以便地球表面上的任何点都可以与图纸上的点相对应"。无论我们将地球视为一个正球体还是一个椭球体,都必须变换其 3D 表面以创建一张平面地图。这种数学变换通常称为地图投影(Yang et al. ,2000;Bugayevskiy et al. ,1995)。

理想情况下,地球可以用地球仪来表示。然而,要制作一个非常大的地球仪是不可能的。例如,如果有人想制作一个1英寸比1英里的地球仪,那么地球仪的半径将为330英尺。制作和处理这样的地球仪很困难,而且在野外携带时也很不方便。因此,地球仪在实际应用中几乎没有用处或帮助。此外,在地球仪上详细比较全球不同地区既不容易,也不便于测量其距离。因此,投影系统应运而生,将三维地球转换为二维平面。然而,不同的国家正在使用不同的投影系统,而不是单一的投影系统。这是因为每个国家都希望以正确的形状和大小来表示,而由于地球形状不规则,单个投影无法以相同的精度投影地球的每个区域。实际上,使用地球的平面表示,以便:

(1)为我们提供一个表示椭球体一部分的平面。

(2)将角度度量转换为更实用的度量系统。

(3)允许使用米制距离测量。

9.6.1 投影的选择

将包含可变曲面的球体展平到平面上并非易事。这就像我们必须对篮球进行拉伸和撕裂,才能使其曲面平放在地面上。不同的投影会导致不同类型的失真(不精确)。没有理想的地图投影,但可以实现特定目的的表示。投影的选择基于以下问题(Yang et al.,2000;Bhatta,2020;ESRI,2004):

(1)等角性(形状):当地图上任何点的比例在任何方向上都相同时,投影是等角的。经线和纬线以直角相交。形状在等角地图上得到了局部的保留。

(2)距离:当地图正确描绘了从投影中心到地图上任何其他位置的距离时,地图是等距的。

(3)方向(方位):当方位角(从一条直线上的一个点到另一个点的角度)在所有方向上都等大小描绘时,地图将保持方位不变。

(4)面积:当地图在整个地图上描绘区域时,使所有绘制的区域与它所代表的地球上的区域具有相同的比例关系,则该地图是一张等积地图。

一些投影以牺牲其他属性的准确性为代价,最大程度减少了其中一些属性的变形。一些投影旨在适度变形所有这些特性。

9.6.2 投影分类

现已经开发出了大量地图投影。这些投影的特征非常复杂,以致它们通常具有一个或多个共同的特征。没有可以分组到单个类中的投影。此外,很难对地图投影进行合理分类。有多少种地图就有多少种分类(表9.3)。

表9.3　根据不同出发点进行的投影分类

分类基础	类别
构造方法	(1)透视; (2)非透视
保留的特性	(1)同源/等面积; (2)正形/等角/真实形状; (3)方位角(真实方位,即方向和角度)
投影方式	(1)圆柱; (2)圆锥; (3)方位/天顶角/平面; (4)常规
切面的位置	(1)极点; (2)赤道或法线; (3)倾斜
视点位置或光源位置	(1)日晷投影; (2)立体投影; (3)正交投影

尽管考虑到各种因素,地图投影有多种分类,但可分为以下4类:①圆柱投影;②圆锥投影;③方位/天顶角/平面投影;④其他投影。

9.6.2.1　圆柱投影

圆柱投影是将球面投影到圆柱上的结果(图9.8)。当承影面是空心圆柱体的表面时,称为圆柱投影。在这种投影中,子午线以几何方式投影到柱面上,纬线以数学方式投影。这将产生90°的网格角。圆柱体沿着任何子午线"切割",以产生最终的圆柱投影。与切割线相对的子午线称为中央子午线。子午线的间距相等,而纬线之间的间距向两极增加。此投影为等角投影,沿直线显示真实方向。

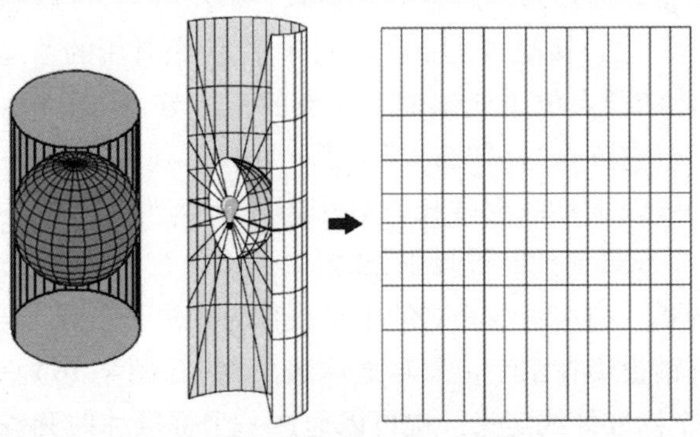

图9.8　圆柱投影

对于更复杂的圆柱投影,圆柱进行一定角度的旋转,并且和球面相切或相割(图9.9)。

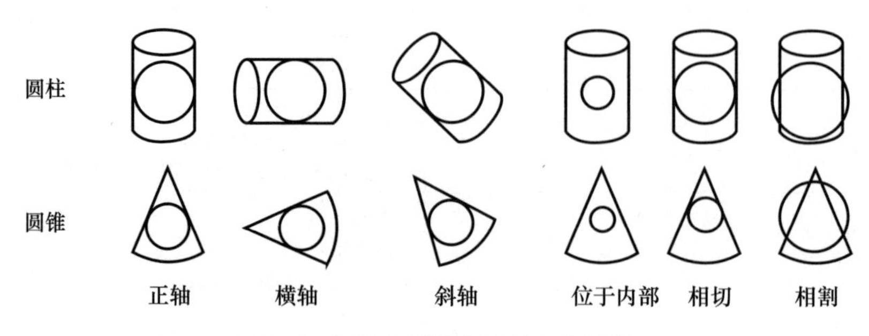

图9.9 圆柱和圆锥投影的各种情况

(1)相切情况:当圆柱体与球体相切时,切线是一个大圆(通过地球中心的平面在地球表面形成的圆)。

(2)正割情况:在正割情况下,圆柱体沿着两条线分割球体,这两条割线都是小圆(一个不穿过地球中心的平面在地球表面形成的圆)。

(3)正轴情况:当圆柱体的轴穿过地球的两极时,这种情况称为"正轴"投影。

(4)横轴情况:当球体投影的圆柱体与两极成直角时,圆柱体及其投影是横轴投影。

(5)斜轴情况:当圆柱体与两极成其他非正交角度时,圆柱体和产生的投影是斜轴投影。

9.6.2.2 圆锥投影

圆锥投影是将球面投影到圆锥上的结果(图9.10)。可以想象一个圆锥体沿着任何圆(除了大圆)接触到大小合适的球体,但最有用的情况是正轴投影的情况,其中圆锥体的顶点位于地球轴上极点的正上方,且圆锥体表面与纬线圈平行的球体相切。它称为"标准纬线"。子午线投影到圆锥体表面,并在圆锥体的顶点相交。纬线以圆环的形式投影到圆锥体上。然后沿着任何一条子午线"切割"圆锥,以生成最终的圆锥投影,该投影的子午线为直线并汇聚到一点,以及纬线的同心圆弧。与切割线相对的子午线称为中央子午线。

更复杂的圆锥投影在两个位置与地球表面相交(图9.10)。这种投影称为正割投影,由两个标准纬线定义。也可以通过一个标准纬线和一个比例因子定义正割投影。正割投影的变形模式在标准纬线之间与在标准纬线以外不同。

通常,正割投影比切线投影的整体变形更小。在更复杂的圆锥投影上,圆锥体的轴与地球的极轴不一致。这些类型的投影称为斜轴投影。

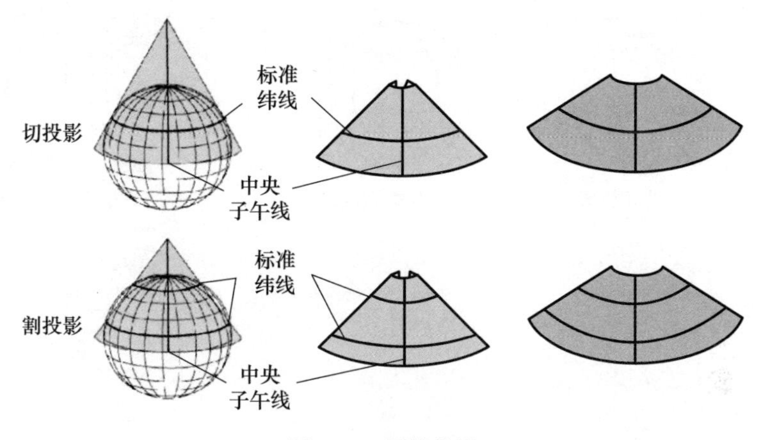

图 9.10　圆锥投影

注释

正割情况下的两条纬线的概念同样适用于圆柱投影和圆锥投影,但与圆锥投影不同,圆柱投影的标准纬线具有相同的半径。

9.6.2.3　方位投影

方位投影是将球面投影到平面上的结果(图 9.11)。这种投影也称为平面投影或天顶投影。在这个投影图中,假设一张平板纸在一个点接触地球,并在平面上投影经纬度线。这种类型的投影通常在一点与地球相切,但也可能是正割的。接触点可能是北极、南极、赤道上的一个点,或两者之间的任何一个点。该点指定了方向,是投影的焦点。焦点由中心经度和中心纬度确定。

就投影平面接触地球的位置而言,方位投影分为三类:

(1)法向或赤道方位(投影平面在赤道接触地球)。

(2)极点方位(投影平面在极点接触地球)。

(3)倾斜方位(平面在任何其他点接触地球)。

根据视点的位置,方位投影有三种类型:

(1)日晷投影/中心(视点位于地球中心)。

(2)球极平面投影(视点位于相反的极点)。

(3)正射投影(视点位于无穷远处)。

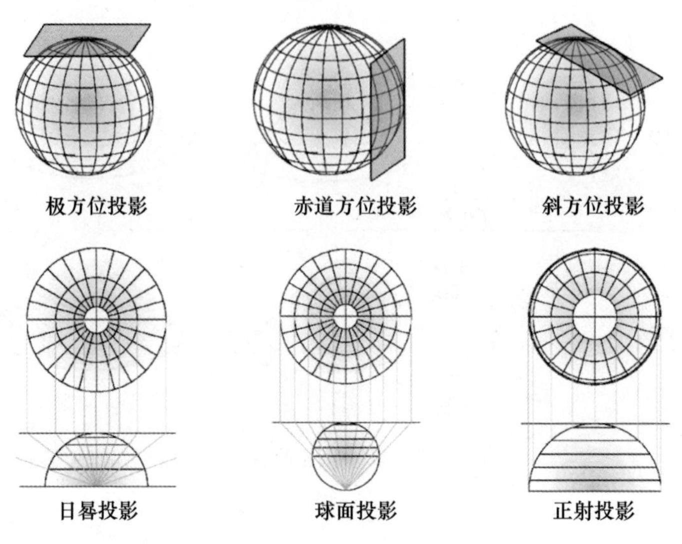

图9.11　方位投影

9.6.2.4　其他投影

前面讨论的投影在概念上是通过从一个几何形状(球体或椭球体)投影到另一个几何形状(圆锥体、圆柱体或平面)来创建的。许多投影与圆锥体、圆柱体或平面不太容易关联。其他投影包括未投影的投影,如矩形纬度和经度网格;以及其他例子不属于圆柱、圆锥或方位投影的类别。

9.6.3　投影参数

仅有投影还不足以定义一个投影坐标系。还有一些其他问题需要回答,如投影的中心在哪里,是否使用了比例因子等(ESRI,2004)。如果不知道投影参数的精确值,就无法投影地球。

每个投影都有一组我们必须定义的参数。这些参数指定原点,并根据我们感兴趣的区域定制投影。角度参数使用 GCS 单位,而线性参数使用投影坐标系单位。

投影需要地球表面上的一个参考点。通常这是投影坐标系的中心或原点(图9.12)。因此,y 轴的西侧和 x 轴的南侧为负值。有些参数用于避免这些负值的出现。

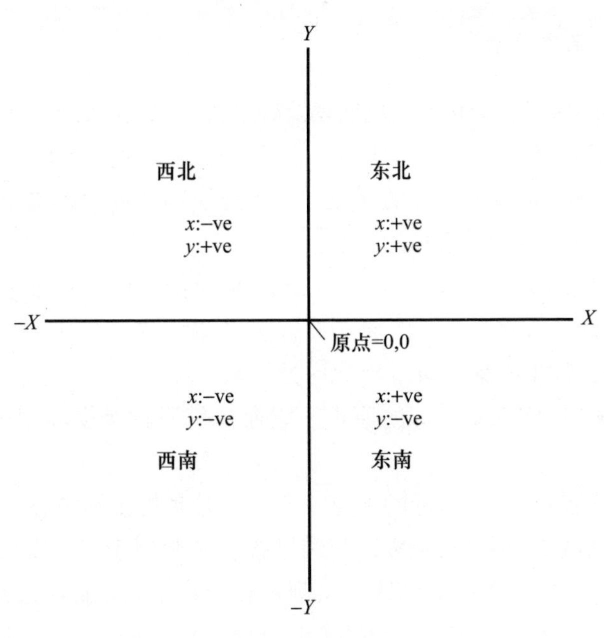

图 9.12　投影坐标系

9.6.3.1　线性参数

(1)伪东距:应用于 x 坐标原点的线性距离。

(2)伪北距:应用于 y 坐标原点的线性距离。

通常,投影坐标系的原点被视为地图的中心点,以减少整体变形。这意味着我们的地图在 y 轴的西侧和 x 轴的南侧具有负坐标值。通常应用伪东距和伪北距值,以确保所有 x 或 y 值都为正值。例如,我们将伪东距设为 50000m,伪北距设为 60000m。在这种情况下,一个伪原点将被设在位于 y 轴左侧 50000m 和 x 轴下方 60000m 处;所有测量都将从这个伪原点而不是真原点进行。因此,我们避免了 y 轴以西 50000m 和 x 轴以南 60000m 范围内 x 和 y 坐标出现负值。我们还可以使用伪东距和伪北距参数来减小 x 或 y 坐标值的范围。例如,若我们知道所有 y 值都大于 50000000m,则可以应用 −500000m 的伪北距。

(3)比例因子:一个无量纲的值,可用于地图投影中心点或线。比例因子通常略小于 1.0。使用横向墨卡托投影的通用横轴墨卡托(UTM)坐标系的比例因子为 0.9996。这意味着投影中心经线的变形比例不是 1.0,而是 0.9996。这会创建两条几乎平行的线,距离约 180km,这两条线的变形比例为 1.0。比例因子有效减少了关键区域中投影的整体变形大小。

9.6.3.2 角度参数

(1)方位角:定义投影中心线的转动。转动角度以指南针方向从北开始测量。

(2)中央经线:定义 x 坐标的原点,即与切割线相对的经线。

(3)原点经度:定义 x 坐标的原点。中央经线和原点参数的经度是相同的。

(4)中央纬线:定义 y 坐标的原点。

(5)原点纬度:定义 y 坐标的原点。此参数可能不位于投影中心。特别是,圆锥投影使用此参数将 y 坐标的原点设置感兴趣区域下方。在这种情况下,无须设置伪北距参数来确保所有 y 坐标均为正值。

(6)中央经度:定义 x 坐标的原点。它通常是原点经度和中央经线参数的同义词。

(7)中央纬度:定义 y 坐标的原点。它几乎总是投影的中心。

(8)标准纬线1和标准纬线2:与圆锥投影一起用于定义变形比为1.0(无失真)的纬度线。用一条标准纬线定义圆锥投影(切线情况)时,标准纬线将定义 y 坐标的原点。对于其他圆锥情况(正割情况),y 坐标原点由原点纬度参数定义。

9.6.4 常见投影

前面已经提到,采用了许多投影系统用于将地球表面投影到2D平面以创建地图。不同的投影系统适用于不同的应用(ESRI,2004),描述所有系统都超出了本书的范围。然而,为了更好地理解这些概念,下文将解释一些非常常见的投影系统。

9.6.4.1 多圆锥投影

多圆锥投影的名称直译为“多个圆锥”,这是指投影方法。这个系统比常规的圆锥投影更复杂,但仍然是一个简单的构造。这种投影是通过沿中央经线排列无限多个圆锥而形成的。中央经线是直线。其他经线是复杂的曲线。纬线是非同心圆。每条纬线和中央经线的比例都是正确的。这会影响经线的形状。与其他圆锥投影不同,经线是弯曲的,而不是线性的(图9.13)。

多圆锥投影保持了小区域的面积、形状、距离和方位角;最适合南北走向;比例尺在远离中央经线的地方增大,适用于地形图。通常认为,比例失真仅在距离中央经线9°以内是可接受的,由于失真,不建议在较大区域使用。

图9.13 多圆锥投影

9.6.4.2 兰伯特方位等积投影

1772年,阿尔萨斯的约翰·海因里希·兰伯特(Johann Heinrich Lambert, 1728—1777)首次提出了这种投影。这种地图投影是当今地图集中最流行的投影之一,用于绘制大面积的地图,如整个国家、极地、海洋地图等。这种投影可以兼容方位投影的所有可能,即赤道投影、极地投影和斜轴投影。

这种投影对形状变形最小,是等积投影。变形比仅在所有方向的中心处为真,该变形比随距离中心沿半径增加而减小,从中心垂直于半径的方向增加而增大。只有中心没有变形。对于一个半球来说,变形是适度的,但对于整个地球的地图来说,变形则是极端的。

经线是在两极相交的等间距线(图9.14)。纬线是不等距的圆,以极点为中心(图9.14(a))。圆的间距从极点开始逐渐减小。中央经线是一条直线。其他经线是复杂的曲线,沿赤道不等间距分布,并在两极相交。

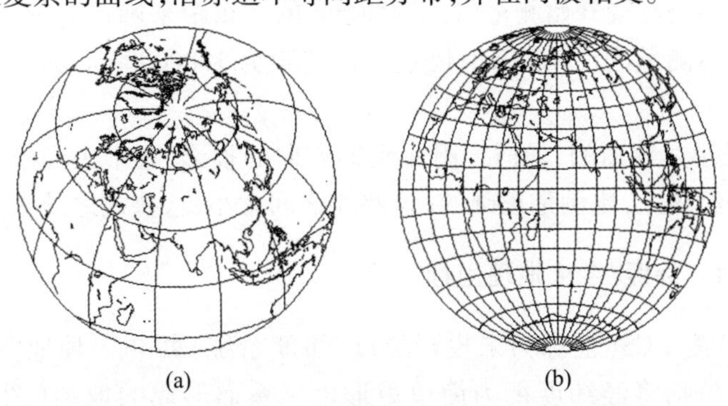

图9.14 兰伯特方位等积投影

9.6.4.3 UTM 投影

UTM 系统是一种横轴墨卡托投影的专门应用。现在,为了精确绘制地图,通用横轴墨卡托投影可能比其他任何投影都应用更广泛。

UTM 坐标用于定义 2D 水平位置。UTM 区编号表示从南纬 80°延伸至北纬 84°的 6°经度带(图 9.15)。UTM 区域字符(或行)表示从赤道向北和向南延伸的 8°区域。在第 *X* 行经度 0° ~36°有特殊 UTM 区,在北纬 56° ~64°有一个特殊区(32 区)。

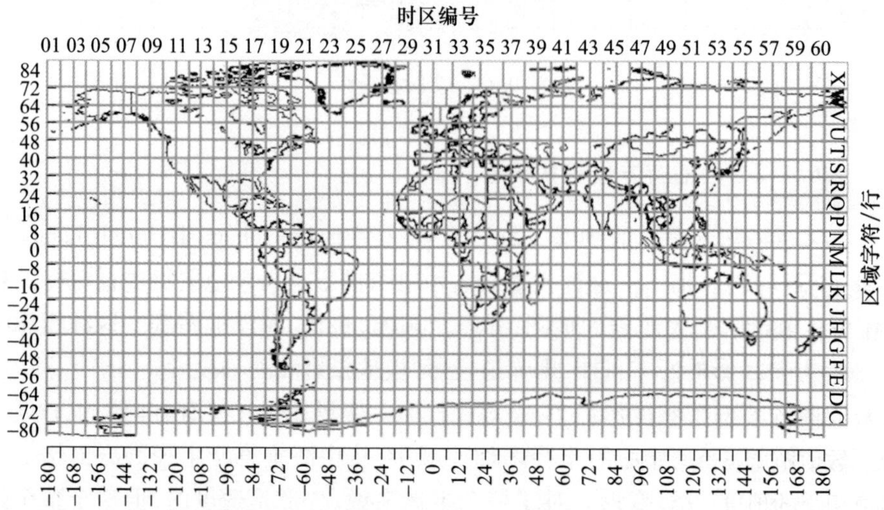

时区编号

01 03 05 07 09 11 13 15 17 19 21 23 25 27 29 31 33 35 37 39 41 43 45 47 49 51 53 55 57 59 60

84 72 64 56 48 40 32 24 16 8 0 −8 −16 −24 −32 −40 −48 −56 −64 −72 −80

X W V U T S R Q P N M L K J H G F E D C

区域字符/行

−180 −168 −156 −144 −132 −120 −108 −96 −84 −72 −60 −48 −36 −24 −12 0 12 24 36 48 60 72 84 96 108 120 132 144 156 168 180

图 9.15 UTM 投影系统

每个区域的原点都是其中央经线和赤道。每个区域都有一个中央经线。例如,44 区的中央经线为东经 81°。该区域从东经 78°延伸至 84°。

东距从中央经线开始测量(以 500000m 的伪东距来确保坐标为正)。北距是从赤道开始测量的(赤道以南位置的伪北距为 10000000m,赤道以北的位置为 0m)。

UTM 投影是等角的,最适合南北延伸方向的投影;在中央经线和区域边缘之间的两条经线上,比例是正确的(这些线之间太小,这些线之外太大)。

9.6.4.4 纬度/经度地理坐标

经度/纬度 GCS(也称为未投影经度/纬度系统)并非一种地图投影方式。未投影地图包括将经纬度视为简单矩形坐标系而形成的地图(图 9.16)。比例、距离、面积和形状都会随着向两极方向的靠近而变形。

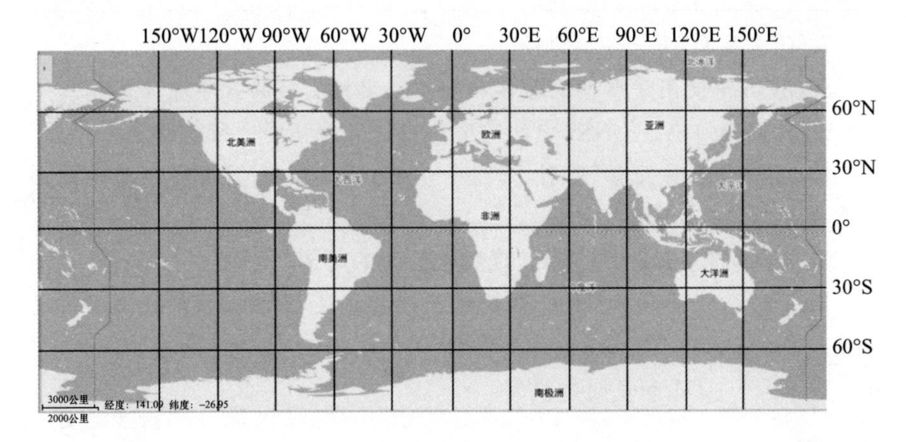

图9.16 地理坐标系下的纬度/经度

地球模型为球体或椭球体。球体分成等分，通常称为度；有些国家使用梯度。一个圆是360°或400梯度。每度分为60′，每分由60″组成。小于“度”的精度表示为“分”和“秒”，以及秒的小数，格式为正负DDMMSS. ××，其中DD为度，MM为分，SS为秒，××为十进制秒；或者用DD. ××××或十进制度数代替。

GCS由经纬线组成。每条经线呈南北走向，测量本初子午线以东或以西的度数。值范围从-180°至+180°。纬线呈东西走向，测量赤道以北或以南的度数。数值范围从北极的+90°到南极的90°。标准原点是格林尼治本初子午线与赤道相交的地方。赤道以北或本初子午线以东的所有点均为正值。

练习

描述性问题

1. 什么是大地测量学？为什么它在卫星导航和定位中很重要？

2. 用适当的草图解释天体赤道坐标系和地心惯性坐标系。

3. 用适当的草图解释地理坐标系和地球固定坐标系。

4. 你对“大地水准面”和“椭球面”有什么理解？它们之间有什么区别？什么是基准？如何确定垂直基准？

5. 解释WGS 84和印度大地测量基准？如何将印度大地基准的坐标值转换为WGS 84？

6. 你对“椭球体”和“基准”有什么理解？说明地心和局部基准之间的差异。简要描述不同GNSS中使用的不同球体和基准。

7. 什么是ITRF？详细解释。

8. GNSS中使用了哪些椭球体和基准？坐标变换的数学原理是什么？

9. 我们如何确定GNSS中的高度？用适当的插图进行解释。

10. 你对“地图投影”有什么理解？为什么需要地图投影？选择投影时需要考虑哪些因素？

11. 解释圆柱和圆锥投影。说明它们的不同情况。

12. 你对“投影参数”有什么理解？简要描述投影的基本线性和角度参数。

13. 解释UTM和多圆锥投影。

简短注释/定义

就以下主题写简短笔记：

1. 大地测量学
2. 参照系
3. 春分点
4. 经纬网
5. 扁率
6. 离心率
7. PZ-90基准
8. 伪东距
9. 标准纬线
10. 中央经线
11. 地心基准
12. 水平和垂直基准
13. 平均海平面
14. 大地水准面
15. 正交高程
16. 大地水准面高度

第10章

GNSS的应用

10.1 引言

全球卫星导航系统(GNSS)在陆地、海上和空中有多种应用。基本上,GNSS允许我们记录位置坐标,并帮助我们从一个地方导航到另一个地方。GNSS可以在任何地方使用,除非无法接收信号(如"通常"在建筑物内部、矿井和洞穴、停车场和其他地下位置以及水下)。GNSS的一个重要作用是帮助遥感卫星的在轨导航和定位。

GNSS技术已经成熟,成为一种远远超出其最初设计目标的资源。它超出了所有人的预期;这是一个令人惊讶和自豪的成就。如今,科学家、运动员、农民、士兵、飞行员、测量员、徒步旅行者、送货司机、水手、调度员、伐木工人、消防员以及其他各行各业的人们都在使用GNSS,以使他们的工作更有效率、更安全,有时甚至更容易。如今,大多数手机、智能手表和车载立体声系统都有GNSS卫星信号接收机。

本章概述了GNSS的一些不同用途,并侧重于介绍GNSS技术的主要成就,但没有描述GNSS如何在具体应用中实施或详细要求。

10.2 GNSS应用的分类

卫星导航正被用于许多不同的应用领域,从纯商业到高度科学。有许多专业领域对使用GNSS非常感兴趣,主要是为了减少以前所使用系统的时间和复杂性问题。这在土木工程和建筑行业尤为明显,这些领域的高精度接收机已使用多年。

应用程序的分类可以通过多种方式进行:大众市场与专业市场、商业与科学,或者按主要应用领域,如测量、环境和农业。表10.1提供了一些可能的分类。值得注意的是,其中一些分类是重叠的。如果看一下表10.1,我们就会了解GNSS应用的广泛性。然而,所有这些应用可分为以下五大类(Bhatta,2020)。

表10.1 GNSS的应用

应用领域	一些例子
测绘	① 大地控制测量。 ② GIS制图。 ③ 结构变形测量。 ④ 施工放样和分级。 ⑤ 海岸工程测量。 ⑥ 摄影测量制图控制。 ⑦ 遥感应用控制测量。 ⑧ 地球物理学、地质学和考古测量
导航	① 汽车。 ② 飞机(包括无人机)。 ③ 舰船。 ④ 太空飞行。 ⑤ 重型设备。 ⑥ 办公室/家庭快递。 ⑦ 自行车手、徒步旅行者、登山者和行人
追踪	① 运输业。 ② 精准农业。 ③ 个人紧急情况。 ④ 车队管理。 ⑤ 跟踪航天器。 ⑥ 跟踪人员。 ⑦ 追踪动物
地球动力学	① 确定制图、地理信息系统、摄影测量、遥感(地面控制点)、地球物理测量、惯性测量、水文测量、各种探险、考古测量的控制点。 ② 通过重复或连续测量地面沉降或上升、大坝变形、海上结构物沉降、建筑物沉降来监测运动。 ③ 工程项目的控制点,如隧道测量、桥梁施工、道路测量、管道、电力和通信线路、水道、运河和排水测量。 ④ 实时指导和控制车辆,如出租车车队管理、运输车辆和汽车、施工车辆、自卸车和露天采矿中的挖掘机
采矿业	① 采矿计划编制测量。 ② 测量和测绘的控制测量。 ③ 矿山平面图与国家基准和网格的连接。 ④ 矿山土地征用测量和补偿支付。 ⑤ 矿体圈定。 ⑥ 重型设备的跟踪和监控。

续表

应用领域	一些例子
	⑦ 钻井设备的精确定位。 ⑧ 精确引导电钻到达设计的炮孔模式并到达准确的目标深度。 ⑨ 跟踪材料和车辆。 ⑩ 计算面到面的体积。 ⑪ 车辆导航。 ⑫ 道路设计和施工。 ⑬ 露天矿剖面和体积的测定。 ⑭ 露天矿的土地复垦。 ⑮ 接近警告系统
摄影测量学，遥感和 GIS	① 地面控制点(GCP)。 ② 地面实况测量。 ③ 飞机/无人机导航。 ④ 传感器平台坐标和方向。 ⑤ GIS 制图测量
科学研究	① 可降水汽的对流层研究。 ② 电离层监测。 ③ 用于长期海平面研究的潮位计基准运动调查。 ④ 轨道确定。 ⑤ 地震预测。 ⑥ 天气预报。 ⑦ 动物监测
空间应用	① 其他航天器的定位和导航。 ② 雷达测高。 ③ 空间制图。 ④ 空间重力测量和重力梯度测量
基于定位的服务(LBS)	① 应急响应。 ② 运输。 ③ 医疗。 ④ 广告和营销
军事应用	① 道路导航。 ② 低空导航。 ③ 目标捕获(跟踪)。 ④ 侦察。 ⑤ 远程操作车辆。 ⑥ 更新惯性导航系统。 ⑦ 传感器放置。 ⑧ 导弹制导。 ⑨ 指挥和控制。 ⑩ 监测核爆炸。 ⑪ 精确轰炸。 ⑫ 搜索和救援。 ⑬ 核爆炸监测

续表

应用领域	一些例子
时间传输	① 实验室的时间信号传输。 ② 天文学。 ③ 手表。 ④ 电信。 ⑤ 银行业
特殊应用	① 铁路走廊测量。 ② 农业中的农药喷洒和种子控制。 ③ 森林管理。 ④ 冰川大地测量。 ⑤ 飞机和船舶的姿态控制
其他应用	① 游戏。 ② 全球海上遇险安全系统(GMDSS)需与 GPS 连接。自 1999 年 2 月 1 日起，该制度是强制性的。 ③ 道路使用收费。 ④ 跳伞。 ⑤ 市场营销。 ⑥ 社交网络。 ⑦ 在现代战争中,GNSS 至关重要。在科索沃和伊拉克战争期间,GNSS 用于多种目的。 ⑧ 动物行为研究。 ⑨ GNSS 已用于绘制非洲疟疾流行地区的地图

(1)定位:确定基本位置。GNSS 的第一个也是最明显的应用是确定“位置”或地点。GNSS 是第一个为地球上任何地点、任何天气、任何时间提供高精度定位数据的定位系统。仅此能力就足以使其成为一个重要的实用工具。

(2)导航:从一个位置到另一个位置。GNSS 有助于我们准确地确定自己的位置,但有时知道如何到达其他地方也很重要的。它最初是为了在空中、水上和陆地上导航而开发的。GNSS 正在汽车中迅速普及。先进的系统可以在电子地图显示器上显示车辆的位置,使驾驶员能够随时了解自己的位置,并查找街道地址、餐厅、酒店和其他目的地。有些系统甚至可以自动创建路线并向指定位置提供逐步导航。

(3)跟踪:监控人员和物品的移动。与通信链路和计算机结合 GNSS 可用于跟踪任何移动的车辆(水上、陆地和空中)。因此,警察、救护车和消防部门采用基于 GNSS 的自动车辆位置管理器等系统来精确定位紧急情况的位置和最近响应车辆的位置,这些都是常见现象。运输和交通部门也正在迅速采用基于 GNSS 的跟踪。

(4)制图:创建世界或其部分的地图。这是一个巨大的世界,使用GNSS精确测量和绘制地图,我们可以在这些应用程序中节省时间和金钱。如今,GNSS使一名测量员能够在一天内完成过去整个团队需要数周的工作。他们甚至可以比以往任何时候都更精确地完成工作。

(5)授时:为世界带来精确的计时。虽然GNSS以定位、导航、跟踪和制图而闻名,但它也广泛用于传播精确的时间、时间间隔和频率。时间是一种强大的商品,而准确的时间则更加重要。时间对我们有用的基本方式有三种:①作为一个通用的标记,时间告诉我们事情何时发生或何时会发生。②作为用来同步人员、事件和其他类型信号的一种方式,时间有助于保持世界的按期运转。③作为一种告知事物持续时间的方式,时间提供了一种准确、明确的持续时间判断。GNSS卫星携带高精度的原子钟。为了使系统正常工作,地面上的GNSS接收机会与这些时钟同步。这意味着,每个GNSS接收机本质上都是一个高精度原子钟,可以提供纳秒级的时间信息。

GNSS的应用范围从地球科学到社会科学,涵盖从空间到地面,从陆地到空中和水上,从娱乐到重要的商务,旅行、运输、测绘、导航、地球动力学、研究和勘探、跟踪、环境、灾害管理、寻宝和间谍活动、现代战争到和平倡议,再到提高生活质量,甚至包括恐怖活动(Kaplan,1996;Clarke,1996;Czerniak et al.,1998;Agrawal,2004;Samama,2008)。我们不可能将GNSS的所有可能应用都列举出来的。GNSS作为一种全天候、实时、连续可用的、最经济的精确定位和时间测定技术,使得它可以得到无限广泛的应用。虽然GNSS有无数的用途,但在下面的章节中,我们将从测绘开始,概述其重要用途。这些应用大多既适用于国防和民用事业;然而,有些应用是国防专用的,如武器制导。

10.3 测绘

测绘应用对军用和民用同样重要。根据工程要求,这些应用可能有多种实现方式或维度(Kaplan,1996;Sickle,2008;Owings,2005;Leick,2004;RMITU,2006;Trimple,2001;Zilkoski et al.,1989)。以下各小节旨在描述GNSS在测绘中的一些应用。然而,在测绘中,有几个问题需要从实际角度加以解决。这些问题将在第11章和第12章中讨论。

10.3.1 大地控制测量

控制测量是一种旨在标记点的活动,这些标记将构成后续测量的框架。大地测量可被视为具有特殊精度要求的高级控制测量。大地测量与控制测量不同,因为标定的标识被认为是稳定、建造良好的结构。

建立或加强测量控制是GNSS技术的主要用途之一(Czerniak et al.,1998;Sickle,2008;RMITU,2006;USACE,2007)。GNSS往往比传统(地面)测量方法更具成本效益、更快、准确和可靠。GNSS网络中的质量控制统计数据和大量冗余测量有助于确保结果的可靠性。主要的水平和垂直控制点通常使用静态GNSS测量方法设置,以获得高精度(图10.1),但也可以使用一些动态后处理方法。这些主控制点通常与国家水平和垂直参考基准相连。从这些主控制点中,使用实时动态(RTK)技术进行补充的现场平面制图或船只/飞机定位。进行GNSS静态控制测量的实地作业相对有效,通常每个接收机可以由一人进行。与传统测量相比,GNSS在建立一级控制网方面特别有效,因为相邻台站之间不需要可视。

图10.1 静态GNSS控制测量

10.3.2 GIS制图

实时和后处理技术可用于进行地形制图测量和地理信息系统(GIS)基础制图(Kaplan,1996;Sickle,2008;Owings,2005;USACE,2007)。根据不同的精度要求,可以采用测距码或载波相位技术。一般来说,大多数地形制图是使用RTK方法进行的。实时地形或GIS特征数据通常使用背包式天线架(图10.2(a))或杆式天线(图10.2(b))收集。数据记录在与地面全站仪类似的标准数据采集器上。数据采集器软件用于分配地形和GIS制图特征与属性。伪距差分技术可用于要求米级精度的GIS制图特征。若只需要近似的制图精度(10~

30m),则可以使用具有绝对定位功能的手持式独立基于测距码的GNSS接收机(图10.2(c))。有关详细讨论,请参阅第11章和第12章。

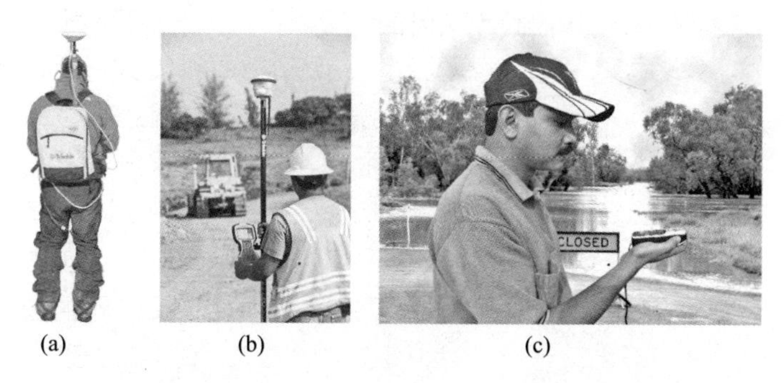

(a) (b) (c)

图10.2 (a)使用背包式天线进行RTK调查;(b)带杆装天线的RTK测量;(c)使用手持独立基于测距码的接收机进行测量

10.3.3 结构变形测量

在挖掘作业期间进行变形测量,以检查施工区域是否因土方工程作业而移动(USACE,2002a)。变形测量的另一个例子发生在大坝墙体的常规监测中。在这些类型的测量中,定期测量相关区域内的标记,并将其与不在同一附近且被认为稳定的其他标记联系起来。若检测到测量区域内标记的移动,则可以采取措施维护安全(Cruz et al.,2006)。一般来说,监测测量的精度极高(单位为mm)。

GNSS测量技术可用于监测土木结构上各点相对于稳定参考标记点的运动(Sickle,2008;USACE,2003;USACE,2002a)。这可以通过将天线阵列放置在结构物的选定点(图10.3)和参考基准点上来实现。在结构点和基准点之间制定基线,以监测相对运动。可以连续进行测量。GNSS结构变形系统可以无人值守运行,且相对容易安装和维护。或者,使用RTK或动态后处理技术进行定期监测观测。在进行结构监测测量之前,必须准确定位稳定的参考网络(参考基准点)。长期静态GNSS观测通常用于执行这项任务。

10.3.4 施工放样和分级

经常要求测量员进行施工测量工作,主要包括建筑物和道路等特征以及管道等基础设施的放样。从历史上看,这项工作是使用更传统的测量设备进行的,如全站仪。然而,静态和RTK的优点在这项工作中得到了广泛认可。特别是RTK的快速性使得这项工作高效且成本降低(图10.4和图10.5)。推土机/

平地机的自动系统使用挖方/填方信息来驱动机器的液压控制装置,以自动地将机器的铲刀移动到斜坡上(图 10.4)。使用 3D 机器控制大大减少了工作现场所需的测量桩的数量,从而减少了时间和成本。

图 10.3 位于结构上的 GNSS 天线,用于监测结构变形

图 10.4 RTK 施工放样(图片来源:Trimble)

图 10.5　GNSS 施工测量——地块和道路(a)、基线(b)、地形(c)和对齐(d)的放样(图片提供:徕卡地理系统(Leica Geosystems))

测量级 GNSS 接收机现在已被设计用于执行所有传统施工放样(图 10.5),如地块、道路、曲线、坡度等。典型应用包括放样基线、钻机布置、地形测量和设施或公用设施施工定线。GNSS 还可用于控制和监测土方作业,如平整堤坝或海滩建设(Trimble,2001)。

注释

进行放样测量,以便根据拟定计划确定建筑物、道路或基础设施等构造的位置,如排水沟或建筑物的角点。它是通过将尺寸从施工图纸上转移到地面,将建筑平面中的特征移动到实际现场。这可能是整个施工过程中最关键的一步。

10.3.5　海岸工程测量

差分 GNSS 定位和高程测量技术几乎取代了进行海滩测量和研究的传统测量方法(USACE,2003;USACE,2002b)。深度测量传感器(物理或声学)通常采用 RTK 方法定位。船舶和其他平台通常将 RTK 观测与惯性测量装置合并,以减少海浪起伏（图10.6）。海滩剖面测量的陆地剖面通常使用RTK地形测量方法进行控制。

图10.6　配备RTK GNSS和其他传感器的勘测船
（图片提供：泰坦环境测绘有限公司（Titan Environmental Surveys Limited））

10.3.6　摄影测量制图控制

使用机载GNSS接收机，结合专业惯性导航、激光雷达和摄影测量数据处理程序，可以显著减少典型摄影测量项目的地面控制量。实际上，每个相机图像或激光雷达扫描都是相对于地面上的基准站精确定位和定向的。过去，摄像机的位置和方向是从地面控制点反算出来的（Bhatta，2020）。传统上，这些制图项目需要大量人力和财力来建立地面控制点。因此，使用机载GNSS技术大大降低了与广域制图项目相关的生产成本。测试表明，若系统相关误差最小化，并且在执行程序的机载GNSS和摄影测量的程序时小心谨慎，则地面控制坐标可以从使用GNSS动态技术的机载平台发展到三个轴上的精度都是厘米级精度（USACE，2002c）。

10.3.7　遥感应用控制测量

用于几何校正的地面控制点测量是GNSS在遥感中非常常见的应用（图10.7（a））。在被称为地面实况（Bhatta，2020）的遥感应用中，了解现场观测参考数据的准确位置非常重要(图10.7(b))。为了实现精确的几何校正和地面校正,需要具有已知坐标的GCP。

(a)　　(b)

图10.7　(a)地面控制点测量;(b)使用GNSS进行地面实况测量

GCP的要求是,无论是在遥感图像上还是在地面上,这些点都应该是相同的、可识别的,并且应该是可测量的(Bossler et al.,2002)。在这种情况下,进行了早期的传统控制测量。然而,今天,GNSS可以在很短的时间内提供这些地理坐标。基于载波的经典静态测量或基于伪距/载波相位的差分/相关方法是GCP测量的理想方法;然而,对于较低分辨率的图像,也可以采用单独基于测距码的技术。

10.3.8　地球物理、地质和考古测量

通过使用差分GNSS找出GNSS接收机之间的相对位移,可以进行地壳应变的高精度测量。位于活跃变形区(如火山或断层带)周围的多个台站可用于检测应变和地面运动。这些测量结果可以用来解释变形的原因,如活火山表面下的岩墙或岩床。GNSS数据已用于解决地球物理学中一系列尚未解决的问题,包括与地震预测有关的几个问题(请参阅10.10.2节)。

土壤和水文采样位置制图是地质学家的一项重要任务,可用于多种用途,如水文数据插值、土壤污染、土壤侵蚀、水污染制图。无论哪种方法获取这些采样位置的坐标,都没有使用GNSS来获取的那么容易。

GNSS对露天开采有直接贡献,对地下采矿有间接贡献(表10.1)。采矿中使用静态和RTK模式。点定位、相对定位和差分GNSS(DGNSS)用于不同类型的应用。DGNSS信息通过在卡车上安装GNSS接收机,用于有效管理矿体开采和废料移动。RTK GNSS位置信息用于钻孔钻机,并用于控制每个钻孔的深度。自动钻机用于露天矿,以提高安全性和生产率。位于安全控制室的操作员可以

操作和监控多个自动钻机。GNSS 可以帮助在整个场地上以统一的高度进行挖掘,从而实现对矿井形状进行地质实时分析。在某些情况下,当挖掘深度较大时,可能会出现卫星能见度问题;也就是说,没有足够的卫星能够提供良好的定位,要么是因为没有达到最少卫星数,要么是精度衰减因子(DOP)太高。在这种情况下,有报道称使用了伪卫星(Samama,2008)。

当考古学家挖掘一个遗址时,他们通常会制作一张该遗址的三维地图,详细说明每件文物的发现地点。GNSS 在准确记录这些遗址位置方面发挥着至关重要的作用(Garrison,2003)。

10.4 导航

导航也许是 GNSS 所有应用中最著名的。当然,一旦我们知道了自己的位置,就可以在地图上找到自己的位置。使用 GNSS 坐标,相应的软件可以执行各种任务,从定位到查找从当前位置到目的地的路线,或实时动态选择最佳路线。

这些系统需要使用地图数据,但地图数据不构成 GNSS 的一部分,而是相关技术之一。小型便携式设备中的高性能计算机的可用性提供了多种解决方案,这些解决方案将地图与位置信息结合起来,使用户能够导航。最早的此类应用之一是汽车导航系统,它允许驾驶员通过语音命令接收导航指令,而不需要将视线从道路上移开。还有手持式 GNSS 设备,这些设备通常用于户外活动;它们提供的信息有限,如位置,并且可能存储航路点。更高级的版本包括为飞机提供特定功能的航空系统,以及提供有关海洋航道、潮汐时间等信息的海洋系统。后两种需要的地图和制图软件与公路 GNSS 导航解决方案有很大的不同,通常可以用其他软件包进行扩充,以允许用户导入纸质地图或图表。

甚至有几种游戏也会用到 GNSS 解决方案。高尔夫 GNSS 可帮助球员计算从发球台到球销的距离,或根据隐藏的沙坑、水障碍或果岭等特征准确确定其位置。同样,这种应用需要特定的地图。

10.4.1 汽车导航

汽车可以在出厂时配备 GNSS 接收机(图 10.8)或作为售后设备。这些设备通常会显示动态地图和有关位置、速度、方向以及附近街道和兴趣点的信息。曾经只有富人在高端汽车上使用 GNSS 接收机;但如今,甚至入门级汽车就提供 GNSS。车载 GNSS 系统配有街道地图、逐段语音提示、触摸屏操作、视频游戏、收音机、DVD 或 CD 播放器、用以更新软件的手机连接和电脑连接。

有几个原因使 GNSS 对汽车导航具有吸引力(Krakiwsky,1991;French,1995;Czerniak et al. ,1998)。首先,覆盖范围是全球性的,每天 24h 可用。这使得同一系统可以大规模生产并安装在世界上的任何汽车上。另一个原因是,非政府消费者对 GNSS 的关注降低了接收机的成本。GNSS 定位的绝对性质不允许位置精度随距离的增加而降低。GNSS 可以与地图匹配等其他导航技术相结合,为用户提供良好的位置和导航信息。地图匹配技术与其他方法结合使用,将车辆位置与地图关联起来(Richard et al. ,1993)。

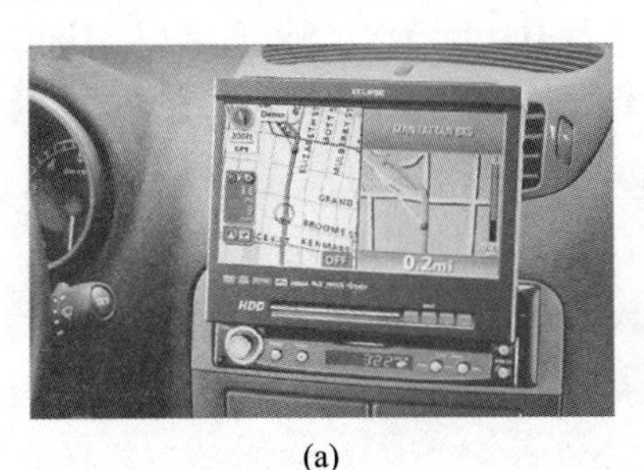

(a)

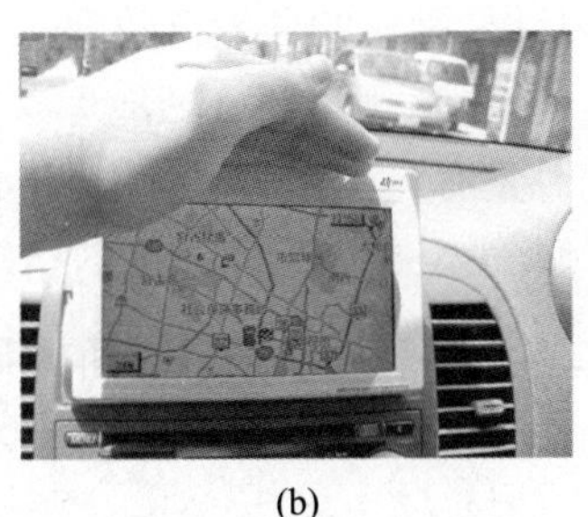
(b)

图 10.8　配备 GNSS 接收机的汽车

GNSS 汽车导航存在一些问题。首先,与 GNSS 信号有关的误差不能保证足够的精度。另一个是"城市峡谷"现象。在市区环境中,这些建筑物通常会阻挡几乎所有卫星的视线。这严重影响了在城市中提供准确位置信息的能力。上述每个问题都有相应的解决方案。为了避免与 GNSS 相关的误差,可以使用差分 GNSS(DGNSS)。将导航技术与 GNSS 结合使用,也有助于克服与 GNSS 汽车导航相关的问题。许多现有系统使用 GNSS 定期校正航位推算(6.7.2 节)。一些较新的系统使用 GNSS 作为主要导航工具,并使用航位推算(或其他导航形式)来提供对城市地区的覆盖(Richard et al. ,1993)。

10.4.2　飞机/无人机导航

飞机导航系统通常显示"动态地图",并且通常连接到自动驾驶仪进行航路导航(图 10.9)。驾驶舱安装的 GNSS 接收机使用地面增强系统来提高精度(Clarke,1996;Kaplan,1996;CASA,2006;Chatfield,2007)。其中许多系统可用于飞行导航,有些也可用于最后进近和着陆。GNSS 飞行记录器还会记录 GNSS 数据,以核准其出发、路线和到达。

所有无人驾驶飞行器(UAV,俗称无人机)都由基于 GNSS 的应用程序自动引导。无人机的自主导航和着陆具有挑战性,因为导航系统必须处理由风引起的无人机移动。无人机使用 GNSS + 惯性导航系统(INS)。GNSS 天线安装在飞行器上的某处,接收来自 GNSS 卫星的位置和时间数据。然后,这些数据通常被输入至飞行器的航空电子设备、自动驾驶仪或导航系统,也可用于确定速度。除导航外,无人驾驶飞行器还可以使用 GNSS 对收集的数据进行地理参考/地理标记,避免碰撞,提供跟踪设施,“返航”,沿一系列预设的航路点飞行,或将货物运送到预定位置。然而,无人机图像地理标记面临着另一个挑战。通常,自动驾驶仪会触发相机,并记录相机当时的坐标。例如,当无人机以 20m/s 的速度飞行时,自动驾驶仪的位置读数间隔仅为 4m(因为 GNSS 通常以 5Hz 的频率进行工作)。这不适用于精确的地理参考/地理标记。此外,在触发器和实际拍照时刻之间总是有延迟的。这意味着必须消除摄像机点击间隔和无人机速度。因此,必须将 GNSS 接收机连接到相机快门,并使用 RTK 接收机。

图 10.9 安装在飞机上的 GNSS 导航系统(用白色椭圆标记)

10.4.3 海上航行

船只可以使用 GNSS 航行到世界上所有的湖泊、海域和大洋(Bowditch,1995;Sweet,2003)。在海上导航中,GNSS 被用于准确确定船舶在公海上以及在拥挤港口操控时的位置。海上 GNSS 装置包括对水上有用的功能,如“人员落水”功能,可以立即标记落水人员的位置,从而简化救援工作。GNSS 还可以连接到船舶的自动操舵装置和海图绘图仪。GNSS 还可以改善航运安全。通过将准确的 GNSS 位置信息集成到遇险信标信号中,全球卫星导航服务也在革新搜索和救援行动。它还可以用于提高捕鱼活动的准确性。GNSS 与 SBAS 相结合,可用于监测和保护海洋公园等环境脆弱地区,或监测和防止非法捕鱼。

10.4.4 机器控制和导航

无人车有多种类型，包括地面车辆、空中车辆、水下车辆和水面车辆。地面上的无人重型设备车辆可以在建筑、采矿和精确农业中使用GNSS。GNSS技术正在被集成到推土机、挖掘机、平地机、摊铺机和农业机械等设备中，以提高这些设备实时操作的生产率。建筑设备的叶片和铲斗由基于GNSS的机器导航系统自动控制(Ryan et al.,2006)。农业设备可使用GNSS自动转向，或作为视觉辅助显示在屏幕上供驾驶员使用。这对于控制交通、行作物作业和喷洒时非常有用。带有产量监视器的收割机也可以使用GNSS创建正在收割围场的产量图。

10.4.5 自行车、徒步旅行者、登山者和行人导航

自行车经常在比赛和旅行中经常使用GNSS。GNSS导航允许骑自行车的人提前规划路线，并沿着这个路线前进，其中可能包括更安静、更窄的街道，没有频繁信号灯的站点。一些GNSS接收机专门为自行车运动设计了特殊的支架和外壳。

徒步旅行者、登山者，甚至城市或农村环境中的普通行人都可以使用GNSS来确定他们的位置，无论是否参考单独的地图。在偏远地区，当登山者或徒步旅行者在受伤或失去联系(如果他们有与救援人员沟通的手段)时，GNSS提供精确位置的能力可以大大提高救援的机会。户外运动和娱乐导航通常需要显示基本航路点和跟踪信息的GNSS单元，还为视障人士提供GNSS设备。

10.4.6 太空飞行和卫星导航

20世纪90年代，NASA约翰逊航天中心为航天飞机、国际空间站和X-38(载人返回飞行器的原型机)启动了GPS导航项目。虽然GNSS技术在航天飞机和国际空间站上的应用是成功的，但遇到的技术困难远远超过最初的预期，并吸取了许多经验教训。在太空飞行导航中，GNSS接收机应视为计算机，而不仅仅是“即插即用”设备。随着GNSS技术的出现，与早期的方法相比，在轨道上进行更精确、更灵敏和自主的航天器导航的潜能也随之出现。

近地轨道卫星(如遥感卫星)可以使用GNSS进行轨道控制和校正。NASA喷气推进实验室正在研究开发一种称为深空定位系统(类似于地球GNSS，但适用于行星际空间)的自主空间导航系统。该系统将促进地球低轨以外的行星际机载导航能力。NASA还计划建立一个类似GPS的月球导航系统。

注释

旅游信息系统。一个既能够把我们从一个地方带到另一个地方,又拥有庞大数据库的系统,很自然地就可以形成旅游信息系统了。该系统的主要优点是游客通常在未知环境中移动,在该环境下,导航就显得非常重要,他们通常希望高效地访问目的地位置。旅行者没有和工作的人一样的时间限制,但有了这种帮助会使旅行更轻松。这种引导系统还可以提供不同的功能,如快速一日游,优化游览多个景点或对单个站点进行彻底的"考查"。例如,停车场或酒店的可用性,以及详细信息为用户提供了更大范围的旅行选择。存储容量的快速发展并没有真正限制今天任何可以想象的需求;真正的困难在于信息的收集,而不是存储。谷歌地图现在允许用户在应用程序中添加位置、图片和评论,从而快速扩大其数据库。

10.5 跟踪

GNSS 跟踪系统能够同时满足民用和军用用户的需求,尽管最初有两个截然不同的服务级别将这两类利益分开。直到 2000 年,民用 GNSS 跟踪服务与美国政府的实时 GNSS(GPS)跟踪系统是分开的,两者在精度和范围上存在巨大差异。随着 2000 年 5 月停止了 SA,GNSS 跟踪系统正广泛用于各种活动,利用其优势,从调度员到担心的宠物主人,每个人生活更安全、更方便。

GNSS 跟踪系统可用于提高作物产量。安装在无人机上的农田土壤传感器和其他监测器可以帮助确定需要改变浇水、施肥或杂草控制的位置。GNSS 跟踪的其他一些常见用途包括个人紧急情况、路边援助、景观美化、建筑、濒危动物保护、动物迁徙跟踪、被盗车辆定位、车队管理、非法停车和商业物流。这些都是相对简单和极其有效的 GNSS 跟踪系统的实际用途。卫星或地面增强系统或反向 DGNSS 对于跟踪应用非常有用(French,1995;Czerniak et al.,1998)。

10.5.1 车队管理

GNSS 跟踪的一个重要应用是车队管理系统(Ryan et al.,2006;Broida,2004;Czerniak et al.,1998)。想法是将 GNSS 接收机和电信系统集成在一起;卫星导航部分允许对装有 GNSS 的卡车或车辆进行单独定位,而电信部分的设计目的是将所有定位数据从移动接收机传回中央控制和管理站(也称为控制站)。因此,中央控制器可以实时查看车队的状态和定位报告(图 10.10)。

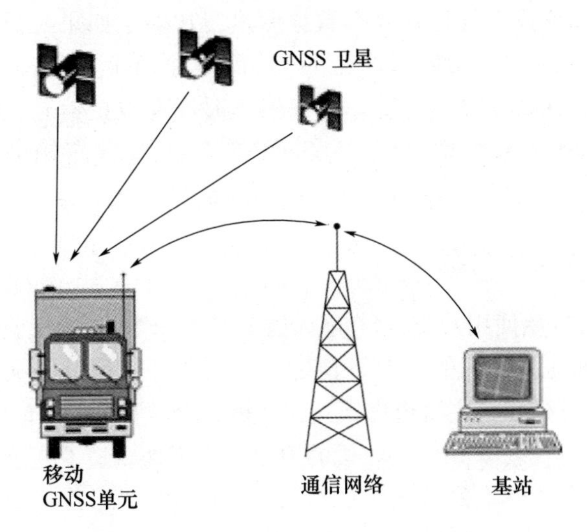

图 10.10　车队管理中的 GNSS 跟踪

该系统最初是为卡车车队使用的,很快出租车公司和公共汽车车队也使用了该系统。就卡车而言,主要目的是跟踪货物并检查路线,以便进行监视和盗窃后的搜寻。就出租车车队而言,目标是优化对客户的服务(缩短接车时间并确保正确下车)。了解车队中所有出租车的位置一定会有助于尽快将出租车派送到客户所在地。这些部署再次融入了当前车载导航系统的基本功能。当然,还需要其他附加数据。出租车费是多少? 相关道路是否堵塞? 在所有关注的数据中,可以说实时交通信息无疑是最重要的事情之一。

对于公交车队,导航的目的是不同的。与地铁或火车相比,公交车的困难在于缺乏面向用户的集中信息,以及使用几种不同的公交车规划路线也很困难。同样重要的是,当在专用车道上行驶时(现在这种情况很常见),很容易给出所有停靠站的准确时间,但在“开放”车道上行驶则不然。然后,当用户到达公共汽车站时,他永远无法确定公共汽车是否已经离开。因此,一种实用的方法是向用户提供实时信息,如下一辆公交车何时到达或如何到达目的地,以及对行程的时间估计和公交车实时位置(Samama,2008)。

10.5.2　停车场自动化

GNSS 用于停车场自动化。当客户支付停车费时,他们会输入车辆的牌照,识别停车区域的代码和停车时间。此信息将发送到数据库。当监控车辆沿着街道行驶时,车辆摄像头会捕捉到停放车辆的牌照。车牌号码以及 GNSS 接收机提供的时间和位置会与付费停车数据库进行比对。如果在数据库中找不到车辆,就可以将照片发送给停车管理局。然而,监控车辆可能面临几个困难:①由于建筑物障碍,DOP 值较差;②地下室停车时没有卫星信号;③位置不准确。通过从只有 GNSS 的系统切换到 GNSS + INS 系统,监测车辆可以克服这些挑战。在加拿大卡尔加里市,成功实施了类似的系统。

10.5.3 航天器跟踪

航天器现在开始使用 GNSS。在航天器上增加一个 GNSS 接收机(图 10.11),可以在无须地面遥测跟踪的情况下精确确定轨道。这反过来又使航天器能够自主导航、编队飞行和自主轨道修正。在印度,IRS-1D 卫星于 1997 年 9 月 29 日发射,这是第一颗装有 GPS 接收机的卫星。在近地轨道卫星上使用 GPS 接收机,可以确定其在轨道上的位置。如今,许多航天器都配备了用于确定轨道的 GNSS 跟踪系统。

图 10.11　卫星使用的 GNSS 技术

10.5.4 人员跟踪

GNSS 跟踪可用于跟踪囚犯(Samama,2008)。一些囚犯在服刑期满,或假释期间释放条件是他们将定期向假释官报告。过去,前囚犯必须在预定时间出现在指定地点、监狱、警察局,甚至家中。在后来更先进的系统中,警方可以通过一种进行近距离检测的电子设备来检查囚犯是否在场。若在特定时间未检测到设备的存在,则会向警方发出警报。但这种方法有缺点,特别是一旦发出警报,警方就有义务找到这位假释犯。

目前正在实施一种新方法,既使用 GNSS 进行定位,又使用 GSM 进行数据传输。整个系统集成在一个电子手镯中,允许囚犯基于受限位置的活动。它也可以反过来使用:在发生盗窃或攻击案件中洗清嫌疑。也确实存在一些这样的商业系统,可以用来跟踪老年人。

这种手镯还可用于其他需要跟踪、查找或定位人员的应用场景。其中一种手镯形式的设备旨在为那些患有阿尔茨海默病的患者打交道的人(亲属和医生)提供安宁。这样的病人可能会"迷路",忘记自己在哪里;在这种情况下,即使他们离医院或家很近,也可能找不到回去的路(可能会给护理机构带来法律问题)。跟踪手镯将提高患者的安全性,并减少护理人员的麻烦(Samama,2008)。

如今,各公司利用 GNSS 技术跟踪送货人员,以确保员工和货物的安全。这种类型的系统使用导航和跟踪的组合。

10.6　时间相关应用

正如我们所知,GNSS 卫星配备了原子钟,可精确到纳秒。作为位置确定的一部分,GNSS 接收机的本地时间与非常精确的卫星时间实现同步。这种时间信息本身有许多应用,包括通信系统、电网和金融网络的同步。GNSS 可用作时间码生成器或网络时间协议(NTP)时间服务器的参考时钟。用于地震学或其他监测应用的传感器可以将 GNSS 用作精确的时间源,以便准确地进行计时。时分多址(TDMA)通信网络通常依赖于这种精确的定时来同步射频产生设备、网络设备和多路复用器。

在同步方面,一些要求很高的应用存在于不同的领域:地震学、通信网络,如互联网和无线电话、银行和金融。专家们认为,时间和定位之间的这种紧密关系是未来我们日常生活革命的本质,这不仅是因为需要精确的时间来实现准确的定位,也是因为我们现代生活的主要目标:即优化我们的时间。

例如,对于电信系统,目前通过使用"同步位"或"同步序列"来实现发射机时间到接收机的传输。这种方法需要一定数量的资源来完成这项任务,还需要足够的带宽。在微秒级同步的情况下,这是相当可观的,但在纳秒级中并非如此。现在让我们想象一下,每部手机都配备了一个用于导航的 GNSS 接收机。那么同步功能将在纳秒内可用,无须额外资源和更宽的带宽,且性能更佳。

10.7 大地测量

GNSS 技术在大地测量中的应用彻底改变了大地测量的方式。GNSS 大地测量能够以毫米级精度估计全球地面参考框架的三维位置，这对地球物理学、地震学、大气科学、水文学和自然灾害科学的重大进展做出了贡献。越来越多的国家政府和区域组织正在将 GNSS 测量值作为其大地测量网络的基础。一旦网络建立，GNSS 接收机就可以提供一种简单的方式来跟踪地震的演变（在 10.10.2 节中解释）。对于大地测量制图或地形测量来说，这也是一种有用的方法（USACE,2007）。在这种情况下需要非常精确的接收机，如双频和载波相位测量（为了达到厘米精度，或者在这些情况下需要更好的精度）。

10.8 土木工程

土木工程是另一个在使用高精度 GNSS 定位接收机方面具有巨大优势的领域。在 GNSS 设备出现之前，土木工程中就没有什么是不可能完成的，但 GNSS 接收机可以高度简化其中的某些阶段。高精度 GNSS 接收机（低至厘米级）现在用于许多不同的任务，包括道路的绝对定位以及不同层的高度（砾石、沥青等）。如 10.3 节所述，工程测绘极大地受益于 GNSS。

10.9 基于位置的服务

基于位置的服务（LBS）是一种信息和娱乐服务，移动设备通过移动网络访问，并利用移动设备的地理位置（Gutierrez,2008）。LBS 服务包括识别人员或物体位置的服务，如查找最近的银行取款机或朋友或员工的下落。LBS 服务包括包裹跟踪和车辆跟踪服务，还包括天气和地球物理服务（Lee,2008），甚至还有基于位置的游戏。它们是电信与 GNSS 融合的一个例子。

据预测，GNSS 的两个主要应用领域是运输和 LBS，这两个领域将占整个市场的 70% 以上（Samama,2008）。术语 LBS 指的是使用用户位置作为输入的所有服务。通常，移动终端是一种通信设备，如手机。因此，LBS 的有益之处在于，用户可以获得服务，供应商可以销售服务，从而产生收入，这可能是一个大规模的服务。大型公司已决定推动 LBS 行业的发展，尽管其发展速度似乎低于预期。

第一个真正的困难是仅仅利用现有的定位技术来解决个人导航问题。我们已经看到，室内定位尚未由 GNSS 星座提供，或者目前还没有任何其他手段提供。在这些情况下，通过整合电信和额外的仪器设备，在室外和室内都可以实现 1m 以内的定位。因此，到目前为止，LBS 主要针对希望找到具有服务保障的工业解决方案的专业部门，以及上述限制可以接受的娱乐活动。当然，这对 LBS 的发展构成了真正的阻碍。因此，主流的应用主要归功于电信服务与移动设备定位功能的集成。如果可用，终端的位置将用于缩小天气信息、参考点选择或用于查找人员的搜索范围（帮助找到一个人）。

一些 LBS 的精度要求非常高。例如，当一个人在商场中从一家商店走到另一家商店时，会创建一条路径。在这个地理位置的时代，关键决策，如地理空间信息，对于购物中心的管理者来说至关重要。技术现在为捕获、存储和处理地理空间数据提供了新的机会。它满足了新兴市场日益增长的需求，特别是在定位设备方面。地理空间信息不再局限于传统的制图用途，数据的时间方面对于我们在日常生活中选择的偏好越来越重要。

位置信息的娱乐价值也是一个相关的机会。与定位技术相结合的游戏软件为下一代游戏和交互式娱乐技术提供了新的途径。在这种情况下，诸如 Android（www. code. google. com/android）和 Open Handset Alliance（www. openhandsetalliance. com）之类的开放开发平台正稳步获得关注。

通常，LBS 的另一个应用程序肯定会为定位行业提供一个支持功能：紧急呼叫。在许多国家，这样的电话是特别预留的号码，任何人在紧急情况下都可以拨打。然后激活本地继电器，特定接线员尽快将“呼叫”转接到相应服务部门，如警察、消防队、医疗中心等（图 10.12）。

紧急呼叫的基本概念是，紧急呼叫中心可以准确定位来电者。事实上，最初的困难出现在很久以前，即第一个模拟电话中心。当用户打电话给消防队时，因为他们忙于处理火灾，常常忘记告诉接线员自己的位置。一旦打电话的人挂断电话，接线员就不知道该派消防大队去哪里救火。随着电子中心的出现，问题消失了，因为通过搜索数据库，可以很容易地给接线员反馈来电座机电话号码的地址。随着移动电话的普及，问题再次出现，用户的位置再次未知。由于对这种服务的明显需求，许多国家决定强制要求电信公司在紧急呼叫时提供用户的位置。GNSS 接收机现在广泛用于手机，甚至在夹克和内衣中也会安装（图 10.13）。夹克和内衣中的接收机经专门设计用于支持紧急服务。它们带有一个紧急按钮，并且按下此按钮后，它们将激活并定期向紧急呼叫中心发送位置信息。在紧急情况下，还可以确定移动电话的地理位置并将其传送到紧急呼叫中心。手机的地理位置也可用于提供基于位置的服务,包括广告或其他特定于位置的信息。使用 GNSS 的 LBS 现在还可为社交网络提供帮助。所有移动电话公司都在销售配有 GNSS 技术的手机,提供在自定义地图上精确定位朋友的功能,以及在对方进入预定范围内时通知用户。

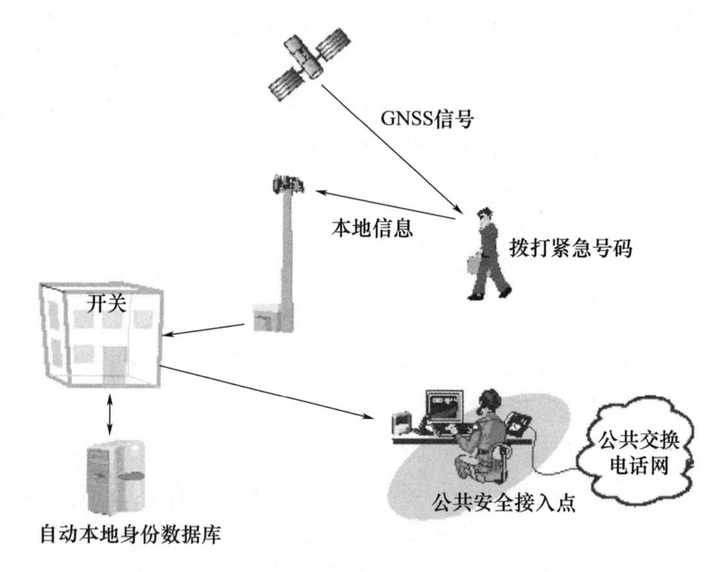

图 10.12 使用 GNSS 和电信的紧急呼叫服务

图 10.13 夹克中带电话的 GNSS 接收机用于紧急呼叫

10.10 科学和研究应用

GNSS 在科学领域有许多应用,因为其高精度(几毫米)使人们对地震学、气候学和地球物理学等领域产生了许多兴趣。事实上,近年来取得的进展很大程度上归功于新的或改进的数据分析技术,以及越来越多的可用测量方法。以下各节描述了 GNSS 的三大科学应用。

10.10.1　大气研究

GNSS信号在穿越大气层时会受到影响，因为其折射率相对于真空而言是不同的。因此，通过GNSS的测量，可以对大气层的各个层次进行分析，包括对低层大气的对流层和平流层分析，以及对高层大气的电离层进行分析。当然，关于电离层传播引起的误差分析在GNSS定位中也极具重要性，这种分析也有可能提高大众市场接收机的精度。

对流层的分析可以用固定的GNSS地面站进行。通过对静止GNSS双频接收机的连续相位测量，可以估算出对流层湿延迟的校正值。这至少在与地面站垂直的位置上是可以接受的。此类测量的精度可低至1～2mm。通过局部压力测量可以估算出干延迟小数部分。如果地面站的数量足够，并且从许多不同的卫星进行同步观测，那么也可以估算出大气的不对称性，特别是当云层在天空中经过时。从世界各地大量地面站收集的数据可以精确估算水蒸气含量及其演变（Samama，2008）。

平流层位于对流层之上（图5.1）。有关这一层的数据（如温度）被用于气象学和长期气候研究。其主要思路是使用位于低地球轨道（通常为750km）的卫星来分析掩星效应，当GPS卫星移动到地球的另一侧时，掩星效应就会发生。然后，通过多普勒测量，可以三维地确定平流层的气压和温度梯度。

电离层是大气层的上层（图5.1）。它是一个电离层，因此会由于GNSS信号和电离粒子之间的碰撞而导致延迟。这是一个真正的干扰，因为GNSS的定位原理依赖于时间测量。如果信号的速度估计不正确，定位将出现相应的误差。通过使用不同的频率，可以对传播模型进行修正，这也允许测定总电子含量（TEC），这是一个可用于电离层建模的重要参数。这些测量可以通过静态地面接收机或低地球轨道卫星进行，也就是再次使用掩星法。然后，可以在本地甚至全球范围内绘制电离层地图。其主要用途是GNSS电离层传播建模，既用于定位，也用于卫星电信系统。

10.10.2　构造与地震学

地球岩石圈被分割成几个构造板块，有7个主要板块和许多微板块。这些板块以非常缓慢的速度相互移动。使用非常精确的定位技术（几毫米），可以长期观测构造板块的缓慢运动。构造板块正以每年几厘米的速度移动，并且对静态接收机的长期分析可以精确地确定板块的运动。这些信息有助于地震预测（Aydan，2006；Kato et al.，1998；Jiang et al.，2007）。这同样适用于研究潮汐对地球表面的影响。

地震分析,更广泛地说,地震学意味着对各种观测数据进行年代测定,以便进行相关性分析。由于 GNSS 需要精细的时间管理,使用 GNSS 可以进行精确的年代测定。因此,它有助于确定两个遥远的现象是否相互关联,使用地下波传播模型来估计相关事件中可能发生的时间偏差。

电离层观测还可以预测地震和灾后地面事件。研究表明,地震或海啸(前后)会引起电离层结构的变化,这些变化可以通过 GNSS 读数进行观察(Samama,2008)。因此,研究电离层也有助于地震预报。结合 GPS 和伽利略星座,增加可用卫星的数量,应该可以提高观测能力。

10.11 动物监测和野生动物应用

定位系统可以在不同类型的应用中实现动物管理。首先,这可能有助于确定野生动物的迁徙运动。这已经通过安装与发射设备耦合的小型 GNSS 接收机来实现,它允许实时持续跟踪动物。另外,对于受保护物种,这也很有帮助。通过长期监测,可以准确确定动物受到任何伤害的日期和位置,从而采取最优化的保护措施。这也可以帮助位于危险野生动物栖息地附近的人类群体发现它们的存在,并应对如何共享同一环境。这个定位功能可以用来研究非常特殊的野生动物行为,如信鸽产生的方向感。像是装备上微型记录接收器,可以知道信鸽的飞行路线。当然,即使有了这些信息,这个谜题仍然没有解开,但这是一个有价值的研究工具。GNSS 还被用于跟踪家畜和宠物(图 10.14)。

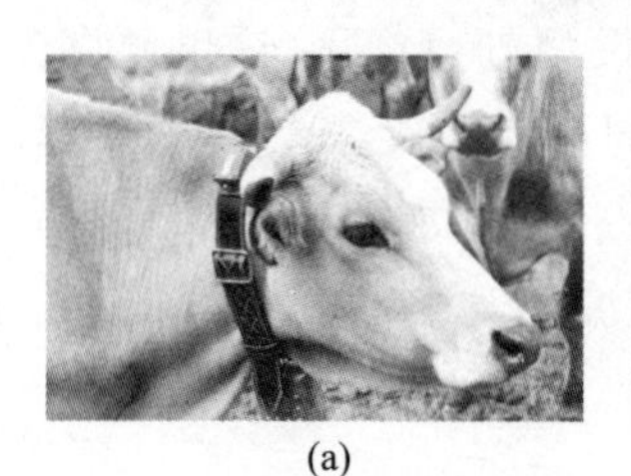

(a)

(b)

图 10.14 用于跟踪动物的 GNSS

10.12 军事应用

GPS 或 GLONASS 的首次应用是明确设计于军事应用的,更确切地说,是为了为海上发射的洲际导弹提供良好的起飞位置(Kaplan,1996)。GNSS 的军事应用涉及许多用途,其中一些用途与民用用途类似。以下是 GNSS 的一些重要军事应用。

(1)导航。GNSS 允许士兵在黑暗中或不熟悉的地区寻找目标,并协同部队和补给的行进。指挥官和士兵使用的 GNSS 接收机分别称为指挥官数字助理和士兵数字助理。

(2)目标跟踪。各种军事武器系统在潜在的地面和空中目标标记为敌对目标之前,使用 GNSS 跟踪它们。这些武器系统将目标的地理坐标传递给精确制导导弹,使其能够准确地攻击目标。军用飞机,特别是那些用于空对地任务的飞机,使用 GNSS 寻找地面目标(如伊拉克 AH-1 眼镜蛇的枪式摄像机视频显示了可以在谷歌地球中查找的地理坐标)。

(3)导弹和导弹制导。GNSS 可以实现各种军事武器,包括洲际弹道导弹、巡航导弹和精确制导弹药的精确瞄准。GNSS 导航和制导为精确定位提供了有效、低成本的手段。此目标选项主要用于攻击固定或可移动目标,目标位置预计在计划和执行攻击期间保持固定。GNSS 制导武器配备了一个集成的多通道 GNSS 系统接收机和惯性测量单元(IMU),用于监测武器的位置和姿态,以调整其飞行路径,从而准确地击中目标。在低成本无动力武器中,制导系统调整武器的自由落体,以在起飞前将预先选定的点注入武器中。在自由落体过程中,弹药的 GNSS 接收机确定位置数据,并借助 INS 数据进行校正。制导计算机使用 GNSS/INS 数据调整可移动尾翼,并将弹药的轨迹修正朝着指定目标的坐标前进(图 10.15)。然而,GNSS 武器并非设计用于攻击移动目标。

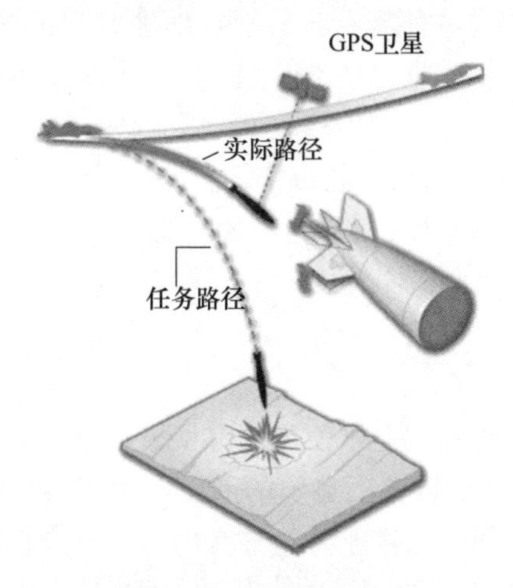

图 10.15　精确制导弹药

(4)搜索和救援。在发生任何灾难的情况下,可以跟踪和救援军事人员,如若飞行员配备有 GNSS 接收机,则可以更快地找到被击落的飞行员。为了到达救援地点,部队可以利用 GNSS 导航。

(5)侦察和制图。军方广泛使用 GNSS 辅助制图和侦察。

(6)无人机驾驶。无人机自动驾驶依赖于 GNSS 提供导航和返回。无人机广泛用于军事应用,包括侦察、后勤、目标和诱饵、地雷探测、搜索和救援、研究和开发,以及在不安全或受污染地区执行任务。

(7)核爆炸检测。GPS 卫星还携带一套核爆炸探测器,包括光学传感器(Y 传感器)、X 射线传感器、剂量计和电磁脉冲传感器(W 传感器),这些构成美国核爆炸检测系统的主要部分。

10.13 精准农业

精准农业或精密农业是一个依赖于田间差异性存在的农业概念。它是关于在正确的时间,以正确的方式,在正确的地点,做正确的事情。精准农业近期已从一个概念演变为一项新兴技术。精准农业通常被视为农业的下一个重大发展,并被认为是一个概念、管理战略,甚至是一种哲学。GNSS 为农民提供了一种新的信息收集能力,以实施基于决策的精准农业(NRC,1997;Srinivasan,2006)。

GNSS 可以辅助土壤采样、制图和土地信息系统(LIS)以及移动制图(Shanwad,2002)。移动制图是一种具有收集独特地理空间位置、时间标签和属性的现场数据的能力,用于集成或更新 GIS 或 LIS。移动制图提供了随时随地以任何方式收集数据的自由。没有 GNSS 组件,移动制图基本上就是无用的。GNSS 组件不仅提供了收集的所有数据的位置,而且还提供了收集数据的时间。GNSS 还使用户在此后任何时候导航回任何特定位置。一旦使用移动制图收集了现场数据,就可以将数据下载到桌面 GIS 中。然后,GIS 为生产商提供了会使用到的所有生产选项,生产者可以使用 GIS 的位置数据和决策来实施精准农业的机械化部分。

GNSS 对于导航和跟踪农业中使用的重型设备也非常有用。农业设备可利用 GNSS 自动转向,或作为屏幕上显示的视觉辅助工具供驾驶员使用。这对于控制交通、行作物作业和喷洒作业时非常有用。带有产量监视器的收割机也可以使用 GNSS 创建正在收割的围场的产量图。GNSS 在农业中的主要用途包括提供一个分析工具,以便优化化肥和其他除草剂与杀虫剂的喷洒,以及对闲置土地的管理。安装的设备应在尽可能好的条件下完成:拖拉机和其他农业机械移动缓慢,有足够的电力供应接收机,所需的典型精度为 1m。特定的软件提供一个农场工作的图形展示,以及用于耕作目的的自动时间提醒。随着生态和环境问题的日益重要,也可以使用这种方法来展示和加强这一领域不断变化的农业实践,这无疑为发展这一市场提供了良好动力。

10.14　其他应用

除了可以根据定位功能开发特定游戏,玩家在游戏中被定位,游戏的发展取决于这些位置,另一种活动称为"寻宝"(Geocaching)(www. geocacheing. com)。这是基于用户在给定位置"隐藏"对象,然后让其他玩家找到这个物体(Cameron,2004;Peters,2004;Broida,2004)。这种受欢迎的活动通常包括步行或徒步旅行前往自然地点,于是"寻宝"成为地理挖掘的逻辑延伸。一些其他游戏,比如 Geodashing、GeoPoker、GPS Golfing 等(Broida,2004)。网站 www. gpsgames. org 提供了几个基于 GNSS 的游戏。

GNSS 道路收费系统可以根据车辆内部 GNSS 传感器的数据向道路使用者收费(Aigong,2006)。支持者认为,使用 GNSS 进行道路收费使得许多政策成为可能,如城市道路按距离收费,并可用于停车、保险和车辆排放等许多其他应用。然而,反对者认为,GNSS 可能会导致侵犯人们的隐私。

另一个 GNSS 应用是跳伞运动。大多数商业降落区都使用 GNSS 帮助飞行员将飞机"定位"到相对于降落区的正确位置,从而使所有跳伞者都能飞回降落区。"定位"考虑了离开飞机的人群数量和高空风。在允许云层跳伞的地区,当在多云条件下进行定位时,GNSS 可以作为唯一的视觉指示器。潜水前,还可以通过 GNSS 确定海拔。

GNSS 在市场营销方面也有应用(Keohane,2007)。一些市场研究公司将 GIS 和基于调查的研究结合起来,以帮助公司根据道路的使用模式和居住区的社会人口属性,决定在哪里开设新分支机构,并确定广告投放的人群。

GNSS 还用于流行病/大流行病的管理和控制。在 2020 年新冠疫情期间,它在全球范围内被广泛使用。在此期间,开发了几款移动应用程序。这些应用程序用于跟踪感染者或康复者。一旦用户安装了该应用程序,就会使用 GNSS 技术跟踪他们的行动,并将获取的信息与政府关于确诊者行踪的数据进行比较。一些应用程序使用 GNSS 的定位功能来检测用户之间的距离,并在他们与测试呈阳性的人接触时匿名提醒他们。GNSS 定位还用于排队/人群管理、响应管理、食品/药品供应和基于无人机的人群识别等应用。

除上述之外，还有一些应用已经或正在使用 GNSS，可以从不同方面受益。本书对 GNSS 的简单介绍应该有助于我们了解其应用范围，以及定位和导航技术是如何帮助我们的。总之，GNSS 目前已达到成熟阶段，但仍有改进的空间。

练习

描述性问题

1. 你如何对 GNSS 的应用进行分类？简要解释。
2. 简要讨论 GNSS 的测绘应用。
3. GNSS 如何用于汽车导航？
4. 讨论 GNSS 的跟踪应用。
5. 如何使用 GNSS 进行结构变形测量和施工放样？
6. 讨论 GNSS 在地球物理学、地质学和考古学中的应用。
7. 讨论飞机和无人机导航应用。
8. 讨论 GNSS 的空间应用。
9. 全球 GNSS 的时间相关应用是什么？GNSS 如何为大地测量提供支持？
10. 根据 GNSS 详细阐述 LBS。
11. GNSS 如何辅助土木工程和采矿业？简要解释。
12. 描述 GNSS 的一些科学应用。
13. GNSS 如何用于促进旅游业？解释“GNSS 有助于动物监测”。
14. 简要概述 GNSS 的军事应用。
15. GNSS 如何应用于农业和娱乐业？
16. 使用 GNSS 讨论“生命安全”。

简短注释/定义

就以下主题写简短笔记：

1. 导航
2. 跟踪
3. 测量

4. 制图
5. 大地控制测量
6. 车队管理
7. LBS(基于位置的服务)
8. 精准农业
9. 寻宝游戏
10. 无人机导航

第 11 章

使用 GNSS 进行测量

11.1 引言

本章讨论了将全球卫星导航系统(GNSS)技术融入测量作业的问题,介绍了实现理想测量精度标准而推荐的方法和程序。本章中的操作守则来自多篇文献(Jones,1984;Wells,1986;Hoffmann - Wellenhof et al.,1994;Kaplan,1996;Trimble,2001;RMITU,2006;Sickle,2008;Ghilani et al.,2008)以及实践经验。

在测量中使用 GNSS 技术需要专门的设备、数据收集技术和数据处理算法。本章为测量员提供理论和实践基础,因为他们开始接受 GNSS 技术,并将 GNSS 设备集成到日常测量操作中。基于 GNSS 的测量是一项不断发展的技术,随着 GNSS 硬件、数据收集技术和处理软件得到改进,新的操作守则取代了现有操作守则。

11.2 测量技术

测量员通常使用 GNSS 进行控制测量、地形测量(测绘)和定点测量。控制测量提供水平和/或垂直位置数据,以支持或控制下级测量,并在相关区域建立控制点。如图 11.1 所示,控制点建立在先前建造的测量标石上(也称为测量标记/标志、测量基准或大地测量标记)。这些控制点用作后续测量的参考。因此,它们需要非常准确和可靠。基线是使用仔细的观测技术进行测量(静态测量中的基线是地球表面两个控制点之间的线)。这些基线形成了紧密支撑的网络(称为控制网络),精确的坐标来自网络的严格调整(称为网络调整,请参阅 11.5.10 节)。静态(也称经典静态)和快速静态观测技术,结合网平差,最适合于控制测量。

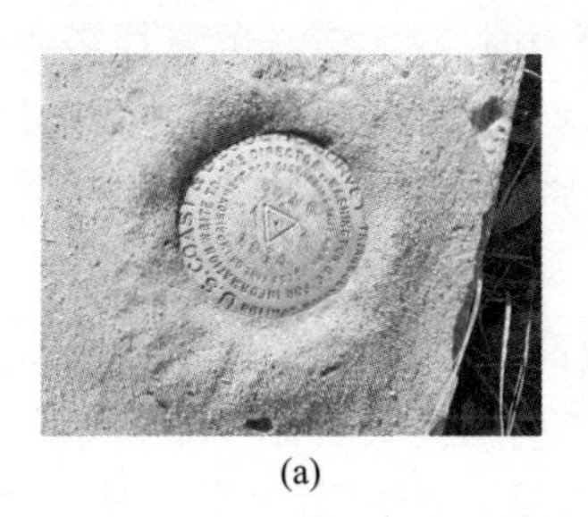
(a)

(b)

图 11.1　不同类型的控制标记

静态或经典静态 GNSS 测量提供了尽可能高的精度,在一个点上停留的时间更长。如果需要非常高的精度,静态系统可能需要 1h 到几天的时间来采集单个点。如果需要极高的精度,静态测量甚至可以连续进行(如监测板块构造运动),这称为持续运行静态测量。根据接收机的工作时间长短,设备设置差异很大。持续运行的永久站需要许多与经典静态系统相同的技术,但在安装时需要较高的精度和更多细节。半永久性和永久性测量将站点部署时间延长至 48h 以上,并可能持续多年。永久性测量的优点是连续收集数据,从而实现高精度(毫米级)定位。这些装置需要深厚的大地测量和处理技术方面知识,这超出了本书的讨论范围。然而,现场选址、运输、安装和实施技术要求是相似的,可以应用于所有应用领域。一般来说,永久性安装的附加要求包括高精度安装设备、不间断电源、多备用电池(防范电源故障)能够长期持续工作的高精度接收机、较大的存储空间和无遮挡的观测视野。

静态测量涉及一个单独记录卫星观测值的接收机,然后使用多种技术进行后处理来接收位置数据(多个接收机可以同时但独立地收集多个点)。记住,这种后处理不是我们在差分和动态 GNSS 测量中使用的那种后处理,即根据基础数据进行校正。这种后处理涉及网平差、最小二乘平差、环路闭合和其他几种统计方法。DGNSS 和动态技术至少需要基站接收机和移动接收机;然而,静态测量仅使用一个独立的接收机来采集点位。

快速静态测量与静态测量非常相似;然而,与静态测量相比,它们使用更短的占用时间来收集更多的点,且占用给定点的时间比大多数动态测量要长,但比静态测量要短来实现这一点。快速静态解可能需要 8 ~ 30min(或更长),具体取决于接收机类型、基线长度以及卫星的数量和几何构型。快速静态技术还需要类似于静态测量的后处理。

静态或快速静态测量是有优势的,是因为其精度更高和设置更简单,仅需使用单个天线/接收机组合,且其组件数量是动态测量中使用的一半。当无线电通信或测量基线距离超过动态技术的能力时,对于较长的基线需要静态/快速静态测量。然而,与具有相同占用时间的动态测量相比,静态测量的精度通常会降低;如果我们允许很长的观测时间,那么静态/快速静态测量可以提供比动态测量更高的精度。

GNSS 动态测量用于快速收集大量高精度测量位置。GNSS 动态测量要求至少由两个接收机组成:一个(或多个)基站接收机和一个(或者多个)移动接收机同时观测相同的 4 颗(或者更多)卫星。在测量期间,基站接收机位于已知控制点上方。探测器被移动到要测量或放样的点。当来自这两个接收机的数据合并时,就可得到一个三维矢量,即基站天线相位中心和移动接收机天线相位中心之间的三维矢量。这个三维矢量通常称为基线,但它不同于静态测量基线。在静态测量的情况下,基线是指两个控制点之间的矢量;然而,在动态测量中,基线定义了基站和移动接收机之间的矢量。若我们可以从拥有连续运行的基站控制网络的机构(政府或私人机构)获取基础数据,则无须建立基站接收机。动态测量适用于较短基线(10km 以内),并且适用于以基站接收机为参考的高精度局部测量。这种类型的测量也可以在扩展区域上进行,但需要建立多个基站。

动态系统的基础是移动接收机,它可以获得初始位置,以及负责修正移动接收机位置的基站。移动接收机是一种天线和接收机的组合,可以安装在测距杆或背包上,并被携带到每个地点进行测量。探测器被带到每个观测点,并在那里停留几秒以完成测量。移动接收机的位置根据静态基站接收机的位置进行处理。

这种校正可以通过通信链路实时进行,也可以稍后通过后处理进行。RTK 技术使用通信链路在勘测期间将基站观测数据传输给移动接收机。动态后处理(PPK)技术要求在测量完成后存储和解析数据,这种情况下不需要通信链路。从前面的讨论中可以看出,无论是在测量之后还是在测量期间,这些方法都会产生相同的结果;然而,事实并非如此。与 RTK 相比,PPK 可以实现更高的精度(见 11.6 节)。

地形测量确定关注区域内重要点的坐标。它们通常用于捕捉地球表面的物理和文化特征,以制作地图。动态技术(实时或后处理)最适合精度要求较高的地形测量,因为它占用每个点的时间较短。伪距差分技术也可用于精度要求较低的地形测量。放样是在现场定位和标记预定义点的程序。为了标定一个点,我们需要实时的结果。RTK 是提供厘米级实时解决方案的唯一技术。放样中的伪距差分解决方案可以提供高达 1m 的精度。DGNSS 在操作概念上相当简单,并且类似于 RTK,它是基于码相关的。一些人还使用基于测距码的单点定位来捕获地理特征。然而，理论界并不认为这是一种测量技术，而是一种用于导航的技术(导航解决方案)。我们在第6章中详细介绍了DGNSS和导航解决方案技术。在本章中，我们将重点介绍基于载波的解决方案。表11.1总结了常用基本测量技术的详细信息(它们可能有不同的实施方式)。其他一些技术也确实存在，但由于它们的相对优势不明显而没有得到广泛使用。表11.2总结了不同测量技术的相对优势和局限性。通常，我们选择的技术取决于诸如接收机配置、所需精度、时间限制以及我们是否需要实时结果等因素。图11.2显示了有助于选择适当测量技术的流程。观测时间直接影响可实现的精度，从而影响测量技术。图11.3显示了一个图表，大致说明了观测时间、精度、测量技术和相关应用之间的关系。

表11.1 常用测量技术详情

参数	差分 GNSS	实时动态 (RTK)	动态后处理 (PPK)	静态/ 快速静态
实时解决方案	是	是	否	否
后处理	是	否	是	是
测量	基于测距码	基于载波相位	基于载波相位	基于载波相位
需要安装	否	是	是	否
需要长时间观察	否	否	否	是
典型观测时间	几秒	几秒	几秒	静态高精度:45min或更长 快速静态:8~30min (取决于接收机类型、基线长度以及卫星的数量和几何构型)
精度	大约1m	厘米级	厘米级	几毫米

表11.2 不同GNSS测量技术的优缺点

测量技术	优点	缺点
基于测距码的单点定位	即时解决方案，用于导航和跟踪	主要缺点是精度很低。它设计的目的也不是进行测量
DGNSS	实时DGNSS提供外场校正位置，可用于导航、跟踪和测量。后处理的DGNSS需要在数据采集后进行处理，并用于测量。以低精度快速捕获点	需要两个接收机。在实时DGNSS的情况下，需要额外的仪器用于从基站到移动接收机的数据传输。后处理DGNSS无法在外场提供校正位置，需要后处理设施
RTK	现场可提供实时校正位置。可用于导航和非工程测量。快速捕获点，精度高	需要在基准点设置基站。极大增加了设备成本和组织工作。基站和移动接收机之间必须有无线电连接。必须在已知标记上设置基站

续表

测量技术	优点	缺点
PPK	减少组织工作、成本和复杂性。足以进行大多数非工程测量。快速捕获点,精度高。可能提供比 RTK 更好的精度	校正后的数据在处理后才可用,需要在基准点设置基站
快速静态	与 PPK 相比,降低了设备费用和复杂性。不需要本地基站。精度高于 PPK	与 RTK/PPK 相比,需要更长的占用时间,潜在测量更少。精度低于经典静态
静态(经典静态)	精度高于快速静态,设备少于 RTK 或 PPK。不需要本地基站	需要很长的占用时间才能达到与 RTK 或 PPK 类似的精度。需要比 RTK、PPK 和快速静态更精确地安装与附加数据
持续静态运行	尽可能高的精度和准确度。不需要本地基站	需要复杂的基础设施、精确的安装和极长的占用时间

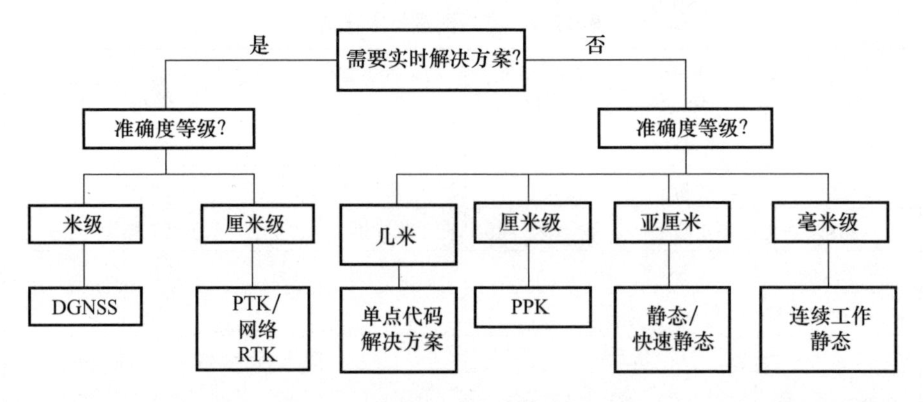

图 11.2　选择适当测量技术的流程

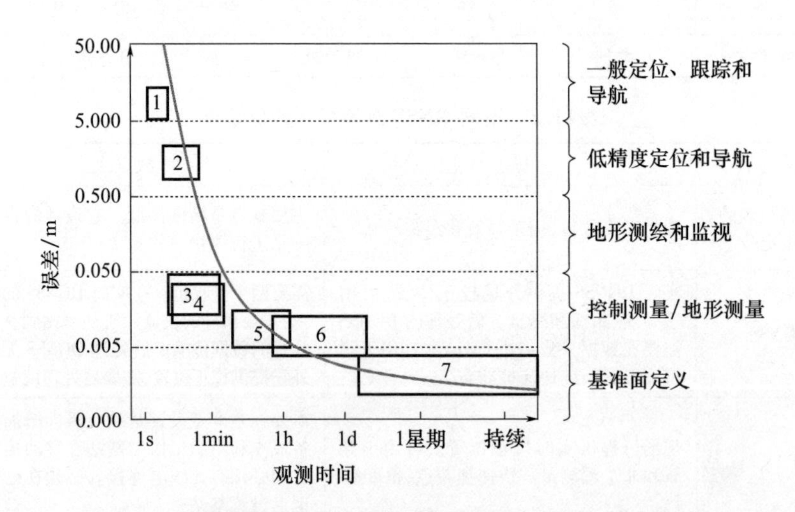

图 11.3　占用时间、测量技术、精度和相关应用之间的关系

11.3　设备

过去，在高精度测量级接收机中，天线（带前置放大器）和接收机（带或不带无线电调制解调器）是两个单独的单元。控制器是另一个单元或与接收机单元集成在一起。还使用了单独的电源装置。这些装置通过同轴电缆连接。图 11.4 展示了这样一个组装和拆卸状态下的装置。这种天线接收机的设置很混乱，难以处理。现代天线将接收机集成在一个单元中，通常称为接收机或智能天线；控制器/显示器则安装在另一个单元（称为控制器）中。天线/接收机单元还内置了无线电调制解调器。这两个单元都有独立的微处理器、存储器和电源单元。数据可以记录在接收机或控制器中。接收机和控制器通过蓝牙连接。图 11.5 展示了一个安装在三脚架上的底座（或静态）接收机和一个带控制器的安装在测距杆上的移动接收机。

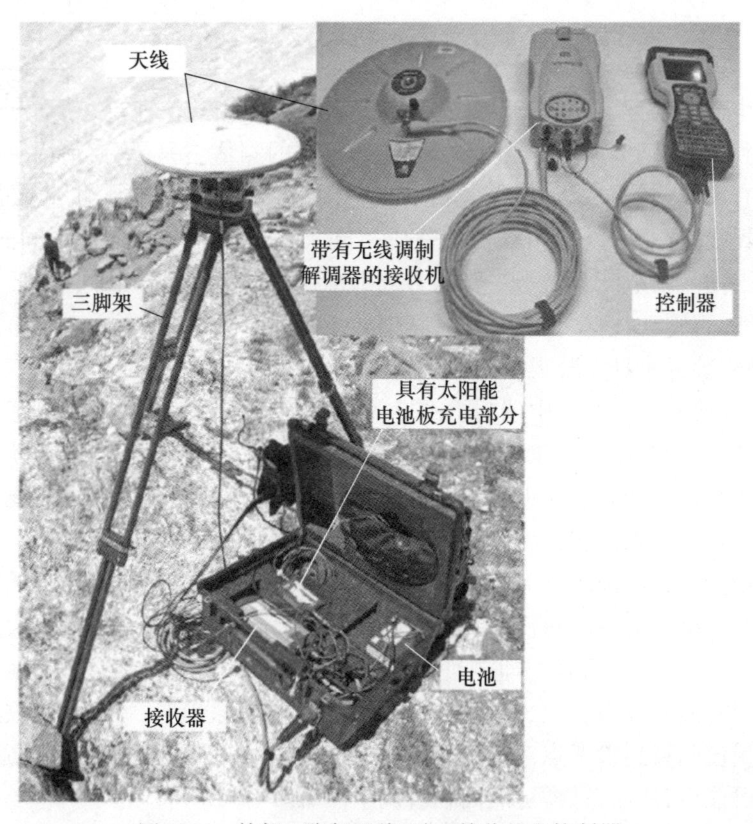

图 11.4　外部三脚架天线、独立接收机和控制器

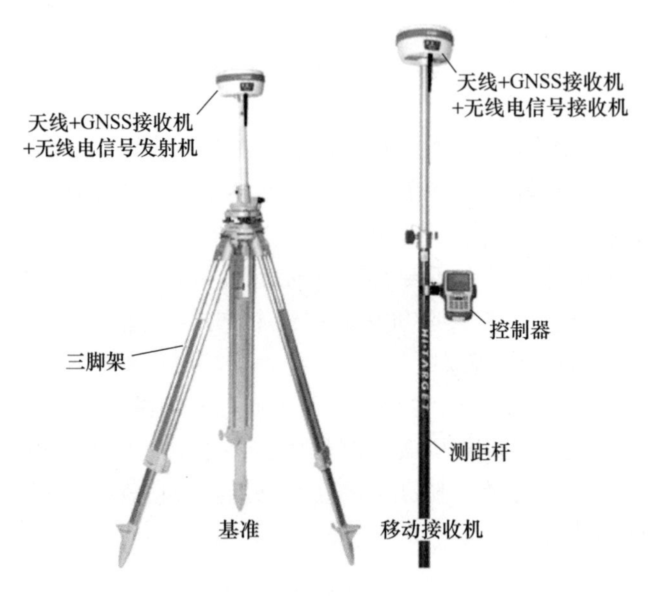

图 11.5　集成天线/接收机和独立控制器设置

在执行特定类型的 GNSS 测量（如基于载波的静态、快速静态、动态或伪距差分）时，接收机和软件必须适用于制造商规定的测量。只要可行，用于测量项目的所有天线（或集成天线/接收机）都应相同。对于垂直控制测量，必须使用相同的天线，除非可以使用软件来适应不同天线的使用。若使用不同的天线，则应来自同一制造商。对于主要的 GNSS 控制测量，必须使用带有地面连接的塔式天线，否则天线应安装在可调三脚架上（图 11.6（a））。接地板是金属平面，磁吸安装或车身安装天线用作其整体部分（图 11.7（a））。当使用三脚架或塔架时，需要使用光学对中器（图 11.7（b）），以确保准确居中对准标记。使用测距杆和/或标桩柱（图 11.6（b））来支撑天线的方法只能用于动态测量。

天线必须直接放置在地面上的点上方，并与任何其他测量一样需要注意细节。设置错误会直接转化为位置误差。GNSS 测量中最常见的误差之一是天线高度的错误读数或记录。天线高度误差影响所有三个位置参数（x、y 和 z），但对高程测量更为关键。每次设置时，应至少测量两次天线高度，第一次是在观测前，另一次是在观测后立即测量一次。若天线高度是手动测量的，则必须使用两个独立的测量系统（公制/英制）进行测量，以消除错误。然后，接收机软件将此测量值归算到参考点。使用固定高度三脚架可消除天线测量和高度记录错误的可能性；然而，这样可能面临着调平困难。

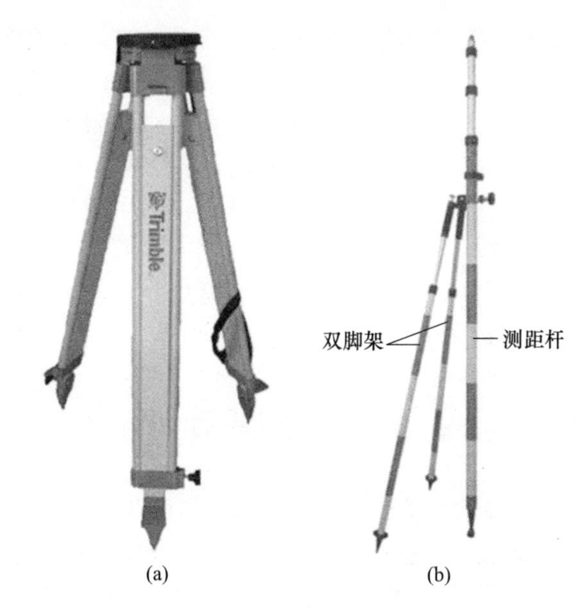

图 11.6　(a)可调三脚架;(b)与测距杆相连的双脚架

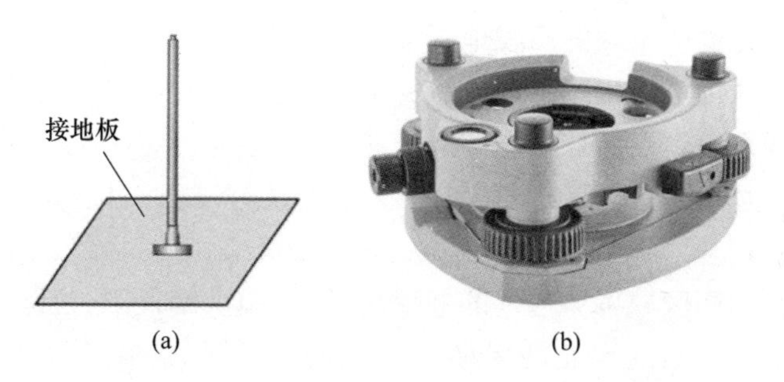

图 11.7　(a)带发射塔的接地板;(b)光学垂准仪

GNSS 接收机是新测量员在进行测量操作之前应熟悉的设备。这可以节省时间,解决操作中的问题,并防止在测量过程中意外丢失数据。阅读仪器手册至关重要:了解 GNSS 接收机型号、设置、功能、如何使用以及设备的局限性的技术规格非常重要。在进行实际测量之前,应花时间练习使用接收机;这对于设置过程、数据收集和数据删除非常重要。还需要观察不同天气条件和地点的信号强度和精度水平。接收机的电池寿命是另一个需要考虑的问题。这在规划测量时非常重要,尤其是在装置没有备用电池的情况下。电池的平均运行时间取决于制造商的设计,但通常情况下,内部设置的电池可以持续 4 ~ 10h;大型电池(或太阳能充电电池)用于外部电池设置。

尽管制造商对其产品的引用精度规范进行了测试和验证,但专业测量人员有责任验证所有新旧设备(RMITU,2006)。所有设备必须妥善维护,并定期检查其准确性。必须消除由于设备维护不善造成的误差,以确保测量结果有效。应在每次测量的开始和结束时校准水平仪、光学垂准仪和准直器。如果测量持续时间超过一周,那么应在测量期间每周重复这些校准。如果任何仪器跌落到地面,那么应在使用前进行校准。成功的校准也证明了测量员具备使用 GNSS 技术达到所需精度的能力。

GNSS 接收机一般用于提供椭球高度。如果我们需要大地水准面高度(一般要求),那么在控制器软件中,大地水准面模型的适当定义是必不可少的。

11.4 测量计划

在开展测量之前,适当的规划至关重要。测量团队需要准备一张待测量区域的地图,并将其打印成适合在移动的汽车中或在野外时易于书写和阅读的大小与比例(A3 或 A4 大小适合更好地处理)。如今,如果能够在户外访问互联网,在线地图和卫星图像(如谷歌地球/谷歌地图/必应地图)也被广泛使用。一些控制器甚至提供可下载的离线地图和卫星图像。

若测量团队中没有人熟悉要测量的地点,则必须利用当地资源。在地图上规划勘测路线至关重要。如果是团队作业,我们会为特定团队分配特定的测量区域。但是,也应将备用区域分配给一个小组,以备调查提前完成或主要区域出现问题时使用。

必须考虑勘测区域可能遇到的危险和风险(山洪暴发区、道路状况、当地犯罪团伙、叛乱分子、敌对政党的堡垒等),以避免延误,并防止发生任何不利事件。通常,聘请当地导游或有影响力的人可能会解决这些问题。同时需要规划团队中的适当测量员、在某些区域使用的车辆类型,以避免物理(崎岖道路)和社会(叛乱分子的存在或敌对政党控制的区域)限制。在测量期间,最好带上一名熟悉该地区的顾问。

为测量团队成员分配特定职责对于避免混乱非常重要。在开展测量之前准备所有材料至关重要。若组织了多个团队,则需要准备额外的路线图。所有电池(包括备件)应充满电。可以携带一台数码相机拍摄被测量区域的照片(尽管现在所有控制器都内置了相机)。必须编制 GNSS 读数数据表和附加信息(观测日志)。这是数据的备份,也是进行记录的简便方法。GNSS 日志表可能包含项目 ID、作业 ID、日期、位置、操作员姓名、遮蔽角、精度衰减因子(DOP)、精度读数、接收机/天线型号、天线高度、椭球体、大地水准面、单位、点 ID、点名称、其他属性等项目。目前，所有GNSS控制器都支持可以与每个点链接的数字数据库。这大大减少了对观测日志的需要。

外出前设置仪器很重要。以下是应该应用的一些设置：基准（椭球面和大地水准面）、单位、方位角、纬度/经度单位（GIS中首选十进制度数）、投影。DOP值需要提前评估。Trimble的免费在线软件可用于预测任何地点和许多星座的DOP值，网址为www.gnssplanning.com。根据DOP值估计，可能需要调整测量时间。关于估计的DOP值，请记住，规划软件不考虑现场的物理障碍物（如高层建筑）。一旦接收机和测量队准备好进行测量，就需要进行一些测试读数。这些读数应在开阔的空间内进行，并提供良好视野的天空，以获得更好的精度。应记录达到的精度，这将作为下一次读数的估计值。

11.5　GNSS测量的一般因素

我们现在已经了解了根据应用和精度要求可以采用的各种GNSS测量方法。然而，无论采用何种测量方法，都有其他因素影响GNSS的精度。与大多数测量任务一样，如果规划和设计得当，GNSS的测量更有可能取得成功。在GNSS测量之前和期间，需要考虑许多问题。本节介绍了在尝试测量之前以及测量期间应考虑的一些问题。

11.5.1　准确度

也许需要回答的第一个问题是，GNSS的哪些技术能够达到项目所要求的精度。制造商规范表明，载波相位测量能够达到厘米到亚厘米的精度，加上基线长度的百万分之一或百万分之二（ppm）。测量员必须意识到，这些技术规范通常与计算基线的标准偏差相对应。指定值加倍（有时更大）通常可以更真实地评估接收机的能力。用户还应注意，这些精度值中不考虑由多径等因素引起的误差。另一个需要考虑的因素是垂直分量，它通常不如水平分量准确。根据卫星几何构型（DOP），粗略的经验法则将高度误差与水平误差联系起来，其比例系数为1.5~3.0。

11.5.2　障碍物

为了将GNSS技术应用于测量应用，需要能清楚地看到卫星。这就排除了GNSS技术在隧道、桥梁下和有许多高层建筑的地区使用。GNSS技术可能不适合于对已有区域内部进行特征测量。在这些情况下，可以使用GNSS技术进行部分测量，如控制点工作。测量的剩余部分可以使用全站仪完成。克服障碍物造成问题的另一种方法是偏移测量（参见11.5.12节）。专业经验将决定该测量场地是否合适。需要注意的是，观测点周围必须没有信号障碍物，而不仅仅是观测点本身没有障碍物。

11.5.3 基线长度

两个接收机之间的距离或基线长度是GNSS测量中的另一个考虑因素，因为随着接收机之间距离的增加，测量精度会降低。这是由于两个站点的误差空间相关性不如接收机彼此相邻那样高。大多数精度规范的ppm组成部分反映了这一事实。此外，成功解决整周模糊度所需的时间通常会随着基线长度的增加而增加。这会导致测量结果不太准确，执行效率也不高。

对于静态测量，占用（或观测）时间通常很长，以确保模糊度的解决以及平均随机测量和多径效应。因此，基线长度不是一个关键因素。用户必须意识到，若使用单频接收机，则存在一个限制，因为电离层误差将导致基线大于10～15km时出现问题。基线长度应保持在这个长度以下，特别是在太阳黑子周期活动的峰值。对于快速静态测量，测量员必须使用双频接收机。此类测量的目的是尽可能解决模糊度。当基线长度小于5km时，进行的快速静态测量最有效。虽然可以观察到比这更长的基线，但是，解决模糊度所需的时间可能会让静态测量活动更有效。

动态测量（包括RTK）对基线长度最为敏感，因为有效解决整周模糊度是使用短占用时间的关键。失败的模糊解使得测量不能满足所要求的精度水平。大多数制造商建议在基线长度小于10km的情况下进行RTK测量。虽然观测到的距离更长，但最有效的快速静态测量是在基线长度小于5km时进行的。请记住，距离还取决于无线电发射机的容量和障碍物，如建筑物。

这些准则如果被误解，可能会显得很有限制性。需要明确的是，测量可能会超出这些规定的基线长度；应该保持在这些限制范围内的是基站与移动接收机之间的距离。若使用多个基站，则可以在非常大的区域内成功地进行测量。

11.5.4 观测时间

对于静态测量，每个测量点的观测时间需足够长，以获得充足的测量数据，从而解决整周模糊度。用户必须意识到，需要在观测期间改变卫星的几何构型才能解决模糊度。这在一定程度上是因为模糊度是一个非常接近于测量开始时卫星和接收机之间距离的值。随着卫星之间距离的变化，距离和模糊度开始分离。这使得统计方法能够更容易地识别出正确的整周数。因此，以 1s 的速率收集的 100 个测量历元很可能不足以解决模糊度，而以 15s 的速率（即 25min）收集的 100 个历元效果更好。这显然表明，在进行静态测量时，观测时间是关键因素，而不是测量历元的数量。

静态测量所需的观测时长应兼顾多种因素，包括基线长度、卫星数量、卫星几何构型、大气条件和多径条件。通过使用现代测量接收机，20 ~ 30min 的双频测量通常足以解决基线长度小于 10km 的模糊度问题。30 ~ 40min 的观测能够解算 10 ~ 20km 的基线。这两种解算都需要持续跟踪 5 颗以上的卫星。应注意，在存在障碍物的情况下，可能需要更长的观测时间，以获得清晰的观测量。建议单频用户采集两倍时长的观测量，即在基线长度小于 10km 的情况下观测 40 ~ 60min。如果观测到 6 颗、7 颗甚至 8 颗卫星，熟悉设备性能且经验丰富的用户可以适当缩短观测时间，如 10min，尤其是在较短基线上进行快速静态测量时。对于长度超过 25 ~ 30km 的基线，应使用双频接收机，观测时间不应短于 1h，以确保成功解算出模糊度问题。

动态测量使用短时间的初始化技术来解决整周模糊度。此初始化程序可以采取多种形式；然而，最终结果是成功地约束了处理过程中所需的整数项。一旦测量初始化，每个标记点只需要观测几个历元。为了获得足够的测量值，以检测是否记录了不良历元，建议测量员在移动接收机现场至少获取 10 个历元。动态测量的记录速率通常高于静态测量，因此，10 个测量历元可能对应 30s 或更短。保守地说，动态测量的观测时间应为 30 ~ 60s。

11.5.5　记录速率

记录速率表示存储定位测量值的速率。此速率通常称为数据速率或历元速率。对于静态测量，以低速率来存储测量值没有什么优势。通常，10s 或 15s 为一个历元的记录速率对应于 20min 或更长的静态占用时间。对于可能需要数小时测量的较长时段，30s 甚至 60s 为一个历元的速率是合适的。对于静态测量，重要的是评估要执行的工作量，并权衡数据量和可用存储空间量。例如，在一天内进行 4 次持续 45min 的观察可能是可行的。在这种情况下，用户应验证所选速率是否能够存储 180min 的数据。还应注意，所需的数据存储量将取决于观测到的卫星数量以及制造商将获取的测量数据压缩为有效数据结构的能力。对于快速静态测量，同样的考虑也适用。快速静态测量和静态测量的主要区别是占用时间缩短。为了给处理算法提供足够的测量数据来执行统计操作，通常在快速静态测量中使用更高的数据速率。例如，应以 5s 或 10s 而不是

30s 或 60s 的数据速率用于持续 10min 的占用时间。

动态测量的数据要求与静态或快速静态测量有很大不同。通过缩短占用时间,动态测量比静态测量更有效。通常,建议每个移动接收机站点至少有 10 个历元。若将历元速率设置为 60s,则动态测量的性能与快速静态测量没有区别。因此,通常采用 3s 或 5s 的记录率来进行不定期启停的动态测量。这使得移动接收机能够占用标记的时间不到 1min,同时仍能提供足够的时间来识别总测量误差。通过购买额外的存储芯片或数据卡或使用带有大硬盘的计算机,可以使用更高的采样率;但无论如何,成本都会增加。另一种方法是,在实地测量期间,将采集的测量值传输到具有相当处理能力的计算机。若这些选项不可行,则可以以较慢的速率记录(如 10s),并将移动接收机的观测时间延长至近 2min 来实现折中。然而,随着技术的进步,现在控制器具有足够的内存。

最后需要考虑的测量类型是连续动态测量(PPK 的一种类型)和 RTK 测量,其中接收机在运动时的位置是重点。需要仔细选择记录速率,以提供所需间隔的点。例如,测量车辆以 60km/h 的速度行驶。因此,必须根据所需的点间距和主机平台的估计速度来计算数据速率的选择。用户可能会发现,测量需要以 1s 的速度进行,才能对所选应用程序有效。如果是这样,可能需要给予额外的数据存储,以便能够进行实际观测期的测量。

必须记住的一个关键点是,基站接收机必须至少以与移动接收机相同的速率记录测量值。只要速率可以被移动接收机速率平均整除,基站接收机的记录速度就可能会比移动接收机快。例如,10s 的移动接收机速率和 2s 或 5s 的基本接收机速率是令人满意的。3s 的基本接收机速率和 2s 的移动接收机速率将意味着每三个移动接收机周期中有两个被忽略。接收机中的测量时段是通过 GNSS 时间除以记录速率来确定。余数为零表示应存储测量值。这意味着测量员无须同步接收机,因为接收机时钟自动执行此功能。

11.5.6 测量冗余

专业测量员更倾向于在其测量过程中采用冗余测量。控制工作是通过遍历、计算和分配测量误差来完成的。通常使用与导线测量线的直角偏移来检查辐射。即使是详细测量也会进行各种检查,因为异常地形变化和栅栏线的大弯曲可能表明测量错误。每种技术都为测量员提供了检测总测量误差的能力。使用 GNSS 进行测量也是类似的;唯一的区别是观察过程不太容易出现用户错误,因为几乎所有其他操作都是由接收机自动完成的。人为错误最可能的来源是错误地使用了不正确的标记或错误地命名了标记、不正确的椭球/大地水准面定义以及错误输入天线高度细节。事实上,由于接收机测量过程而产生的任何误差通常都很难检测到。

GNSS 测量可以设计为包含足够的冗余测量,以便能够检测到重大误差。测量员应了解到 GNSS 测量的冗余测量要求。例如,静态控制测量可能需要每个已知点进行两次以上的独立观察。对于动态测量(包括 RTK),每个点的坐标应基于两个参考站的观测数据推算出来,可能需要从两个参考站对每个点进行协调(同义于测量、占用或采集)。还应记住,动态占用是独立的,换句话说,为了使每个点被占用一次,两个参考接收机不能同时操作。测量员可以通过在其测量过程中规划冗余测量来提高其结果的完整性。然后,可以使用闭合环路和最小二乘平差来发现有问题的测量值(参考 11.5.9 节和 11.5.10 节)。

执行检查的另一种方法是尽可能多地使用已标记坐标点位。必须占用最少数量的控制点并将其整合到测量中,以便能够相对于适当的坐标来计算坐标。整合外部坐标有两个目的:它有助于识别错误的 GNSS 基线,并将测量整合到控制坐标系。这也验证了控制坐标的准确性。

11.5.7　卫星几何构型

间隔合理的卫星往往比间隔不合理的星座能提供更好的结果。用于描述瞬时卫星几何构型的指标称为精度衰减因子(DOP)。DOP 值高表示卫星几何构型较差;值越低,表示几何构型越强。DOP 值是根据点定位最小二乘平差中法线矩阵的逆矩阵计算得出的(参考 5.9.2 节)。

DOP 值极度依赖于可见卫星的数量。至少要同时观测到 5 颗卫星。在观测期间,几何精度衰减因子(GDOP)不得大于 8。位置精度衰减因子(PDOP)不得超过 5。卫星信号应从至少两个对角线相对的象限进行观测。卫星在观察者地平线上方的位置可以从星图和规划 GNSS 测量过程中的关键参数中获得(参见 5.9.2 节)。

高于地平线 20°或以上的障碍物应在障碍物图上注明。在观测之前,应通过适当的侦察将障碍物的影响降至最低。基线测量中不应使用低于 10°截止高度角的卫星。来自这些卫星的信号将受到更高的多径效应。在城市环境中,截止高度角应保持在 15°左右。

11.5.8　控制要求

几乎所有测量都要求计算的坐标与现有坐标集相关。即使是简单地重新建立测量,也需要将测量旋转到先前测量所使用的基准面上。这可以通过在先前测量中占用的标记上设置测量仪器，并沿先前测量确定的方向进行观测来实现。这提供了方位基准，或者实际上确定了应用于确定坐标的必要旋转参数。若使用的全站仪已经校准，则可以认为距离正确，可以继续测量。

GNSS 测量与全站仪测量略有不同。测量生成的坐标参考 GPS 的 WGS 84 基准（参考 9.5 节了解其他 GNSS 系统使用的基准），并以基准和移动接收机之间的笛卡儿坐标差表示。若所需坐标系与此不同，则需要进行转换（参见 9.5 节）。对于在整合新点时需要考虑本地控制点坐标的测量应用，预先确定的一组全局或区域变换参数通常不足以应用于新点，因为这些参数对本地坐标中的误差不敏感。因此，测量员必须占据具有已知坐标的点，以便在本地坐标系中整合新点。

所需控制点的数量取决于具体应用。若需要水平坐标，则至少需要两个点，在所需坐标系中具有已知的东距和北距坐标。这使得可以计算比例因子、旋转和两个平移分量（参见 9.5 节）。请注意，变换参数估计过程中没有冗余，因此很难检测到局部坐标中的任何错误。在这种情况下，观察第三个控制点是有益的。若还需要点的高度，则必须提供足够的信息来计算大地水准面与球体间距。若测量范围小于 10km，通常可以应用几何大地水准面建模技术取得良好效果。几何技术要求将测量连接到具有已知水平和高度坐标的三个点。已知高度的额外点就足以检查大地水准面建模技术的成功。

11.5.9 环路闭合和基线差异

如果在数据处理过程中正确识别和约束载波相位模糊度，GNSS 测量技术能够生成厘米级精度的结果。结果通常表示为笛卡儿坐标差。这些坐标差或称矢量表示基站和移动接收机之间的三维坐标差。除了笛卡儿坐标，矢量还可以表示为东、北和高程差。这通常使用局部投影来执行。无论矢量的呈现方式如何，闭合连接基线都有助于检测错误测量。用计算非闭合导向的相同方法，也可以确定 GNSS 矢量的三维闭合差。GNSS 测量不是为了生成导线测量的等效值；因此，测量员使用手动选择的基线来形成基线环。可以使用计算器执行闭合；然而，一些 GNSS 测量系统通过数据处理软件提供环路闭合应用程序。智能地使用环路闭合可以识别出错误的基线。

为了构建闭合环路，需要从多个观测时段获得基线。如果只使用一个时段，那么基线是相互关联的，并且循环闭合往往总能显示出良好的结果。这是因为基线之间的“相关性”，而不是基线的“质量”。当观察到多个时段时，可以采用一些策略来检测质量差的基线向量。考虑图 11.8 所示的例子，其中观察到了多条冗余基线。可以采用的一种策略是检查每个三角形,同时尝试隔离任何显示较差结果的三角形。如果每个三角形都是闭合的,那么某个不良基线很可能会影响多个三角形。此技术支持检查来自同一时段的相关基线。然而,同样可能的是,如果时段时间太短,无法正确解决模糊度,那么会标记至少两条低质量基线。如果观察到足够的基线,比较所有三角形将能够检测到此类实例。

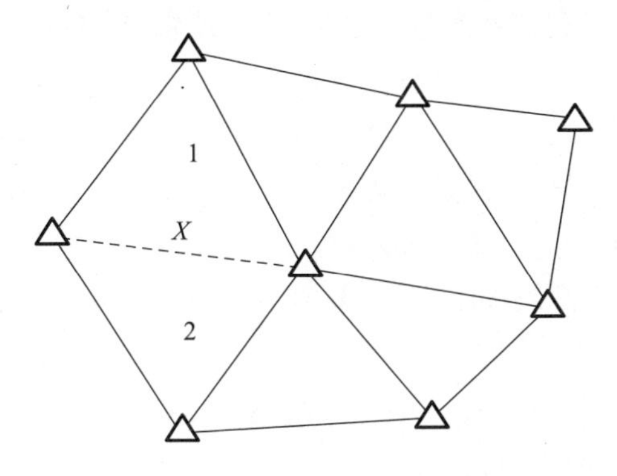

图 11.8　冗余基线观测

在图 11.8 中,如果基线 X 是错误的,可以预计三角形 1 和 2 将突出显示较差的闭合。通过围绕三角形 1 和 2 的四边周长执行闭合,可以突出显示较差的基线。此外,应在不止一个时段的情况下占用多个点。执行环路闭合将有助于检测数据集中是否存在天线高度错误。为了使处理软件能够检查不良基线,必须对基线进行多次测量(即多次时段),以获得独立基线。例如,在前面描述的情况下,基线 X 可以在第一次和第二次时段中测量(通过保持该基线固定),以便处理软件能够进行比较。

应对重复基线测量中的环路闭合差和基线差异进行评估,以检查错误,并获得内部网络一致性的初步估计。用于处理原始数据的软件必须能够产生符合测量规定精度标准的结果。该软件必须能够根据原始数据生成相对位置坐标和相应的方差协方差统计数据,这些数据反过来可以用作三维网平差程序的输入。

在环路闭合分析的情况下,闭合误差是代表 GNSS 基线矢量分量中合成误差当量的直线长度与测量环路中待分析图形周长的比值。回路定义为一系列至少三个独立的连接基线,它们在同一基站开始和结束。每个回路应至少有一条与另一个回路共用的基线。每个回路应包含至少两次独立时段采集的基线。下列基线环路最低标准应用于一级分类(1∶100000)网平差的静态和快速静态过程:

(1)回路中的基线应至少来自两次独立观察。仅包含为一个共同观测时段确定的基线的环路闭合对于分析网络的内部一致性无效。

(2)环路中的基线总数不得超过10条。

(3)环路长度不得超过100km。

(4)不符合纳入任何环路标准的基线百分比应小于所有独立基线的20%。

(5)在任何组件(x,y,z)中，最大闭合差不得超过25cm。

(6)在任何组件(x,y,z)中，环路长度的最大闭合差不得超过12.5×10^{-6}。

(7)在任何组件(x,y,z)中，环路长度的平均闭合差不得超过8×10^{-6}。

对于重复基线差异，则有以下两点：

(1)基线长度不得超过250km。

(2)在(x,y,z)任何组件中，最大差值不得超过20×10^{-6}。

注释

当测量连接回自身起点时，称为环路。如果一个环路被完美地测量，那么测量应该回到它开始的起始点。如果循环没有精确回到的起点，那么称为闭合差。闭合差表明环路中的部分或所有测量值存在误差。在循环中发现的误差类型对如何闭合环路有很大影响。测量数据中有随机误差、系统误差和粗差三种类型的误差。

随机误差通常是测量过程中出现的小误差。它们是由于不可能每次测量都得到绝对完美的测量结果。当某个因素在整个测量过程中造成持续一致的错误时，就会出现系统误差。系统误差的关键是它们是恒定和一致的。如果我们了解是什么导致了系统误差，我们就可以用简单的数学方法从每次测量中去除它。粗差是测量过程中的基本误差。粗差通常是人为因素造成的。粗差是指在读取、转录或记录测量数据的过程中出现的错误。

最小二乘法是一种数学方法，其工作原理是求解一个大型方程，该方程考虑了所有冗余数据并将误差降至最低。最小二乘法假设测量中的误差是随机的。若误差不是随机的，则数据违反了最小二乘法的数学模型，该过程将无法正常工作。因此，如果我们要使用最小二乘法，就必须采取特殊步骤来检测任何粗差并对其进行补偿。

11.5.10　网平差

在建立 GNSS 基线网络时，通常在处理完成后对生成的基线进行最小二乘平差。这些网络可能包括静态基线和动态基线，但通常观察的是静态基线。在 GNSS 测量过程中，网平差程序具有多种功能。该平差提供了一组基于所有测量值的坐标，并提供了一种机制，通过该机制可以检测到尚未达到足够精度的基线。在网平差步骤之前，应进行一系列环路闭合，以限制进入平差过程的错误基线的数量。网平差阶段的另一个特点是，GNSS 矢量与当地坐标系之间的转换参数可以作为平差的一部分进行估计。平差过程可以通过多种方式进行。以下是平差过程的主要内容。

11.5.10.1　最小约束平差

处理后的笛卡儿矢量加载到平差模块中后，应在没有坐标约束的地方进行平差。应使用各自 GNSS 星座的基准进行平差（如 WGS 84 用于 GPS）。实际上，处理器确实在内部约束了一个点，以解决此平差。该解决方案提供了一种机制，通过该机制可以检测到不太准确的 GNSS 基线。一旦进行了最低限度约束的平差，测量员应分析基线残差和统计输出（不同平差方案之间会有所不同），并确定是否应从后续平差中删除任何基线。这一过程依赖于以这种方式观察的基线网络，以确保存在冗余基线。正是冗余基线使错误基线得以检测。

11.5.10.2　约束平差

一旦完成了最小约束平差，并去除了所有不满意的基线解决方案，就可以进行约束平差。如果需要，进行约束平差以计算变换参数，并得出所需坐标系中所有未知点的坐标。测量员必须确保占用足够数量的已知坐标点，作为测量的一部分。用户应分析处理器的统计输出，以确定平差的质量。进行最小约束平差后，此阶段的较大残差将表明控制点是非均匀的。因此，重要的是要占用额外的控制点，以确保能够检测到此类错误。

11.5.10.3　误差椭圆

估计坐标的标准偏差是从最小二乘法公式中生成的正规矩阵的逆中导出的。每个点的误差椭圆可以从该矩阵的元素中计算出来。椭圆表示一个标准偏差置信区域，基于测量的最可能解将落在该区域。测量员应根据这些椭圆的大小来确定平差过程的质量。许多合同将规定最小约束和完全约束平差的误差椭圆尺寸,以此作为规定所需精度水平的方法。平差程序的产品文档将进一步说明椭圆值的生成方式。

11.5.10.4 独立基线

为了使最小二乘法平差过程取得成功,测量员必须确保已观测到独立基线。若使用多个时段构建基线网络,则将存在独立的基线。在仅观察到一个时段并且调整了所有基线的情况下,测量残差将非常小。这是由于基线解之间存在相关性,因为它们是从公共数据集中得出的。只要测量员意识到这种情况,并且不假设基线具有网平差结果所表明的高精度,这就不是问题。纳入独立基线是GNSS测量设计的一个重要组成部分,并能因此获得强大的网络配置。

11.5.11 独立重新占用基站

GNSS测量需要冗余观测,用于检测粗差并获得统计上可靠的结果。冗余是通过使用不同的几何组合在不同的时段中重新占用一些点来实现的。以下标准适用于网平差的静态、快速静态和重新占用过程:

(1)10%的基站应被占用三次或三次以上。

(2)所有垂直控制站应占用两次或两次以上。

(3)25%的水平控制站应占用两次或两次以上。

(4)用于方位控制的所有"站对"应同时占用两次或两次以上。

(5)100%的新基站应被占用两次或两次以上。

(6)对于连续占用基站的时段,天线/三脚架必须在时段之间进行物理移动和重置,以归类为独立占用。

11.5.12 点或线偏移

避免多径和信号衰减的一种技术是偏移(图11.9)。如果无法实际(或以其他方式)访问测量位置,也可以采用偏移。偏移点必须离原始位置足够远,以避免信号受阻,但必须足够近,以防止出现不可接受的定位误差。时间长度(原点和偏移点之间的距离)可以通过外部激光器、直接连接到GNSS接收机的激光器,甚至是磁带和倾斜仪(用于测量角度)来测量。可以使用三种不同的方法从远处测量一个点:①通过定义距离和方位(相对于北方的角度)(图11.9(a));②通过从两个不同偏移位置测量的距离并定义占领点所在的那一侧;③通过测量三个偏移位置的距离。最后两种方法使用三边测量技术来确定所需的点。然而,第一种方法确实减少了时间投入、复杂性和出错的可能性。

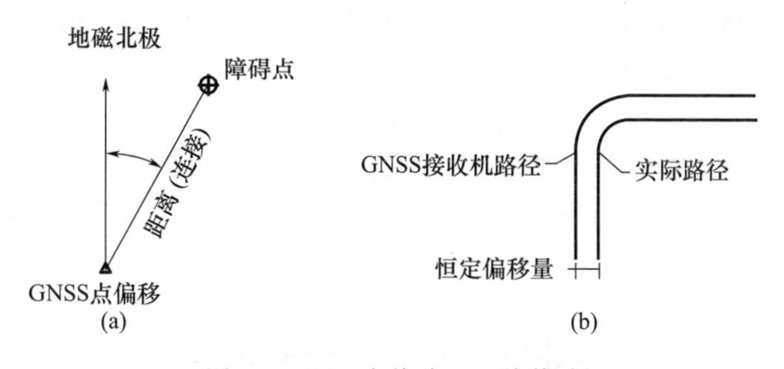

图 11.9　(a)点偏移;(b)线偏移

RTK 和差分 GNSS 特有的技术,尤其是在移动 GNSS 应用中使用的技术,即创建动态线。GNSS 接收器通常以预定的时间间隔或距离沿着待绘制的行进路线移动。路线上的障碍物显然给这一程序带来了困难。若无法沿着现场采集的线路行驶,或路线不安全,则可以使用恒定偏移量进行采集(图 11.9(b))。此技术在采集道路和铁路时特别有用,因为在这些特征的宽度恒定,可以在一定程度上估计偏移。在该方法推荐的情况下,还可以收集具有单个离散点且占用时间短的路线。

11.5.13　浮动解

若获取的数据不足以成功解决载波相位模糊度,则会生成浮动解。在浮动解中,模糊度不受整数限制,而作为实数"浮动"。最常见的情况是,在这个实例中,浮动模糊度不是整数(或接近整数)。当模糊度被约束为整数时,可以得到最精确的结果;因此,浮动解通常意味着无法达到所需的精度。在大多数情况下,需要重新观察基线,但是,可以使用一些处理修改来缓解此问题。本书假设测量是使用静态或快速静态观测技术进行的。动态技术通常更难解决,最好重新观察。

测量员应仔细分析其数据处理程序提供的输出结果。在所有浮动解中,潜在解的残差平方和的比例将接近或低于 1。这表明没有明确的整周模糊度解。计算比例的含义和本质取决于处理软件包,用户应参考其文档。若模糊度显示为数值,则它们将是接近但不为整数的实数。此外,测量残差可能很大。在每个模糊度似乎都不是整数的情况下,基线最好重新观察。但是,如果有一颗卫星不接近整数,但其他值都非常接近,则应在将该卫星从处理结果中删除后再重新处理一下数据。同样,分析残差图可能会发现一两颗有噪声的卫星,这些卫星可以从处理中消除,以尝试生成固定的模糊度解决方案。另一个值得尝试的改进是提高截止高度角。如果在10°观测到数据,并且残差图显示,当卫星低至地平线时,测量值变得特别嘈杂,那么可以将截止角升高到15°,然后重新运行处理软件。这可能会解决问题并产生固定的模糊度。

一般来说,当使用上述建议无法解决的问题时,必须重新观测基线。然而,通过分析处理程序提供的输出并寻找可能导致问题的卫星测量值,一些基线能够处理到令人满意的精度。

11.6 观察方法

GNSS测量通常使用相对定位方法中的载波相位进行高精度测量。以下各节描述了这些方法及其规范。这一讨论应有助于为特定应用选择适当的GNSS测量方法。测量员必须决定哪种技术最适合与之相关的应用。在大多数情况下,技术的组合是可取的。例如,可以使用静态测量程序将测量连接到控制点。然后,可以在本地测量区域使用动态技术,并使用全站仪完成测量中受阻碍的部分。

所选测量技术的另一个关键方面,即是应该事后处理还是实时处理。如果现场需要兴趣点的坐标,就必须实时处理测量。如果现场不需要坐标,就需要基于多个因素做出决定。如果对测量进行后处理,坐标将更加可靠,因为数据可以多次并以多种方式进行处理(如移除有噪声的卫星,改变截至角)。如果选择长观测时间以使误差平均化,就应对测量值进行后处理。后处理技术的缺点是需要存储大量数据,直到测量和后处理完成,才知道测量是否成功。实时技术不会受到这个问题的影响,因为测量员在测量时可以实时看到计算出的坐标。实时技术的缺点是通信链路需要无线电调制解调器。且数据链路的困难需要与实时坐标更新进行权衡,以决定后处理测量还是实时测量更适用。

后处理应用程序不受通信链路限制的影响。这意味着设备更少,因此成本更低。然而,后处理方法的最大缺点可能是难以评估要收集的正确数据量,以确保解决整周模糊度。建议用户在进行此类测量时采用更保守的方法,因为数据采集不足通常会导致重新观察测量。因此,与实时技术相比,后处理技术缺乏生产力。测量员在为特定测量选择合适的技术时,应使用最佳判断。

11.6.1　经典静态技术

当需要高精度定位时，静态（或经典静态）GNSS 测量程序可以解决各种系统误差。该方法主要用于大于 20km 的基线。静态程序用于在卫星几何构型发生变化的预定时间段内记录数据，从而在固定的 GNSS 单元之间建立基线。这是长基线和更高精度的经典 GNSS 测量方法，通常比例尺为 1:100000 或更大。为了解决卫星和接收机之间的整周模糊度，根据可见卫星的数量、基线长度、预期精度等，在长时段（30min 到 6 个多小时）中占用点。根据预定的观测方案，在不同时段内重新观测基线。

该方法的一些技术规范如下：

（1）长度大于 20km 的所有基线都需要进行静态观测。根据特定项目要求，对于小于 20km 的基线，可能需要进行静态观测。如果基线长度在 10km 以内，那么可以使用无电离层固定解决方案（需要双频接收机）。

（2）在所有静态 GNSS 解算时段期间，至少应同时使用三个接收机。

（3）必须同时观测至少 5 颗卫星，每次观测时间至少为 30min，加上每千米基线长度 1min。请记住，比这个最小值稍长的时段将提供有价值的冗余，使数据处理更加稳健，并改善项目结果。

（4）数据采样的历元速率应为 30s 或更短。

（5）典型达到的精度：亚厘米级（$5mm + 10^{-6}$）。

静态观测程序是最常用的 GNSS 观测技术，因为其可靠性和数据收集的简便性。由于观测周期的延长，静态观测产生的结果是最稳健的卫星定位解决方案。使用静态测量技术对基准/移动接收机间隔数千米的所有控制测量进行。静态程序要求固定接收机在多个地点同时采集卫星测量值。

静态测量是通过在稳定的平台（通常是三脚架或测量柱）上设置接收机，并在一段时间内以预定的间隔记录测量值来进行的。观测值通常以每 5s、10s、15s 或 30s 一个历元的速度采集。采集速度在静态工作中不是最重要的，应与可用数据存储空间量相关。更重要的是，需要在足够的时间段内收集数据，以解决整周模糊度。此外，通过长时间观测，可以减少多径和随机测量误差的影响。对于确定数据收集的时间长短，没有硬性规定。达到适当精度所需的时间是可见卫星数量、基线长度、多径条件、大气条件和卫星几何构型的函数。根据以往的经验和知识，测量员可以选择一个他们认为足以解决模糊度并获得准确位置的观测期（如工程控制网需要 1h 观测，或地球动力学测量需要 5d 连续跟踪）。

为了充分利用所获得的测量结果，应对静态测量进行后期处理。这需要后续将观测值存储合并到处理软件中。这意味着现场无法获得结果,并且获得理想精度所需的时间段是一个“计算猜测”。类似测量条件下的经验通常确定了观察期;然而,为了获得准确的结果,对于长度大于 5km 的基线,不应使用小于 30min 的观测周期。需要注意的是,观察时间越长,计算的位置就越精确。若后处理显示结果不令人满意,则需要再次观察基线。因此,在估计观测期时谨慎行事是明智的;例如,每点增加 5 ~ 10min 可能足以防止进一步观察。

静态程序的主要缺点是缺乏生产力。例如,若采用每个点 45min 的观察期,则根据标记之间移动所需的时间,每天可能只能采集 5 个或 6 个点(参见 11.8 节)。为了提高效率,可以同时使用多个接收机。出于这个原因,许多接收机制造商以三个一组的方式销售接收机。每个接收机同时保持静止,以便占用三个点。每个观察期称为一个时段。每次解算时段完成后,接收机移动并开始在其他三个站点同时采集测量值。对于每三个接收机的时段,可以生成三条基线。从技术上讲,只有两条基线是独立的,因为第三条基线使用了其他两条基线已经使用的测量值。然而,建议使用最小二乘估计程序处理和调整所有基线。每个基线的统计输出将反映第三条基线的相关性质。这种使用多个接收机的测量能够生成基线网络。接收机数量越多,生产率越高。

每个接收机组合的基线数量可以通过将接收机数量加起来减去 1,直到剩下一个为止来计算。3 个接收机产生 2 + 1 = 3 条基线,4 个接收机产生 3 + 2 + 1 = 6 条基线,5 个接收机产生 4 + 3 + 2 + 1 = 10 条基线,以此类推。应注意,增加接收机数量通常需要额外人员。图 11.10 显示了如何使用 3 个接收机通过 3 个时段采集 6 个基站的数据。这 3 个时段构成了一个由 9 条相互连接的基线组成的网络。

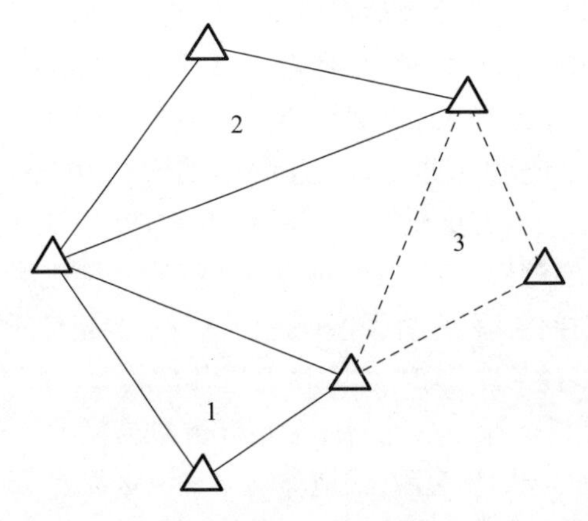

图 11.10　3 个接收机可用于在 3 个时段中收集 6 个基站

11.6.2　快速静态技术

GNSS 快速静态(rapid static 或 fast static)测量与静态测量类似,但观测周期较短,历元速率通常较快。该技术对较短基线使用较短的观测时间,精度通常低于 1 : 100000。它可以通过经典网络设计或径向测量完成。

该方法的技术规范如下:

(1)可在长达 20km 的基线上使用快速静态过程。

(2)在所有快速静态 GNSS 解算时段期间,至少应同时使用三个接收机。

(3)至少应同时观测 5 颗卫星,每次观测时间至少为 5min,加上每千米基线长度增加 1min。稍长一点的时段时间比这个最低限度的时段时间效果更好。典型观测时间范围为 5 ~ 20min。

(4)数据采样的历元速率应为 5s 或更短。

(5)典型达到的精度:厘米级($10mm + 10^{-6}$)。

为了提高静态测量的效率,开发了快速静态测量技术。用户应注意,快速静态测量的观测程序与静态测量的相同。唯一的区别是观测期的时长小于静态测量所需的时间。处理软件中的数学改进有助于减少观测时长,从而可以使用较少的观测值来确定整周模糊度。为了以最大效率进行测量,需要一个能够在两个载波频率上进行伪距和载波相位测量的双频接收机。伪距测量的使用(在平滑后)也有助于快速确定模糊度;因此,需要能够进行码相位测量的接收机。

快速静态测量的观测时间短于静态测量,因此在各时段中管理接收机的移动(设置三脚架、放置所有仪器并连接它们、天线高度测量等)通常非常困难。因此,车辆上的移动接收机通常会尽可能高效地占用观测点。当至少跟踪 6 颗卫星时,10mins 的观测时间通常足以解决短基线上的整周模糊度。这导致了来自参考基站的一系列辐射型矢量(图 11.11)。为了提供一些冗余,可以使用第二个参考基站(图 11.11)。这为每个点提供了两个矢量。应注意的是,若移动接收机站是误差源,则数据采集的单一参考基站方法不适用于检测错误矢量。此类误差的一个例子是输入了不正确的天线高度。最好对每个基站进行第二次观测,理想情况下使用不同的参考接收机;然而,这降低了测量效率。测量员必须以快速静态测量的方式运用其专业知识并做出决断。

当使用双频接收机且基线保持在 5km 以下时,快速静态测量程序最为高效。如果关注点上方没有障碍物,并且观测到 6 颗或更多卫星,那么测量可以在几分钟内完成。在这种环境下,将天线安装在三脚架上所需的时间对在每个点上花费的时间都有很大影响。为了提高效率,可以使用安装在车辆上的三脚架或手持式双脚架装置。

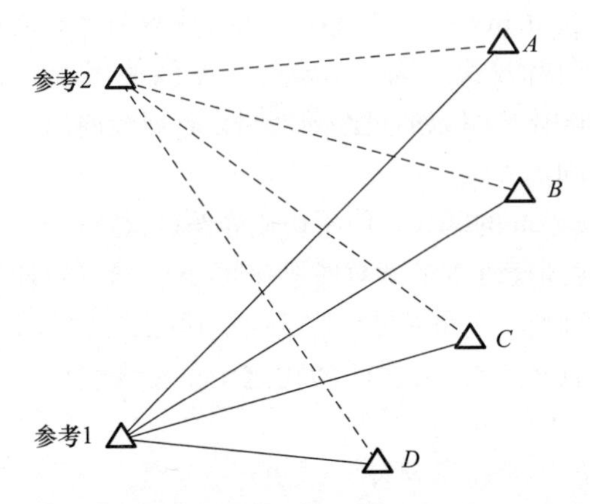

图 11.11 来自两个参考基站的一系列辐射型矢量

11.6.3 伪动态技术

伪动态(也称重复测量)测量与快速静态测量类似,只是每次测量的时间较短(1min)。至少 1h 后,当卫星的几何构型变得明显不同时,将重新访问每个点。然而,它需要重新访问和重新进行观测;因此,最终可能需要比快速静态更久的时间。实际上,我们通常避免使用这种技术。

伪动态技术规范如下:

(1)在所有解算时段期间,至少应同时使用三个接收机。

(2)每次时段必须同时观测至少 5 颗卫星,观测时间至少为 1min 加上每千米基线长度需额外增加 1min 的观测时间。至少 1h 后,应重新占用所有测量点,以便卫星进行不同的对准。除非卫星配置或现场条件不允许快速静态技术,否则不建议使用这种方法。

(3)数据采样的历元速率应为 5s 或更短。

(4)达到的典型精度:$5 \sim 10\text{mm} + 1 \times 10^{-6}$。

11.6.4 不定期启停技术

我们在前面几节中解释的三种技术实际上是静态方法的不同变体。动态测量程序是在 20 世纪 80 年代中期开发的,旨在提高使用 GNSS 接收机进行测量的生产率,特别是对于 GIS 应用。在需要在短距离内捕获大量点的应用程序中(如 12km 或 2km 内捕获 100 个点),静态程序效率低下,并且通常不具有成本效益。动态测量技术非常适合点间距小且易于接近的应用(如灯柱)。

一旦确定了载波相位的整周模糊度,若保持对卫星的连续跟踪,则它们的值不会改变,即没有整周跳变。动态测量程序基于载波相位定位的这一特性。执行简短的初始化程序,主要目的是确定整周模糊度值。一旦完成初始化,移动接收机将在短时间内占用感兴趣点,通常不到 1min(图 11.12)。连续跟踪卫星时,模糊度不会改变,因此可以通过短暂的静态观测获得厘米级的精度。一旦一个点被占用,移动接收机就会移动到下一个感兴趣的点,在那里它会获取另 1min 的数据。接收机在两个站点之间传输期间,必须保持卫星跟踪。这种连续移动,然后短暂停止的技术称为不定期启停动态测量(也称半动态)。

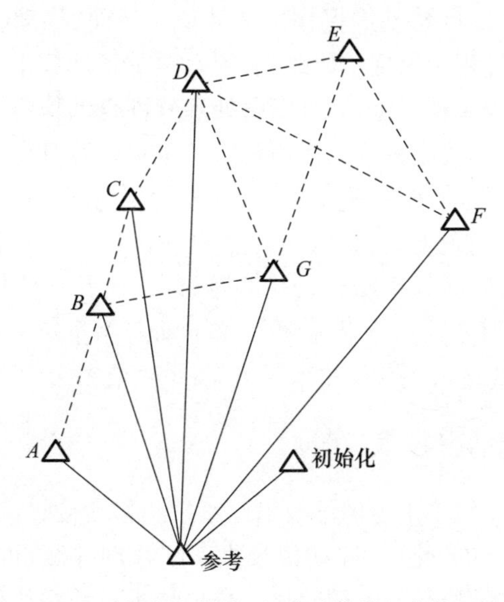

图 11.12　经过短暂初始化后,移动接收机占据了关注点

不定期启停技术适用于长达 10km 的基线。在这种方法中,使用两个接收机:一个作为临时参考站(基站),另一个作为移动接收机。在初始化或解决整数模糊度后,一个接收机保持静止,另一个接收机可以移动。这就可以确定固定接收机和移动接收机之间的基线矢量。我们也可以使用多个移动接收机。移动接收机经过初始化,以在移动接收机和参考基站之间建立精确的相对位置。初始化后,每个新点位的占用时间少于 1min。必须始终锁定卫星,否则必须执行新的初始化。

不定期启停技术规范如下:

(1)在所有不定期启停时段期间,至少需要同时使用两个接收机。该程序应限于10km或以下的基线。

(2)至少应同时观测5颗卫星,观测时间至少为5个时段。

(3)移动接收机的初始化可以通过占用已知点位至少5个历元或在第一个点位上进行至少5min的快速静态观测,然后移动到其他待测点位来完成。

(4)数据采样的历元速率应为5s或更短。每个固定位点必须至少记录5个历元。

(5)采集的数据将进行后期处理。

(6)达到的典型精度:$1\sim2\text{cm}+10^{-6}$。

执行不定期启停动态测量程序,以协调固定标记的位置。接收机必须在运动中持续跟踪卫星,以保持整周模糊度估计值。然而,移动时接收机的位置并不重要。若在移动过程中出现整周跳变,则必须重新计算中断卫星的整周模糊度。若仍在跟踪至少4颗卫星,则可以由处理软件自动执行,而无须用户干预。这是可能实现的,因为接收机可以使用剩余的卫星计算其位置。然后将该位置保持固定(受限),并估计第五颗位置的未知整周模糊度。这项技术称为已知基线初始化,当出现整周跳变时,接收机经常自动执行。若整周跳变导致卫星数量下降到4颗以下,则必须重新初始化测量,以确定其数值将发生变化的整周模糊度。有4种模糊度初始化技术可在整个动态测量过程中随时使用(参见11.7节)。其中一些技术比其他技术更可靠,也更值得大力推荐。

11.6.5 连续动态技术

连续动态技术类似于走走停停技术。基站和移动接收机在初始化时与“走走停停”技术相同。初始化后,移动接收机不断移动并测量位置。卫星必须始终保持锁定,否则必须执行新的初始化。这项技术目前主要用于对非常大的开阔区域(如海滩、围场和开阔起伏的乡村地区)进行详细测量,在这其中移动接收机被安装到车辆或其他连续移动的平台上。

连续动态技术规范如下:

(1)在所有时段期间,至少应同时使用两个接收机。

(2)移动接收机的初始化可以通过占用一个已知点至少5个历元来完成,或在第一个点上进行快速静态观测,然后移动到其他待测点来完成。

(3)数据采样的历元速率应为2s或更少。

(4)后处理基线解决方案。

(5)达到的典型精度:$1\sim2\text{cm}+10^{-6}$。

连续动态测量和走走停停技术在野外测量过程中几乎是相同的,除了连续动态测量关注的是接收器在运动中的位置。只要不间断地跟踪卫星,就可以在每个测量时刻估计天线的位置。必须仔细设置历元速率,确保以理想频率计算位置估计值。连续动态测量实际应用的一个例子是列车轨道的绘制。天线可以放置在列车上,并驱动其数字化轨道。测量人员应在运动学勘测中建立冗余,多次占用标记,或者在连续动态定位的情况下,重新遍历同一路线。

必须考虑的连续动态测量的一个特征是接收机运动时,接收机的高度是否值得关注。若是这种情况,则天线离地高度必须保持一致。这可以通过使用一系列设备来实现,其中许多设备最好由勘测员针对特定用途进行开发。

不定期启停和连续动态技术都需要一个固定基站接收机连续跟踪,还需要一个移动接收机来确定必要的细节和特征。在测量结束时下载这两个接收机中的数据,然后进行后处理,以获得更正后的数据。不定期启停和连续动态统称为动态后处理技术(PPK)。

11.6.6　实时动态技术

从前面的讨论中,我们清楚地看到,在参考接收机和移动接收机上收集的卫星载波相位测量值可以使用多种不同的技术进行存储,然后组合到计算机中进行后处理。这种方法的不足是,直到测量完成,才知道测量结果(定位信息)。RTK 处理技术使用数据链路,通常以无线电的形式,将在参考接收机(位于精确测量标记上)处获得的原始测量值传输到移动接收机(图 6.6)。然后,移动接收机中的微处理器将参考和移动接收机信息结合起来,并在进行测量时计算移动接收机坐标,即实时计算。

RTK 正在迅速普及,成为 GNSS 最常用的测量技术。RTK 是相对载波相位测量的高级形式,其中参考基站将其原始测量数据传输给移动接收机,移动接收机计算从基站接收机到移动接收机的矢量基线。然后,它通过使用基站接收机的已知坐标和测量的矢量基线计算移动接收机位置的坐标(x,y,z)。计算几乎是瞬间完成的,在基站接收机测量的时间和数据用移动接收机基线处理的时间之间的延迟极小。RTK 仅适用于良好环境条件下的跟踪(有限的多径、障碍物和射频噪声),并且具有持续可靠的移动接收机通信基础。为了实现实时定位,必须在基站接收机和移动接收机之间建立无线电或其他电子数据传输设备(如 CDMA 手机)链路。RTK 测量技术是一项不断变化的动态技术。

传统的 RTK 测量本质上会产生从基站接收机到移动接收机的基线径向模式(通常长达 10km)。基线分量$(\Delta x,\Delta y,\Delta z)$是在特定基准上产生的。根据这些值,可以生成移动接收机占用点的坐标。但这并不能生成强大的网络几何构型。根据与基站的距离,若未观察到两者之间的直接连接,则确定的位置可能会导致局部精度较差。若观测到第二个基站,则应为每个 RTK 点形成额外基线。这将增加冗余并提高位置信息的可靠性。

RTK 型测量有许多广泛的应用。典型应用包括但不限于水文测量、定位测量、实时地形测量、施工放样测量和摄影控制测量。

RTK 技术规范如下:

(1)项目区域应包含并被 RTK 控制基站所包围。

(2)在所有 RTK 时段期间,必须同时使用至少有两个接收机:一个基站接收机占据一个参考点,一个或多个接收机用作移动接收机。

(3)应在已知点上初始化移动接收机,以验证初始矢量解。在基站被用作参考之前,移动站接收机单元应对基准站进行点位矫正观测。

(4)基于时间偏移,每个 RTK 点应该有两个不同的独立观测时段。每个观测时段至少有 10 个历元。第二次观测时段应在不同的卫星星座下进行,与第一次观测时段相距至少 3h。然而,在许多测量应用程序中,为了提高生产率,第二个观测时段往往被忽略。

(5)建议从另一个基站进行第二次占用。

(6)为确保新 RTK 点和附近现有基站之间的良好局部精度,所有先前建立的基站、控制点和每对基站均应在可行的情况下进行 RTK 定位,以保持一致性。

(7)数据采样的历元速率应为 2s 或更少(建议为 1s)。必须记录实时坐标。

(8)需要为移动接收机单元使用测距杆(有或没有两脚架)。三脚架不适用于 RTK 移动接收机,因为它需要频繁重新定位。

(9)建议基站使用 2m 固定高度杆或三脚架。

(10)如果我们使用无线电作为通信链路,一个基站可以支持无限数量的移动接收机。如果我们使用不同的通信方法,如手机,那么基站可以支持的移动接收机数量可能会受到限制。

(11)RTK 的优点包括非常快速和高效的数据收集,可在本地坐标系中实时提供结果。

(12)典型实现精度(平均值):水平测量为 1 ~ 2cm + 10^{-6},垂直测量为水平测量的 1.5 ~ 2.5 倍。

RTK 的另一种方法是实时网络 RTK。这项技术是由基线长达 70 ~ 100km 甚至更长的实时网络实现的。实时网络 RTK 测量的原理与传统 RTK 测量相似。两者都依赖于基站的观测数据。RTK网络将RTK的使用扩展到包含多个参考基站网络的更大区域。操作可靠性和准确性将取决于参考基站网络的密度和能力。持续运行的参考基站网络是一个RTK基站网络,通常通过互联网连接广播校正。在这种情况下,精度会提高,因为多个基站有助于确保正确定位,并防止单个基站的错误初始化。RTK网络控制是一种“主动”类型的系统。理想情况下,这些实时网络主站将成为国家和/或合作参考基站的一部分。若是这样,则须对其进行持续监控,并检查其完整性(准确性)。数据随时可用。此外,这些主站的任何基准更改或重新调整都可以无缝处理。然后向移动接收机播发校正值的网络管理员可以获得这些主站的最佳值和性能。无须安装基站,也可以节约一台接收机。然而,并非所有国家都有这种类型的设备。用于确定移动接收机位置的方法取决于实时网络系统的配置。导出的解决方案可以是来自一个基站的单个基线向量,也可以是由中央计算机广播的联合网络解决方案产生的多个基线解决方案。

关于基准移动接收机局部RTK系统,必须认识到不同的接收机制造商提供不同的设备组合。它们甚至有自己的命名规则,而不是我们在本书中使用的名称。例如,走走停停技术和连续动态技术实际上是后处理的;然而,Trimble提供了走走停停RTK技术。我们需要了解的是,测量技术与11.6.4节中解释的相同;然而,测量技术不是后处理技术,而是通过数据链路实时执行校正。Trimble还提供实时连续动态选项(Trimble称其为连续拓扑)。其他一些行业术语包括RTK & logging、RTK & infill、差分RT & infill和差分RT & logging。“RTK & logging”测量类型与RTK类似,只是记录了整个测量的原始GNSS数据。若出于质量保证目的需要原始数据,则此方法很有用。该原始数据可以进行后处理,并与RTK结果进行比较。RTK & infill测量实际上是RTK和PPK测量的组合。当基站和移动接收机之间的通信链路可用时,测量在RTK中进行。若数据链路暂时丢失,则测量将成为PPK。在通信期间,会记录中断数据,以便以后处理。当通信链接可用时,测量结果返回RTK。当我们手动采集点时,可以监控初始化是否丢失。然而,当我们在移动中自动采集点时,无法进行监控(车载接收机用于捕获线性特征)。在这种情况下,“RTK & infill”将非常有用(但是,我们建议在此类情况下使用PPK)。“差分RT & logging”和“差分RT & infill”分别与“RTK & logging”和“RTK & infill”的概念相似,只是它们使用伪距差分解决方案而不是基于载波相位。图11.13显示了从上述RTK和差分(动态)技术中选择适当方法的流程。

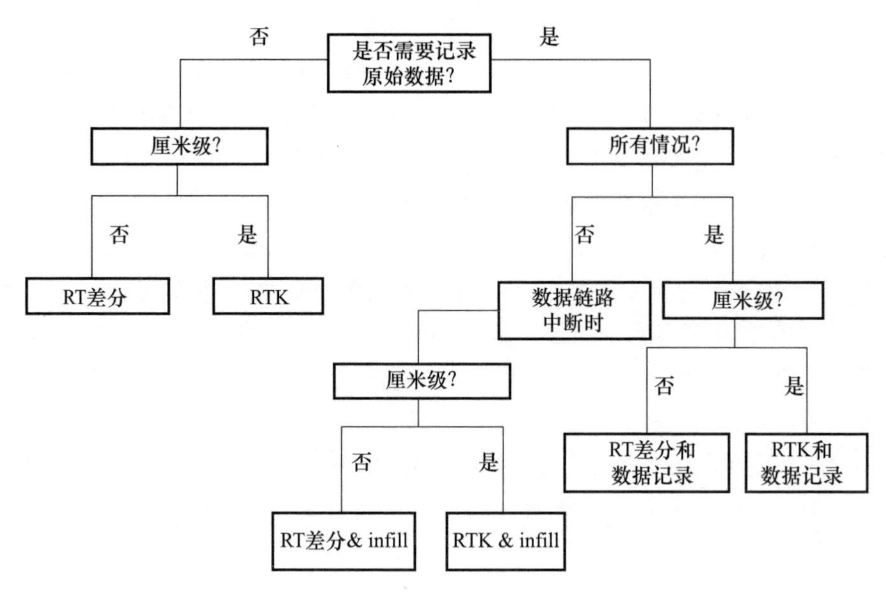

图 11.13　选择合适的实时测量技术(Trimble,2006)

11.7　初始化技术

在将感兴趣的特征协调到适合测量应用的精度之前,必须确定载波相位整周模糊度。在静态测量中,这称为模糊度解。在动态测量中,这种模糊度解算过程称为初始化。初始化程序的主要目的是识别整周模糊度。

接收机如何解决整周模糊度?首先,接收机根据基于测距码的解计算伪距并确定其位置。这个位置不够精确;然而,它可以围绕这个位置定义一个搜索量。实际点位(可能的解决方案)在这个搜索量的某个地方。可以认为该搜索量包含一个由点组成的三维点矩阵(其中一个是可能的解);每一个点都与整数的组合相关联。在求解整数模糊度之前,位置解类型称为浮点解。这意味着模糊度值有一个分数部分(值不是整数)。然后,接收机启动整数搜索——使用每个整数组合对移动接收机位置进行一系列计算。正确的组合将根据定义解质量的一些统计测试自行确定。只有当接收机有多个解时,才可能进行任何此类测试,这需要至少5颗可见卫星。在整周搜索之后,整周模糊度得到解决,RTK系统即被认为已初始化。该解变为固定解(整数周期是固定的)。位置精度提高到厘米级。有4种技术可用于动态测量初始化,分别是:实时测量、静态测量、已知基线和天线交换。

11.7.1　实时处理

实时处理（OTF）解算法（也称为快速模糊度解），即在接收机移动时计算整周模糊度。为了有效地实现这一点，至少需要 5 颗卫星，但最好是 6 颗或 7 颗卫星。此外，该过程效率极低，因此不应在单频接收机上尝试 OTF 技术。这项技术对测量员的优势是，为了进行初始化和重新初始化，不需要对之前测量的标记进行频繁的协调（在已知基线程序的情况下需要进行协调）。OTF 初始化程序灵活性的一个例子是，测量员收集了点，然后从桥下通过。在桥下移动时，卫星跟踪中断（发生周跳），必须重新初始化测量。可在桥梁的另一侧进行静态测量（参考 11.7.2 节）；然而，若到参考接收机的距离超过几千米，则这可能很耗时。使用 OTF 技术，测量员可以继续移动到下一个有用的特征点。当测量员移动时，将重新获取卫星，OTF 解决方案将自动开始求解整周模糊度。

一般来说，不到 5min 就可以安全地求解模糊问题。在大多数情况下，跟踪 6 颗或 7 颗卫星用 2min 就足够了。一旦初始化，测量即可正常进行。用户应注意，如果只跟踪 4 颗卫星，OTF 技术将无法运行。此外，如果观测到 5 颗卫星或卫星几何构型不佳，初始化时间甚至可能超过 10min 或 15min。在使用 OTF 技术进行动态测量之前，用户应查阅其设备文档，了解支持功能的具体细节。若接收机支持多个 GNSS 星座，则卫星数量就不会成为问题。

11.7.2　新点位的静态测量

静态测量初始化与为配合关注的（定位）点而执行的静态测量相同。移动接收机用于执行短期静态测量。为了使用静态技术对目标进行定位，设计了观测周期以便于识别整周模糊度。因此，进行静态测量既可以观测标记，也可以求解模糊度。为了有效地执行静态初始化，应缩短基站和移动接收机的间距，以尽量缩短静态测量观察期。一旦认为已观察到足够的测量结果以完成静态测量，就可以进行动态观测。某些制造商具体实施时，在使用静态方法初始化时有某些限制。用户应参考其设备文件了解具体细节。

11.7.3　已知基线或已知点

已知基线初始化技术需要了解先前确定的基站和移动接收机基线矢量。此位置矢量可以从以前的静态或动态测量中导出。此外，当前测量中占用的任何点也可用于初始化测量。移动接收机放置在先前测量的标记上，并将位置输入移动接收机中。由于移动接收机知道基站接收机的位置（也知道自己的位置)，因此可以确定基线向量。已知的基线程序是基于约束位置矢量并仅估计整周模糊度。理论上，一个测量时间足以进行此估算，但通常建议观测时间为1min。用户应意识到，初始化程序后所观测的点数取决于初始化的成功情况。因此，在重新初始化测量时，最好采用保守的方法。用于初始化测量的时间应反映这种保守性。

如果在接收机移动时卫星发生整周跳变(失锁)，即使跟踪的卫星数量保持在4颗或更多，也可以使用可用的卫星计算接收机位置。然后锁定该位置，以确定未知的卫星模糊度。显然，这种情况下，测量员不需要修改测量进程。在由于跟踪的卫星数量减少到4颗以下而导致整周跳变的情况下，只有占用先前观测到的标记才能使用已知基线。这并不太难；我们回到最后一个测量标记，输入坐标，并在1min内重新初始化。

11.7.4 天线交换

天线交换程序是一种技术，用于在动态测量开始时初始化整周模糊度。天线交换程序的主要限制是，基站和移动接收机之间的距离必须保持在10m以内。在大多数实施中，如果实际执行两次天线交换，就建议使用此方法。该程序通过将基站和移动接收机放置在定义明确的标记上，并同时收集大约1min的测量值来执行。然后交换两个天线，也就是基站接收机位于移动接收机标记上，反之亦然(图11.14)。接着再收集1min的观察数据。这两个步骤足以解决整周模糊度，但强烈建议再进行一次调换。要以这种方式完成天线交换程序，参照天线和移动接收机天线将返回其原始位置。然后，移动接收机可以前往感兴趣的点。在天线交换过程中持续跟踪卫星至关重要。如果由一个人进行测量，那么天线交换过程可能很难执行。可以在第三个位置使用三脚架来完成交换过程。

如前所述，天线交换过程的最大缺点是需要保持与参照接收机相邻。这限制了该过程在大多数测量应用中的适用性，因为在整周跳变的情况下，需要回到基准位置重新初始化。此外，交换过程的机制很笨拙，因为每次重新初始化都必须移动基站接收机。因此，现代接收机制造商尚未采用此方法。

11.7.5 推荐的RTK初始化过程

有人提到，RTK初始化普遍遵循OTF程序。但这并不是唯一要遵循的程序。选择一个程序可以最大限度地减少初始化错误的测量机会。若未正确解决整周模糊度，则会发生错误的初始化。

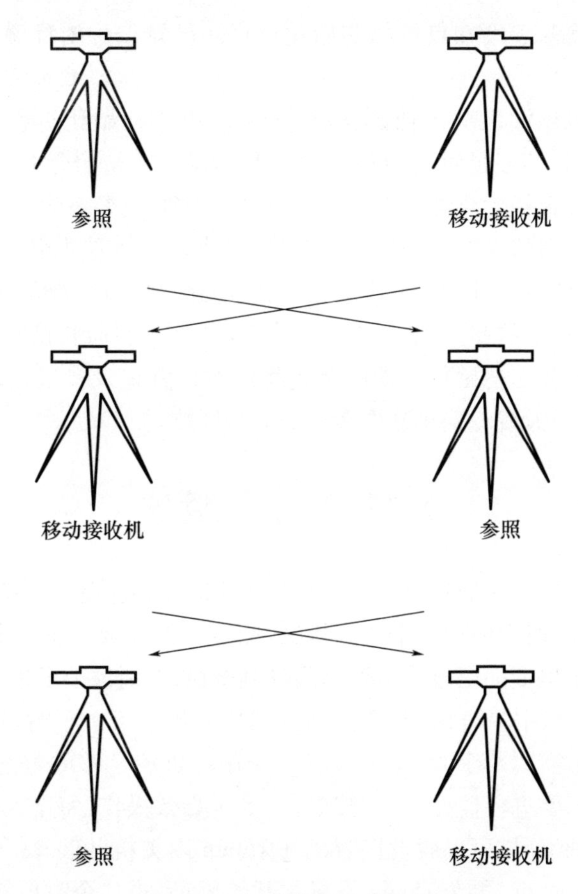

图 11.14　初始化天线交换程序

在进行初始化时,测量员应选择一个视野开阔且没有障碍物可能造成多径效应的场地。已知基线(或已知点)是当"已知"存在时最快的初始化程序。如果任何已知点都不可用,我们可以对新点进行静态测量或 OTF。如果基线长度太长,静态测量需要很长时间进行初始化,而 OTF 只需要 5min。周期跳变或失锁是非常常见的,通常由接收机控制器检测到,并在检测到后自动重新初始化;但如果我们过早结束测量,就不可能重新初始化。作为预防措施,如果我们没有任何已知标记,建议按如下所述进行初始化。

OTF 初始化后,建议在距离初始化发生位置约 9m(30 英尺)处建立一个标记(如标记 *A*)。一旦完成,测量员需要放弃当前的 OTF 初始化结果。如果测量员使用可调高度测距杆,建议将天线高度更改约 20cm。然后建议重新使用标记 *A*,以使用已知的初始化点方法重新初始化测量(需要输入新的天线高度)。

进一步的观测将基于已知点位的初始化程序。已知点位的程序在多径方面具有优势。

初始化的可靠性取决于初始化程序,也取决于初始化过程中是否发生多径。GNSS 天线处的多径对初始化产生不利影响。若初始化基于已知点方法,则多径可能会导致初始化尝试失败。若是基于 OTF 或静态测量,则很难在初始化期间检测到多径的存在。如果存在多径,接收机可能需要很长时间才能初始化,也可能会遇到不正确的初始化,或者根本无法初始化。现代接收机非常可靠;如果发生不正确的初始化,可以在 15 ~ 20min 内检测到,接收机会自动放弃初始化并发出警告。初始化错误的测量将导致位置记录错误。在执行 OTF 初始化时,建议移动天线。这将减少多径效应的影响。

11.8 人员管理

规划 GNSS 测量时要考虑的最后一个问题是人员管理。让我们以静态测量为例,在一系列时段中使用 4 个接收机,如图 11.15 所示。在此图中,每个时段都用不同的线路类型突出显示。例如,我们假设每个时段的长度为 45min,基线小于 10km,有 6 颗卫星可用,并且使用双频接收机。第一个时段计划于上午 9 点开始。该项目需要 4 个人,每个人有一个接收机和足够的电池(如果每个接收机在运行时都要进行监控,以防被盗)。为了高效操作,每个人都应该有一辆车。如果是这种情况,可以假设接收机在 15min 内关机并装车。留出 45min 的时间行驶到下一个点,再花 15min 设置并开始测量,第二个时段将在上午 11 点开始。使用此程序作为指导,一天可以进行 4 个或 5 个时段。每个接收机的组织安排对于确保测量顺利进行至关重要。不能低估 GNSS 测量,特别是静态测量这方面的重要性。若只使用两辆车,则可能需要考虑其他因素。这样一天可能只能进行三次时段。在这种情况下,测量员必须判断是否需要租赁额外的车辆来提供更多的生产力。

对于动态测量,通常不会感觉到静态测量的组织工作问题。最常见的情况是,设置了基本接收机,一个(或多个)移动接收机占据了兴趣点。动态测量覆盖的区域通常比静态测量小得多,因此,人员的时间安排和移动并不重要。必须考虑在测量期间是否要监测参考接收机。在动态测量中,参考接收机很可能整天保持静止。指派一个人看守这个接收机并不能有效利用人员。在这种情况下,在安全位置建立参考接收机可能更为合适(如将基座放置在建筑物的屋顶上并锁住通往屋顶的通道)。在规划人员管理时,我们需要关注观测时间和精度要求。还应考虑后处理的必要性和涉及的时间或人员。还建议考虑设备故障、测量员的失误、局部干扰等情况下可能需要的额外时间。

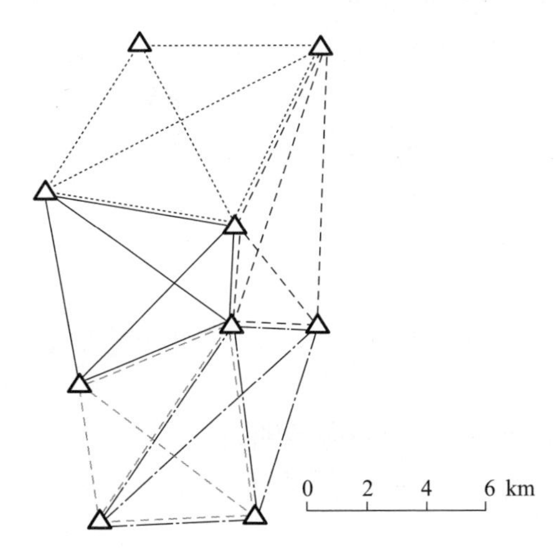

图 11.15　在一系列时段中使用 4 个接收机的静态测量

总之,在开始 GNSS 测量之前,需要考虑一些问题,以确保恰当应用 GNSS 技术。用户在设计测量过程时应谨慎,以便能够高成功率地执行 GNSS 操作。

练习

描述性问题

1. 你对"控制测量""地形测量"和"放样"有什么了解？哪种测量技术适合这三种测量？

2. 比较以下 GNSS 测量技术:DGNSS、RTK、PPK、静态和快速静态。

3. 讨论以下各项的相对优缺点:DGNSS、RTK、PPK、快速静态、静态和连续运行静态。绘制一个选择适当的测量技术的流程图。

4. 讨论在 GNSS 测量中选择适当设备的考虑因素。

5. 你如何理解测量规划？简要解释。

6. 讨论 GNSS 测量的精度和障碍因素。

7. 描述基线长度和观测时间的指导原则。

8. 什么是数据率？讨论不同测量的适当数据率。

9. 为什么需要冗余测量？讨论冗余测量的不同方法。
10. 简要讨论环路闭合和基线差异。
11. 你对“网平差”有什么理解？讨论网平差的主要要素。
12. 如何使用偏移法测量点和线？用草图解释。
13. 什么是浮动解？如何克服这个问题？
14. 解释经典的静态测量技术。
15. 解释快速静态测量技术。
16. 讨论不定期启停测量技术。
17. 解释连续动态测量技术。连续动态和半动态有什么区别？
18. 描述RTK测量。
19. 讨论动态测量中的不同初始化技术。
20. 你对测量中的“人员管理”有何理解？简要解释。

简短注释/定义

1. 控制器
2. 光学垂准仪
3. 观察日志
4. 障碍物
5. 伪动态
6. 历元速率
7. 环路闭合
8. 误差椭圆
9. 约束平差
10. 线偏移量
11. 已知基线初始化
12. OTF
13. 天线交换
14. 初始化

第12章

使用 GNSS 测绘

12.1 引言

前面提到,如果没有对世界的共同表示,位置信息就没有意义。如果想描述“我们在哪里”“我们想去哪里”或“某个关注点的位置”,必须根据参考基准点和坐标系来定义。对于大多数人来说,地图是回答这些问题最常用的工具,因为它既可以进行定性(通过图形表示)解释,也可以进行定量(通过坐标)解释。地图还帮助我们了解相邻地理特征之间的空间关系。

地图在历史上一直扮演着特殊的角色。早期文明使用地图的原因与我们今天使用地图的理由相同:描绘领土的地形形式,作为导航的辅助工具、标记危险地段、作为国家资产清单、作为土地所有权的证据、用作发动战争、征税、协助开发、显示空间关系等。随着时间的推移,地图的准确性、编制方法和地图显示格式都有所不同。

制作地图所需的要素包括基准、投影、数据采集(测量)技术,以及标准和规范。基准和投影已经在第9章中讨论过。空间数据采集技术在第11章中进行了解释。在本章中,我们将讨论和地图制作相关的标准和规范问题。

12.2 测量工具的集成

GNSS 是一种定位技术,通过向测量员提供准确和及时的定位数据,彻底改变了测量行业。对于一些地质学从业者来说,这项技术的出现使得他们全身心地投入到所有测量工作中。但是必须要认识到,GNSS 只是测量员工具箱中的一个工具。因此,讨论如何确保将其正确应用于手头的任务非常重要。本节涵盖 GNSS 和其他测量技术,如机器人全站仪和数字水准仪。我们还将讨论如何最有效地应用这些组合技术,以满足我们的总体测量要求。

当测量员的工具箱进行了适当的整合,就可以轻松地根据应用优化工具。选择过程本身变得更容易了。场地中工具整合的主要概念是提供独立于仪器工作的能力。这里所说的仪器是指用于确定位置的测量设备,无论是一维、二维还是三维。目前使用的主要仪器是光学全站仪和实时动态(RTK)GNSS,但也存在其他可能性。

12.2.1 实现仪器独立性

通过拥有一个能够在任何仪器的操作参数范围内同样实时工作的数据采集系统,可以通过两种主要方式实现仪器的独立性:第一种是在现场使用与每个仪器相同的数据采集系统,第二种是使用数字媒体在外场传感器和办公室计算系统之间传输数据。当与测量系统的办公组件完全集成时,工具箱可以减少、显示和分析来自不同仪器的数据。它还实现了这些外场系统和室内组件之间的数据无缝衔接。

集成完成后,将以一致的方式处理每个技术的测量概念密钥,从而不会发生数据损坏。例如,对于 GNSS 和光学全站仪,数据的集成必然需要将椭球面上的数据点合理转换为平面,反之亦然。

12.2.2 GNSS 技术

GNSS,特别是 RTK - GNSS 是一种被广泛接受的技术,用于实现制图功能的各个方面。实践证明,它比光学全站仪的生产率提高了 50% ~1000%。它能够在各种天气和夜间使用,加快工作进度,特别是在两班倒或三班倒工作的项目中。GNSS 不受地面视线的限制,并且在距离参考站 10km 的范围内工作,因此提高了精度和速度。数据采集是在位于关注点的天线杆上开始的,因此采集的数据质量大大提高,错误的发生率降低。然而,在某些情况下(如在城市峡谷中),GNSS 的使用将受到限制,因此测量员需要有一个替代系统,以便在 GNSS 出现故障(无法提供所需的精度)时可靠地进行测量。

12.2.3 光学全站仪技术

光学全站仪技术是一项成熟的技术(Anderson et al.,1998),已经可靠使用了 30 多年。它需要仪器站位置之间以及仪器站和被测点之间的通视性。全站仪上电子测距仪的范围限制了测量范围。可用性通常受到天气和低光照或夜间观测的限制。最后，由于是通过仪器进行数据收集（而不是在测量点收集数据），因此测量点与编码数据之间的相关性容易出错。

尽管如此，光学全站仪在许多情况下还是被测量员所青睐。它们初始化相对较快，易于使用（尤其是当工作仅涉及有限区域内的少量观察时），并且是所有其他类型传感器的"标准"。

12.2.4　伺服驱动和机器人光学全站仪

现有技术（手动全站仪）的最新改进是伺服驱动和机器人光学全站仪（Anderson et al.，1998）。由于这些工具使用电机来瞄准和定位仪器，伺服驱动的仪器在需要自动瞄准的地方特别有吸引力，并且越来越受欢迎。现代伺服驱动全站仪具有自动跟踪功能，这是对传统伺服驱动站的进一步增强，使仪器能够锁定目标并跟踪它。自动跟踪提供了几项操作改进：由于目标在移动时被跟踪，持杆人员无须等待记录员；读取读数所需的手动操作不需要瞄准和聚焦；并且消除了由于视差误差引起的观测误差。

据报道，该仪器的精确度也有显著提高。当主动目标与跟踪器一起用于导线测量和其他控制测量操作时，报告的角度测量标准偏差为±5mm。此外，在绘图或放样作业中，可以使用多个持杆人员来提高生产率。与手动全站仪相比，自动跟踪伺服驱动仪器的使用情况显示，收集的数据量增加了约110%（Fosburgh et al.，2001）。

机器人光学全站仪是测量员的另一类产品（Ghilani et al.，2008）。当添加通信链路以便于在测杆上放置数据采集器/控制器时，以便一个人完成测量，它被称为机器人光学全站仪。机器人仪器的优点是可以通过测距杆进行控制，因此编码和质量控制是在测量点进行的，这大大提高了数据的可用性。

12.2.5　对测量作业的影响

用于制图的测量作业至少可以选择三种不同的技术作为仪器：RTK（GNSS）、机器人和伺服驱动的全站仪以及手动全站仪。但这些技术都无法为测量员提供最终解决方案。仍然需要依赖久经考验的真实测量原则。事实上，由于GNSS与全站仪所依据的基本原则不同，需要更多地了解这些差异，以便适当地吸收和整合这些方法。

就RTK而言，值得记住的是，矢量仍在测量中，与全站仪测量的矢量类似；因为视线不是必需的，所以很容易变得粗心，忘记这个事实。在GNSS中，穿越、图形强度和设计冗余的概念仍然很重要；在许多方面，所涉及的距离通常比全站仪的距离大，因此它们更为重要。

这些新技术还有一个额外的优势，即学习曲线要低得多，显然更为多产。然而，测量员的工作仍然是确保将适当的经验和判断与基本测量原则一起应用，以确保这些技术的集成产生令人满意的结果。

通过将上述选项组合成一个综合系统并从中进行选择，测量工作能够更高效、更准确。选择合适的传感器可以更高效地完成大多数任务。新的综合测量技术以前所未有的方式提高了效率，包括安全性、改进的人体工程学（以提高效率和健康），以及可以减少疲劳。疲劳可能会影响安全性和准确性，尤其是会导致出现失误。结合为测量员提供的便利，新技术通过管理生产力、准确性和质量控制，提高了企业响应需要的灵活性。

最后，灵活性的提升甚至可以为测量员提供更多的选择。所有传感器都提供了进行地形测量、近程水文测量、竣工测量、施工布局、道路和机场以及采矿测量的方法。根据个人、人员的培训、现场和周围环境的性质、待测量点的密度、进入点的难度，必须选择各种技术。

12.3 测量精度标准和规范

大地测量最重要的功能之一是确定点相对于定义明确的参考系统或基准的精确位置。因此，大地测量既是确定“地球形状”的科学，也是获取空间数据的实用工具。然而，习惯上要区分能够最精确地确定位置的“大地测量”技术和不能满足同样严格精度要求的技术。当然，从高到低都有连续的定位精度要求。长期以来，控制测量中使用的分层系统已经认识到这一点。大地测量提供了最基本的控制或大地测量网络（或物理基准框架），然后使用精度较低的技术逐步“分解”或“加密”。

网平差实际上是一种最小二乘解的形式，其中观测到的基线向量在二次平差中视为“观测值”。它可以是一个最小约束网平差（参考 11.5.10 节），只有一个站坐标保持固定，也可以由多个固定（已知）坐标约束。在最小约束网平差中，只有一个坐标必须保持固定，为其已知值，而其他所有坐标都可以进行平差。通常，GNSS 测量的基线比观测网中确定所有点坐标所需的最小基线还要多。这些额外的“观测值”是冗余信息，最小约束网平差使用这些信息来获得坐标参数的最佳估计值，以及以参数标准偏差和误差椭圆（或椭球）形式表示的有价值的质量信息（Anderson et al. ,1998）。

12.3.1　测量等级/顺序

测量等级是对测量的内部质量或精度进行分类的一种方法。等级的数量、使用的符号以及从一个等级过渡到另一个等级的精度阈值由各个国家定义。通常,它们以传统的大地测量等级为基础,辅之以适用于GNSS测量和大地测量技术的几种精度更高的额外等级,水平和垂直测量可能有所不同。使用GNSS或任何其他技术,将特定等级的"标签"(如A、B等)附加到由网络内的几个或多个点组成的测量上,作为网平差过程的一部分,计算坐标站之间的相对误差椭圆(在水平情况下)或椭球(在三维情况下),并与各类等级必须满足的精度标准进行比较。

与"测量等级"类似,测量顺序是对静态测量的质量或精度进行分类的一种方法。然而,它与外部质量有关,并受"外部"网络信息质量的影响。通常,它们反映了"测量等级"的类别;因此,"A级"测量通常对应于"一级"测量(并非本质上)。对"网络"内测量点的特定顺序(如第一、第二等)进行标记(无论是使用GNSS还是任何其他技术进行)是网平差过程的一部分,在该过程中,计算相关基站之间的相对误差椭圆(或椭球),与各类顺序必须满足的精度标准相比。然而,与最小约束网平差不同,网平差是确定测量等级的先决条件,必须受到周围大地测量控制的约束。因此,一个非常高质量的GNSS网络(即高级别的测量)可能会被扭曲,以"适合"现有的控制,而现有的控制可能是使用较低等级的测量确定的。由此产生的测量结果顺序必须与GNSS测量等级或现有大地测量控制等级中的较低等级相匹配。若现有的大地控制质量低于使用现代GNSS测量技术可以实现的质量,则必须使用更精确的GNSS大地测量技术对大地控制网升级或"更新"(Bowditch,1995)。

国家或省级大地测量机构负责建立、维护和加密控制框架。为此,使用了最谨慎和最精确的定位技术。正如我们所见,控制框架是大地基准的物理实现,因此,通过对控制站进行测量,我们确保所有空间信息都在一致的坐标框架中。这种点框架可能会被赋予某种质量标志,如"一级"或"二级",这意味着一定的相对精度(以10^{-6}衡量)(Bowditch,1995)。

12.3.2　位置精度

位置精度是一个具有两个子元素的空间数据质量元素:绝对(或外部)精度和相对(或内部)精度。绝对精度是指测量结果相对于地球上的准确位置的正确性。当提到大地控制点的精度时,我们指的是绝对精度,即它们提供地球表面坐标的准确程度。相对精度是指一个对象相对于另一个对象的坐标的平均或最大误差的大小，表示为误差大小与点间距的比值。绝对精度涉及数据元素相对于坐标系的精度，如UTM。相对精度是对确定一个点或特征相对于另一个点的位置时的误差量的估计。例如，可以非常精确地测量地球表面两点之间的高程差，但两个点相对于参考基准的规定高程可能包含很大的误差。在这种情况下，点高程的相对精度较高，但绝对精度较低。空间数据质量实际上是指相对精度；在测量中，它是以误差与实际距离的比值来测量的。例如，相距1m的两个物体的位置误差为1cm是很大的，但如果两个物体相距200km，误差为1cm，那么该定位技术就是一种高精度技术。因此，定位精度的"相对"度量是以百万分之几(10^{-6})表示比例。因此，1ppm误差是指100万单位中的一个单位误差(10000000cm或10km中的1cm)；5ppm表示100万中有5个单位误差单位。位置精度(绝对和相对)必须包括位置的水平和垂直部分。

在制图时，我们收集的点特征具有几个历元，而不是一个历元。一个历元意味着接收机对特定点特征有一个位置解。当我们有多个位置解(超过所需测量冗余数据的最小数量)时，它们会创建一个误差椭圆(2D)或椭球(3D)。误差椭圆/椭球是关于最可能正确位置的置信度表达式。椭圆沿最大方差方向定向，长轴和短轴(a和b)是沿该方向的方差，并与其正交(图12.1)。通过确定椭圆/椭球的质心来记录最终解(点特征的坐标)。处理软件通常可以指示以百分比表示置信度，大致定义为真实位置落在椭圆内的概率(如95%或90%)。一般来说，观察误差椭圆有助于我们确定何时进一步测量会提高置信度，或者某个特定的站或测量何时可能出错。经验法则是"椭圆越小，测量结果或结果的置信度越高"。另一个普遍的经验法则是"椭圆越圆，测量越均衡"。

通常，最高阶用于控制通常由地图工作表表示的距离上的空间误差。例如，若使用标准绘图质量标准，则宽度为0.5m、比例尺为1：100000的地图，在地图上两个定义明确的点之间具有相对误差，这两个点之间的相对误差小于约70 m，概率/置信度为90%。对于比例尺为1：10000的地图，相对精度要求严格10倍。然而，在前一种情况下(比例尺1：100000)，点的最大间距可能约为70km，在后一种情况中(比例尺1：10000)，最大间距可能为7km，但这两种情况都意味着相对精度仅为1/1000，远低于大地测量精度的水平。因此，大地测量网是地图的基础。然而，相对准确度往往比绝对准确度更受关注。例如，若地图的测量坐标与大地控制点不完全一致(牺牲了绝对精度)，则该地图可用；然而，税务地图中地块大小的误差可能会产生直接且代价高昂的后果(牺牲了相对精度)。

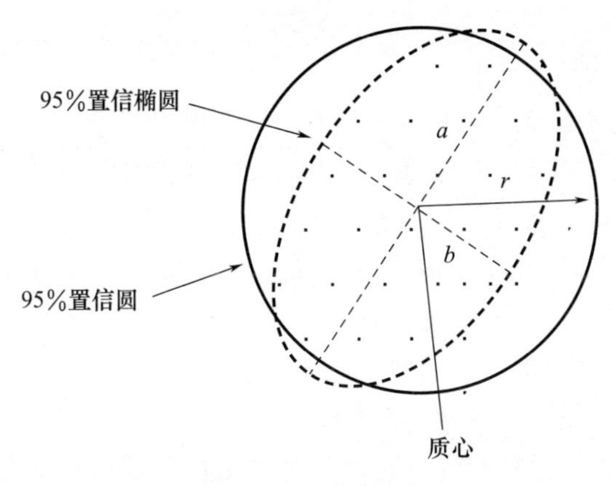

图12.1　误差椭圆

12.4　遥感和摄影测量控制点

无论是否涉及立体摄影测量(Bhatta,2020),航空(如飞机或无人机)和航天遥感图像是许多制图应用的基础。然而,遥感图像实际上是存储在直角坐标系中的二维像素阵列;它们没有任何地理坐标。因此,需要为这些图像指定地理坐标(纬度、经度和海拔)。为遥感图像指定地理坐标的过程称为地理参考。地理参考过程包括识别图像上的几个点,从地面测量这些点的地理坐标;这些点称为地面控制点(GCP)。在地理参考之后,我们需要评估地理参考的准确性。在此过程中,我们在图像上识别出几个独立点,并将其地理坐标与地面测量的坐标进行比较。这些点称为检查点。GCP和独立检查点与遥感数据集的绝对地理空间精度有关。然而,要意识到,检查点坐标也是从某种形式的测量中得出的,并且也存在一定程度的误差。通常要求GCP/检查点的准确度至少是所测试的制图产品目标准确度的3倍;例如,若指定图像产品具有9cm的水平误差,则用于对图像进行地理参考的GCP或用于测试图像的检查点本身应包含不超过3cm的误差。检查点或GCP是参照一些大地测量/局部控制点进行测量的,它们本身的误差不应超过1cm。

遥感图像的分辨率是测量精度的另一个决定因素;误差必须保持在像素大小的一半以内。GCP坐标的分辨率也会影响使用它进行测量的精度。例如,若我们在UTM坐标中将GCP的位置定义为东20000m,北20000m,那么它实际上是一个面积为$1m^2$的区域。更精确的规格是20000.001m和20000.001m,把位置定位于$1mm^2$的区域内。

注释

美国摄影测量学会(Thompson,1966)将摄影测量定义为"通过记录、测量和解释记录的辐射电磁能和其他现象的摄影图像和模式的过程,获取有关物理物体和环境的可靠信息的艺术、科学和技术"。照片和数字图像是信息的主要来源,属于摄影测量领域。它包括对照片/数字图像进行精确测量,以确定点的相对位置。这样可以确定对象的距离、角度、面积、高程、大小和形状。摄影测量最常见的应用是根据航空照片或卫星图像绘制平面和三维地形图。近年来,数字摄影测量技术的进步使其变得如此精确、高效和有利,以至现在许多制图作业都是在摄影测量环境中进行的。

12.5 智能地图和GNSS

地图是地球(或其一部分)的二维表示,一系列空间信息层层叠加(图12.2)。智能地图可以通过仅包含与该应用程序相关的空间信息层来达到特定目的。因此,我们可能有地形图、旅游图、导航图、地质图、人口普查图、政治地图等。如今,任何类型的地图都可以电子存储,这些"数字"地图可以通过简单的桌面制图程序和复杂的计算机制图软件进行高度自定义。

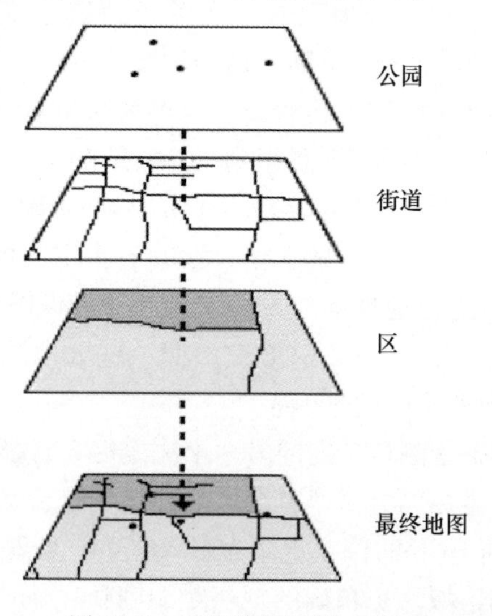

图12.2 空间数据层相互叠加

在地理信息系统(GIS)中,与空间数据相关联的属性数据和复杂的查询语言提供了特殊的“智能”,以创建数字地图(Bhatta,2020)。GIS 地图能够支持决策,因为它能够将数据的空间特征,如点、线与多边形的位置和拓扑结构(即空间特征如何相互连接或关联)与空间对象的其他描述性数据相匹配。关于地图上的点、线和多边形的辅助描述性数据是属性数据的一部分(图 12.3)。

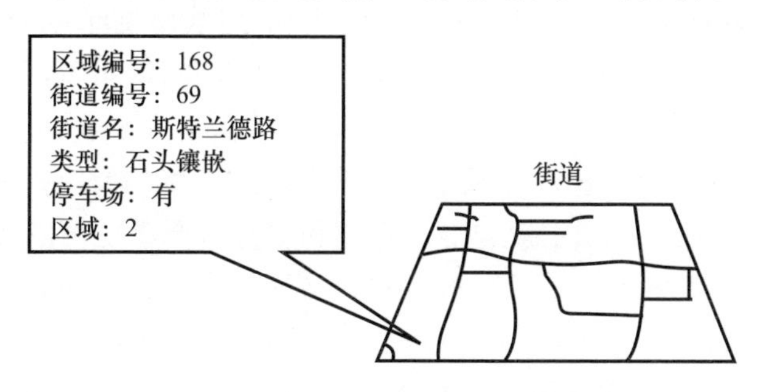

图 12.3　与属性数据链接的空间数据

地图的每一层都可能有一组全局属性数据,如数据集的来源、上次更新的时间、数据所声明的精度、数据的捕获方式等。这称为元数据(Bhatta,2020)。但是,地图(或地图图层)中特定要素或点的属性数据通常存储在数据库表中。对于不同的功能,表的设计通常不同。例如,一棵树可能链接相关的物种、高度、周长等属性数据,而与路段相关的属性数据将有不同的条目,如宽度、施工日期、地面类型、地面质量等。只需指向计算机屏幕上的地图功能即可访问这些附加数据,这使得 GIS 成为一个强大的查询工具。其他查询可能是“显示某物所在的位置”。更复杂的问题,如“路 A 在哪里穿过河 B?”需要查询多个地图层。因此,GIS 地图要素的测量不同于传统的制图。在 GIS 地图要素调查中,我们不仅要收集空间要素,还要收集要素的特征。低成本接收机可能无法收集属性数据。在这种情况下,我们使用纸质观测日志(参见 11.4 节)来收集属性数据;记录特征 ID(由接收机记录)和其他属性(表 12.1)的过程。之后,可以在 GIS 中对该表进行编码(输入)。然而,这种低效的方法可以通过在办公室设计一个数据库并将其传输给接收方来替代,以便测量员在收集数据时可以输入属性。调查人员可以拍照、拍摄视频、录制声音,并将其附加到被调查的要素上。高级接收机提供此功能和其他功能,如必须采集多少个历元才能记录一个点、历元率、动态/动力线性特征测量的时间或距离间隔等。如果涉及多个设备和测量员,那么这些功能有助于我们保持测量的一致性。

表 12.1 树的属性表样例

ID(由接收方记录)	种类	高度	周长	年龄	健康状况

GIS 地图要素有点、线和多边形。点用于表示太小而无法表示为区域的要素;邮政信箱就是一个例子。线用于表示本质上是线性的要素,如道路或管道。区域由一组封闭的线表示,用于定义运动场、池塘、建筑物或行政区域等要素。对于直线和多边形要素,我们必须使用动态/运动测量;然而,点特征也是基于相同的原理但不同的技术采集的。我们收集了多个历元来记录一个点;基于测距码的解以 30~40 历元/s 的速率采集,基于载波的解以 10~15 历元/s 的速率采集。这将创建一个误差椭圆,其质心就是解。直线和多边形要素也可以作为一系列点(具有多个时期)来收集;接收机的软件可以按照指示连接这些点以生成线或多边形。

GIS 地图是 GNSS 导航的一个组成部分。这些可能会在许多方面影响导航应用程序。例如,假设一个“智能”空间数据集包含多个图层(如道路网、地形、水道、财产边界等),以及相关属性数据,则可以创建车载导航系统的专用地图。首先,只选择与道路使用者相关的图层,并以某种方式突出对道路使用者具有重要意义的特征。这些可能是加油站、红绿灯、停车场、餐厅等。这样一张自定义的地图可以转换成某种方便的形式,以便在车内显示。这些数据集是街道目录的电子形式,其中许多数据集的外观与纸质版本几乎相同。

编制车辆导航地图的一种更为精密的方法不仅是制作纸质地图的电子版本,还应向驾驶员提供属性数据。因此,除了按照前面描述的方式编译空间数据,属性数据还被压缩为简洁的描述信息。例如,包括餐厅名称、停车场入口描述、加油站销售的燃油/润滑油品牌等。如果仔细收集了基本地图数据(空间和属性),并且这些数据都是最新的和全面的,那么这个过程并不太难。然而,通用的 GIS 地图图层并不包含对驾驶员有用的一些属性数据,如哪些街道是单行道(以及朝哪个方向行驶)、道路的重量和速度限制、禁止右转(或左转)的地方、哪些街道具有中央隔离带等。测量员应注意这些交通特征;在这种情况下,交通工程师应与测量团队联系。若当下无法立即获得这些数据,则必须事后补全这些数据,然后定期更新。

12.6 地图辅助定位和导航

数字地图不仅是许多导航应用的基础,还用于在地图参考系中定位车辆

(Krakiwsky et al. ,1994;Drane et al. ,1998)。然而,车辆定位的准确性取决于两个主要因素:①地图的准确性、正确性和完整性(这是测量员的责任);②导航系统的GNSS接收机的准确性。如果两种精度都被牺牲掉,定位的结果就会变得危险,甚至对驾驶员来说是致命的。数字路线图数据可以执行多种功能,以提高导航和定位应用程序的可靠性:

(1)地址匹配。该功能将接收机确定的纬度和经度转换为街道地址,反之亦然。我们知道目的地的地址,而不是它的坐标(纬度/经度)。因此,导航到一个地址要求定位系统能够明确地将街道地址转换为坐标,反之亦然。这将要求导航系统的综合精度(地图和接收机)优于20m。若我们认为导航接收机的平均精度为10m,则地图的精度必须保持在10m以内。

(2)地图匹配。该技术假设导航车辆在道路上。当导航系统接收机输出的坐标不在数字道路地图定义的路段上时,地图匹配算法会找到最近的路段,并将车辆"捕捉"到路段上。显然,地图匹配需要具有高位置精度的地图,以尽量减少不正确的路段选择。地图匹配算法要求地图的精度至少为10m。

(3)最佳路线计算。此功能支持驾驶员规划最佳行驶路线。数字路线图与最佳路线计算算法相结合,可根据行程时间、距离或其他特定标准提供最佳路线。结果是对旅程的逐段描述。最佳路线计算需要高水平的地图信息,如数字路线图必须包括交通和转弯限制,以便所选路线不违法或不危险。在这种情况下,属性的准确性比空间准确性更重要。

(4)路线指引。该系统支持驾驶员沿路线导航(由驾驶员或最佳路线算法选择)。路线指引包括转弯指示、街道名称、距离、十字路口和地标。这在实时性方面尤其具有挑战性,因为算法必须处理位置信息,执行地址和地图匹配,并向驾驶员显示数字路线图。属性中的道路名称千万不能错误。若道路有备用名称,则必须采集并输入该名称;因为驾驶员可能只知道备用名称。若驾驶员错过转弯,则系统必须能够立即计算新的最佳路线并提供新的引导信息。

上述每个功能都依赖于数字路线图数据库中的特定功能;然而,要求最高的是最佳路线计算和路线引导。若数字路线图支持这些功能,则称其为可导航的(Krakiwsky et al. ,1994)。数字路线图数据库精度要求与前面列出的所有地图辅助应用程序类似;然而,由于必须存储大量的附加信息,可导航数字路线图数据库更加复杂。因此,可导航数字路线图数据库的制作和维护成本要高得多。只有在精确、完整和无缝的数字路线图数据库可用时,才能支持最精密的导航地图功能。

12.7 地图的比例、细节、准确性和分辨率

地图比例尺可能会让那些没有接受过制图基础训练或根本无法“阅读”地图的人感到困惑。地球特征无法以实际大小表示。为了在地图上显示地球表面的表示形式，必须进行缩小。地图比例尺是指地图上的距离与地面上相应距离的比值。比例尺精确地指示了地图比现实小多少。地图比例尺是地图尺寸和地球尺寸之间的关系。例如，地图上的2cm距离对应于地面上的1km距离。因此，地图比例尺可计算如下：

$$\frac{\text{地图上的距离}}{\text{地面上的距离}}=\frac{2\text{cm}}{1\text{km}}=\frac{2\text{cm}}{100000\text{cm}}=\frac{1}{50000}=1:50000$$

根据这个例子，在1：50000比例尺的地图上；地图距离的1cm相当于地面距离的50000cm。比例尺比例是一个常数，因此无论用什么单位表示该分数都是如此。例如，按1：10000比例设计的地图意味着地图上任何测量单位中的1个实际上对应于同一单位中的10000个。

由于地图比例尺是一个比例，1：10000大于1：50000，因此1：10000的地图比例比1：50000的地图更大。大比例尺地图是用地图上的大面积表示地球某一特定部分的地图。大比例地图通常比小比例地图显示更多细节，因为在大比例尺的条件下，地图上有更多的空间来显示要素。大比例尺地图通常用于显示场地规划、当地地区、邻里、街区和城市。小比例尺地图是用地图上的一小块区域表示地球的一个给定部分的地图。小比例尺地图通常显示的细节比大比例尺的地图少，但覆盖了地球的大部分地区。具有区域、国家和国际范围的地图通常具有较小的比例。当我们放大交互式地图显示软件时，视图的比例会变大，而当我们缩小时，比例会变小。

地图上的详细程度是指地图上显示的地理信息的数量。大比例尺地图通常比小比例尺地图显示更多细节。对于给定比例尺的地图应显示多少要素和多少细节，没有标准的规则。这是一个制图决策，取决于地图的用途以及在可用空间中可以绘制多少符号且不会造成视觉混乱。在小比例尺地图上，没有足够的空间显示所有可用的细节，因此河流和道路等要素通常必须用单线表示，城市等区域要素必须用点表示。这称为制图综合。测量员在规划测量之前必须考虑地图比例尺和详细程度。

准确度是指通过计算得出的测量值或估计值与真实值的接近程度。精度通常由误差的标准偏差表示，即测量值与真实值之间的差值。地图的准确性通

常取决于用于编译地图的原始数据的准确性、将源数据传输到地图中的精度以及打印或显示地图的分辨率。然而，应该记住，随着比例尺变小，地图距离的一个单位对应地面上非常大的距离。因此，如果在一张非常小的地图上显示的某个特征仅仅偏离了 1mm 中的一点点距离，那么它在现实中仍然是相当不准确的。

我们使用 GIS 软件创建地图的准确性主要取决于空间数据库中坐标数据的质量。为了创建空间数据，现有的打印地图可能已经被数字化或扫描，并且也会使用其他原始数据，如测量坐标、航空照片和图像，以及来自第三方的数据。因此，我们的最终版地图将反映这些原始来源的准确性。然而，如果我们整合不同来源的数据，它们可能无法正确匹配，因为不同数据生成方法的设计不一致可能会出现错误。如果进行测量是为了收集地图的部分要素，测量员就必须进行抽样测量，以检查其与地图其他要素的匹配情况；否则，由于相对精度较低，可能需要否决整张图的测量数据。

地图精度有两个方面：①确定要素坐标的精度；②如果要在地图上以一定比例尺正确显示要素坐标，必须知道要素坐标的精度。可用于测量地图要素的不同精度示例如表 12.2 所示（Drane et al. ,1998）。

表 12.2　测量地图要素的精度

要素	精度
控制标记	1cm
建筑物转角	10cm
街道交叉口	1m
河流边界	2 ~ 5m
森林边界	10m
土壤类型界限	50m

地图的分辨率决定了在给定比例尺下，地图上的要素被描述的准确性。分辨率取决于地图的物理特征、制作方法、使用的符号类型以及如何在屏幕上打印或显示。例如，让我们想象一下，我们正在制作一张地图，以 1 : 50000 的比例尺显示房屋边界，使用一个打印宽度为 0.5mm 的线符号。此线符号的宽度表示地球上宽度约为 25m（0.5 × 50000mm = 25000mm）的一条走廊。现在，让我们考虑一下这个问题——房屋边界有 25m 宽；没有人能接受这样的误差。比例尺地图上的线条符号的分辨率对地图的详细程度和准确性有一定影响。然而，从这一讨论中可以清楚地看出，若以 1 : 50000 的比例绘制地图，则绘制误差高达 25m（ ±12.5m），不能识别地产边界的位置误差。

因此,根据用于描述空间数据的地图比例,精度可能高于或低于绘图精度(绘图分辨率)。地图绘制精度通常由要求规定,如90%的"明确"点应在地图比例尺的正确位置0.5mm以内。这可转化为以下(最小可绘制特征)的精度(表12.3)(Drane et al. ,1998)。

表12.3　地图比例尺和精度要求

地图比例尺	精度需求
1 : 1000	0.5 m(±0.25m)
1 : 10000	5.0m(±2.5m)
1 : 25000	12.5m(±6.25m)
1 : 50000	25.0m(±12.5m)
1 : 100000	50.0m(±25.0m)

与绘图分辨率类似,使用中的计算机(或接收机显示器)屏幕的分辨率会影响我们在该屏幕上显示的地图的细节和精度。屏幕使用像素绘制地图,并且无法绘制小于一个像素宽度的要素或要素的一部分。如果在低分辨率设备上打印或查看,基于高精度空间数据的地图将失去准确性。应记住,打印机和绘图仪的分辨率通常高于计算机屏幕的分辨率。

然而,在数字GIS数据库中,没有比例尺的概念,而是用像素大小(间隔或每英寸像素数)、网格单元大小或网格间隔、卫星图像的地面(空间)分辨率等表示分辨率。电子矢量地图依赖于对象坐标数据库,必须在计算机屏幕上"实时"绘制。在"缩放"过程中,地图比例尺可能会有很大变化,当最初以相对较小比例尺绘制的区域被放大并以较大比例尺显示时,要素位置的精度(基于原始测量的质量)可能不再满足制图精度要求。测量员必须了解这些问题,并相应地规划测量。

练习

描述性问题

1. 你对"测量工具集成"和"仪器独立性"有什么理解?

2. 我们如何在地图应用中集成RTK、机器人和伺服驱动的全站仪以及手动全站仪?

3. 解释制图测量的精度标准和技术规范。

4. 解释测量的等级和顺序。

5. 你对地图的"位置精度"有什么理解?这对测量有何影响?

6. 讨论“遥感”和“摄影测量控制点”测量。

7. 讨论智能地图的测量注意事项。

8. 你对“地图辅助定位和导航”有什么理解？在测量的背景下简要解释。

9. 根据地图的比例尺、详细程度、精度和分辨率讨论测量的注意事项。

10. 如果正在准备地图进行导航，那么属性数据测量需要考虑哪些因素？导航地图的精度应该是多少？

简短注释/定义

1. 全站仪
2. 测量等级
3. 地图绝对精度
4. 地图相对精度
5. 百万分之一
6. 误差椭圆
7. 摄影测量学
8. 地理配准
9. 地面控制点
10. 电子地图
11. 属性数据
12. 地址匹配
13. 地图匹配
14. 地图比例尺

术语汇编

绝对定位:使用单个接收机,根据定义明确的坐标系(通常是地心坐标系,即原点与地球质心重合的系统)确定位置的模式。也称为单点定位、单接收机定位、独立定位和导航解决方案。

准确度:定位点与实际位置的接近程度;衡量 GNSS 位置估计值与真实位置的接近程度。

采集:能够发现并锁定卫星信号进行测距。

反射率:物体反射的辐射量与照射到物体上的辐射量之比。

算法:用于解决某种数学问题的特殊方法。

历书(GNSS):见历书数据。

历书(航海):也称为航空历书,描述天体位置和运动的出版物,目的是使航海家能够使用天文导航。

历书数据:由每颗卫星传送的关于 GNSS 星座中每颗卫星的轨道和状态(健康状况)的信息。历书数据允许 GNSS 接收机在开机后不久快速获得卫星信息。

年鉴:一个或几个根据日历安排计划的,在特殊领域里一年出版一次的表格式的信息。

海拔:高于或低于参考基准的高度,空间坐标中的 z 值。

模糊度求解:若可以确定每对卫星 - 接收机的初始整周模糊度,则可以准确校正包含未知量的载波相位测量,以创建明确且非常精确的(毫米级观测精度)接收机 - 卫星距离测量。使用校正后的载波相位观测值的解算方案称为"固定模糊度"或"固定偏差"解。确定模糊度的数学过程或算法是模糊度求解。通过减少所需观测数据的长度,模糊度求解技术取得了巨大进展,甚至在接收机自身运动时允许这一过程,使得当今基于载波相位的 GNSS 非常有效。

模糊度:载波相位测量只能根据载波的周期或波长进行,因为无法区分不同的载波周期(若忽略调制消息和 PRN 码,则它们都是"正弦波")。用于载波相位定位的接收机可以进行综合载波相位测量。在这种情况下,可以通过计算自初始信号锁定以来的整波数量并加上瞬时小数部分相位测量值来测量接收机-卫星之间距离的变化。然而,这种测量是一种有偏差的距离测量,因为在接收机-卫星距离中的整(整数)波长的初始数目未知。这个未知值称为"模糊度"。对于不同的卫星,这个值是不同的,对于不同的频率,这个值也是不同的。然而,若信号跟踪在整个观测过程中持续不间断,则这是一个常数。若存在信号阻塞,则会发生"整周跳变",导致整周跳变后的新模糊度与之前的值不同。因此,整周跳变修复可恢复载波周期计数的连续性,并确保每个卫星——接收机对只有一个模糊度。

幅度调制(AM):一种在载波信号上编码信息的方法,通过改变信号的高度或振幅,同时保持其频率恒定。

振幅:从虚构的中心线到波峰测量的无线电波高度。峰值从零开始的最大位移。

天线:GNSS 接收机硬件中接收(有时放大)输入信号的部分。天线有各种形状和尺寸,但现在大多数都使用所谓的"微带"或"贴片"天线元件。另外,大地测量天线可能使用"扼流圈"来抑制任何多径信号。

反电子欺骗技术(AS):美国国防部的一项政策,根据该政策,P 码被加密(通过额外调制"W 码"来生成新的"Y 码"),以保护军事上重要的 P 码信号,使其在战争期间不会被敌方通过传输假 GPS 信号而被"欺骗"。因此,民用 GPS 接收机无法直接进行 P 码伪距测量。

随地定位:接收机的一种能力,无须给出某种正确的起始位置和时间,就能够实现锁定。

远地点:卫星轨道上距离地球最远的点。

弧度(度):角度单位;一个圆的 1/360。

弧分(分):角度单位;弧度的 1/60。

弧秒(秒):角度单位;弧分的 1/60,或弧度的 1/3600。

原子钟:由原子或分子的共振频率调节的时钟。在 GPS 卫星中,用于调节原子钟的物质是铯、氢或铷。另见铯钟和氢原子钟。

属性:关于感兴趣特征的信息。数据收集过程中经常记录日期、大小、材质、颜色等属性。

增强:某些物质增加的额外变化,如定位精度。

自相关性:参见码相关性。

可用性:定义特定位置有足够的卫星(高于指定的仰角,可能小于某些指定的 DOP 值)来确定 GNSS 位置。表示的是一个时期内,用百分比表示,从特定系统定位可能会成功。另请参阅中断。

方位角:360°径向测量的方向,沿水平面顺时针方向测量。

波段:电磁频谱中的波长(或频率)间隔。

基线:由一对同时收集了 GNSS 数据的基站组成。数学上表示为两个基站之间的坐标差矢量,或一个站相对于另一个站的坐标表达式。

基站:也称为参考站。在 GNSS 导航中,这是一个设置在已知位置的接收机,专门用于收集数据,以对另一个接收机(可能称为“移动”或“漫游”接收机)的数据文件进行差分校正。在伪距差分 GNSS 的情况下,基站计算每颗卫星的误差,并通过差分校正,提高另一个(移动)接收机在未知位置收集的全球卫星导航位置的精度。对于 GNSS 测量技术,来自基站的接收机数据与来自其他接收机的数据相结合,形成双差观测量,从中确定基线向量。

波特率:数据在发射机和接收机之间流动的传输速率。

方位:从一个位置指向目的地的指南针方向。“北”方向为“零方位”,角度按顺时针测量 360°。

拍频:也称为中间频率。当两个不同频率的信号组合在一起时,会产生两个额外的频率:一个是两个原始频率的总和,一个是两个原始频率之差。这两个新频率中的任何一个都可以称为拍频。

拍:由两种不同频率的波组合而产生的脉冲。当任何一对不同频率的振荡组合时,都可能发生这种情况。在 GNSS 中,当 GNSS 接收机中生成的载波与从卫星接收的载波相结合时,就会产生拍。

北斗卫星导航系统:中国的独立卫星导航系统。这是一个真正的全球系统,由 35 颗卫星组成。它经历了几个不同名称的发展阶段(“北斗一号”、“北斗二号”和现在的“北斗三号”;“北斗二号”也称为指南针系统)。

历元间差分:一个接收机观测到的两个历元之间测量的一颗卫星在一个频率上的信号相位差。GNSS 卫星和 GNSS 接收机总是相对运动的,卫星广播的信号频率与接收的频率不同。因此,在 GNSS 中观测到的基本多普勒是两个历元之间相位变化的测量。

接收机间单差:也称为接收机间差。同时在一个频率上观测来自一颗卫星信号的两个接收机之间的相位差。对于同时观测同一颗卫星的一对接收机而言,接收机间单差伪距或载波相位观测量实际上可以消除卫星时钟引起的误差。当基线较短时,接收机之间的单差也可以大大减少轨道和大气不连续性引起的误差。

星间单差:也称星间差分。一个接收机同时观测到的同一频率上来自两颗卫星信号之间相位测量的差分。对于同时观测两颗卫星的一个接收机,可以观测到的星间单差伪距或载波相位几乎可以消除由接收机时钟引起的误差。

偏差:一种系统误差。偏差影响所有 GNSS 测量值,因此也影响从这些测量值得出的坐标和基线。偏差可能有物理原因,如卫星轨道、大气条件、时钟误差等。它们也可能来自不完美的控制坐标、不正确的星历信息等。建模是一种用于消除或至少能限制偏差影响的方法。

二进制相移键控(BPSK):也称为双相移键控、二进制双相调制或二进制移位键控调制。用于传输 GNSS 信号的相位调制技术。当存在代码或电文二进制信号电平转换时,卫星生成的载波相位会偏移 180°,从 0 到 1(正常到镜像)或从 1 到 0(镜像到正常)。另请参见正交相移键控。

二进制:以 2 为基数的数字系统。

位:二进制数字(0 和 1)的表示的信息,在数字计算中,它表示以 2 为基数的指数。

Block Ⅰ、Ⅱ、ⅡR、ⅡR-M、ⅡF 和ⅢA 卫星:GPS 各代卫星的分类。Block Ⅰ卫星已正式进行实验。共有 11 颗 Block Ⅰ卫星。PRN4 是第一颗 GPS 卫星,于 1978 年 2 月 22 日发射。最后一颗 Block Ⅰ卫星于 1985 年 10 月 9 日发射,且现已全部停止运行。Block ⅡR 和 IIR-M 卫星是在轨运行卫星。Block ⅡF 和ⅢA 将是后续系列卫星。

蓝牙:一种利用短距离通信技术的无线协议,促进固定和/或移动设备的短距离数据传输。

粗差:测量过程中的基本错误,通常由人为错误引起。它们也是在读取、转录或记录测量数据时犯的错误。

广播星历表:同星历表。

铯钟:也称为铯频标或铯振荡器,是一种受铯元素调节的原子钟。铯原子,特别是同位素 Cs-133 的原子,暴露于微波中,原子以其共振频率之一振动。通过计算相应的周期来测量时间。

铯:一种柔软的银白色韧性金属元素(室温或接近室温时为液态),用于制造高精度原子钟。

加拿大广域 DGPS(CDGPS):为加拿大定位市场开发的基于卫星的 WAAS。它为加拿大各地的定位应用程序提供了精确性和覆盖范围。另见星基增强系统。

载波拍频相位:GNSS 接收机产生的载波频率与来自 GNSS 卫星的输入载波

相结合时产生的拍频相位。由于卫星载波的多普勒频移,这两个载波的频率与名义上恒定的接收机生成载波略有不同。由于这两个信号具有不同的频率,会创建两个拍频:一个拍频是两个频率的总和,一个拍频是两个频率之差。另请参见拍频;多普勒频移。

载波频率:无线电发射机未调制输出的频率。GNSS 的未调制频率称为载波频率,因为其作用主要是携带将成为调制数据的信息。

载波相位:也称为重构载波相位。①该术语通常用于表示基于载波信号本身的 GNSS 测量,而不是基于调制到载波上的编码的测量。②载波相位也可以表示"全载波波长的一部分"。全波长的一部分可以用0°~360°的相位角、波长的小数部分、周期等表示。

载波信号:通过调制传送或携带信息的无线电波信号。

载波跟踪环路:GNSS 接收机用于生成和匹配卫星传入载波的反馈环路。另请参见码跟踪环路。

载波:一种电磁波,通常为正弦曲线,可调制以传输信息。常用的调制方法有频率调制和幅度调制;然而,在 GNSS 中,载波的相位会被调制以携带信息。

天文导航:以导航为目的,在未知的领域中寻找自己的位置,在那里太阳、月亮和星星被用作参考点。天文导航是通过天空中物体和地平线之间的角度来确定一个人在地球上的位置。

天体:太空中自然存在的物体,如恒星、行星等。

信道:接收机的信道由接收来自两个载波频率之一的单个卫星的信号所需的电路组成。频道包括数字硬件和软件。

CHAYKA:苏联开发的无线电导航系统,类似于美国 LORAN。

检查点:在估计数据集的位置精度时使用的来自高精度独立源的参考点。

芯片:见码片。

码率:也称为码频。在 GNSS 中,指二进制 1 和 0 芯片的产生速率。例如,GPS P 码的码率为 10.23MHz。

圆概率误差(CEP):水平精度的统计度量。CEP 值定义为包含 50% 数据点的指定半径的圆。因此,一半的数据点位于二维 CEP 圆内,另一半位于圆外。

测量等级:对测量的内部质量或精度进行分类的一种方法。

时钟偏差:接收机或卫星时钟的指示时间与明确定义的时间刻度基准(如 UTC 或 TAI)之间的差异。

时钟抖动:参见抖动。

时钟偏移:一个时钟与另一个时钟相比没有以正确的速度运行的几种相关

现象。也就是说，经过一段时间后，该时钟会与其他时钟发生“偏移”。

粗捕获(C/A)码：也称为民用接入码。用于民用的 GPS 和 GLONASS 信号(也被军方用于获得初始定位)。

码片：二进制码的每一个 0 或 1。术语“芯片”代替“位”，表示它不携带任何信息。PRN 码由一系列芯片组成。

码相关性：伪距的基础是从 GNSS 卫星接收的调制载波上携带的代码与接收机中生成的相同代码的副本之间的相关性。这种技术称为代码相关性。

码分多址(CDMA)：一种许多无线信号使用相同的频率，但每个信号都有一个唯一的代码。GPS 和 Galileo 都使用 CDMA 技术的方法，其代码具有独特的互相关特性。

码频：见码率。

码相位：基于 C/A 码的测量，而不是基于载波的测量。有时用于表示以周期为单位的伪距测量(通过 C/A 码和 P 代码)。

码态：将码片分别从 0 和 1 转换为 +1 和 -1。

码跟踪环路：GNSS 接收机使用的一种反馈环路，用于生成和匹配来自卫星的输入代码，C/A 码或 P 码。另请参见载波跟踪环路。

码：也称为编码信息。用于定义导航代码和测距代码。

冷启动：GNSS 接收机在建立位置定位之前下载历书数据的开机顺序。

商业服务(CS)：Galileo 的加密定位服务；将以一定的费用提供，并且将提供优于 1m 的精度。CS 还可以由地面站优化，以将精度降低到 10cm 以下。

星座：①在轨道上的 GNSS 的空间段或所有卫星。②用于获取位置的特定卫星组。③接收机在特定时刻可用的卫星。

连续动态定位：也称为纯动态定位。一种 GNSS 定位类型，其中至少有一个 GNSS 接收机在移动时连续跟踪 GNSS 卫星，目的是提供接收机轨迹的位置。

连续跟踪接收机：参见多信道接收机。

控制网络：也称为控制。控制网络或控制是已知地理空间坐标的一组参考点。高阶(高精度，通常在大陆尺度上为毫米到分米)控制点通常使用全局或空间技术在空间和时间中定义，并用于连接的低阶点。低阶控制点通常用于工程、施工和导航。在高阶控制网点上建立坐标的科学学科称为大地测量学，对低阶控制网中的点进行同样处理的技术学科称为测量学。

控制点：也称为控制站。通过测量观测已经或正在指定坐标的一个标记点。

控制部分：GNSS 监测和上传全球遥测站的全球网络。主控制站使用跟踪数据计算卫星的位置(或“广播星历表”)及其时钟偏差。这些信息被格式化为导航电文,由注入站定期上传。

坐标系:也称为参照系。一种特定的参考坐标系或系统,如平面直角坐标系或球面坐标系,它使用线性或角度量来指定用于表示地球表面相对于其他位置或固定参考的位置的点的位置。

协调世界时(UTC):国际原子时(TAI),以不规则的间隔添加闰秒,以补偿地球缓慢的自转。闰秒用于 UTC 密切跟踪格林尼治皇家天文台的平均太阳时。另见国际原子时。

坐标:指定点在给定参考或网格系统中的位置的线性或角度量。

罗盘:参见北斗卫星导航系统。

CospasSarsat:由加拿大、法国、美国和苏联于 1979 年建立的基于国际卫星的搜索和救援遇险警报探测与信息分发系统。

航向偏差指示器(CDI):一种显示交叉航迹误差大小和方向的技术。另请参见交叉跟踪误差。

规定航向(CMG):从起点到当前位置的方位,通常用于海上或空中导航。

对地航向(COG):我们相对于地面位置的运动方向,用于导航。

操舵航向(CTS):为了到达目的地,我们需要保持的航向,用于导航。

航向向上:固定接收机的地图显示,以便导航方向始终为“向上”。

航向:从路线起点到目的地的方向(以度、弧度或密耳为单位);也指从一个航路点到航路段中的下一个航点的方向。

波峰:波形上一个周期内正值或向上位移最大的点。

交叉航迹误差(XTE/XTK):我们在任一方向偏离所需航向的距离,通常用于海上或空中导航。

晶体振荡器:也称石英晶体振荡器。利用压电材料振动晶体的机械共振产生频率非常精确的电信号的电子电路。该频率通常用于计时(如石英手表),为数字集成电路提供稳定的时钟信号,并稳定无线电发射机/接收机(如 GNSS 接收机)的频率。

截止角:也称为遮罩角。由于 GNSS 接收机或 GNSS 处理软件中设置的选项,低于该仰角的 GNSS 信号不会被记录。

周期模糊度:也称为整周模糊度。在载波相位测量中,当特定接收机和卫星之间的整周波长数(波长的整数)初始是未知时,称为周期(或整周)模糊度。

周跳:载波相位中可观察到的整数周数的不连续性。GNSS 接收机载波跟踪环路中整数个周期的跳变,通常是 GNSS 信号暂时被遮挡的结果。周跳导致周期模糊度突然改变。周跳的纠正包括在信号不可用期间发现缺失周期的数量。

周期:一个周期是一个完整的数值序列,如从波峰到波峰(称为波周期)。

数据记录器:也称为数据采集器。一种数据输入计算机,通常体积小、重量轻,并且通常是手持式的。数据记录器存储GNSS接收机测量的补充信息。

数据电文:导航电文的另一个术语。另请参见导航代码。

数据速率:参见历元速率。

基准:进行测量的参考。在测量和大地测量中,基准是地球表面上的一个参考点,据此进行位置测量和计算位置的地球形状的相关模型,称为大地基准。在大地测量中,我们考虑水平基准和垂直基准两种类型的基准。另请参见大地基准。

航位推算:通过计算给定航线上行驶的距离来确定位置的技术。行驶距离由速度乘以经过的时间确定。航位推算系统的原理是相对位置确定方法,它需要了解车辆的位置及其随后的速度和方向(如最后的位置和速度确定),以便计算其当前位置。

解调:将编码数据与载波信号分离。

预计航迹(DTK):导航中使用的“出发”和“到达”航路点之间的罗盘航向。

差分:表示组合测量中几种类型的同步解决方案。

差分GNSS(DGNSS):①术语DGNSS不常用于描述相对定位。在这方面,它指的是更精确地测量,以确定跟踪相同GNSS信号的两个接收机相对于绝对或点定位的相对位置。另请参见点定位。②DGNSS在实际领域得到了更广泛的应用,用于描述GNSS的扩展,该系统使用陆基无线电信标,根据伪距观测值,将位置修正传输给全球卫星导航接收机。其中一个实现方式是DGPS,它减少了选择可用性、传播延迟等的影响,并可以将位置精度提高到10m以上。另请参阅差分GPS。

差分GPS(DGPS):一种提高GPS伪距精度的方法。基站(已知位置)的GPS接收机与其他移动的GPS接收机同时测量同一颗卫星的伪距。流动接收机在同一地理区域内占据未知位置。基站接收机占据一个已知的位置,可以找到校正因子,这些校正因子可以实时传送给移动接收机,也可以应用于后处理。

差分定位:精确测量跟踪相同GNSS信号的两个接收机的相对位置。可视为DGNSS的同义词。另请参见相对定位。

精度衰减因子(DOP):用于确定位置的特有卫星星座的卫星几何形状指示器。较高DOP值的位置通常比较低DOP值的测量结果差。DOP指标有多种,如GDOP(几何 DOP)、PDOP(位置 DOP)、HDOP(水平 DOP)和 VDOP(垂直 DOP)等。HDOP 和 VDOP 分别是水平和垂直方向定位解的不确定性。当水平分量和垂直分量相结合时,三维位置的不确定性称为 PDOP。TDOP 表示时钟的不确定性。GDOP 是 PDOP 和 TDOP 的组合结果。RDOP 包括接收机数量、接收机可以处理的卫星数量、观测时段的长度以及卫星配置的几何形状。

色散介质:不同频率表现出不同行为的介质。当观察到的现象的数学表达式不是所考虑参数的线性函数时,就会出现这种情况。

分散性:变得分散的,导致分散的因素。不同频率的电磁波在色散介质中的表现(弯曲)不同。

抖动:也称为时钟抖动。抖动是将数字噪声引入系统。时钟抖动是美国国防部降低标准定位服务精度的过程(即使用 C/A 码的绝对定位)。广播导航电文时钟校正参数无法校正 GPS 中由“选择性可用性”政策引起的额外卫星时钟偏差。

多普勒频移:也称为多普勒效应。由发射机和接收机的相对运动引起的信号频率的明显变化。在 GNSS 中,由于卫星和接收机之间的相对运动而引起的接收信号明显频率的系统变化。

多普勒辅助:描述一种信号处理策略,该策略使用测量的多普勒频移帮助接收机顺利跟踪 GNSS 卫星信号。这样可以更精确地确定速度和位置,特别是当接收机以高速和/或不稳定的方式移动时。

双差:由一对跟踪同一对卫星的接收机同时测量的对载波相位差分形成的 GNSS 观测值。首先,每个接收机从第一颗卫星获得的相位是不同的。其次,每个接收机从第二颗卫星获得的相位不同。最后,这些差异是不同的。此过程基本上消除了所有卫星和接收机时钟误差。虽然主要用于载波相位,但该程序也可应用于伪距。

漂移:变化的一般趋势。在 GNSS 中,它用于描述“时钟漂移”。

距离均方根(DRMS):也称为 sigma 值。用于描述定位精度的测量。它是真实点周围所有径向误差平方和的平方根再除以测量总数。若我们将其加倍,则称为 2DRMS。在 GNSS 定位中,2DRMS 更常用。实际上,特定的 2DRMS 值是一个圆的半径,根据所涉及的特定误差椭圆的性质,该圆预计包含接收机在一次占用期间中收集 95% ~98% 的位置。

双频:可以对 L1 和 L2 频率进行测量的仪器。双频意味着在两个 L 波段频率上利用伪距和/或载波相位。双频允许对电离层偏差进行建模并伴随改进,特别是在长基线测量中。

动态定位:类似于动态定位的基于测距码的定位技术。请参见运动定位。

偏心度:椭圆伸长程度的测量值。

运行时间:请参阅传播延迟。

电磁频谱:根据波长或频率排列的连续电磁能量序列。

仰角:从 GNSS 接收机天线到卫星的水平线和视线之间的角度

高程:沿重力方向在等位面上方测得的距离。通常参考面是大地水准面。

eLORAN:增强型 LORAN;包括接收机设计和传输特性的改进,提高了传统 LORAN 的准确性和实用性。另请参见远程无线电导航。

加密:这是出于保护的目的,将数据转换为加密编码的过程。对于 NAVSTAR(导航卫星测时测距)GPS,P 码通过额外调制"W 码"进行加密,以生成新的"Y 码"。

星历:描述天体的路径,以时间为索引(来源于拉丁语的星历表,意思是日记)。来自每颗 GNSS 卫星的导航电文包括该卫星轨道的预测星历,该星历在未来几个小时内有效。

星历误差:使用星历计算的卫星位置与其在空间中的"真实"位置之间的差异。

历元速率:存储卫星测量值的记录速率。例如,15s 的历元速率意味着每 15s 存储一个点。

历元:给出数据值的特定时间或日期,或发生一系列事件的特定时间段。在 GNSS 中,每次观测的周期或瞬间。

赤道轨道平面:也称为赤道平面,包含赤道的轨道平面。

误差预算:统计误差的大小和来源的汇总,有助于估计观测时产生的实际误差。

误差:参见偏差。

预计航行时间(ETE):用于导航,根据我们当前的位置、速度和路线,到达目的地所需的时间(以 h/min 或 min/s 为单位)。

预计到达时间(ETA):用于导航,即我们到达目的地的预计时间。

欧洲地球静止导航叠加服务(EGNOS):由欧洲航天局(ESA)、欧洲委员会(EC)和欧洲航空安全组织(Eurocontrol)开发的星基增强系统。另见星基增强系统。

外大气层:地球大气层的最外层。

快速模糊度解:快速静态 GNSS 测量技术,利用多个观测点(双频载波相位、C/A 和 P 码),以缩短观测周期的方式求解整周模糊数。该方法也可用于动态接收机的观测,即动态模糊度解。

快速切换信道:参见多路复用信道。

(接收机的)保真度:原始信号的基本特征被再现的完整性。

定位:带有纬度、经度(或网格位置)、海拔(或高度)、时间和日期的单个位置。

扁率:见偏心率。

频率差:单个卫星上两个不同频率(如L1和L2)的信号传播时间差,由单个双频接收机测量,主要用于消除电离层相关延迟。

频分多址(FDMA):一种方法,许多无线电使用相同的代码,但每个无线电都有一个唯一的频率。GLONASS使用FDMA技术,将频率作为其唯一标识符。

调频(FM):在振幅保持不变的情况下,通过改变频率来编码载波信号信息的方法。

频率:单位时间内的振荡次数或每次通过一个点的波长数。

基本时钟速率:振荡器的标准速率,GNSS信号的所有分量速率都以此速率表示。

伽利略·伽利雷:(1564年2月15日至1642年1月8日)托斯卡纳(意大利)的物理学家、数学家、天文学家和哲学家,在科学革命中发挥了重要作用。他的成就包括对望远镜的改进、天文观测,以及对哥白尼学说的支持。

伽利略在轨验证卫星(GIOVE):欧洲航天局为测试伽利略定位系统在轨技术而建造的系列卫星的名称。Giove是意大利语中"Jupiter"的意思。这个名字是为了纪念伽利略·伽利雷,伽利略发现了木星的首批4颗天然卫星,后来发现它们可以作为一个通用时钟来获取地球表面某一点的经度。

伽利略系统时:参见GNSS时间。

伽利略地球参考系(GTRF):为伽利略卫星导航系统定义和维护的全球大地测量基准。由于控制段坐标和广播星历在此基准中表示,伽利略定位结果称为在GTRF基准中。

Galileo:欧洲联盟和欧洲航天局目前正在建造的基于卫星的导航和定位系统,是GPS和GLONASS的替代与补充。

GEE:表示"网格",即纬度和经度的电子网格。第二次世界大战中使用的英国无线电导航系统,是第一个基于测量两个或多个参考位置的信号到达时间差的运算系统。

广义相对论:阿尔伯特·爱因斯坦于1916年发表的一个物理理论。在这个理论中,空间和时间不再被视为独立的,而是形成了一个称为时空的四维连续体,它在大质量物体附近会发生弯曲。广义相对论用两个参照系之间的相对运动取代了绝对运动的概念,并定义了运动物体或光通过引力场时在长度、质量和时间上发生的变化。广义相对论预测,随着重力的减弱,时钟的频率会增加(走时更快)。另见狭义相对论。

地心基准:起源于地球质心的基准。地心基准的优点是它与卫星导航系统直接兼容。

大地测量学:研究地球表面的大小和形状,测量表面上各点的位置和运动,以及地球大部分表面的形状和面积。

大地控制网:已知精确位置和/或高度并考虑地球形状和大小的站点网络。

大地基准:由椭球体和椭球体与地球表面之间的关系定义的模型,包括笛卡儿坐标系。在现代用法中,8 个常数用于构成大地测量控制的坐标系。定义参考椭球体的尺寸需要两个常数。此外,需要三个常数来指定坐标系原点的位置,还需要三个常量来指定坐标系统的方向。过去,大地基准由 5 个量定义:初始点的纬度和经度,从该点开始的直线的方位角,以及定义参考椭球的两个常数。

大地测量:考虑地球形状和大小的测量。大地测量的结果是地面上一系列连续的精确标记点,地形、土地和工程测量可与之相关,以提供额外的坐标点,用于绘图和其他目的。

地理信息系统(GIS):一种基于计算机的信息系统,能够收集、管理和分析地理空间数据。此功能包括存储和使用地图、显示数据查询结果以及进行空间分析。

大地水准面:地球重力场的等位面,更接近平均海平面。大地水准面处处垂直于重力方向。多种来源对大地水准面模型做出了贡献,包括卫星测高得出的海洋重力异常、卫星获取的可能模型和地表重力观测。

大地水准面高度:从参考椭球体到沿垂直于参考椭球体测量的大地水准面的距离。

地理位置:通常用地理坐标纬度、经度和海拔来表示。

地磁风暴:见磁暴。

几何精度衰减因子(GDOP):见精度衰减因子(DOP)。

地理空间定位:一种用于确定地理空间中位置的定位系统。

GNSS(GLONASS):俄罗斯(苏联)GPS 的对等物。它由 24 颗卫星组成,在 1597 ~ 1617MHz 和 1240 ~ 1260MHz 的频段上传输各种频率的信号,用于导航和定位。

GNSS:这是一个统称,用于描述通用的基于卫星的导航/定位系统。它是由国际民用航空组织等国际机构创造的,指 GPS、GLONASS、北斗和 Galileo,以及对这些系统、区域卫星导航系统和未来民用开发的卫星导航系统的任何扩充。

全球轨道卫星导航系统(GLONASS):见 GNSS(GLONASS)。

全球定位系统(GPS):美国开发和维护的 NAVSTAR - GPS 卫星系统,自 20 世纪 90 年代起开始运行。一种无线电导航系统,可提供高精度的接收机位置。

GLONASS 时间:参见 GNSS 时间。

GLONASS - K 卫星:参见 Uragan。

GLONASS - M 卫星:参见 Uragan。

GNSS 增强:一种通过将外部信息集成到计算过程中来提高导航和定位系统属性的方法,如精度、可靠性和可用性。

GNSS 时间:每个 GNSS 都保持不同的时间标准。它们不仅彼此不同,而且也不同于协调世界时(UTC)或国际原子时(TAI)。GPS 时间是 GPS 系统内部使用的标准,类似于 TAI(比 TAI 慢 19s,恒定量)。GPS 系统使用美国海军天文台维护的 UTC 时间基准。GLONASS 使用由俄罗斯维护的 UTC 时间。与 GPS 不同,GLONASS 时间直接受闰秒的影响。伽利略还建立了参考时标,即伽利略系统时间,以支持系统操作。伽利略系统计划通过将伽利略时间转向 TAI 来避免闰秒。北斗还保持一个不同的时标,称为北斗系统时间,它基于中国国家时间服务中心(NTSC)维护的 UTC。

GPS(系统)时间:参见 GNSS 时间。

GPS 辅助地理增强导航(GAGAN):印度政府实施的星基增强系统。在印地语中,gagan 的意思是天空。另见卫星增强系统。

GPS Ⅲ:装载 Block Ⅲ卫星的 GPS 系统通常称为 GPS Ⅲ。

GPS 时间:参见 GNSS 时间。

经纬网:地图或图表上表示地球纬度和经度子午线平行线的网格。

引力:宇宙中所有质量之间的吸引力,尤指是地球质量对其表面附近物体的吸引力。物体越远,重力越小;两个物体之间的引力与它们质量的乘积成正比,与它们之间距离的平方成反比。

粗大误差:由于某些设备故障或观察者的失误而导致的误差。

地面控制站:见控制段。

地面站:见控制段。

地基增强系统(GBAS):通过使用地面无线电信息支持增强的系统。GBAS

通常由一个或多个精确测量的地面站组成,这些地面站对 GNSS 和一个或更多地面无线电发射机进行测量,然后将信息直接传输给最终用户。GBAS 可以覆盖本地和区域。区域系统通常称为地面区域增强系统。

陆基区域增强系统(GRAS):见地基增强系统。

地面波:靠近地表传播的表面波。

群延迟:见电离层延迟。

行驶方向:车辆行驶的方向。对于空中和海上作业,由于风、洋流等原因,可能与实际的对地航向(COG)不同。

赫(Hz):每秒钟的周期性变动重复次数的计量。1kHz = 1000Hz;1MHz = 1000kHz;1GHz = 1000MHz。

启发式方法:试错法。

高精密服务(HPS):GLONASS 定位为军方提供了更高水平的绝对定位精度,类似于 GPS 精确定位服务(PPS)。

地平线:将地球与天空分开的明显线,即一个人所看到的地球与天空的交汇线。

水平精度衰减因子(HDOP):见精度衰减因子(DOP)。

氢原子钟:一种原子钟。通过受激辐射进行微波放大的设备称为微波激射器。微波这一名称并不完全准确,因为原子钟已经发展成可以在许多波长下工作的微波激射器。在任何情况下,原子钟都是一个振荡器,其频率由原子共振导出。最有用的原子钟之一是基于氢的跃迁,其频率为 1421MHz。氢原子钟提供了一个非常清晰、恒定的振荡信号,因此可以作为原子钟的时间标准。活性氢原子钟提供了市面上最知名的频率稳定性。在平均时间为 1h 的情况下,有源原子钟的稳定性至少比最著名的铯振荡器的稳定性高出 100 倍,且氢原子钟在极端环境下也可稳定运行。

印度区域卫星导航系统(IRNSS):由印度空间研究组织开发的自主区域卫星导航系统(完全由印度政府控制)。该系统的运行名称为 NavIC。另见区域卫星导航系统。

惯性导航系统(INS):一种导航辅助装置,使用计算机和运动传感器连续跟踪车辆的位置、方向和速度(运动方向和速度),无须外部参考。用于指代惯性导航系统或与其密切相关的设备的其他术语,包括惯性制导系统、惯性参考平台等。

初始化:在将感兴趣的功能协调到适合测量应用的精度之前,必须确定载波相位整数周期的模糊度。在静态测量中,这称为模糊度求解。在运动学测量中，这种模糊度求解过程称为初始化。

整数模糊度：见整周模糊度。

完整性：当由于某些缺失（如导航解的丢失、噪声过大或其他影响测量位置的因素）而不能再依赖导航系统时，系统提供及时警告的能力。

干扰：不需要的信号或传输信号的任何失真，阻碍接收机接收信号。故意产生这种干扰来阻碍通信的行为称为干扰。无意的干扰称为噪声。

中频（中间频率）：见拍频。

国际原子时（TAI）：一种高精度原子时标准，用于跟踪地球大地水准面上的适当时间。它是地球时间的主要实现方式，也是协调世界时（UTC）的基础，协调世界时用于地球表面的民用计时。另请参见协调世界时。

国际民用航空组织（ICAO）：联合国的一个机构，负责编纂国际航空导航的原则和技术，并促进国际航空运输的规划和发展，以确保安全有序地增长。其总部位于加拿大蒙特利尔的国际区。

国际 GPS 服务（IGS）：国际大地测量协会以及其他几个科学组织的一项倡议，于 1994 年初作为一项服务成立。IGS 由许多组成部分的民间机构组成，它们合作运营永久性全球 GPS 跟踪网络，分析记录的数据并通过互联网向用户传播结果。IGS 的“产品”范围包括精确的任务后 GPS 卫星星历表、跟踪站坐标、地球定向参数、卫星时钟校正以及对流层和电离层模型。尽管这些最初是为大地测量领域准备的，用于协助进行精确测量以监测地壳运动，但用户范围目前已大幅扩大，IGS 的用途对于定义和维护国际地面参考系统（及其各种基准实现 ITRF92、ITRF94、ITRF96 等）至关重要。

国际电信联盟（ITU）：为标准化和规范国际无线电和电信而成立的国际组织。1865 年 5 月 17 日，国际电报联盟在巴黎成立，其主要任务包括标准化、无线电频谱分配和组织不同国家之间的互联安排，以允许国际电话呼叫。

互操作性：利用不同星座的卫星计算位置的可能性概念。例如，具有跟踪 GPS 和 GLONASS 卫星能力的接收机。

离子：通过从中性粒子中加入或除去电子而形成的带电粒子。

电离：原子形成带电粒子的过程。

离子化：原子失去一个或更多电子，因而带正电荷的状态。电离气体是指部分或全部原子被电离，而不是电中性，电离电子表现为自由粒子的气体。

电离层：大气层的上层之一，位于平流层之上，从距地球表面约 50km 处延伸至距地球表面 1000km 的距离。这是一种通过太阳辐射作用发生电离的色散介质。

电离层延迟:也称为电离层折射。通过电离层的信号传播时间与通过真空的相同信号传播时间的差异。电离层延迟的大小随时间、纬度、季节、太阳活动和观测方向的变化而变化。电离层延迟分为相位延迟和群延迟两类。群时延影响编码,即影响载波上的调制信号;相位延迟影响载波本身。群延迟和相位延迟具有相同的大小,但符号相反。负符号相位延迟实际上是相位提前。

钟差数据版本协议(IODC):导航消息提供广播时钟校正可靠性的定义时。

拥堵:参见干扰。

卡尔曼滤波器:根据噪声污染观测值递归估计动态变化参数(如船舶位置和速度)的最佳数学程序。在 GNSS 中,数字数据合并器用于在噪声存在的情况下,根据对时变信号的多次统计测量确定瞬时位置估计。

开普勒元素:描述卫星在纯椭圆(开普勒)轨道上的位置和速度的一组 6 个参数。这些参数包括椭圆轨道半长轴和轨道偏心率、轨道平面对天球赤道的倾角、轨道升交点赤经、近地点的幅角以及过近地点时刻。

运动定位:在差分模式下操作时,通过使用 GNSS 载波相位数据定位连续移动的平台。

动态测量:一种精密差分/相对 GNSS 测量技术,移动用户无须停下来就能收集高精度信息。使用双频载波相位测量技术,可以在差分/相对模式下获得米至厘米级的精度。

动态的:与运动或移动的物体有关。

L 波段:雷达波长范围为 15 ~ 30cm(频率 1.0 ~ 2.0GHz)。

L6 信号:伽利略定位系统信号,频率范围 1544 ~ 1545MHz。这是一个搜索和救援(SaR)专用波段,专门为此目的而保留。

延迟:也称为龄期或时间间隔。系统计算修正并以实时差分 GNSS 将其传输给用户所需的时间。

纬度:地球表面某一位置与赤道的夹角,用南纬或北纬多少度表示。

闰秒:1s 调整,使一天中的广播标准接近平均太阳时。民用时间的广播标准基于协调世界时(UTC),这是一种使用极其精确的原子钟维持的时间标准。为了使 UTC 广播标准接近平均太阳时,UTC 偶尔会通过 1s 的间隔调整即"闰秒"进行校正。闰秒的时间由国际地球自转和参考系统服务(IERS)确定。

Leitstrahl:见 Lorenz(洛伦兹)。

视线传播:电磁波的传播,即从发射机到接收机的直接传输路径不受阻碍时的传播。视线传播对 GNSS 信号至关重要。

局域增强系统(LAAS):基于 GPS 信号实时差分校正的全天候飞机着陆系

统。这是一个地基增强系统。另见地基增强系统。

锁定:一旦实现了两个码(卫星发送的码和接收机生成的复制码)的相关性,则由 GNSS 接收机内的相关信道保持,此时可以说接收机已实现锁定或已锁定到卫星上。

经度:地球表面某一位置的角度,通常用格林尼治子午线以东或以西的度数表示。

远程无线电导航(罗兰,LORAN):由美国人开发和维护的无线电导航系统,经过一些修改仍在运行。它是一个全球许多地区的无线电信号发射器网络,可以精确绘制位置。全球的罗兰发射站持续发射 90 ~ 100kHz 的无线电信号。特殊的船载罗兰接收机解译这些信号,并提供对应于叠加在海图上网格的读数。通过比较来自两个不同电台的信号,船员们可以确定船只的位置。

环路闭合:发现 GNSS 网络内部一致性的程序。来自不止一次 GNSS 解算时段的一系列基线矢量分量加在一起,形成一个回路或闭合图形。闭合误差是表示所有矢量分量的组合误差的直线长度与图形周长的比值。

LORAN - C:LORAN 的开发版本。另请参见远程无线电导航。

洛伦兹(Lorenz):20 世纪 30 年代开发的德国无线电导航系统,用于飞机安全着陆。Lorenz 是建立该系统公司的名称。

失锁:一旦两个码(卫星发送的码和接收机生成的复制码)之间的关联以某种方式中断,则称接收机失锁。请参见锁定。

光度:物体辐射能量的速率。

磁暴:由空间天气扰动引起的地球磁层暂时扰动。它是由撞击地球磁场的太阳风冲击波引起的。

遮罩角:卫星在地平线上最小可接受高度,请参见截止角。

主控制站:也称为系统控制站或简称控制站。它是组成 GNSS 控制部分的全球跟踪和注入站网络的中心设施。在主控制站,监测站发送的跟踪信息被纳入精确的卫星轨道和时钟校正系数,然后转发给注入站。

地球中轨:地心轨道,高度覆盖从海拔 2000km(1240 英里)到略低于同步轨道 35786km(22240 英里)。也称为中圆轨道。

(大气层的)中间层:离地面 50 ~ 85km 的电离层的一部分。另见电离层。

微波波段:电磁频谱中波长范围为 1mm ~ 1m 的区域。

微波区:见微波波段。

中纬度:赤道南北纬度 30° ~ 60°的地区。

最小约束:一种最小二乘解的形式,其中观测到的基线向量在二次网络平差(见网平差)中视为“观测值”,只有一个坐标必须固定为其已知值,而所有其他坐标都可以进行调整。通常,GNSS 调查测量的基线比协调网络中所有点所需的最低基线更多。这些额外的“观测值”是冗余信息,最小约束网络平差使用这些信息来获得坐标参数的最佳估计值,以及以参数标准偏差和误差椭圆(或椭球)形式表示的有价值的质量信息。

调制解调器(调制器/解调器):将数字信号转换为模拟信号,将模拟信号转换为数字信号的设备。共享数据的计算机通常需要在电话线的两端都安装调制解调器来执行转换。

现代化 GPS:带有 Block ⅡR-M 卫星的 GPS 系统,称为现代化 GPS。

调制:在载波上对信息信号进行编码的一种方法,可在稍后进行解码。

监测站:GNSS 控制段中用于跟踪卫星时钟和轨道参数的站。监测站收集的数据与主控制站相连,在主控制站计算校正值,并根据需要将校正数据上传至卫星。

多通道接收机:也称为并行接收机。一种具有多个独立信道的接收机。每个频道可以专用于连续跟踪一颗卫星。

多功能星基增强系统(MSAS):一种日本星基增强系统,类似于 WAAS 和 EGNOS。日本民航局实施了 MSAS,将 GPS 用于航空。另见星基增强系统。

多径:由到达接收机的 GNSS 反射信号引起的干扰,通常是由于附近的结构或其他反射表面造成的。通过适当的天线设计、天线布置和 GNSS 接收机内的特殊滤波算法,可以在一定程度上减轻影响。

多径误差:由两条或多条不同路径到达接收机天线的信号干扰引起的误差。这通常是由于一条路径被反弹或反射造成的。对伪距测量的影响可能高达几米。在载波相位的情况下,为几厘米。

多路复用信道:也称为快速切换、快速排序和快速多路复用。GNSS 接收机的一种通道,通过卫星的一系列信号,快速地从一个信号到下一个信号进行跟踪。

多路复用接收机:一种以快速序列跟踪卫星信号的接收机,不同于多信道接收机,多信道接收机中的各个信道专用于每颗卫星信号。

海里:用于海上和空中导航的长度单位;1 海里(n mile)为 1.1508 英里或 1852m,或地球椭圆子午线上纬度 1′所对应的弧长。

导航编码:也称为导航电文或数据电文。每颗 GNSS 卫星传输的信息,包含系统时间、时钟校正参数、电离层延迟模型参数以及卫星的星历数据和健康状况。该信息用于处理 GNSS 信号,以向用户提供时间、位置和速度。

导航电文:请参阅导航编码。

导航卫星定时和测距全球定位系统(NAVSTAR GPS):参见全球定位系统。

导航卫星:传输编码信息的卫星,用于接收机的导航和定位。参见NAVSAT。

导航解决方案:见绝对定位。

导航:①确定运动路线或航向的行为;②计划、读取和控制船只、车辆、人或物体从一个地方移动到另一个地方的过程。

印度星座导航系统(NavIC):见印度区域卫星导航系统。

导航卫星:参见子午仪卫星。

海军卫星导航系统(NNSS):见子午仪卫星。

网平差:一种最小二乘解的形式,其中观测到的基线向量在二次平差中视为"观测值"(见最小约束)。它可能是一个最小约束的网平差,只有一个观测站坐标保持固定,也可能受到多个固定(已知)坐标的约束。后者是典型的GNSS测量,用于将一些新协调的点加密或连接到以前建立的控制或大地测量框架(见基准)。

网络:一个物物相连的系统。

噪声:请参见干扰。

倾角:通常是指物体赤道面和轨道面之间的角度,或者等效地是指旋转极和轨道极之间的角度。

观测值:在GNSS中,其测量值产生卫星与接收机之间的距离或距离的信号。GNSS中有伪距和载波相位两种观测值。另请参见伪距和载波相位。

观测日志:用于书写GNSS读数和附加信息的硬拷贝数据表。这是数据的备份,也是写笔记的一种更简单的方法。

观测:使用GNSS进行的测量。

观测时段:由两个或两个以上的接收机连续、同时收集GNSS数据的过程。

占用时间:也称为观察时间(周期)。解决整周模糊度所需的时间。

八角仪:天文导航中用来测量天体角度的仪器。

欧米茄(OMEGA):美国与6个伙伴国合作运营的飞机无线电导航系统。OMEGA采用了双曲线无线电导航技术,该导航链在10~14kHz的电磁频谱的极低频部分工作。

实时处理(OTF):一种快速解决载波相位模糊度的方法。该方法需要一个能够进行载波相位和精确伪距测量的双频接收机。接收机不需要保持静止,这使得该技术对于载波相位动态GNSS的初始化非常有用。

开放服务(OS):①Galileo为任何人提供的免费定位服务。操作系统信号将以1164~1214MHz和1559~1591MHz两个频带进行广播。若接收机同时使用两个OS波段,则其水平精度将低于4m,垂直精度将低于8m。仅使用单个频带的接收机水平精度仍将低于15m,垂直精度仍将小于35m。②免费提供的EGNOS增强服务,可实现GPS的高精度,水平高度可达1~3m,垂直高度可达2~4m。

轨道:卫星在重力作用下绕地球等物体运行的路径。

轨道偏心率:椭圆轨道被拉长的程度。

轨道元素:也称为轨道参数。定义卫星轨道的一组参数。

轨道误差:见星历误差。

轨道倾角:卫星轨道平面与地球赤道平面之间的角度。

轨道周期:卫星绕地球旋转一周所用的时间。

轨道摄动:物体或天体的轨道因一种或多种外部影响而改变的现象。就卫星而言,轨道摄动可能是大气阻力(如果卫星位于地球大气层内)或太阳辐射压力的结果,而就天体而言,轨道摄动可能是彗星、小行星、太阳耀斑和其他天体现象造成的。

轨道面:卫星在其中移动的平面。

测量顺序:对静态测量的质量或精度进行分类的一种方法。这类似于"测量等级";然而,它与外部质量有关,并受外部网络信息质量的影响。

振荡:关于一个中心值(通常是一个平衡点)或两个或多个不同状态之间的某种度量的重复变化,通常是在时间上的重复变化。常见的例子包括游摆和交流电源。振动一词有时更狭义地用于表示机械振动。

中断:由于没有足够数量的可见卫星来计算位置,或者DOP值大于某些指定值(意味着位置的准确性不可靠),导致可用性丧失。另请参见可用性。

1990年地球参数(PE-90):由苏联和现在的俄罗斯定义与维护的全球大地测量基准。由于控制段坐标和广播星历在此基准中表示,GLONASS定位结果定义在PE-90基准中。

百万分之一(ppm):在GNSS中,它是与测量距离成比例的误差量。例如,对于30m的测量,误差为±3mm意味着测量结果仅为100ppm。

近地点:卫星轨道上距离地球最近的点。

摄动:参见轨道摄动。

相位角:两个不同波上同一点之间的时间差,通常以一个周期的小数部分(弧度或度)测量。

相位中心:天线上信号接收的视在中心。天线的相位中心不是恒定的,而是取决于观测角度和信号频率。

相位延迟:见电离层延迟。

相位差分:在不同位置使用不同的 GNSS 接收机测量来自同一卫星的载波信号相位角的技术。若需要实时操作,则通过两个位置之间的通信链路来比较这些角度。

锁相:调整振荡器信号的相位以匹配参考信号的相位。首先,接收机比较两个信号的相位。其次,使用产生的相位差信号调整基准振荡器频率。下一次比较两个信号时,它们之间的相位差被消除。

相位调制:通过改变相位对载波信号的信息进行编码,使载波的某些部分异相,而其他部分同相。

相移:代表波长测量的小数部分。该术语用于通过将卫星信号的相位角与接收机生成的复制传输信号的相位角进行比较来定义相位角的差异。

锁相环:载波跟踪环路的另一个术语。

点定位:见绝对定位。

参照点:参见参考点。

极轨:靠近两极的轨道。轨道倾角为0°的轨道。

位置精度衰减因子(PDOP):见精度衰减因子(DOP)。

位置:点的二维或三维坐标,通常以纬度、经度和高度的形式给出(或以笛卡儿形式给出 x、y 和 z)。

定位:用于确定位置的过程。

后处理差分 GNSS:在后处理差分 GNSS 中,基站和移动接收机之间没有实时活动数据链路。取而代之的是,每颗卫星都用一个时间标签记录卫星观测结果,以便稍后进行差分校正。差分校正软件用于合并和处理从这些接收机收集的数据。

后处理 GNSS:一种从 GNSS 观测值中获得高精度位置的方法,在这种方法中,基站接收机和移动接收机之间没有实时有效的数据链路。它们不像在实时动态 GNSS 中那样进行通信。每个接收机独立记录卫星观测结果。它们收集的数据在以后合并。该方法可应用于待差分校正的伪距或待双差分处理的载波相位测量。

后处理:一种由接收机对记录的定位信息进行差分校正以提高精度的技术。在该技术中,不进行实时差分校正;相反,移动接收机记录其所有测量位置和每次测量的准确时间。随后,该数据可与参考接收机记录的数据进行校正合并,以最终清理数据。因此,不需要实时系统中的无线链路。

精确定位服务(PPS):军用 GPS 定位的绝对定位精度高于 C/A 码接收机,

后者依赖于 SPS(标准定位服务)。PPS 基于双频 P 码。

精度:相同数量的测量之间的一致性;广泛分散的结果不如紧密分组的结果精确。精度越高,一系列测量中的随机误差越小。GNSS 测量的精度取决于网络设计、测量方法、处理程序和设备。

投影:一种将曲面地球上的特征转换为在平面地图上表示的方法,其包括将经纬度转换为 x 和 y 坐标。

传播延迟:也称为时移或经过的时间。GNSS 信号离开卫星和到达接收机之间的时间,用于测量卫星和接收机之间的距离。

保护(P)码:也称为精确码,是 GPS 的二进制码,使用二进制双相调制在 L1 和 L2 载波上进行调制。在 GPS 系统中,P 码有时会被更安全的 Y 码替换,这一过程称为反欺骗。

伪卫星:也称为虚拟卫星。地面差分站,模拟典型最大射程为 50km 的 GPS 卫星信号。伪卫星可以提高 GPS 星座的精度并扩大其覆盖范围。最初计划作为局部增强系统的增强,以帮助飞机着陆。然而,在信号障碍物导致无法追踪到足够的 GPS 卫星的情况下,也可以使用伪卫星。事实上,伪卫星在无法观测到卫星信号的情况下是可行的,如用于室内应用。

伪随机噪声(PRN):代码数字 1 和 0 的序列,看似随机分布,但可以精确再现。具有类噪声特性的二进制信号在 GNSS 载波上调制,用于确定伪距。

伪距:在 GNSS 中,一种有时间偏差的距离测量。它基于 GNSS 卫星发送的代码,由 GNSS 接收机收集,然后与接收机中生成的相同代码的副本相关联。然而,在伪距范围内,卫星时钟和接收机时钟之间的同步误差是忽略不计的。测量精度是代码分辨率的函数;因此,C/A 码伪距不如 P 码伪距精确。

公共监管服务(PRS):Galileo 的一种商用加密定位服务。定位精度与开放服务(OS)相当。主要目标是对干扰的鲁棒性并在 10s 内可靠地检测到问题。PRS 向政府授权的用户提供定位信息。

正交相移键控(QPSK):一种相移键控制,用于传输信息。在给定的时间内,载波可能有 4 个相位。这 4 个相移可能发生在 0°、90°、180°或 270°。在 QPSK 中,通过正交相位变化传送的信息。在每个时间段内,阶段可以更改一次。由于有 4 个可能的阶段,每个时隙内有 2 位信息被传送。QPSK 的比特率是 BPSK 比特率的两倍。另请参见二进制相移键控(BPSK)。

石英晶体时钟:见晶体振荡器。

准天顶卫星系统(QZSS):日本提出的一种卫星导航系统,基本上是增强型 GNSS 和区域卫星导航系统的组合。另见 GNSS 增强,区域卫星导航系统。

辐射:以射线、波或粒子的形式辐射或传播的能量。

无线电波段:波长范围为1mm~30km(频率范围为10kHz~300MHz)的电磁频谱区域。

无线电测向仪(RDF):一种无线电接收机,具有定向天线和可视零位指示器,用于从已知位置的无线电信标确定位置线。

无线电导航:利用发射无线电波的特性确定位置、方向和距离。

无线电信号:在电磁频谱的无线电波段(波长范围为1mm~30km)内发送/接收的信号。

无线电探空仪:一种连接在气球上的小型无线电发射机,用于测量对流层的压力、温度和湿度。

距离变化率:GNSS接收机和卫星之间的距离变化率。通常通过跟踪多普勒频移的变化来测量。

距离:两点之间的距离,特别是GNSS接收机和卫星之间的距离。

测距码:一种复杂编码信息,用于测量卫星到接收机的距离(范围)。这些码也称为伪随机噪声(PRN)码。

测距:一种用于确定接收机和已知参考点(卫星)之间距离的技术。

快速静态:GNSS静态定位的一种形式,特殊的模糊度解决技术使用额外信息,如P码测量或冗余卫星,因此需要几分钟而不是几小时的观测。

实时DGNSS:基站通过某种数据通信链路(如VHF或UHF无线电、蜂窝电话或FM无线电)计算、格式化和传输伪距校正。移动接收机需要某种数据链路接收设备来接收传输的DGNSS校正,以便将其应用于当前观测。

实时动态(RTK)定位:一种使用载波相位测量确定已知控制和未知位置之间相对位置的方法。已知位置的基站向移动接收机发送校正。该程序实时提供高精度。结果无须后期处理。在最早使用GNSS时,模糊度解决方法仍然效率低下,因此不经常使用动态和快速静态定位。后来,当模糊度解析(如动态)可用时,实时运动学和类似测量方法得到了更广泛的应用。

实时处理:收集数据后立即计算位置。

接收机自主完整性监测(RAIM):接收机自检的一种形式,其中使用冗余伪距观测来检测任何测量是否存在问题或“故障”。只需要4个测量值(来自4颗卫星)即可得出3D坐标和接收机时钟误差,因此任何额外的测量值都可以用于检查。一旦确定了失败的测量,就可以将其从导航坐标中删除。

接收机时钟误差:由于接收机时钟在测量信号接收时间时不准确而导致的误差。

接收机独立交换格式(RINEX):一套标准定义和格式,用于促进 GNSS 定位数据的自由交换,并便于使用任何接收机的数据和任何后处理软件包。该格式包括时间、相位和距离三个基本观测量的定义。

接收机噪声:GNSS 接收机测量码或载波观测量的量化。

接收机位置差分:参见接收机之间的单差。

接收机:用来收集发射机发送的无线电波的仪器。

参考点:用于描述另一个位置或地点的位置。

反射率:表面反射入射能量的能力。

区域卫星导航系统:具有区域覆盖范围而非全球覆盖范围的卫星导航系统。另见 GNSS。

相对精度:两点之间的测量精度(即一点相对于另一点的测量精度)。

相对精度衰减因子(RDOP):见精度衰减因子(DOP)。

相对定位:确定同时跟踪相同 GNSS 信号的两个或多个接收机之间的相对位置。第一个接收机通常称为基准或基站,其坐标在卫星数据中已知。第二个接收机可能静止或移动。但是,其坐标是相对于基站确定的。在基于载波相位的定位中,这是由基线向量的确定产生的,当基线向量添加到基站坐标时,会生成用户坐标。在基于伪距的 GNSS 定位中,坐标是在应用差分校正(实时或后处理模式)后,根据移动接收机的观测值得出的。

相对论时间膨胀:轨道 GNSS 卫星上时间速率相对于地球上时间速率的系统变化。这种变化是由阿尔伯特·爱因斯坦解释的狭义相对论和广义相对论预测的。另见狭义相对论、广义相对论。

可靠性:在规定的条件下,在给定的时间长度内执行特定功能而不发生故障的能力。

移动接收机:在实地解算时段期间收集数据的任何移动 GNSS 接收机。接收机的位置可以相对于基站上的另一个静止 GNSS 接收机进行计算。也可以称为流动接收机或漫游接收机。

生命安全服务(SoL):Galileo 的一种商用加密定位服务。定位精度与开放服务(OS)相当。除操作系统外,SoL 还将提供完整性。这意味着当定位无法达到一定的精度时,用户将收到警告。

星基增强系统(SBAS):通过使用额外的卫星广播信息支持广域或区域 GNSS 增强的系统,旨在提高其准确性、完整性、可靠性和可用性。另见 GNSS 增强。

卫星健康:接收机接收到导航电文时跟踪的卫星健康信息使其能够确定卫星是否在正常参数范围内运行。每颗卫星都传输所有卫星的“健康数据”。

卫星导航系统：见 GNSS；区域卫星导航系统。

卫星位置差分：参见星间单差。

搜救（SaR）：搜寻处于困境或紧急危险中的人并向他们提供援助。

选择性可用性：（SA）美国军方故意降低民用 GPS 卫星系统（标准定位服务）的绝对定位性能，通过人为“抖动”卫星的时钟误差来实现。通常通过使用相对定位技术来减轻其影响。SA 于 1990 年 3 月 25 日激活，并于 2000 年 5 月 1 日（华盛顿特区时间午夜）关闭。

选择性（接收机）：将接收限制在所需频率的信号上，并避免接收其他频率几乎相同的信号的能力。

（接收机的）灵敏度：在噪声背景下将微弱信号放大到可用强度的能力。

时段：参见观察时段。

六分仪：天文导航中用来测量天体角度的仪器。

恒星日：行星相对于恒星旋转一周的时间。地球绕其轴旋转 360°所需的时间，大约为 1436.07min。

西格玛值：见标准偏差。

信噪比：一个电气工程概念，也用于其他领域，定义为信号功率与破坏信号的噪声功率之比。用不太专业的术语来说，信噪比将所需信号（如音乐）的电平与背景噪声的电平进行比较。比例越高，背景噪声的干扰越小。

单差：通过对载波相位进行算术差分而形成的 GNSS 观测值，载波相位由跟踪同一卫星的一对接收机（接收机间单差）或跟踪一对卫星的一个接收机（星间单差）同时测量。接收机间单差程序基本上消除了所有卫星的时钟误差。星间单差程序基本上消除了所有接收机的时钟误差。虽然该过程主要用于载波相位测量，但也可应用于伪距相位测量。

单接收机定位：见绝对定位。

天波：电离层将电磁波弯曲（折射）回地表的传播。

太阳辐射压力：在天文学中，太阳辐射压力是太阳辐射对其范围内物体施加的力。太阳辐射压力是天体动力学研究的热点，因为它是轨道摄动的来源之一。

空间段：GNSS 的天基部分，即轨道卫星及其信号。

空间数据：也称为地理空间数据。识别自然或构造特征的地理位置和特征的信息。除此之外，这些信息可能来自遥感、制图和测量技术。

空间定位：确定一个物体在空间中位置的方法或途径。

空间：与地理空间同义。用于修饰或说明空间或地理空间。

狭义相对论:阿尔伯特·爱因斯坦提出的一种理论,除此之外,它预测了接近光速时长度、质量和时间的相对变化。广义相对论预测,随着重力的减弱,时钟的频率会增加,时间也会加快。另外,狭义相对论预测,移动的时钟似乎比固定的时钟走得慢,因为移动的时钟速度似乎随着速度的增加而降低。因此,对于 GNSS 卫星,广义相对论预测 GNSS 卫星轨道上的原子钟比地球上的原子钟走得更快。狭义相对论预测,以 GNSS 轨道速度移动的原子钟的速度比地球上的时钟慢。GNSS 卫星的时钟频率在发射前重置,以补偿这些预测的影响。另见广义相对论。

扩频信号:在比传输信息所需频带更宽的频带上传播的信号。在 GNSS 中,扩频信号用于防止干扰,减轻多径的影响,并允许明确的卫星跟踪。

(接收机的)稳定性:抵抗条件或数值漂移的能力。

标准差:也称为 1sigma 或 1σ 或 1drms。在一系列相同数量的测量中,随机误差分散程度的一种表示。测量值围绕其平均值分组越紧密,标准差越小。

标准定位服务(SPS):通过使用标准单频 C/A 码 GPS 或 GLONASS 接收机获得的伪距数据获得的民用绝对定位精度。

静态定位:当接收机的天线假定在地球上静止时的位置确定。对于基于伪距的技术,这允许使用各种均值技术来提高精度。静态定位通常与 GNSS 测量技术有关,其中两个 GNSS 接收机在某个观测期内处于静态状态,观测期可能从几分钟到几小时不等(在 GNSS 大地测量中,甚至需要几天的时间)。

不定期启停定位:也称为半动态定位。这是一种用于"高生产率"的 GNSS 测量技术,用于确定静态点的厘米精度基线,使用约 1min 的现场观测时间。仅使用已转换为无模糊度的载波相位,这就要求在测量开始之前解决模糊度(而且在任何时候都会失锁)。它称为"停走"技术,因为接收机的坐标仅在其静止("停"部分)时才有意义,但接收机在从一个静止设置移动到下一个静止安装时("走"部分)仍继续工作。接收机必须始终跟踪卫星信号,因此必须小心地将接收机从一个静态点搬运到另一个静态点。

测控站(TT&C):监控站和注入站统称为测控站。

热层:离地表 85 ~ 1000km 的电离层的区域。另见电离层。

定时:一种实验性卫星导航系统。当代 GNSS 的前身。

时间差:参见历元差。

时间膨胀:参见相对论时间膨胀。

时间精度衰减因子(TDOP):见精度衰减因子(DOP)。

时移:参见传播延迟。

总电子含量(TEC):沿路径的电子密度的积分值。TEC 是地球电离层的一个重要描述量,是沿两点之间的路径存在的电子总数,单位为每平方米的电子数。地面 GNSS 接收机测量卫星和接收机之间无线电波路径上的电子总数。

轨道:①当位置改变时,一组有序的坐标位置自动积累在 GNSS 接收机的内存中。②轨道(TRK)是相对于地面位置的运动方向。通常与导航应用程序关联。

轨迹日志:GNSS 接收机存储的坐标测量的有序序列。

轨迹点:作为轨迹的坐标。在使用 GNSS 接收机的行驶过程中,默认情况下,接收机开始以固定间隔记录各航路点之间的点值。请参见轨迹。

收发器:一种既有发射机又有接收机的设备,它们组合在一起,共享公共电路或同一外壳。这个术语起源于 20 世纪 20 年代初。从技术上讲,收发器必须结合大量发射机和接收机处理电路。类似的设备包括应答器、转换器和中继器。

子午仪卫星:由美国海军资助的早期卫星定位系统。它测量了极轨卫星发送的信号的连续多普勒(频率)偏移,以确定位置。它以导航卫星(NAVSAT)或海军卫星导航系统(NNSS)的名义,将有助于引导业余水手和商业航运船员,直至 20 世纪 90 年代中期。

发射机:用来发射无线电波的仪器。

三角测量:利用正弦定律,通过计算三角形一边的长度,以及该点和其他两个已知参考点形成的三角形的角度和边的测量值,来确定到一个点的坐标和距离的过程。

三边测量:一种利用三角形几何形状确定物体相对位置的方法,其方式与三角测量法类似。与三角测量不同,三角测量使用角度测量来计算对象的位置,三边测量使用两个或更多参考点的已知位置,以及对象与每个参考点之间的测量距离。为了仅使用三边测量法准确且唯一地确定二维平面上某个点的相对位置,通常至少需要 3 个参考点。对于三维三边测量,通常需要 4 个参考点。

三重差分:也称为接收机 - 卫星 - 时间三重差分。载波相位观测中两个双差的算术差分,可观测的三重差分没有整周模糊度。它是一个有用的观测量,用于确定相对 GNSS 定位中站点的初始近似坐标,并用于检测周跳。

琐碎基线:在实地同时使用两个以上的 GNSS 接收机进行静态 GNSS 测量时形成的基线。例如,当在点 A、B、C 部署 3 个接收机时,只有 2 条基线是独立的($A-B$ 和 $A-C$、$A-B$ 和 $B-C$ 或 $A-C$ 和 $C-B$),而另一条基线则不重要。

对流层:大气的最底层,与地球表面直接接触。根据观测点的不同,其高度从 7km 到 14km 不等。事实上,它从地表延伸到极地上空约 7km,赤道上空约 14km。

对流层延迟:也称为对流层误差。对流层中的温度、气压和水汽等因素导致的 GNSS 信号延迟。GNSS 信号的对流层延迟是非色散的,因为它与频率无关,因此对 L1 和 L2 信号的影响相同(与电离层内不同)。对流层的干湿成分导致信号延迟。

波谷:波浪上一个周期内最大负值或向下位移最大的点。

真实距离:也称为几何距离。两点之间的精确距离,特别是 GNSS 接收机和卫星之间的距离。

超高频(UHF):电磁频谱无线电波段的波长(或频率)选择范围。频率范围为 300 ~ 3000MHz,波长范围为 100 ~ 10cm。

超短波着陆信标:见洛伦兹(Lorenz)。

通用串行总线(USB):将设备连接到主机的串行总线标准。USB 设计旨在允许使用单个标准接口插座连接多个外围设备,并提高即插即用能力。

注入站:每天至少向每颗卫星发送(注入)一次主控制站发送的星历数据和时钟偏移信息。然后,卫星通过无线电信号将这些信息发送给接收机。

飓风:俄罗斯 GLONASS 卫星称为飓风。GLONASS 卫星 Uragan - M 的现代化版本。GLONASS 卫星的最新进展是 Uragan - K。

用户等效范围误差(UERE):也称为用户范围误差。所有偏差对每个单独定位测量的贡献。总 UERE 是单个误差平方和的平方根。

用户段:GNSS 的组成部分之一,包括用户、用户设备、应用程序和操作程序。

实际航速(VMG):导航中使用的术语。我们沿着预期路线向目的地前进的速度。

春分点:太阳位于地球赤道正上方的时刻。

垂直精度衰减因子(VDOP):见精度衰减因子(DOP)。

甚高频全向无线电指向标(VOR):一种飞机无线电导航系统。

暖启动:有时也称为热启动。GPS 接收机使用存储在其存储器中的以前使用的历书信息开始导航的能力。

波周期:见周期。

波前:任何波的前侧。

波长:谐波中两个连续波峰(波峰)或其他等效点之间的距离。

航路点:值得记录并存储在 GNSS 接收机中的位置或地标。这些是我们以后可能想返回的地方。它们可能是路线上的检查点或重要的地面特征（如营地、卡车、小径上的岔道或最喜欢的钓鱼点）。航路点可以通过坐标手动定义并存储在设备中。

广域增强系统（WAAS）：美国联邦航空管理局开发的一种空中导航辅助设备，用于增强全球定位系统，目的是提高其准确性、完整性和可用性。从本质上讲，WAAS 旨在使飞机在飞行的所有阶段都能依靠 GPS，包括其覆盖范围内任何机场的精确进近。这是一个星基增强系统。

1984 世界大地测量系统（WGS 84）：由美国国家图像和制图局定义与维护的全球大地测量基准。由于控制段坐标和广播星历在此基准中表示，GPS 定位结果定义在 WGS 84 基准中。

Y 码：GPS 的加密 P 码。当反欺骗功能打开时，P 码被加密为 Y 码。

天顶：天球上正上方的点。

零基线：零基线测试可用于研究接收机测量的精度（及其正确操作）以及数据处理软件。顾名思义，实验装置包括将两个接收机连接到同一天线。当两个接收机共用同一天线时，偏差有卫星（时钟和星历表）和大气路径（对流层和电离层）相关的偏差，以及数据处理过程中的多径"抵消"等误差。因此，所产生的"零基线"的质量是随机观测误差（或噪声），以及在双差中任何接收机未消除偏差的传播的函数。

祖鲁时间：参见协调世界时。

参考文献

Abidi, A. A., P. R. Gray, and R. G. Meyer 1999, *Integrated Circuits for Wireless Communications*, IEEE Press, 686 pp.

Agrawal, N. K. 2004, Essentials of GPS, *Geospatial Today*, Hyderabad, 130 pp.

Aigong, X. 2006, GPS/GIS Based Electronic Road Pricing System Design, in *Proceedings of Map Asia* 2006. Available online at http://www.gisdevelopment.net/application/utility/transport/ma06_28.htm, accessed on 25 May 2007.

Aldridge, R. C. 1983, *First Strike!: The Pentagon's Strategy for Nuclear War*, South End Press, 325 pp.

Anderson, J. M., and E. M. Mikhail 1998, *Surveying: Theory and Practice*, McGraw - Hill, 1200 pp.

Andrade, A. A. L. 2001, *The Global Navigation Satellite System: Navigating into the New Millennium*, Ashgate, 221 pp.

Appleyard, S. F., R. S. Linford, P. J. Yarwood, and G. A. A. Grant 1998, *Marine Electronic Navigation*, Routledge, 605 pp.

Audoin, C., B. Guinot, and S. Lyle 2001, *The Measurement of Time: Time, Frequency and the Atomic Clock*, Cambridge University Press, 335 pp.

Aydan, O. 2006, The Possibility of Earthquake Prediction by Global Positioning System (GPS), *Journal of The School of Marine Science and Technology Tokai University*, **4**(3): 77 - 89. Available online at http://www2.scc.u-tokai.ac.jp/www3/kiyou/pdf/2007vol4_3/omar.pdf, accessed on 17 May 2020.

Bauer, A. O. 2004, *Some Historical and Technical Aspects of Radio Navigation, in Germany, over the Period 1907 to 1945*, Foundation for German Communication and Related Technologies, 28 pp. Available online at http://www.xs4all.nl/~aobauer/Navigati.pdf, accessed on 13 April 2020.

Bedwell, D. 2007, Where Am I?, *American Heritage Magazine*, **22**(4). Available online at http://www.americanheritage.com/articles/magazine/it/2007/4/2007_4_20.shtml, accessed on 20 April 2009.

Bellavista, P., and A. Corradi 2007, *The Handbook of Mobile Middleware*, CRC Press, 1377 pp.

Betz, J. W. 1999, The Offset Carrier Modulation for GPS Modernization, in *Proceedings of The Institute of Navigation's National Technical Meeting*, January 1999.

Bhatta, B. 2020, *Remote Sensing and GIS*, 3rd edition, Oxford University Press, 732 pp.

Black, H. D. 1978, An Easily Implemented Algorithm for the Tropospheric Range Correction, *Journal of Geophysical Research*, **83**(B4): 1825 - 1828.

Borre, K. 2001, *Autocorrelation Functions in GPS Data Processing: Modeling Aspects*, Helsinki University of Technology, 39 pp. Available online at http://gps.aau.dk/downloads/hut_sl.pdf, accessed on 13 April 2007.

Borre, K., D. M. Akos, N. Bertelsen, P. Rinder, and S. H. Jensen 2007, *A Software - Defined GPS and Galileo Receiver: A Single - frequency Approach*, Birkhauser, 176 pp.

Bossler, J. D., J. R. Jensen, R. B. McMaster, and C. Rizos 2002, *Manual of Geospatial Science and Technology*, CRC Press, 623 pp.

Bowditch, N. 1995, *The American Practical Navigator*, Bethesda, MD: National Imagery and Mapping Agency, 880 pp. Available online at http://www. irbs. com/bowditch, accessed on 9 February 2006.

Broida, R. 2004, *How to Do Everything with Your GPS*, McGraw – Hill Professional, 304 pp.

Brunner, F. K., and W. M. Welsch 1993, Effect of the Troposphere on GPS Measurements. *GPS World*, **4**(1):42 – 51.

Bugayevskiy, L. M., and J. P. Snyder 1995, *Map Projections: A Reference Manual*, CRC Press, 328 pp.

Burkholder, E. F. 2008, *The 3 – D Global Spatial Data Model: Foundation of the Spatial Data Infrastructure*, CRC Press, 392 pp.

Cameron, L. 2004, *The Geocaching Handbook*, Falcon, 113 pp.

Cao, C., and G. Jing 2008, COMPASS Satellite Navigation System Development, Presentation in the *PNT Challenges and Opportunities Symposium*, November 5 – 6, 2008, Stanford University. Available online at http://scpnt. stanford. edu/pnt/PNT08/Presentations/8_Cao – Jing – Luo_PNT_2008. pdf, accessed on 23 January 2009.

CASA 2006, *Navigation Using Global Navigation Satellite Systems (GNSS)*, Civil Aviation Safety Authority, Civil Aviation Advisory Publication, 56 pp. Available online at http://www. casa. gov. au/download/caaps/ops/179a_1. pdf, accessed on 23 January 2009.

Chatfield, A. B. 2007, *Fundamentals of High Accuracy Inertial Navigation: Progress in Astronautics and Aeronautics*, American Institute of Aeronautics and Astronautics, 339 pp.

Clarke, A. C. 2001, *A Space Geodesy*, New American Library, 320 pp.

Clarke, A. R. 1880, *Geodesy*, Clarendon Press, 356 pp.

Clarke, B. 1996, *GPS Aviation Applications*, McGraw – Hill, 303 pp.

Clausing, D. J. 2006, *The Aviator's Guide to Navigation*, McGraw – Hill Professional, 271 pp.

Colombo, O. L., and A. W. Sutter 2004, Evaluation of Precise, Kinematic GPS Point Positioning, in *Proceedings of the ION GNSS2004*, Long Beach, CA, September 21 – 24, 2004, CD – ROM.

COMDTPUB 1992, *Loran – C Users Handbook*, 219 pp. Available online at http://www. loran. org/ILAArchive/LoranHandbook1992/LoranHandbook1992. htm, accessed on 23 January 2009.

Corazza, G. E. 2007, *Digital Satellite Communications*, Springer, 535 pp.

Cotter, C. H., and H. K. Lahiry 1992, *The Elements of Navigation and Nautical Astronomy: A Text – book of Navigation and Nautical Astronomy*, Brown, Son & Ferguson, 463 pp.

Cruz, P. J. S., D. M. Frangopol, and L. C. Neves 2006, Bridge Maintenance, Safety, Management, Life – Cycle Performance and Cost, in *Proceedings of the Third International Conference on Bridge Maintenance, Safety and Management*, Porto, Portugal, 16 – 19 July 2006, Taylor & Francis, 1085 pp.

Czerniak, R. J., and J. P. Reilly 1998, *Applications of GPS for Surveying and Other Positioning Needs in Departments of Transportation*, Transportation Research Board, US, 46 pp.

Dixon, K. 1995, Global Reference Frames with Time, *Surveying World*, September 1995.

Dixon, R. C. 1984, *Spread Spectrum Techniques*, John Wiley & Sons, 408 pp.

DMA 1984, *Geodesy for the Layman*, Defense Mapping Agency. Available online at http://www. ngs. noaa. gov/PUBS_LIB/Geodesy4Layman/geo4lay. pdf, accessed on 16 May 2020.

Dong, S., X. Li, and H. Wu 2007, About Compass Time and Its Coordination with Other GNSSs, in *Proceedings of 39 th Annual Precise Time and Time Interval (PTTI) Meeting*, November 26 – 29, 2007, Long Beach, CA. Available online at http://tycho. usno. navy. mil/ptti/ptti2007/paper3. pdf, accessed on 10 October 2008.

Dong, S., H. Wu, X. Li, S. Guo, and Q. Yang 2008, The Compass and Its Time Reference System, *Metrologia*, **45**: S47 – S50.

Drane, C. R., and C. R. Drane 1998, *Positioning Systems in Intelligent Transportation Systems*, Artech House, 369 pp.

Dutton, B., and T. J. Cutler 2004, *Dutton's Nautical Navigation*, Naval Institute Press, 664 pp.

Edward, L. 2003, GPS on the Web: Applications of GPS Pseudolites, *GPS Solutions*, 6(4): 268 – 270. Available online at http://www.springerlink.com/content/qhm9wmkfg9aulxgc, accessed on 12 October 2006.

Einstein, A., and R. W. Lawson 2001, *Relativity: The Special and the General Theory*, Routledge, 166 pp.

El – Rabbany, A. 2002, *Introduction to GPS: The Global Positioning System*, Artech House, 176 pp.

Enrico, D. R., and R. Marina (Eds.) 2008, *Satellite Communications and Navigation Systems*, Springer, 768 pp.

ESRI 2004, *Understanding Map Projections*, Environmental Systems Research Institute, 113 pp. Available online at http://webhelp.esri.com/arcgisdesktop/9.2, accessed on 23 December 2007.

Farrell, J., and M. Barth 1998; *The Global Positioning System and Inertial Navigation*, McGraw – Hill Professional, 340 pp.

Fosburgh, B., and J. V. R. Paiva 2001, *Surveying with GPS*, Trimble, 7 pp. Available online at http://www.acsm.net/sessions01/surveygps.pdf, accessed on 23 December 2007.

Freeman, F. L. 2005, *Fundamentals of Telecommunications*, Wiley – IEEE, 675 pp.

French, R. L. 1995, *Land Vehicle Navigation and Tracking*, American Institute of Aeronautics and Astronautics, pp. 275 – 301.

Fu, Z., A. Hornbostel, J. Hammesfahr, and A. Konovaltsev 2003, Suppression of Multipath and Jamming Signals by Digital Beamforming for GPS/Galileo Applications, *GPS Solutions*, 6(4): 257 – 264. Available online at http://www.springerlink.com/content/tg7h66rh5mbngpmt, accessed on 15 May 2006.

Gao, G. X., A. Chen, S. Lo, D. Lorenzo, and P. Enge 2007, GNSS Over China: The Compass MEO Satellite Codes, *InsideGNSS*, **2**(6): 36 – 43. Available online at http://www.insidegnss.com/node/155, accessed on 30 July 2009.

Gao, G. X., A. Chen, S. Lo, D. Lorenzo, T. Walter, and P. Enge 2008, Compass – M1 Broadcast Codes and Their Application to Acquisition and Tracking, in *Proceedings of the2008 National Technical Meeting of the Institute of Navigation*, January 28 – 30, 2008, San Diego, CA. Available online at http://www.ion.org/search/view: abstract.cfm? jp = p& idno = 7671, accessed on 27 March 2009.

Gaposchkin, E. M., and B. Kołaczek 1981, Reference Coordinate Systems for Earth Dynamics, in *Proceedings of the56 th Colloquium of the International Astronomical Union*, September 8 – 12, 1980, Warsaw, Poland, International Astronomical Union, 396 pp.

Garrison, E. G. 2003, *Techniques in Archaeological Geology*, Springer, 304 pp.

Gelb, A. (ed.) 1974, *Applied Optimal Estimation*, MIT Press, 374 pp.

Georgiadou, Y., and K. D. Doucet 1990, The Issue of Selective Availability, *GPS World*, **1**(5): 53 – 56.

Ghilani, C. D., and P. R. Wolf 2008, *Elementary Surveying: An Introduction to Geomatics*, Prentice Hall, 931 pp.

Gill, T. P. 1965, *The Doppler Effect: An Introduction to the Theory of the Effect*, Logos Press, 149 pp.

GLONASS ICD 2002, *GLONASS Interface Control Document*, Version 5.0, Coordination Scientific Information Center, Moscow, 51 pp. Available online at http://www.glonass – ianc.rsa.ru/i/glonass/ICD02_e.pdf, accessed on 15 August 2005.

Gopi, S. 2005, *Global Positioning System: Principles and Applications*, Tata McGraw - Hill, 337 pp.

Grelier, T., J. Dantepal, A. Delatour, A. Ghion, and L. Ries 2007, Initial Observations and Analysis of Compass MEO Satellite Signals, *InsideGNSS*, **2**(4): 39 - 43. Available online at http://www.insidegnss.com/node/463, accessed on 28 February 2009.

Grewal, M. S., L. R. Weill, and A. P. Andrews 2001, *Global Positioning Systems, Inertial Navigation, and Integration*, Wiley - IEEE, 392 pp.

Gurtner, W., G. Mader, and D. MacArthur 1989, A Common Exchange Format for GPS Data, in *Proceedings of the Fifth International Geodetic Symposium on Satellite Systems*, Las Cruces, NM, and reprinted in CIGNET Bulletin 2(3), May - June, 1989.

Gutierrez, C. 2008, *Advanced Position Based Services to Improve Accessibility*, Ciudad University, 10 pp. Available online at http://www.inredis.es/render/binarios.aspx?id=105, accessed on 30 October 2009.

Han, S. C., J. H. Kwon, and C. Jekeli 2001, Accurate Absolute GPS Positioning Through Satellite Clock Error Estimation. *Journal of Geodesy*, **75**(1): 33 - 43.

Hatch, R. R. 1982, The Synergism of GPS Code and Carrier Measurements, in *Proceedings of 3rd International Symposium on Satellite Doppler Positioning*, NM, 8 - 12 February, 1982, pp. 1213 - 1231.

Hecks, K. 1990, *Bombing* 1939 - 1945: *The Air Offensive against Land Targets in World War Two*, Robert Hale Ltd., 219 pp.

Hoffmann - Wellenhof, B., H. Lichtenegger, and J. Collins 1994, *Global Positioning System: Theory and Practice*, 3rd ed., Springer - Verlag.

Hofmann - Wellenhof, B., K. Legat, M. Wieser, and H. Lichtenegger 2003, *Navigation: Principles of Positioning and Guidance*, Springer, 427 pp.

Hofmann - Wellenhof, B., and H. Moritz 2005, *Physical Geodesy*, Springer, 403 pp.

Hopfield, H. S. 1969, Two - Quartic Tropospheric Refractivity Profile for Correcting Satellite Data, *Journal of Geophysical Research*, **74**(18): 4487 - 4499.

ICAO 2005, Draft Galileo SARPS - Part A, Working Paper, *International Civil Aviation Organization NSP/WG1: WP35*, 12 pp.

IFATCA 1999, *A Beginner's Guide to GNSS in Europe*, International Federation of Air Traffic Controllers' Associations, Montreal, QC, 14 pp. Available online at http://www.ifatca.org/docs/gnss.pdf, accessed on 7 June 2005.

ISRO 2017, *IRNSS Signal - in - Space ICD for SPS Version 1.1*, ISRO Satellite Centre, Indian Space Research Organization, Bangalore, 72 pp.

Issler, J. L., G. W. Hein, J. Godet, J. C. Martin, P. Erhard, R. Lucas - Rodriguez, and T. Pratt 2003, Galileo Frequency & Signal Design, *GPS World*, **14**(6): 30 - 37.

Javad, and Nedda A. 1998, *A GPS Tutorial*, Javad Navigation Systems, 47 pp. Available online at http://www.javad.com/jns/index.html?/jns/gpstutorial, accessed on 20 September 2016.

Jespersen, J., and J. Fitz - Randolph 1999, *From Sundials to Atomic Clocks: Understanding Time and Frequency*, 2nd ed., Dover.

Jiang, Z., G. Zhang, Y. Gao, and W. Wang 2007, Progress in Research of Earthquake Prediction in China, *Geo-*

physical Research Abstracts, **9**: 11637.

Jones, A. C. 1984, *An Investigation of the Accuracy and Repeatability of Satellite Doppler Relative Positioning Techniques*, School of Surveying, University of New South Wales, 222 pp.

Kaler, J. B. 2002, *The Ever – Changing Sky: A Guide to the Celestial Sphere*, Cambridge University Press, 495 pp.

Kalman, R. E. 1960, A New Approach to Linear Filtering and Prediction Problems, *Journal of Basic Engineering*, **82**: 35 – 45.

Kaplan, E. (ed.) 1996, *Understanding GPS: Principles & Applications*, Artech House Publishers, 554 pp.

Kato, T., G. S. El – Fiky, E. N. Oware, and S. Miyazaki 1998, Crustal Strains in the Japanese Islands as Deduced from Dense GPS Array, *Geophysical Research Letters*, **25**(18): 3445 – 3448.

Keohane, E. 2007, Is GPS Technology the Next Marketing Breakthrough?, *DMNews*, December 27, 2007. Available online at http://www.dmnews.com/Is – GPS – technologythe – next – marketing – breakthrough/article/100222/, accessed on 17 April 2018.

Kline, P. A. 1997, *Atomic Clock Augmentation for Receivers Using the Global Positioning System*, PhD thesis, Virginia Polytechnic Institute and State University, 223 pp. Available online at http://scholar.lib.vt.edu/theses/available/etd – 112516142975720/unrestricted, accessed on 2 April 2003.

Klobuchar, J. A. 1987, Ionospheric Time Delay Algorithm for Single Frequency GPS Users, *IEEE Transactions on Aerospace and Electronic Systems*, **23**(3): 325 – 331.

Klobuchar, J. A. 1991, Ionospheric Effects on GPS, *GPS World*, 2(4): 48 – 51.

Klobuchar, J. A. 1996, Ionospheric Effects on GPS, in *Gobal Positioning System: Theory and Applications Volume* 1, eds. B. W. Parkinson, J. J. Spilker Jr., *Progress in Astronautics and Aeronautics Volume164*, American Institute of Aeronautics and Astronautics, Inc., pp. 485 – 514.

Kouba, J. 2003, A Guide to Using International GPS Service (IGS), NASA. Available online at http://igscb.jpl.nasa.gov/igscb/resource/pubs/GuidetoUsingIGSProducts.pdf, accessed on 30 November 2006.

Krakiwsky, E. J. 1991, GPS and Vehicle Location and Navigation, *GPS World*, **2**(5): 50 – 53.

Krakiwsky, E. J., and J. B. Bullock 1994, Digital Road Data: Putting GPS on the Map, *GPS World*, **5**(5): 43 – 46.

Krakiwsky, E. J., and J. F. McLellan 1995, Making GPS Even Better with Auxiliary Devices, *GPS World*, **6**(3): 46 – 53.

Langley, R. B. 1990, Why is the GPS Signal so Complex?, *GPS World*, **1**(3): 56 – 59. Available online at http://gauss.gge.unb.ca/gpsworld/EarlyInnovationColumns/Innov.1990.05 – 06.pdf, accessed on 16 August 2005.

Langley, R. B. 1991a, Time, Clocks, and GPS, *GPS World*, **2**(10): 38 – 42.

Langley, R. B. 1991b, The Orbits of GPS Satellites, *GPS World*, **2**(3): 50 – 53.

Langley, R. B. 1991c, The Mathematics of GPS, *GPS World*, **2**(7): 45 – 50.

Langley, R. B. 1991d, The GPS Receiver – An Introduction, *GPS World*, **2**(1): 50 – 53.

Langley, R. B. 1993a, The GPS Observables, *GPS World*, **4**(4): 52 – 59.

Langley, R. B. 1993b, CommunicationLinks for DGPS, *GPS World*, **4**(5): 47 – 51.

Langley, R. B. 1994, RTCM SC – 104 DGPS Standards, *GPS World*, **5**(5): 48 – 53.

Langley, R. B. 1997, The GPS Receiver System Noise, *GPS World*, **8**(6): 40 – 45.

Langley, R. B. 1998a, A Primer on GPS Antennas, *GPS World*, **9**(7): 50 – 54.

Ledvina, B., P. Montgomery, and T. Humphreys 2009, A Multi – Antenna Defense: Receiver Autonomous GPS

Spoofing Detection, *InsideGNSS*, **4**(2):40 – 46.

Lee, L. S. 2008, LBS in Weather and Geophysical Services, *GISdevelopment*, **12**(6):48 – 50.

Leick, A. 2004, *GPS Satellite Surveying*, 3rd ed., John Wiley & Sons, 435 pp.

Levy, L. J. 1997, The Kalman Filter: Navigation's Integration Workhorse, *GPS World*, **8**(9):65 – 71.

Liu, J – H., and T – Y. Shih 2007, A Performance Evaluation of the Internet Based Static GPS Computation Services, *Survey Review*, **39**(304):166 – 175.

Lohan, E. S., A. Lakhzouri, and M. Renfors 2007, Binary – Offset – Carrier Modulation Techniques with Applications in Satellite Navigation Systems, *Wireless Communications and Mobile Computing*, **7** (6): 767 – 779. Available online at https://onlinelibrary.wiley.com/doi/abs/10.1002/wcm.407, accessed on 30 October 2019.

Lombardi, M. A. 2002, Fundamentals of Time and Frequency, in *The Mechatronics Handbook*, ed. Robert H. Bishop, CRC Press, 1272 pp.

Manning, J., and B. Harvey 1994, Status of the Australian Geocentric Datum, *Australian Surveyor*, **39**(1):28 – 33.

Minkler, G., and J. Minkler 1993, *Theory and Application of Kalman Filtering*, Magellan Book Company.

Misra, P. N. 1996, The Role of the Clock in a GPS Receiver, *GPS World*, **7**(4):60 – 66.

Mittal, A., and A. De 2007, Integrated Balanced BPSK Modulator for Millimeter Wave Systems, *Active and Passive Electronic Components*, 2007: 1 – 4. Available online at http://www.hindawi.com/getpdf.aspx? doi = 10.1155/2007/69515, accessed on 15 January 2008.

NRC 1997, *Precision Agriculture in the 21 st Century: Geospatial and Information Technologies in Crop Management*, National Research Council (U. S.), National Academies Press, 149 pp.

Owings, R. 2005, *GPS Mapping: Make Your Own Maps*, Ten Mile Press, 374 pp.

Parkinson, B. W. 1994, GPS Eyewitness: The Early Years, *GPS World*, 5(9):32 – 45.

Parkinson, B. W., and J. J. Spilker 1996, *Global Positioning System: Theory and Applications*, American Institute of Aeronautics and Astronautics, 643 pp.

PCC 2000, *The Guide to Wireless GPS Data Links*, Pacific Crest Corporation.

Peters, J. W. 2004, *The Complete Idiot's Guide to Geocaching*, Alpha Books, 316 pp.

Petovello, M. 2008, GNSS Solutions: Quantifying the Performance of Navigation Systems and Standards of Assisted – GNSS, *InsideGNSS*, **3**(6):20 – 50.

Pratt, T., C. Bostian, and J. Allnutt, 2003, *Satellite Communications*, 2nd ed., Wiley, 536 pp.

Prolss, G. W. 2004, *Physics of the Earth's Space Environment: An Introduction*, Springer, 513 pp.

Raquet, J. F. 2002, Multiple GPS Receiver Multipath Mitigation Technique, *IEE Proceedings – Radar, Sonar and Navigation*, **149** (4): 195 – 201. Available online at https://digital – library.theiet.org/content/journals/10.1049/ip – rsn_20020495, accessed on 2 January 2020.

Richard, P., and D. Mathis 1993, Integration of GPS with Dead Reckoning and Map Matching for Vehicular Navigation, in *Proceedings of National Technical Meeting*, January 20 – 22, 1993, San Francisco, 21 – 24.

Richey, M. 2007, *The Oxford Companion to Ships and the Sea*, eds. I. C. B. Dear and Peter Kemp, Oxford University Press.

RMITU 2006, *Surveying Using Global Navigation Satellite Systems*, RMIT University, Department of Geospatial Science, Australia, 126 pp.

Roddy, D. 2006, *Satellite Communications*, McGraw – Hill Professional, 636 pp.

Ryan, R. C., and C. Popescu 2006, *Construction Equipment Management for Engineers, Estimators, and Owners*, CRC Press, 552 pp.

Rycroft, M. J. 2003, *Satellite Navigation Systems: Policy, Commercial and Technical Interaction*, Springer, 266 pp.

Saastamoinen, J. 1973, Contributions to the Theory of Atmospheric Refraction, *Bull Gtodesique*, **107**: 13 – 34.

Samama, N. 2008, *Global Positioning – Technologies and Performances*, John Wiley and Sons, 419 pp.

Seeber, G. 1993, *Satellite Geodesy: Foundations, Methods & Applications*, Walter de Gruyter, 531 pp.

Shanwad, U. K., V. C. Patil, G. S. Dasog, C. P. Mansur and K. C. Shashidhar 2002, Global Positioning System (GPS) in Precision Agriculture, in *Proceedings of Asian GPS*, New Delhi, 24 – 25 October 2002. Available online at http://www. gisdevelopment. net/proceedings/asiangps/2002/agriculture/gagri001. htm, accessed on 26 January 2006.

Sickle, J. V. 2004, *Basic GIS Coordinates*, CRC Press, 173 pp.

Sickle, J. V. 2008, *GPS for Land Surveyors*, 3rd ed., CRC Press, 338 pp.

Simsky, A., D. Mertens, J. Sleewaegen, W. Wilde, M. Hollreiser, and M. Crisci 2008, MBOC vs. BOC(1,1): Multipath Comparison Based on GIOVE – B Data, *InsideGNSS*, **3** (6): 36 – 39. Available online at http://www. insidegnss. com/node/765, accessed on 30 June 2009.

Siouris, G. M. 2004, *Missile Guidance and Control Systems*, Springer, 666 pp.

Smith, J. R. 1997, *Introduction to Geodesy: The History and Concepts of Modern Geodesy*, Wiley – IEEE, 224 pp.

Spilker Jr., J. J. 1980, GPS Signal Structure and Performance Characteristics. *Journal of Global Positioning Systems*, papers published in *Navigation*, reprinted by the (U. S.) Inst. of Navigation, **1**: 29 – 54.

Spilker Jr., J. J., and B. W. Parkinson (eds.) 1995, *Global Positioning Systems: Theory & Applications*, American Institute of Aeronautics & Astronautics (AIAA), 1995, Vol. 1 694 pp., Vol. 2 601 pp.

Srinivasan, A. 2006, *Handbook of Precision Agriculture: Principles and Applications*, Haworth Press, 683 pp.

Stansell, T. A. 1978, *The Transit Navigation Satellite System: Status, Theory, Performance, Applications*, Magnavox, 83 pp.

Stehlin, X., Q. Wang, F. Jeanneret, and P. Rochat 2000, Galileo System Time Physical Generation, in *Proceedings of 38th Annual Precise Time and Time Interval (PTTI) Meeting*, Torino, Italy, pp. 395 – 405. Available online at http://tycho. usno. navy. mil/ptti/ptti2006/paper37. pdf, accessed on 7 April 2005.

Sweet, R. J. 2003, *GPS for Mariners*, McGraw – Hill Professional, 176 pp.

Swider, R. J. 2005, Can GNSS Become a Reality?, *GPS World*, **16** (12): 20 – 20.

Takac, F., and M. Petovello 2009, GLONASS Inter – Frequency Biases and Ambiguity Resolution, *InsideGNSS*, **4** (2): 24 – 28.

Tapley, B. D., B. E. Schutz, and G. H. Born 2004, *Statistical Orbit Determination*, Elsevier Academic Press, 547 pp.

Tekinay, S. 2000, *Next Generation Wireless Networks*, Springer, 266 pp.

Thompson, M. M. (ed.), 1966, *The Manual of Photogrammetry*, American Society of Photogrammetry, 3rd ed., 1 & 2.

Titterton, D. H., and J. L. Weston 2004, *Strapdown Inertial Navigation Technology*, Institution of Engineering and Technology, 558 pp.

Torge, G. ,1993, *Geodesy*, Walter de Gruyter, 531 pp.

Trimble 2006, *Trimble GPS Tutorial*, Trimble Navigation Ltd. , electronic document. Available online at https://www.trimble.com/gps_tutorial, last accessed on 1 February 2020.

Trimple 2001, *Trimble Survey Controller User Guide*, *Version* 10, *Revision A*, Trimble Navigation Ltd. , 478 pp. Available online at https://www.ngs.noaa.gov/corbin/class_description/controllerv10UserGuide.pdf, accessed on 18 May 2020.

Tsakiri, M. ,2008, GPS Processing Using Online Services, *Journal of Surveying Engineering*, **134**(4):115 – 125.

USACE 2002a, *Engineering and Design – Structural Deformation Surveying*, U. S. Army Corps of Engineers. Available online at http://www.usace.army.mil/publications/engmanuals/em1110 – 2 – 1009/toc.htm, accessed on 17 August 2004.

USACE 2002b, *Engineering and Design – Hydrographic Surveying*, U. S. Army Corps of Engineers. Available online at http://www.usace.army.mil/publications/eng – manuals/em1110 – 2 – 1003/toc.htm, accessed on 17 August 2004.

USACE 2002c, *Engineering and Design – Photogrammetric Mapping*, U. S. Army Corps of Engineers. Available online at http://www.usace.army.mil/publications/eng – manuals/em1110 – 1 – 1000/toc.htm, accessed on 17 August 2004.

USACE 2003, *Engineering and Design – NAVSTAR Global Positioning System Surveying*, U. S. Army Corps of Engineers. Available online at http://www.usace.army.mil/publications/eng – manuals/em1110 – 1 – 1003/toc.htm, accessed on 17 August 2004.

USACE 2007, *Engineering and Design – Control and Topographic Surveying*, U. S. Army Corps of Engineers. Available online at http://www.usace.army.mil/publications/engmanuals/em1110 – 1 – 1005/toc.htm, accessed on 17 August 2004.

Van Dierendonck, A. J. 1995, Understanding GPS Receiver Terminology: A Tutorial, *GPS World*, **6**(1):34 – 44.

Van Dierendonck, A. J. , A. Fenton, and T. Ford 1992, Theory and Performance of Narrow Correlator Spacing in a GPS Receiver, *Navigation*, **39**(3):265 – 283.

Van Loan, C. 1992, *Computational Frameworks for the Fast Fourier Transform*, Society for Industrial and Applied Mathematics, 273 pp.

Vanicek, 1995, *Global Positioning Systems: Theory and Application*, American Institute of Aeronautics & Astronautics(AIAA), 1995, Vol. 1 694 pp. , Vol. 2 601 pp.

Wang, G. , M. Turco, T. Soler, T. Kearns, and Welch, J. 2017, Comparisons of OPUS and PPP Solutions for Subsidence Monitoring in the Greater Houston Area, *Journal of Surveying Engineering*, **143**(4):123 – 129. doi: 10.1061/(ASCE)SU.1943 – 5428.0000241.

Ward, P. W. 1994, GPS Receiver RF Interference Monitoring, Mitigation, and Analysis Techniques, *Navigation*, **41**(4):367 – 391.

Weill, L. R. 1997, Conquering Multipath: The GPS Accuracy Battle, *GPS World*, **8**(4):59 – 66.

Wells, D. (ed.) 1986, *Guide to GPS Positioning*, 2nd ed. , Canadian GPS Associates, 600 pp.

Wilde, W. , F. Boon, J. Sleewaegen, and F. Wilms 2007, More Compass Points: Tracking China's MEO Satellite on a Hardware Receiver, *InsideGNSS*, **2**(6):44 – 48. Available online at http://www.insidegnss.com/node/157, accessed on 17 August 2009.

Williams, A. B., and F. J. Taylor 1998, *Electronic Filter Design Handbook: LC, Active, and Digital Filters*, McGraw-Hill, 816 pp.

Yang, Q. H., J. P. Snyder, and W. R. Tobler 2000, *Map Projection Transformation: Principles and Applications*, CRC Press, 367 pp.

Zaharia, D. 2009, *GALILEO – The European Global Navigation Satellite System*, Wiley, 320 pp.

Zilkoski, D., and L. Hothem 1989, GPS Satellite Surveys and Vertical Control, *Journal of Surveying Engineering*, **115**(2): 262–282.

Zilkoski, D. B., E. E. Carlson, and C. L. Smith 2005, *Guidelines for Establishing GPS – Derived Orthometric Heights*, National Geodetic Survey, 25 pp. Available online at http://www . nj. g ov/tr anspo rtati on/en g/doc ument s/sur vey/p df/GPSOrthometricHeights. pdf, accessed on 29 November 2019.